일반 화학 기초 화학

유 · 무기화합물

제2판

위험물 안전관리

이해평 저

Safety Management of Hazardous Materials

화재 예방 및 소화 방법

소화약제 및 소화기

소방시설의 설치 및 운영

위험물의 성질과 취급

위험물의 종류 및 성질

위험물 안전

기술기준

위험물안전관리법 규제의 구도

화수목

PREFACE | 머리말

상상을 초월할 만큼 엄청난 최첨단 기술과 장비들이 홍수처럼 쏟아져 나오고 있는데 그만큼 우리는 크나큰 문명의 혜택을 맘껏 누리며 살고 있다고 해도 과언이 아닙니다. 인간의 욕심은 끝이 없는지라 항상 현실에 안주하지 못하기에 더욱 빠르고, 더욱 편리하고, 더욱 다양한 새로운 것들을 요구하고 있습니다. 하지만 인간이 편해지면 편해질수록 그리고 과학이 발달하면 발달할수록 인간은 점점 게을러지기 마련이며, 이로 인한 부작용 역시 급증할 수밖에 없는데 지금 우리는 그러한 역효과로서 극심한 피해를 겪고 있습니다. 최근 언론 매체나 미디어를 통해 전해지는 각종 사고와 사건 소식들이 끊이질 않는데 우리의 소중한 인명과 재산을 앗아가고 있는 많은 위험 요소들은 늘 우리 주변 가까이에 도사리고 있습니다. 이렇게 급변하는 사회의 변화 속에 우리는 얼마나 효과적으로 대처하며 살고 있는지 과연 우리의 삶은 편리하고 윤택해진 만큼 충분히 안전한 삶도 보장받고 있는 것인지 곰곰이 생각해 볼 때입니다.

최근 우리의 생명과 안전을 위협하는 위험 요소들은 화재, 홍수, 산사태, 전쟁, 테러리즘, 독극물, 마약, 생화학적 위험, 방사능 등 아주 다양하므로 이러한 위험 요소들에 대한 대응 및 대비 방법도 아주 폭넓고 다양한 양상을 보이게 됩니다. 이와 같은 변화의 결과로서 과거에는 관심조차 두지 않았던 분야들이 새로운 학문이나 연구 분야로 자리매김하게 되었고 그 분야의 전문기술을 습득한 전문가들을 배출할 목적으로 대학에서는 신설 학과들이 생기기 시작했습니다. 많은 관심과 노력이 늘어났음에도 아직은 각종 위험이나 위협에 대한 사건 및 사고를 효율적으로 대처하고 해결할 수 있는 기술과 인력이 턱없이 부족한 실정입니다.

이러한 인력 양성의 일환으로서 위험물을 저장 · 취급 · 제조하는 제조소 등에서 위험물을 안전하게 저장 · 취급 · 제조하고 일반 작업자를 지시 감독하며, 각 설비에 대한 점검과 재해 발생 시 응급조치 등의 안전관리 업무를 수행하는 전문가를 양성하기 위해서 위험물산업기사 자격증 제도를 실시 · 운영하고 있습니다.

이에 본 저자는 위험물산업기사 자격증 시험을 준비하고 있는 수험생들을 비롯하여 일선 현장에서 위험물 안전관리 업무를 수행하는 업무종사자 그리고 대학에서 위험물 안전관리 교과목을 수강하는 학생들에게 이해하기 쉽고 꼭 필요한 내용만을 엄선한 위험물 안전관리의 수험서 및 전공 교재를 제공하고자 본 도서를 집필하게 되었습니다.

본 도서는 한국산업인력공단에서 주관하는 위험물산업기사 자격증 필기시험의 출제 기준에 근거하여 일반화학, 화재 예방과 소화 방법, 위험물의 성질과 취급의 3개 part로 구성하였습니다. 세부적으로 살펴보면, Part 1 일반화학은 기초 화학과 유·무기 화합물 등으로 구성하였습니다. Part 2 화재 예방과 소화 방법은 화재 예방 및 소화 방법, 소화약제 및 소화기, 소방시설의 설치 및 운영 등으로 구성하였습니다. 마지막으로 Part 3 위험물의 성질과 취급은 위험물의 종류 및 성질, 위험물 안전, 기술기준, 위험물안전관리법 규제의 구도 등으로 구성하였습니다. 그리고 학습 내용과 위험물산업기사 자격증 취득시험의 연관성을 확인할 수 있도록 모든 장마다 간단한 연습문제들을 제공하였습니다.

또한, 본 도서는 2021년까지 개정된 관련 법규나 행정 규칙을 토대로 내용을 기술하였으며, 아직은 완전하게 통용되고 있지는 않지만, IUPAC의 명명 체계에 따른 화학물질의 명명법에 근거하여 새로운 물질명 표기를 적용함으로써 가장 최신 정보와 내용을 담은 도서라고 자부할 수 있습니다.

끝으로 이 도서가 출판되기까지 물심양면으로 노력과 지원을 아끼시지 않은 도서출판 화수목 임직원 여러분들에게도 깊은 감사의 마음을 전합니다.

CONTENTS | 차 례

CONTENTS | 차 례

■ 별첨 부록

부록 파일은 도서출판 구미서관 · 화수목 홈페이지 자료실에서 다운로드 받을 수 있습니다.

구미서관 · 화수목 www.goomibook.com

P/A/R/T 01

일반화학

CHAPTER 01

기초 화학

제1절 물질의 상태와 화학의 기본 법칙

1. 물질의 상태[1][2]

1) 물질과 물체

(1) **물질(matter)**은 물체를 이루는 재료에 중점을 둔 것이며, 일정한 공간을 점유하고 질량을 갖는다.

(2) **물체(body)**는 물질로 이루어져 있는데 크기나 겉모습에 중점을 둔 것이며, 구체적인 형태를 지닌다.

2) 물질의 분류

(1) 물질의 분류

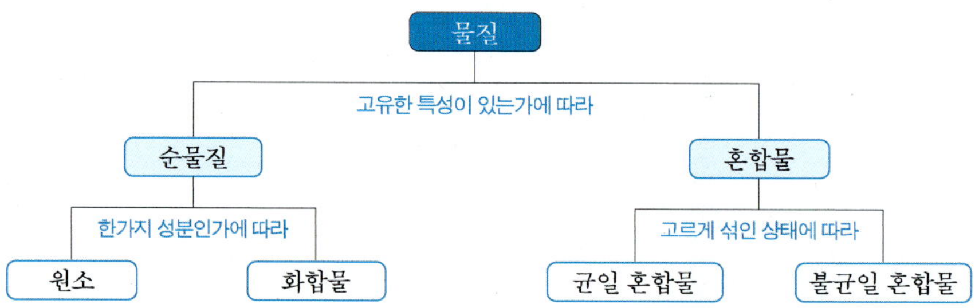

물질의 분류

① **순물질(pure substance)**은 다른 물질이 섞이지 않고 한 종류만으로 구성된 물질로서 물리적 방법으로는 분리할 수 없으며, 고유한 성질이 있고 융해점, 응고점, 비등점, 밀도 등이 일정하다.

---

1) 이해평, 박영주, 위험물질론, 도서출판 화수목(2015).
2) 이해평, 박영주, 위험물 안전관리, 도서출판 화수목(2015).

ⓐ **원소(element)**는 오직 한 종류의 원자만으로 이루어진 물질로서 구리나 산소와 같은 물질이다.

ⓑ **화합물(compound)**은 여러 종류의 물질로 이루어진 것처럼 보이지만, 혼합물과 달리 여러 물질이 단순하게 섞인 것이 아니라 화학결합을 통해 하나의 새로운 물질을 만든 것이므로 순물질에 속한다.

② **혼합물(mixture)**은 두 종류 이상의 물질이 화학반응을 일으키지 않고 단순히 물리적으로 섞여 있어서 물리적 방법으로 분리할 수 있고 어는점, 비등점, 밀도 등이 일정하지 않다.

ⓐ **균일 혼합물(homogeneous mixture)**은 두 가지 이상의 순물질이 고르게 섞인 혼합물로서 한 가지 **상(phase)**으로 되어 있으며 그 혼합물의 어느 부분이나 같은 성질을 나타내고 기체, 액체, 고체 상태의 것이 모두 존재한다.

ⓑ **불균일 혼합물(non-homogeneous mixture)**은 각 성분이 고르게 섞이지 않아 부분마다 성질이 다른 혼합물이다.

(2) **정제(purification)**는 혼합물을 분리해서 순물질로 만드는 조작이다.

① **추출(extraction)**은 두 가지 이상의 물질이 섞인 혼합물에서 특정 물질만 용해할 수 있는 용매를 사용하여 성분을 분리하는 방법이다. 예 윤활유의 정제, 콩기름의 추출 등

ⓐ **고-액 추출** : 고체에서 추출하는 경우이며, **침출(leaching)**이라고도 함

ⓑ **액-액 추출** : 액체에서 추출하는 경우

② **투석(dialysis)**은 반투막으로 콜로이드·고분자 용액을 싸고, 이것을 순수한 다량의 용매에 담가두어 저분자나 이온으로 섞여 있는 불순물이 막 밖으로 확산하는 것을 이용하여 콜로이드·고분자 용액을 정제하는 조작이다. 예 정수, 녹말의 정제, 효소의 정제, 혈정이나 백신의 정제 등

③ **흡수(absorption)**는 용질이 두 상의 경계면을 지나 한 개의 상으로부터 다른 상으로 이동하는 성질을 이용하는 방법이다.

④ **흡착(adsorption)**은 두 상의 경계면에서 그 상을 구성하고 있는 성분 물질이 농축되는 현상을 말한다. 예 간장에 숯을 넣어 불순물을 제거하는 방법 등

ⓐ **양 흡착** : 표면 또는 계면에 흡착이 일어날 때

ⓑ **음 흡착** : 계면 쪽이 내부보다 성분 농도가 엷어진 때

ⓒ **흡착제(adsorbent)** : 다량의 양 흡착을 일으키는 물질

⑤ **분액깔때기(separating funnel)**는 서로 완전히 혼합되지 않은 두 종류의 액체상을 나

누는 마개를 가진, 깔때기 모양을 한 유리 기구의 총칭으로서 목적과 용도에 따라 여러 종류의 형태가 있다. 예 물과 기름의 분리 등

⑥ **재결정(recrystallization)**은 온도에 따른 용해도 차이를 이용해서 원하는 용질을 다시 결정화시키는 방법으로서 재결정을 하면 불순물을 제거하고 좀 더 순수한 용질을 결정으로 얻어낼 수 있다. 예 불순물이 조금 섞여 있는 질산나트륨을 더 순수하게 분리하는 방법 등

⑦ **승화(sublimation)**는 승화성 물질과 비 승화성 물질의 고체 혼합물을 가열하여, 승화성 물질을 기화시켜 분리하는 방법이다. 예 아이오딘이나 드라이아이스 등의 분리

⑧ **분별증류(또는 분류, fractional distillation)**는 여러 가지 액체 혼합물을 비등점 차이로 분리할 때 사용하는 방법으로서 분별 증류탑을 사용하여 혼합물을 분리하는 방법이다. 예 원유의 분리 등

⑨ **증류(distillation)**는 액체와 고체가 균일하게 섞여 있을 때 비등점 차이를 이용하여 혼합물을 분리하는 방법이다. 예 바닷물의 분리 등

⑩ **여과(filtration)**는 유동성이 있는 고체-액체 혼합물을 다공성 여과재를 통과시켜 고체는 여과재의 표면이나 내부에 퇴적시키고, 액체는 투과시켜 두 가지를 분리하는 기계조작이며 고체가 액체에 잘 섞이지 않을 때 이용한다. 예 소금과 나프탈렌의 분리 등

3) 물질의 상태(states of matter)

(1) 기체(gas)

① 고체와 달리 일정한 모양과 부피를 갖지 않으며, 액체처럼 유동성은 있으나 용기 전체에 확산하고, 액체보다 훨씬 압축되기 쉬운 상태에 있는 물질의 상태로서 정의할 수 있는 성질은 질량뿐이다.

② 원자끼리는 매우 활동적이며, 분자와 분자 사이의 간격이 제일 크고 분자운동(진동, 회전, 병진운동)이 가장 활발해서 에너지가 가장 크다.

④ **이상기체(ideal gas)**는 가상의 기체로서 분자 간 인력이 없어서 액화가 불가능하다.

⑤ **실제기체(real gas)**는 CO_2, Cl_2, NH_3 등과 같이 분자 간에 인력이 작용하기 때문에 저온·고압에서 액화가 가능하다.

(※ H_2, O_2, N_2, He, Ne 등은 분자 간의 인력이 작아서 이상기체로 간주하는 실제기체들이다.)

(2) 액체(liquid)

① 일정한 질량과 부피가 있지만, 형태가 없는 물질로서 원자끼리는 활동적이다.

② 자유롭게 유동하므로 용기의 모양에 따라 그 모양이 변하며 일정한 형태를 가지지 않고 압축해도 거의 부피가 변하지 않는다.

③ 분자 간의 간격이 기체에 비해서 짧으므로 분자가 진동할 정도이며, 느린 속도로 약간의 분자운동(진동, 회전운동)을 한다.

(3) **고체(solid)**

① 별도의 용기 없이도 질량과 부피, 일정한 형태를 지니는 단단한 물질로서 원자들은 서로 연결되어 있고 거의 정지 상태이다.

② 분자 간의 간격이 극히 짧아서 분자와 분자 간의 인력이 매우 크고, 분자운동은 진동만 한다.

③ 결합력의 세기는 **원자성 고체** > **이온성 고체** > **금속성 고체** > **분자성 고체** 순이다.

ⓐ **원자성 고체** : 고체를 구성하는 단위가 원자 예 수정, 다이아몬드

ⓑ **이온성 고체** : 양이온과 음이온의 정전기적 인력으로 결합한 고체 예 소금, 질산 포타슘

ⓒ **금속성 고체** : 다양한 융해점을 갖고 금속결합을 한 고체 예 알루미늄, 마그네슘, 구리, 철 등

ⓓ **분자성 고체** : 고체를 구성하는 단위가 분자 예 아이오딘, 드라이아이스

ⓔ **비결정(무정형) 고체** : 원자들의 위치에 장거리 질서가 존재하지 않는 고체로서 액체와 고체의 중간적인 형태를 띠고 있음 예 숯, 유리, 폴리스타이렌 중합체, 솜사탕 등

4) 물질의 상태변화

(1) **액화(liquefaction)**

① 기상 물질이 에너지를 방출하고 응축되어 액상으로 변하는 현상이며 냉각의 결과이다.

② **임계온도(critical temperature)**는 기체를 액화시킬 수 있는 가장 높은 온도이며, **임계압력(critical pressure)**은 임계온도에서 기체를 액화시킬 수 있는 가장 낮은 압력이다.

③ 액화가 일어나기 위한 조건은 임계온도 이하로 냉각시킨 후 임계압력 이상으로 압축한다.

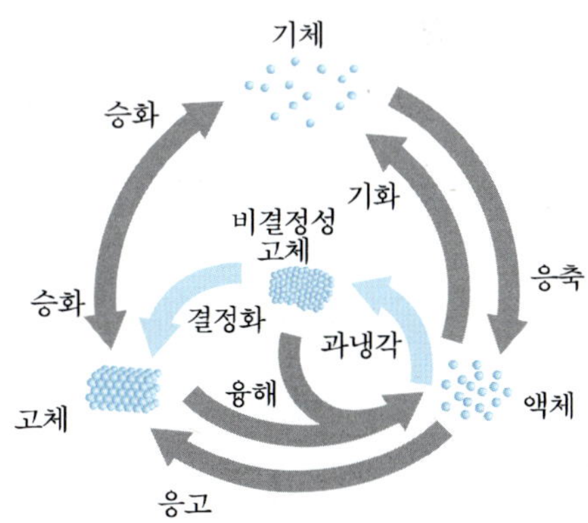

물질의 상태변화

(2) **응축(condensation)**

① 물질이 기상에서 액상으로 바뀌는 것이며 냉각의 결과이다.

② 일정 압력에서 냉각시켜 어떤 온도 이하로 낮추든가, 일정 온도에서 압력을 가하여 그 물질의 포화증기압을 초과할 때 일어난다.

③ **액화**(liquefaction)의 의미로 사용되기도 하지만, 협의의 **응축** 또는 **응결**이라고도 한다.

(3) 기화(vaporization)

① 물질이 액상에서 기상으로 바뀌는 것이며, 가열의 결과로 생긴다. 기화가 일어나는 온도를 **기화점**이라고 하며, 액체가 기체로 변하는 온도를 **비(등)점**(boiling point) 또는 **끓는점**이라고 하는데 기화점에서는 증기압과 대기압이 같다.

② **비등**(boiling)은 액체의 표면뿐만 아니라 액체 내부에서도 증기 기포가 생기면서 급격하게 기화하는 현상이고 **증발**(evaporation)은 액체의 표면에서 기화되는 것이다.

(4) 과냉각(supercooling)

① 용융체나 액체가 평형 상태에서의 상변화 온도 이하까지 냉각되어도 변화를 일으키지 않는 현상이다.

② 정상적으로 응고(동결)하는 것보다 낮은 온도로 액체를 냉각시키는 과정이며, 원자들은 불안정해진다.

(5) 융해(melting)

① 물질이 고상에서 액상으로 바뀌는 것이며, 가열의 결과로 생긴다.

② 고상에서 액상으로 변하는 온도를 **용융점**(melting point) 또는 **융(해)점**이라고 하며, 순물질일 경우 용융점과 응고점은 같다.

③ **융해열**은 고체 1g을 같은 액체 1g으로 변화하는 데 필요한 열량이다.

(6) 응고(freezing) 또는 동결

① 물질이 액상에서 고상으로 바뀌는 것이며, 냉각의 결과로 생긴다.

② 액체가 고체로 변하는 온도를 **응고점**(freezing point) 또는 **빙점**이나 **어는점**이라고 한다.

(7) 승화(sublimation)

① 물질이 고상에서 액상을 거치지 않고 바로 기상으로 바뀌거나 역으로 기상에서 액상을 거치지 않고 바로 고상으로 바뀌는 것이며, 가열과 냉각의 결과로 생긴다.

② 승화 물질에는 아이오딘, 장뇌(camphor), 나프탈렌, 드라이아이스 등이 있다.

(8) 결정화(crystallization)

① 액체나 비결정 상태의 고체가 결정 상태로 바뀌는 것이며, 냉각의 결과로 생기는데 원자들을 질서 정연하게 만들고 **단결정화**와 **다결정화**가 있다.

② **비결정성 고체**(amorphous solid)는 **비정질**(non-crystalline) 또는 **무정형 고체**라고도 하며, 응고된 액체와 비슷한 물체로서 원자들은 질서 정연하지 않고 원자들의 위치에 원거리 질서가 존재하지 않는 고체를 뜻한다.

③ **결정질**(crystalloid)은 액체와 고체의 중간적인 형태를 띠고 있으며, 비결정성 고체에 속하지 않는 고체이다.

(9) **삼중점(triple point)**

① 특정한 온도, 압력에서 물질의 3상(고상, 액상, 기상)이 모두 평형을 이루며 공존하는 상태이다.

② 물의 삼중점은 0.009℃의 온도와 4.58mmHg 압력이며, 공기가 없는 순수한 물은 이 상태에서 물, 얼음, 수증기가 동시에 존재한다.

③ 이산화탄소의 삼중점은 −56.5℃의 온도와 5.11atm 압력이다.

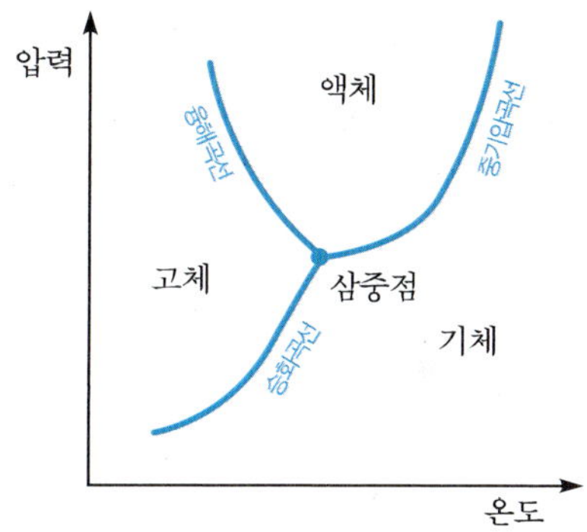

물질의 상태도

5) 물의 상태

(1) **얼음(ice)** : 물의 고체 상태(얼음의 융해열 : 80cal/g, 얼음의 비열 : 0.5cal/g・℃)

(2) **물(water)** : 액체 상태(물의 비열 : 1cal/g・℃, 물의 기화열 : 539cal/g)

(3) **수증기(water vapor)** : 물의 기체 상태(수증기의 비열 : 0.47cal/g・℃)

(4) **비열(specific heat)**은 물질 1g을 1℃ 올리는 데 필요한 열량이다.

$$C = \frac{Q}{m\Delta T}$$

여기서, Q는 열량(cal), C는 비열(cal/g・℃), m은 질량(g), ΔT는 온도 차(℃)이다.

① **현열(sensible heat)**은 물질의 상태는 변하지 않고 온도만 변할 때의 열량이다.

$$Q = Cm\Delta T$$

② **잠열(latent heat)**은 기화열과 융해열처럼 온도는 변하지 않고 물질의 상태만 변할 때의 열량이며, r이 잠열(cal/g)이라고 할 때 다음과 같이 계산한다.

$$Q = mr$$

③ **정적 몰비열(specific molar heat at constant volume), C_v** : 부피가 일정할 때 물질 1mol을 1K 올리는 데 필요한 열량이다.

④ **정압 몰비열(specific molar heat at constant pressure), C_p** : 압력이 일정할 때 물질

1mol을 1K 올리는 데 필요한 열량이다.

⑤ **비열비(ratio of specific heat), γ** :기체의 비열은 $C_v < C_p$이고 단원자 분자(헬륨, 네온, 아르곤, 크립톤, 제논, 라돈 등)일 경우 1.6, 이원자 분자(수소, 산소, 질소 등)는 1.4 그리고 삼원자 분자(물, 이산화탄소 등)일 경우 1.3 정도이다.

$$\gamma = \frac{C_p}{C_v}$$

6) 물질의 변화

(1) **물리적 변화(physical change)** : 화학적 동일성은 잃지 않으며 물질의 형태만 바뀐다.

예 벤젠의 용융과 설탕물로의 용해 등

(2) **화학적 변화(chemical change)** : 물질을 구성하는 원자들의 결합이 에너지를 받아 분해되거나 재결합하여 처음과 다른 물질을 생성한다. 예 황의 용융과 이산화탄소의 물에 대한 용해 등

① **화합(combination)**은 두 가지나 그 이상의 물질이 결합하여 전혀 새로운 성질을 갖는 한 가지 물질로 되는 변화이다. 예 A+B → AB

② **분해(decomposition)**는 한 가지 물질이 두 가지 이상의 새로운 물질로 되는 변화이다.

예 AB → A+B

③ **치환(substitution)**은 어떤 화합물의 성분 중 일부가 다른 원소로 바뀌는 변화이다.

예 A+BC → AC+B

④ **복분해(double decomposition)**는 두 종류의 화합물의 성분 중 일부가 서로 바뀌어서 다른 성질을 갖는 물질을 만드는 변화이다. 예 AB+CD → AC+BD

2. 화학의 기본 법칙[1)2)]

1) 원자량(atomic weight)

(1) 화학원소 원자의 평균 질량을 일정 기준에 따라 정한 비율로서 국제원자량은 탄소의 동위원소 중 탄소 12(^{12}C)를 기준으로 하여 이것을 원자량 12.00000으로 정하고 나머지는 이 기준에 대한 상대적인 값으로 표시한다.

(2) **g 원자량(그램 원자량, gram-atomic mass)**

① 원자량은 단위가 없지만, 실제 화학반응에서 화합물의 질량을 계산할 때는 단위가

1) 이해평, 박영주, 위험물질론, 도서출판 화수목(2015).
2) 이해평, 박영주, 위험물 안전관리, 도서출판 화수목(2015).

필요하므로 원자량에 g를 붙인 g 원자량을 사용하며, 원자량에 g를 붙여 표시한 것을 g **원자**라고 한다.

② g 원자량은 원자 1mol의 질량으로 생각해도 동일한 값을 얻는데 원자 하나의 질량에 아보가드로 수(6.02×10^{23})를 곱한 값도 g 원자량이다.

③ **원자질량단위(atomic mass unit)**는 질량의 단위로 1.66057×10^{-27}kg 정도이며 기호는 u나 amu를 사용한다.

$$1\text{amu}=\frac{12}{6.023\times10^{23}}\times\frac{1}{12}=1.992\times10^{-23}\times\frac{1}{12}=1.66\times10^{-24}$$

(3) **원자량의 측정**

① **뒬롱-프티의 법칙(Dulong-Petit's law)**

ⓐ 약간의 예외(탄소, 붕소 등)를 제외하고는, 상온 하의 고체 원소 원자 열은 대부분 거의 같고 그 값이 평균 6.2cal/deg(기체상수 R의 3배 정도)라는 법칙이다.

$$\text{원자량}\times\text{비열}\fallingdotseq 6.4$$

ⓑ 고체 원소의 원자량 계산에 이용되었으며, 이 법칙은 등 분배 법칙을 가정하면 쉽게 유도할 수 있다. 단, 온도 범위가 좁을 때만 성립한다.

② **원자가와 당량으로 원자량을 구하는 방법**

$$\text{원자량} = \text{원자가}\times\text{당량}$$

2) 당량(equivalent)

(1) 보통 **화학당량**을 말하며 화학반응에서 화학 양론적으로 각 원소나 화합물에 할당된 일정한 물질량이고 **전기화학당량**은 화학당량을 패러데이상수로 나눈 값이다. 어떤 원소가 산소 8이나 수소 1.008과 결합하거나 치환할 수 있는 원소의 양을 그 원소의 당량이라 하며, 모든 화합물은 당량 대 당량으로 결합한다.

$$\text{당량}=\frac{\text{원자량}}{\text{원자가}},\ \text{원자량}=\text{당량}\times\text{원자가},\ \text{원자가}=\frac{\text{원자량}}{\text{당량}}$$

(2) **g 당량(그램 당량, gram equivalent)**

① 원소나 화합물의 화학당량에 g를 붙인 것으로 화학당량과 같은 양의 g 단위의 질량을 말한다. 예 나트륨(원자량 23.0)의 1g 당량은 23.0g이고, 황산(분자량 98.0)의 1g 당량은 49.0g이다.

② 화학변화의 종류에 따라 같은 물질이라도 g 당량의 수가 변할 수 있으며, 최근에는 화학당량에 상당하는 물질량을 **몰(mol)**이라고도 한다.

3) 분자량(molecular weight(mass))

(1) 원자와 분자의 질량은 ^{12}C 원자의 원자량 12를 기준으로 정하는 단위를 바탕으로 나타내는데 분자의 질량을 나타내는 양으로 분자를 구성하는 모든 원자의 원자량 값을 더해서 계산한다. 예 H_2O : 1×2+16=18, CO_2 : 12+16×2=44, H_2SO_4 : 1×2+32+16×4=98

(2) **g 분자량(gram molecular weight)**

① 물질의 분자량과 같은 질량을 g 단위로 표시한 것이다. 예 산소의 분자량은 31.9988이므로 1g 분자는 31.9988g이 되고 1g 분자는 그 분자의 1mol에 해당한다.

② 분자량에 g를 붙여 표시한 것을 **g 분자**라고 하며, 그 속에는 **아보가드로 수**(6.023×10^{23}개)의 분자가 있으므로 아보가드로 수만큼의 분자의 질량이 g 분자량이고 **mol 수**는 다음과 같이 계산한다.

$$\text{mol수(g 분자량)} = \frac{\text{물질의 질량(g)}}{\text{분자량(g/mol)}}$$

③ 모든 기체 1mol은 **STP(Standard Temperature and Pressure, 표준온도압력 ; 0℃, 1기압)**에서 22.4ℓ의 질량이 1g 분자량(mol)이며, 6.023×10^{23}개의 분자 수를 갖는다.

(3) **분자량의 측정**

① **공기의 가상적 평균분자량**

ⓐ 공기는 vol %로 질소 78%, 산소 21%, 아르곤 1% 정도이며, 분자량은 각각 28, 32, 40이다.

ⓑ STP에서 공기의 평균분자량은 다음과 같다.

$$\text{공기의 평균분자량} = \frac{(28\times78)+(32\times21)+(40\times1)}{100} \fallingdotseq 29$$

② **기체의 확산 속도로 분자량을 측정하는 방법**

ⓐ 2가지 기체가 작은 구멍을 통해서 서로 퍼져나가는 속도인 확산 속도는 그 기체의 분자량이나 밀도의 제곱근에 반비례하고 확산 시간은 그 기체의 분자량의 제곱근에 비례한다.

ⓑ U를 확산 속도, T를 확산 시간, M은 분자량이라고 하면

$$\frac{U_1}{U_2} = \sqrt{\frac{M_2}{M_1}},\ \frac{T_1}{T_2} = \sqrt{\frac{M_1}{M_2}}$$

ⓒ 삼투압을 이용하면 $PV=nRT$에서 $PV=\frac{WRT}{M}$이므로

$$M = \frac{WRT}{PV}$$

ⓓ STP에서 기체의 밀도(d)를 이용하면

$$M = d\frac{RT}{P} = d \times 22.4$$

ⓔ 기체의 비중(W)을 이용하면

$$M_A = \frac{W_A}{W_B} \times M_B$$

여기서, M_A는 모르는 물질의 분자량, M_B는 아는 물질의 분자량, W_A는 모르는 물질의 비중, W_B는 아는 물질의 비중이다.

4) 질량보존의 법칙(law of conservation of mass)

(1) **질량 불변의 법칙**이라고도 하며, 화학반응의 전후에서 반응물질의 총질량과 생성물질의 총질량은 같다.

(2) 화학반응의 전후에서 원 물질을 구성하는 성분은 모두 생성물질을 구성하는 성분으로 변할 뿐이며, 물질이 소멸하거나 무에서 물질이 생기지 않는다.

5) 일정 성분비의 법칙(law of definite proportions)

(1) 화학반응에서 두 가지 원소가 반응하여서 한 화합물을 만들 때 화합물을 구성하는 각 성분 원소의 질량비는 항상 일정하다.

(2) 두 물질을 반응시킬 때 한 물질의 질량이 일정하다면 다른 반응물질의 질량을 아무리 많이 사용해도 생성되는 물질의 양은 증가하지 않는다.

6) 배수 비례의 법칙(law of multiple proportions)

2종류의 원소가 화합하여 2종 이상의 화합물을 만들 때, 한 원소의 일정량과 결합하는 다른 원소의 질량비는 항상 간단한 정수비를 나타낸다.

7) 기체반응의 법칙(Gay Lussac's law)

기체 사이에서 화학반응이 일어날 때 같은 온도와 같은 압력에서 반응하는 기체와 생성되는 기체의 부피 사이에는 간단한 정수비가 성립하며, 몰수의 비는 부피의 비와 같다.

8) 아보가드로의 법칙(Avogadro's law)

(1) 같은 온도와 압력에서 모든 기체는 같은 부피 속에 같은 수의 분자가 있다.

(2) 모든 기체 1mol의 부피는 STP에서 22.4ℓ이며, 이 속의 분자 수는 6.023×10^{23}개이고, 기체 1mol은 1g 분자와 같다.

9) 보일의 법칙(Boyle's law)

P는 압력이고 V는 부피일 때 일정 온도에서 기체의 압력과 그 부피는 서로 반비례한다.

$$PV = P'V'$$

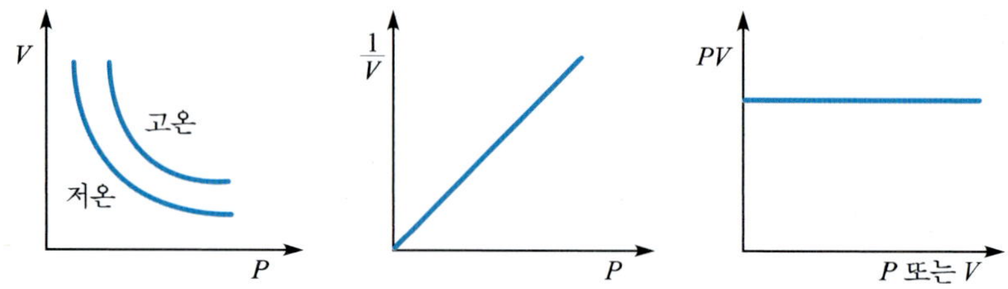

10) 샤를의 법칙(Charle's law)

(1) 모든 기체는 압력이 일정할 때 기체의 부피는 종류와 관계없이 온도가 1℃ 올라갈 때마다 0℃일 때 부피의 1/273씩 증가한다.

(2) 모든 기체의 부피는 압력이 일정할 때 절대온도에 비례한다.

$$\frac{V}{T} = \frac{V'}{T'}$$

여기서, V는 부피이고 T는 절대온도이다.

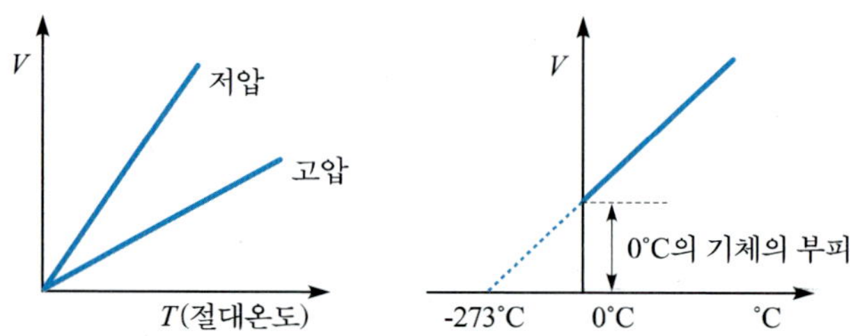

(3) 온도의 환산법은 다음과 같다.

① 섭씨온도의 켈빈온도 환산 : $K = ℃ + 273$

② 화씨온도의 랭킨온도 환산 : $R = °F + 460$

③ 절대온도 간 환산 : $K = \frac{R}{1.8}$, $R = K \times 1.8$

④ 섭씨온도의 화씨온도 환산 : $°F = \frac{9}{5}℃ + 32$ 또는 $°F = (℃ + 40) \times \frac{9}{5} - 40$

⑤ 화씨온도의 섭씨온도 환산 : $℃ = (°F - 32) \times \frac{5}{9}$ 또는 $℃ = (°F + 40) \times \frac{5}{9} - 40$

11) 보일-샤를의 법칙(Boyle-Charles' Law)

온도가 일정할 때 기체의 압력은 부피에 반비례한다는 보일의 법칙과 압력이 일정할 때 기체의 부피는 온도의 증가에 비례한다는 샤를의 법칙을 조합하여 만든 법칙이다.

$$\frac{PV}{T} = \frac{P'V'}{T'}, \quad \frac{PV}{T} = K$$

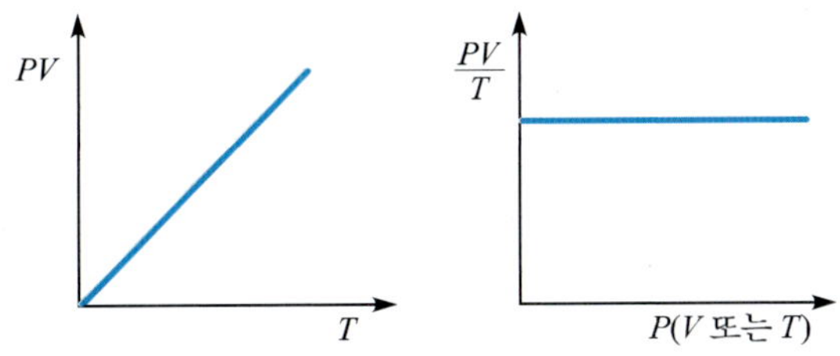

12) 이상기체의 상태방정식(ideal gas equation)

(1) 보일의 법칙과 샤를의 법칙은 낮은 압력과 높은 온도에서 잘 부합되며, 이와 같은 성질을 갖는 기체를 **이상기체(ideal gas)**라고 한다.

(2) **이상기체의 상태방정식**은 이상기체의 상태를 나타내는 양들, 즉 압력 P, 부피 V, 온도 T간의 상관관계를 기술하는 방정식이다.

$$PV = nRT = 0.082\frac{W}{M}(℃ + 273)$$

$R = \frac{PV}{nT}$ 이므로 STP에서 $R = \frac{1\text{atm} \times 22.4\ell}{1\text{mol} \times 273\text{K}} = 0.082\text{atm} \cdot \ell/\text{mol} \cdot \text{K}$

여기서, W는 질량이고 M은 분자량이다.

(3) 이상기체의 상태방정식 변형식들은 다음과 같다.

$$PV = \frac{WRT}{M}, \quad P = \frac{WRT}{VM}, \quad V = \frac{WRT}{PM}$$

$$W = \frac{PVM}{RT}, \quad M = \frac{WRT}{PV}, \quad T = \frac{PVM}{WR}$$

$d = \frac{W}{V}$ 이므로 $P = d\frac{RT}{M}$, $M = d\frac{RT}{P}$, $T = \frac{MP}{dR}$, $d = \frac{PM}{RT}$ 등

여기서, d는 밀도이다.

13) 돌턴의 부분압 법칙(Dalton's law)

(1) 여러 종류의 기체가 한 곳에 섞여 있을 때 그 혼합기체의 전체 압력은 각각의 기체의 부

분압력을 모두 더한 값과 같다.

$$P = P_A + P_B + P_C + \cdots\cdots$$

여기서, P는 전압력, P_A, P_B, P_C는 부분압력이다.

(2) 혼합기체에서는 다음과 같은 관계가 성립한다.

① 부분압비 = 몰비 = 부피비 = 분자수비 = 압력비

② 부분압력 = 전압력 × 몰분율 = 전압력 × 부피분율

제2절 원자의 구조와 원소의 주기율

1. 원자의 구조[1)2)]

1) 원자, 분자, 원소

(1) **원자(atom)**

① 화학원소로서의 특성을 잃지 않고 도달할 수 있는 물질의 기본적인 최소 상태이다.

② **돌턴의 원자설(Dalton's atomic theory)**

ⓐ 모든 물질은 원자라는 더 쪼갤 수 없는 작은 입자들로 구성되어 있다.

ⓑ 같은 원소의 원자들은 크기, 질량 및 성질이 같지만, 다른 원소의 원자들은 크기, 질량 및 성질이 서로 다르다.

ⓒ 화학반응에서 원자는 재배열될 뿐 다른 원소의 원자로 바뀌거나 없어지지 않는다.

ⓓ 화합물은 성분 원소의 원자들이 일정한 비율로 결합해서 이루어진다.

③ **수정된 돌턴의 원자설**

ⓐ 원자는 핵분열이나 핵융합으로 질량이 다른 원자를 얻을 수 있다.

ⓑ 동위원소가 발견됨으로써 같은 종류의 원소의 원자라도 질량이 다를 수 있다.

ⓒ 화학반응에서 원자는 재배열될 뿐 다른 원소의 원자로 바뀌거나 없어지지 않는다.

ⓓ 화합물은 성분 원소의 원자들이 일정한 비율로 결합해서 이루어진다.

(2) **분자(molecule)**

① 물질의 특성이 있는 가장 작은 입자이며, 원자의 결합체 중 독립 입자로 작용하는

1) 이해평, 박영주, 위험물질론, 도서출판 화수목(2015).
2) 이해평, 박영주, 위험물 안전관리, 도서출판 화수목(2015).

단위체로서 고체, 액체, 기체 상태로 존재할 수 있으며 분자 간의 거리가 변화하면 상태가 변한다. 분자는 쪼개져 다시 원자로 될 수 있으며 원자 조성의 변화에 따라 수많은 물질을 만들어 낼 수 있다.

② **아보가드로의 분자설**(Avogadro's molecular hypothesis)

ⓐ 기체는 분자라고 부르는 입자들로 구성되어 있다.

ⓑ 분자는 여러 개의 원자가 결합하여 이루어진 입자이다.

ⓒ 모든 기체는 같은 온도와 압력에서, 같은 부피 속에 같은 수의 분자를 포함한다.

ⓓ 같은 물질의 분자는 크기, 모양, 질량, 성질이 같다.

③ **분자의 구성**

ⓐ 분자는 한 개의 원자로 된 것이 있고, 두 개 이상 여러 개의 원자로 된 것이 있다.

ⓑ 분자의 종류는 다음과 같다.

㉠ **단원자 분자** : He, Ne, Ar, Kr, Xe, Rn, Hg 증기 등

㉡ **이원자 분자** : H_2, O_2, N_2, F_2, Cl_2, Br_2, I_2 등

㉢ **삼원자 분자** : O_3, CO_2, H_2O, $CaCl_2$ 등

㉣ **다원자 분자** : H_2SO_4(7 원자 분자) 등

㉤ **거대분자** : NaCl, 녹말, 달걀흰자 등

(3) **원소(element)**

① 원자번호에 의해서 구별되는 한 종류만의 원자로 만들어진 물질 및 그 홑원소 물질의 구성요소이다.

② **원소**는 성분의 종류로 나타내고 **원자**는 상태의 개수로 나타낸다. 예 CO_2는 탄소 원소와 산소 원소로 되어 있는 화합물이며, 1개의 탄소 원자와 2개의 산소원자로 구성된 화합물이다.

2) 원자의 구조

(1) 원자의 구성

① 원자는 **원자핵**과 그 주위를 도는 **전자**(electron)로 구성된다.

ⓐ 직경 : 약 1Å(=10^{-8}cm) 정도로서 반경은 원자핵 반경의 약 10^4배 정도 큼

ⓑ 질량 : 약 10^{-24}g 정도

② 전자는 전기적으로 (−)를 띠며 (+)를 띠는 양성자는 원자핵 속에 있는데 전자의 개수는 원소마다 다르며, 이것은 그 원소의 특성을 결정한다.

③ **원자핵**(atomic nucleus)은 질량이 거의 같은 양성자와 중성자로 구성된다.

ⓐ **원자량(질량수)**은 양성자(양자)와 중성자의 합이다.

ⓑ 원자핵의 반경은 **페르미 단위**로 측정한다. (1 페르미(fm)=10^{-15}m)

④ **양성자(proton)**는 중성자와 함께 원자핵을 구성하며, 양의 전하를 갖는다.

⑤ **중성자(neutron)**는 전하를 띠지 않으며 **중성자 수**는 원자량(질량수)에서 양성자수를 뺀 것이다.

⑥ **원자량(atomic weight)**은 원자의 평균 질량을 일정 기준에 따라 정한 비율이다.

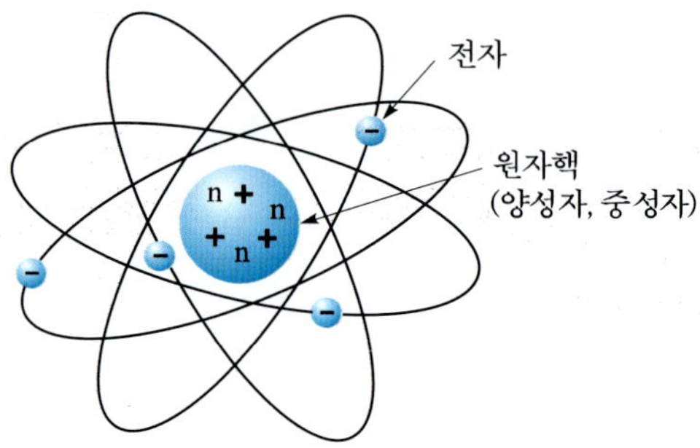

원자의 구조

(2) **원자번호(atomic number)**

① 원자핵 속의 양성자수나 원자핵 주위의 전자 수이다.

② 원소의 화학적 성질이 결정되는 데 영향을 끼치며, 다음과 같이 표기한다.

$$^{m}_{n}\chi = {}_{n}\chi^{m}$$

여기서, χ는 원소, m은 질량수, n은 중성자 수이다.

(3) **소립자(elementary particle)**

① 물질을 이루는 가장 작은 단위의 물질로서 소립자의 종류에는 양성자, 중성자, 전자, 중간자, 광자, 반양자 등이 있다.

② 소립자의 질량 크기는 **중성자** > **양성자** > **중간자** > **전자**의 순이다.

③ 원자핵 속의 양성자와 중성자는 **중간자(mason)**에 의해서 강하게 결합하고 있다.

(4) **동위원소(isotope)** 또는 **동위체**

① 원자번호는 같지만, 질량수가 서로 다른 원소를 말하는데 자연에서 존재하는 동위원소의 혼합비는 거의 일정하다. 예 $^{35}_{17}Cl$과 $^{37}_{17}Cl$, $^{12}_{6}C$와 $^{13}_{6}C$ 등

② 원소의 화학적 성질은 그 원소를 구성하고 있는 원자의 원자핵 내에 있는 양성자의 수(원자번호)에 의해 결정되며, 원자의 질량은 양성자와 중성자의 수의 합(질량수)에 거의 비례하므로 동위원소란 양성자의 수는 같고 중성자의 수만이 다른 원자핵

으로 이루어진 원소들이다.

(5) **동중원소(isobar)**

① 원자번호(양성자수)는 다르지만, 질량수(양성자수와 중성자 수의 합)는 같은 원자핵을 갖는 원소이다.

② 중성자 수가 서로 달라서 쿨롱 힘도 다르고, 중성자 과잉의 영향으로 안정한 핵이 질량수가 홀수이면 안정된 원자핵은 1개, 짝수이면 2~3개 밖에 존재하지 않는다.

예 아르곤(원자번호 18), 포타슘(원자번호 19), 칼슘(원자번호 20)의 각 핵의 동위원소 중에는 모두 질량수 40인 핵이 있는데, 이들을 동중원소라고 하며, 텔루륨 $^{130}_{52}Te$과 제논 $^{130}_{54}Xe$ 및 베릴륨 $^{130}_{56}Be$, 수은 $^{204}_{80}Hg$과 납 $^{204}_{82}Pb$ 등도 각각 동중원소이다.

(6) **동소체(allotrope)**

같은 원소로 되어 있으나 단위분자를 구성하는 원자 수가 다르거나 같은 화학조성이지만 원자의 배열 상태와 결합양식이 다른 것이다. 예 산소와 오존, 다이아몬드와 흑연, 황린과 적린, 사방황과 단사황 그리고 고무상황 등

3) 원자의 전자배열

(1) 원자핵 주변에는 양자수와 같은 수의 전자가 원자핵을 중심으로 **전자각(electron shell)**이라고 부르는 몇 개의 층을 이루며 배치되어 있다.

(2) **최외각전자(peripheral electron)**

① 원자를 구성하는 전자 중 가장 바깥쪽에 있는 궤도전자이다.

② 화학적 성질을 지배하는 원자가전자나 가전자로서 주기율표에서 족 수와 일치한다.

③ 2개일 때가 안정한 K 각을 제외하고 나머지는 8개일 때 안정하며 주기율표에서 0족 원소의 전자배열이다.

④ n번(주양자수)에 들어갈 수 있는 최대 전자 수는 $2n^2$개이며, n의 수는 주기율표의 주기 번호와 일치한다.

⑤ **팔우설(octet theory)**은 최외각전자

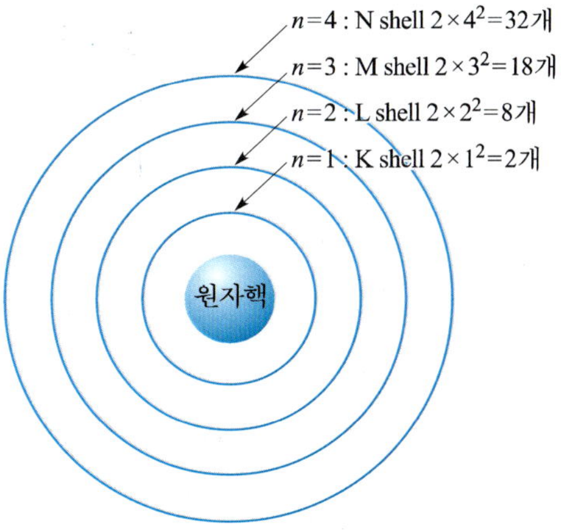

전자껍질 및 전자 수

가 8개가 아닌 원자가 최외각전자를 방출하거나 보충하여 8개가 되어 0족의 원소와 같은 안정한 전자배열을 가지려는 경향을 말한다.

(3) **원자의 스펙트럼**

① 빛이 분산되어 생긴 띠를 말한다.

② **라이먼 계열**($n=1$) : 자외선 영역의 스펙트럼으로 에너지 변화가 클수록 파장이 짧다.

③ **발머 계열**($n=2$) : 가시광선 영역의 스펙트럼이다.

④ **파센 계열**($n=3$) : 적외선 영역의 스펙트럼으로 에너지 변화가 작을수록 파장이 길다.

⑤ **브라켓 계열**($n=4$) : 적외선 영역의 스펙트럼이다.

⑥ **푼트 계열**($n=5$) : 적외선 영역의 스펙트럼이다.

⑦ 에너지 크기는 K<L<M 순이며, 안정성은 K>L>M=**라이먼 계열**>**발머 계열**>**파센 계열**=**자외선**>**가시광선**>**적외선 순**이다.

(4) **원자구조의 모델**

① **오비탈(확률 궤도, orbital)**

ⓐ 원자핵 주위에서 전자가 발견될 확률을 나타내거나, 전자가 어떤 공간을 차지하는가를 보여주는 함수이다.

ⓑ s **오비탈**은 공 모양이며, 방향성이 없고, 전자가 2개까지 들어갈 수 있다.

ⓒ p **오비탈**은 아령 모양으로, 같은 전자껍질에 에너지 준위가 같은 3개의 p오비탈이 세 방향으로 분포하며, 각각 2개씩 전자가 들어갈 수 있다.

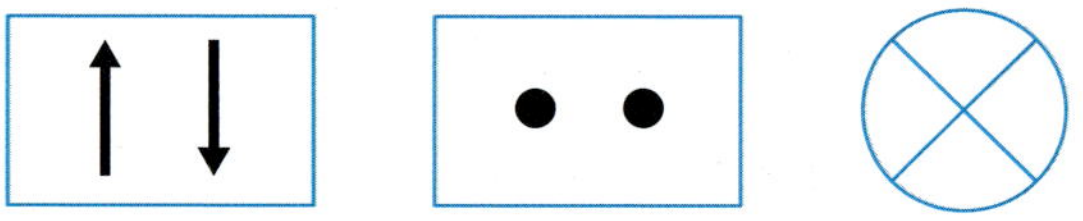

오비탈의 표시 방법

② 각 주기의 오비탈과 최대 수용 전자 수는 $2n^2$이고 오비탈의 최대 수용 전자 수는 $s=2$, $p=6$, $d=10$, $f=14$로서 다음과 같다.

ⓐ 1주기(K shell) : $n=1$ → 2개 

ⓑ 2주기(L shell) : $n=2$ → 8개 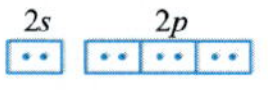

ⓒ 3주기(M shell) : $n=3$ → 18개 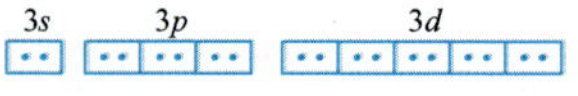

ⓓ 4주기(N shell) : $n=4$ → 32개 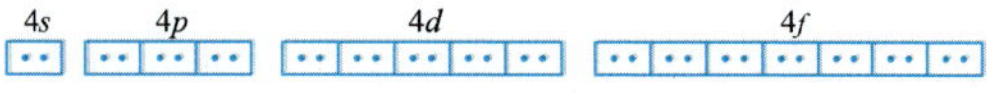

③ **전자가 채워지는 순서**

ⓐ **파울리의 배타원리(Pauli's principle)** : 다수의 전자를 포함하는 계에서 2개 이상의 전자가 같은 양자 상태를 취하지 않는다.

ⓑ **훈트의 규칙(Hund's rule)** : 에너지가 같은 몇 개의 원자오비탈에 전자가 들어갈 때, 에너지가 가장 낮은 전자배치는 홀전자 수가 가장 많고, 이들이 모두 같은 스핀 양자수를 가진다는 규칙(p오비탈에서의 전기적 배척에 의한 전자배치)인데 p오비탈에서는 오비탈이 3개이므로 전자 상호 전기적 배척으로 오비탈 한 개에 전자 한 개씩 채워진다.

④ **부대 전자(홀전자, unpaired electron)** : 오비탈 안에 쌍을 이루지 못한 전자이다.

⑤ **에너지 준위(energy level)** : 전자가 갖는 에너지 상태로서 $4s$ 보다 $3d$의 에너지가 더 큰 것처럼 에너지 준위는 규칙성이 없는데 에너지 준위의 크기는 $1s < 2s < 2p < 3s < 3p < 4s < 3d < 4p$의 순이다.

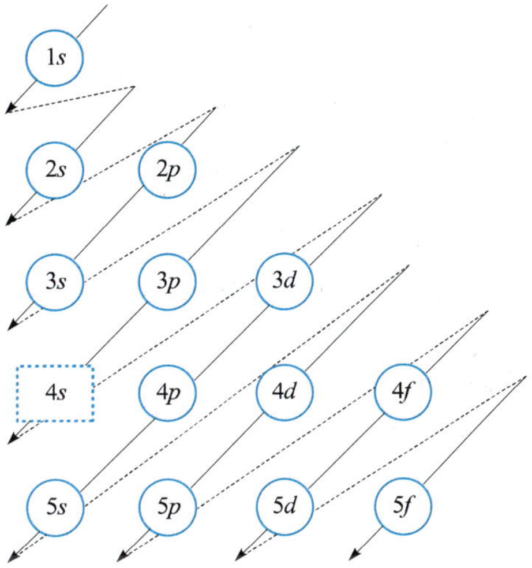

에너지 준위

2. 원소의 주기율[1)2)]

1) 주기율(periodic law)

(1) 원소를 원자번호 순으로 나열하면 그 성질이 주기적으로 변화한다.

(2) 1869년 러시아의 화학자인 D. I. 멘델레예프(Mendeleev)가 만든 원자량의 증가 순서로 원소를 배열한 주기율표가 처음 사용되었는데 최근에는 1913년 영국의 모즐리(Moseley)가 제안한 원자번호 순으로 원소를 배열한 주기율표가 널리 사용되고 있다.

1) 이해평, 박영주, 위험물질론, 도서출판 화수목(2015).
2) 이해평, 박영주, 위험물 안전관리, 도서출판 화수목(2015).

2) 주기율표(periodic table)

분류	알칼리금속	알칼리토금속	희토류	타이타늄족	토산금속	크로뮴족	망가니즈족	철족(위의 것 3종) 백금족(아래 것 6종)			구리족	아연족	알루미늄족	탄소족	질소족	산소족	할로젠족	불활성 기체
족	1A	2A	3B	4B	5B	6B	7B	8B			1B	2B	3A	4A	5A	6A	7A	8A·0
IUPAC 족 / 주기	1	2	3	4	5	6	7	8	9	10	11	12	13	14	15	16	17	18
1	H	금속원소 ■ 양쪽성원소 중 산·염기와 수소를 발생하는 것																He
2	Li	Be	비금속 준금속										B	C	N	O	F	Ne
3	Na	Mg	전이원소										Al	Si	P	S	Cl	Ar
4	K	Ca	Sc	Ti	V	Cr	Mn	Fe	Co	Ni	Cu	Zn	Ga	Ge	As	Se	Br	Kr
5	Rb	Sr	Y	Zr	Nb	Mo	Tc	Ru	Rh	Pd	Ag	Cd	In	Sn	Sb	Te	I	Xe
6	Cs	Ba	La	Hf	Ta	W	Re	Os	Ir	Pt	Au	Hg	Tl	Pb	Bi	Po	At	Rn
7	Fr	Ra	Ac	※ 란타넘(란탄 또는 란타니드)족·악티늄(악티니드)족 생략														
대표적 원자가	+1	+2	+2(공통원자가) ※ +2가 이외에 여러 가지의 원자가를 가짐										+3	+4 +2 −4	+5 +2 −3	+6 +3 −2	+7 +5 −1	0

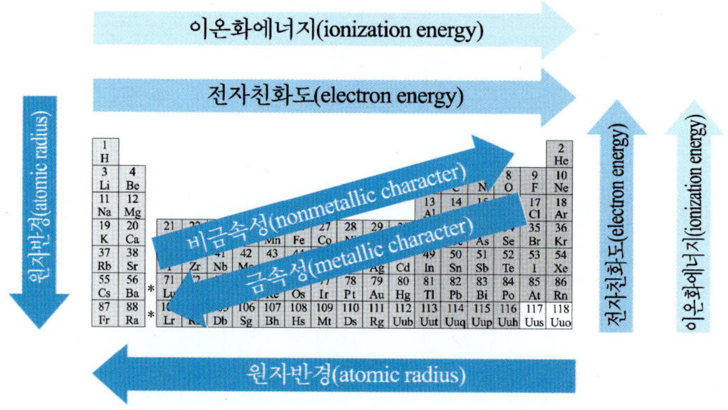

주기율표에 나타낸 몇 가지 원소 성질의 변화 경향

(1) 주기성을 나타내는 원소를 원자번호의 순서대로 배열하면서 물리적·화학적 성질이 비슷한 원소들이 같은 족으로 배열되도록 분류한 표이다.

(2) 주기율표는 8개 원소를 가지는 2주기·3주기 원소를 기준으로 작성된 **단주기형**(멘델레예프 형)과 18개 원소를 가지는 4주기·5주기 원소를 기준으로 작성된 **장주기형**이 있다.

(3) **주기(period)**는 전자껍질의 개수를 나타내며, **족(family)**은 최외각전자의 개수를 나타내는데 같은 족의 최외각전자 수는 같으며 화학적 성질을 지배한다.

(4) **전형원소**(typical elements)는 주기율표의 A족에 속하는 금속 · 비금속의 원소이며, **전이원소**(transition elements)는 주기율표 B족에 속하는 금속원소이다.

3) 원자의 성질

(1) **원자반경과 이온반경**

① **원자반경**(atomic radius)

ⓐ 원자를 구형으로 보았을 때의 반경으로서 그 크기는 1Å 정도이다.

ⓑ 다른 원자와 화학결합을 하고 있을 때 반데르발스 힘 등에 의해 원자반경의 값이 달라진다.

ⓒ 공유결합이나 이온결합 등의 화학결합으로 분자를 이루는 원자는 원자반경을 공유결합반경이나 이온결합반경으로 표현한다.

ⓓ 같은 주기에서 원자번호가 증가할수록 원자반경이 작아지고 양전하는 증가한다.

ⓔ 같은 족에서 원자번호가 증가할수록 원자반경이 커지고 궤도가 증가하므로 밀도는 작아진다.

② **이온반경**(ionic radius)은 이온을 구 형태로 보았을 때의 반경인데 두 이온의 중심 사이 거리를 두 이온반경의 합으로 구하며, X선 회절로 이 값을 구한다.

(2) **이온**(ion)

① **이온**은 중성원자가 팔우설에 따라 최외각전자의 수가 8개인 0족 원소와 같이 안정된 전자배열을 갖는 것이다.

② 금속 원자는 전자를 잃어버리기 쉬우므로 양전기(+)를 띤 **양이온**(cation)이 되고, 비금속 원자는 전자를 받아오기 쉬우므로 음전기(−)를 띤 **음이온**(anion)이 된다.

③ **중성원자**는 양성자의 수와 전자의 수가 같으므로 전기적으로 중성이다.

④ **0족(불활성 기체)의 원소**들은 헬륨, 네온, 아르곤, 크립톤, 제논, 라돈 등이 해당한다.

(3) **이온화 경향**(ionization tendency)

① 금속이 액체, 특히 물과 접촉하였을 때 최외각전자를 잃고 양이온이 되고자 하는 경향이다.

② 이온화 경향이 작은 금속은 큰 금속의 염에 치환하지 못한다.

③ 이온화 경향이 큰 금속은 산과 반응하여 수소 기체를 발생한다.

④ 이온화 경향이 수소 이하일 때는 수소 기체를 발생하지 않는다.

⑤ 이온화 경향의 서열은 Li > Rb > K > Ba > Sr > Ca > Na > Mg > Al > Zn > Fe > Ni > Sn > Pb > H > Cu > Hg > Ag > Pt > Au 순이다.

(4) **이온화 에너지(ionization energy)**

① 바닥 상태에 있는 원자 또는 분자에서 1개의 전자를 꺼내어 1개의 양이온과 자유전자로 완전히 분리하는 데 필요한 에너지이다.

② 같은 족에서 원자번호가 증가할수록 원자핵과 가전자와의 인력이 약하므로 이온화 에너지가 작고 금속성은 증가하며, 같은 주기에서는 원자번호가 클수록 크다.

③ 0족이 가장 크며 1족의 금속이 가장 작다.

ⓐ **0족(불활성 기체)** : He > Ne > Ar > Kr > Xe > Rn

ⓑ **1족(알칼리금속)** : H > Li > Na > K > Rb > Cs

(5) **전기음성도(electro negativity)**

① 전자를 끌어당기는 원자의 능력 즉, 중성원자가 다른 원자로부터 전자를 끄는 힘의 척도를 나타낸 것이며 전기음성도가 크다는 것은 음이온으로 만들어지는 성질이 강하다는 것이다.

② 전기음성도는 F > O > N > Cl > Br > C > S > I > H > P… 순이다.

제3절 화학식과 화학결합

1. 화학식[1)2)]

1) 화학식의 종류

(1) **실험식(empirical formula) 또는 조성식**

화합물 속 원자의 조성을 나타내는 가장 간단한 화학식이며 각 성분 원소의 원자 수 비율을 가장 간단한 정수비로 만들어 각 원소기호 뒤에 붙인 식이다. 예 C_2H_2와 C_6H_6의 실험식은 CH이고, H_2O_2의 실험식은 HO 그리고 H_2O의 실험식은 H_2O

(2) **분자식(molecular formula)**

① 분자의 조성과 그 분자를 구성하는 원자의 수를 원소기호를 써서 나타낸 식이며 물질을 이루는 분자의 짜임새를 나타낸다.

② 분자식과 실험식의 관계는 다음과 같으며, 실험식 비의 정수비가 실험식이다.

ⓐ 분자식 = 실험식 × n

---

1) 이해평, 박영주, 위험물질론, 도서출판 화수목(2015).

2) 이해평, 박영주, 위험물 안전관리, 도서출판 화수목(2015).

ⓑ 실험식 $= \dfrac{\text{분자식}}{n}$

ⓒ 분자량 = 실험식량 $\times\ n$

ⓓ 실험식 비 $= \dfrac{\text{각 성분의 질량 또는 백분율}}{\text{원자량}}$ 의 비

(3) **시성식(rational formula)**

① 분자가 가진 특성을 알 수 있도록 작용기를 써서 나타낸 식이다. 즉, 분자 속에 들어 있는 원자단(관능기)의 결합 상태를 나타낸 화학식으로 유기화합물에서 많이 사용하며 분자식은 같은데 전혀 다른 성질을 갖는 물질을 구분할 때 이용한다.

② 분자식 C_2H_6O는 에틸알코올과 다이메틸에터가 있으므로 어느 것인지 알 수 없지만, C_2H_5OH나 CH_3OCH_3와 같이 시성식으로 나타내면 쉽게 구분할 수 있다.

(4) **구조식(structural formula)**

① 화합물을 구성하는 각 원자가 분자나 다원자이온 내에서 어떻게 결합해 있는가를 도식적으로 나타낸 화학식이다.

② 화합물에서 원자를 결합선으로 표시하여 원자가와 같은 수의 결합선으로 분자 내의 원자들을 연결해서 결합 상태를 나타낸다.

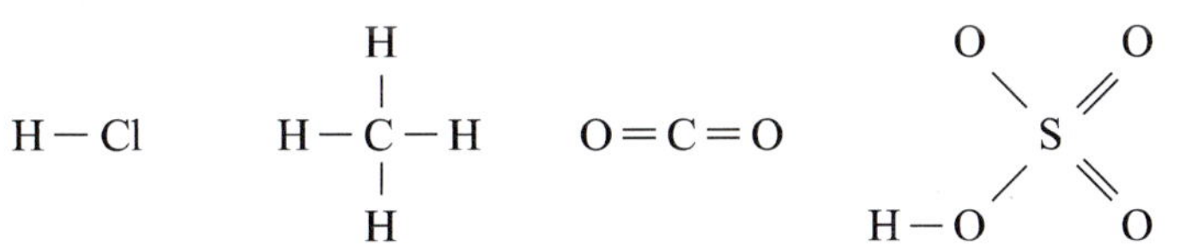

구조식의 예

(5) **전자점식(electorn–dot diagram)** 또는 **루이스(Lewis) 전자식**

원자가전자를 점으로 표시한 것이며, 이때 1개씩 있는 전자를 **홀전자**라 하며, 2개가 쌍을 이룬 경우를 **전자쌍**이라고 한다.

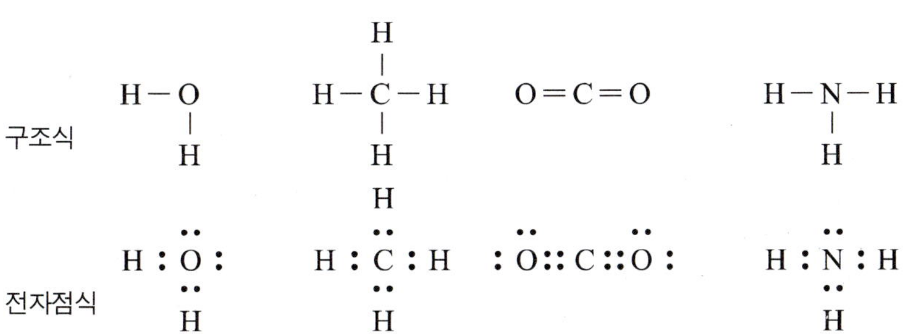

구조식과 전자점식의 비교

2) 화학식 작성

(1) **원자단(atomic group)**은 두 가지 이상의 원소가 일정한 원자 수로 결합하여 한 개의 원자처럼 화학변화에서 옮겨 다니는 원자의 모임이며 **기** 또는 **근**이라고도 하는데 족 수와 주요 원자단의 원자가는 다음과 같다.

▶ **주기율표에서의 원자가**

족 수 / 주기	1	2	3	4	5	6	7	0
원자가	+1	+2	+3	+4 +2 −4	+5 +3 −3	+6 +4 −2	+7 +5 −1	0
	고정			유동				고정

▶ **중요한 원자단과 원자가**

이름	원자단	원자가	이름	원자단	원자가
수산기	OH^{-}	−1	중크로뮴산기	$Cr_2O_7^{-2}$	−2
사이안기	CN^{-}	−1	질산기	NO_3^{-}	−1
아황산기	SO_3^{-2}	−2	크로뮴산기	CrO_4^{-2}	−2
암모늄기	NH_4^{+}	+1	탄산기	CO_3^{-2}	−2
인산기	PO_4^{-3}	−3	황산기	SO_4^{-2}	−2

(2) 각 원자나 원자단의 원자가를 교차시킨다.

① 양이온 +1 또는 음이온 −1의 원자가는 교차시킨 후 화학식에 표시하지 않는다.

② 원자와 원자의 원자가는 다음과 같이 교차한다.

$KCl : K^{+1} Cl^{-1}$ $Fe_2O_3 : Fe^{+3} O^{-2}$ $H_2O : H^{+1} O^{-2}$

③ 원자가를 2개 갖는 원자들은 다음과 같이 교차한다.

$FeO : Fe^{+2} O^{-2}$

$Fe_2O_3 : Fe^{+3} O^{-2}$

$CO : C^{+2} O^{-2} \longrightarrow C_2O_2 \longrightarrow CO$

$CO_2 : C^{+4} O^{-2} \longrightarrow C_2O_4 \longrightarrow CO_2$

$SO_2 : S^{+4} O^{-2} \longrightarrow S_2O_4 \longrightarrow SO_2$

$SO_3 : S^{+6} O^{-2} \longrightarrow S_2O_6 \longrightarrow SO_3$

④ 원자단은 괄호로 구분한다.

$KOH : K^{+1} OH^{-1}$ $Ca(OH)_2 : Ca^{+2} OH^{-1}$

$H_2SO_4 : H^{+1} SO_4^{-2}$ $Al_2(SO_4)_3 : Al^{+3} SO_4^{-2}$

3) 무기화합물 명명법

(1) 무기화합물의 음성에 '소'가 없으면 '화'를 붙이고 '소'가 있으면 '화'로 바꾼 다음 양성을 붙여 읽는다. 예 $NaCl$: 염화나트륨, Al_2O_3 : 산화알루미늄, H_2S : 황화수소

(2) 무기화합물의 음성이 원자단이면 '기'를 생략하는데 수산기와 사이안기는 '기'를 '화'로 바꾸어 읽는다. 예 $Al_2(SO_4)_3$: 황산알루미늄, $Al(OH)_3$: 수산화알루미늄, KCN : 사이안화 포타슘

(3) 원자가가 2개인 경우 다음과 같다.

① 양성 원자에서 작은 원자가는 제1 또는 원자가를 로마자로 표시하고 큰 원자가는 제2 또는 원자가를 로마자로 표시한다.

예 FeO : 산화 제1철, 산화철(Ⅱ) – Fe_2O_3 : 산화 제2철, 산화철(Ⅲ)

② 음성 원자에서 큰 원자가는 '과'를 붙인다.

예 H_2O : 산화수소 – H_2O_2 : 과산화수소, Na_2O : 산화나트륨 – Na_2O_2 : 과산화나트륨

(4) 음성원소의 원자 수가 복수일 경우는 음성원소의 수를 부른다.

예 CO : 일산화탄소 – CO_2 : 이산화탄소, SO_2 : 이산화황 – SO_3 : 삼산화황

(5) 산은 수소라는 말을 안 쓰고 산이라는 말을 붙인다.

예 HNO_3 : 질산, HCl : 염화수소산, CH_3COOH : 아세트산

2. 화학결합[1)2)]

1) 공유결합(covalent bond)

(1) 2개의 원자가 서로 전자를 방출하여 전자쌍을 형성하고, 이를 공유함으로써 생기는 결합이며, 대부분의 유기화합물과 일부 무기화합물에서 볼 수 있고 공유결합 화합물로는 비금속의 단체와 비금속과 비금속의 화합물 등이 있다.

(2) 공유결합 화합물의 특성은 다음과 같다.

① 전기의 부도체이다.

② 휘발성 화합물이 많다.

③ 다이아몬드, 규소, SiO_2, SiC 등을 제외하고는 융해점과 비등점이 낮다.

④ 전기음성도 차가 1.7 미만인 원자들 사이에서 일어난다.

---

1) 이해평, 박영주, 위험물질론, 도서출판 화수목(2015).
2) 이해평, 박영주, 위험물 안전관리, 도서출판 화수목(2015).

⑤ **전자쌍 반발의 원리**(valence shell electron pair repulsion theory)에 의해 원자와 원자가 결합할 때 일정한 각도와 거리를 가지며, **전자쌍 반발의 원리**는 한 원자를 둘러싸는 전자쌍들은 정전기적인 반발 때문에 서로 멀리 떨어지려는 경향이 있어 일정한 각도를 갖는 것이다.

(3) **비극성공유결합**(non covalent bond)

① 공유전자쌍을 원자가 같은 힘으로 끌어당기므로 어느 한쪽으로 치우치지 않게 되는 결합(쌍극자모멘트의 합이 0인 결합)이다.

② **비극성분자**(non-polar molecular) 또는 **무극성분자** : 대칭구조를 이루고 비극성공유결합을 하는 분자로서 비극성 용매인 석유, 벤젠, 사염화탄소에 잘 녹는다. 예 H_2, O_2, N_2, Cl_2, P_4, CH_4, C_2H_4, C_2H_2, CO_2, C_6H_6 등

(4) **극성공유결합**(polar covalent bond)

① 공유전자쌍이 어느 한쪽의 원자에 치우쳐 결합한 공유결합이다.

② **극성분자**(polar molecular) 또는 **유극성분자** 또는 **쌍극자를 이루고 있는 분자** : 비대칭구조를 이루고 극성공유결합을 하는 분자이다. 예 HF, HCl, H_2O, NH_3, H_2S, CH_3COOH, CH_3COCH_3 등

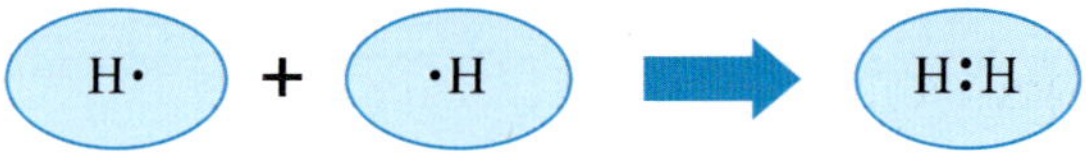

공유결합

2) 금속결합(metallic bond)

(1) 자유전자가 금속 양이온 사이를 자유롭게 돌아다니면서 금속원소의 원자들이 집합하여 금속결정을 만드는 화학결합이다.

(2) 자유전자는 원자에서 떨어져 나온 원자가전자로서 한쪽의 자유전자는 시계방향으로 다른 한쪽은 반시계 방향으로 회전한다.

(3) 금속결합의 결합력은 자유전자 수에 비례하며, 금속결합의 특성은 다음과 같다.

① 광택을 갖는다.

② 융해점이 높다.

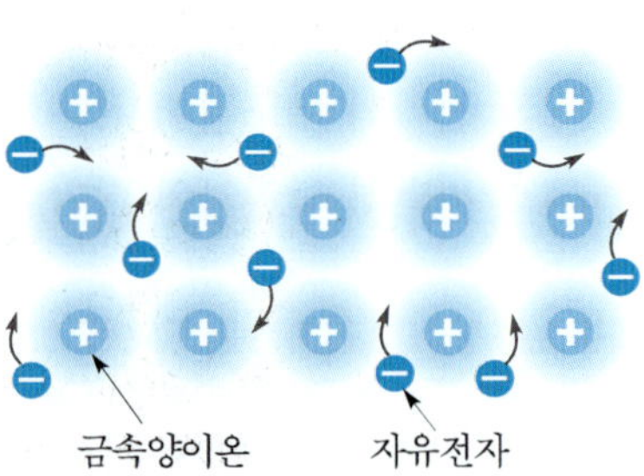

금속결합

③ 전기의 양도체이다.

④ 퍼짐성과 뽑힘성이 크다.

3) 반데르발스 힘(van der Waals force)

(1) 부대 전자를 갖지 않은 전기적으로 중성인 분자 간에 작용하는 힘으로서 비교적 원거리에서 작용하는 인력을 말하며, 분산력의 결과로 발생한다.

(2) 수소결합의 1/10 정도 결합력을 가지며, 아이오딘, 드라이아이스, 나프탈렌의 결합처럼 분자성 결정 물질로서 승화성이 있다.

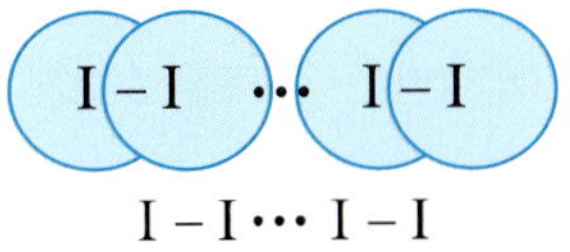

반데르발스 힘

4) 배위결합(coordinate covalent bond)

(1) 결합에 관여하는 2개의 원자 중 한쪽 원자만을 중심으로 생각할 때, 결합에 관여하는 전자가 형식적으로 한쪽 원자로부터만 제공된 결합 즉, 공유결합 물질에서 비공유 전자쌍을 일방적으로 내놓는 결합이다.

(2) 배위결합은 전이금속화합물에서 흔히 볼 수 있는데 전자쌍을 제공하는 분자나 이온이 전이 금속이온과 배위결합 하여 **착이온**(complex ion)이라는 거대한 이온을 형성한다.

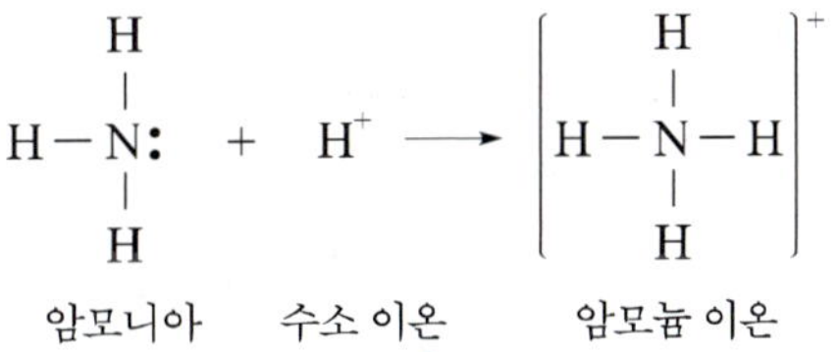

배위결합

5) 수소결합(hydrogen bond)

(1) O, N, F 등 전기음성도가 강한 2개의 원자 사이에 수소 원자가 들어감으로써 생기는 약한 화학결합으로 X－H⋯Y와 같이 표시하는데 그 존재는 X－H기의 신축진동 변화를 적외선흡수스펙트럼으로 확인할 수 있다.

(2) 공유결합 1/10 정도의 결합력을 가지며, 밀도가 작고 비등점과 융해점이 높으며 증발열이 크다.

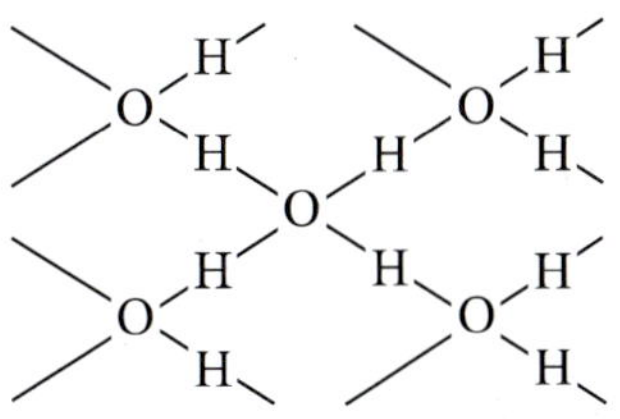

수소결합

6) 이온결합(ionic bond)

(1) 양이온과 음이온이 정전기적 인력으로 결합하여 생기는 화학결합인데 대응하는 화학결합으로는 공유결합을 들 수 있으며, 양성이 강한 금속과 음성이 강한 비금속의 결합물이 있다. 양이온 주위를 여러 개의 음이온이 정전기적 인력으로 둘러싸고 있는 결정구조를 이루는 경우가 많다.

(2) 이온결합을 하는 화합물의 특성은 다음과 같다.

① 극성용매인 물에 잘 녹으며, 융해점과 비등점이 높다.

② 전기음성도 차가 1.7 이상이다.

③ 비전도성이지만 용융 상태나 수용액에서는 전기전도성이 있다.

(3) 이온결합으로 만들어진 결정을 **이온성 결정(ionic crystal)**이라고 하는데 이온성 결정으로 된 화합물의 화학식은 분자식이 아닌 실험식이다.

① 1족과 6족의 결합 : K_2O, K_2S, Na_2O, Na_2S 등

② 1족과 7족의 결합 : KCl, KBr, KI, NaCl, NaF, NaBr 등

③ 2족과 6족의 결합 : CaO, BaS, MgO 등

④ 2족과 7족의 결합 : $MgCl_2$, $CaCl_2$, $BaCl_2$ 등

⑤ 기타 : $AlCl_3$, Al_2O_3 등

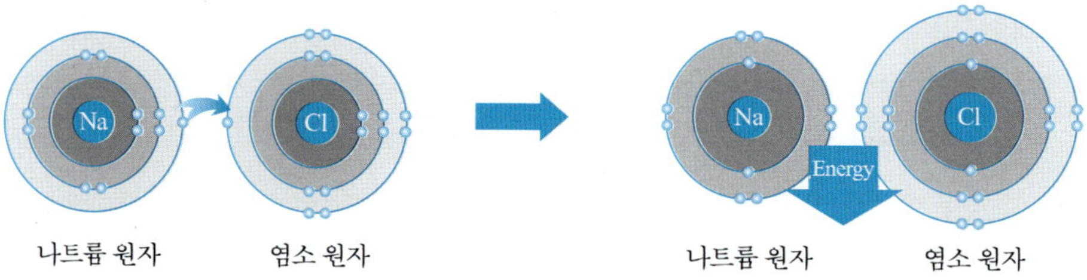

이온결합

7) 다중결합

에틸렌(C_2H_4)은 sp^3 혼성 오비탈 함수이고, 아세틸렌(C_2H_2)은 sp 혼성 오비탈 함수이다.

▶ 분자의 기하학적 모양

족수	결합수 (전자쌍)	원소	화합물	분자 형태		결합각	궤도함수
1	1	Li	LiH	Li − H	직선형	180°	s
2	2	Be	BeH_2	H − Be − H	직선형	180°	sp
3	3	B	BH_3	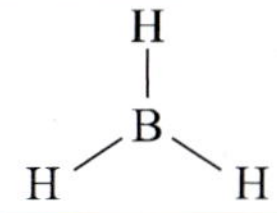	평면 정삼각형	120°	sp^2
4	4	C	CH_4	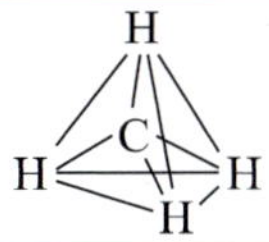	정사면체	109.28°	sp^3
5	3	N	NH_3	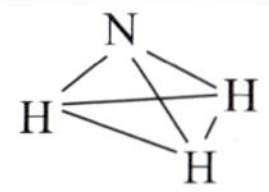	피라미드형	106.7°	p^3
6	2	O	H_2O	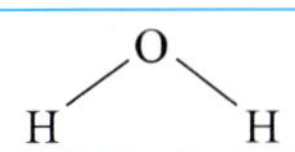	굽은 형	104.5°	p^2
7	1	F	HF	H —— F	직선형	180°	p

8) 결합력의 세기

결합력의 세기는 공유결합 > 이온결합 > 수소결합 > 반데르발스 힘의 순이며, 반데르발스 힘 : 수소결합 : 공유결합 = 1 : 10 : 100이다.

제4절 산·염기·염 및 수소이온 농도

1. 산(acid)[1)2)]

1) 산의 정의

(1) 수용액에서 해리하여 수소이온을 생성하고 염기와 중화하여 염을 만드는 물질이다.

(2) 금속과 치환하는 수소를 가진 수소화합물을 산이라 하며, 물에 녹아서 전리되어 수소이온(H^+) [하이드로늄이온(H_3O^+)]을 낸다.

(3) [H^+와 산기]의 모양을 나타내는 물질은 HCl(염화수소산), HNO_3(질산), HNO_2(아질산),

1) 이해평, 박영주, 위험물질론, 도서출판 화수목(2015).
2) 이해평, 박영주, 위험물 안전관리, 도서출판 화수목(2015).

H_2SO_4(황산), H_2CO_3(탄산), H_3PO_4(인산), H_3BO_3(붕산) 등이 있다.

2) 산의 특성

(1) 양성자를 줄 수 있는 물질이다(Brønsted).

(2) 비공유 전자쌍을 받을 수 있는 물질이다(Lewis).

(3) 염기와 중화반응 하여 염과 물이 된다.

(4) 전기분해 해서 음극(−)에서 수소가 발생한다.

(5) 전리해서 수소이온(H^+)을 내는 수소화합물이다(Arrhenius).

(6) 신맛을 갖는다.

(7) 리트머스 시험지가 청색에서 적색으로 변하는데 리트머스 시험지는 중성에서 보라색을 띤다.

(8) 지시약으로는 메틸오렌지와 메틸레드를 사용하고 강산 및 약염기의 적정에 사용하며, 산성에서 적색·주황색·황색, 중성 및 염기성에서는 황색을 나타낸다.

3) 산의 분류

(1) 산이 전리되어 얻어지는 H^+의 수를 그 산의 **염기도(basicity)**라 한다.

① 2 염기 산 이상의 산은 **다염기산**이라고도 하며, 2단계 또는 3단계로 전리한다.

② 0.1N(18℃)에서 전리도가 큰 강산에는 HCl(염화수소산 : 0.926), HBr(브로민화수소산 : 0.935), HI(아이오딘화수소산 : 0.95), HNO_3(질산 : 0.93), H_2SO_4(황산 : 0.59), $HClO_4$(과염소산 : 1) 등이 있다.

③ 전리도가 작은 약산중에서 강한 산에는 HF(플루오린화 수소산 : 0.15), H_2SO_3(아황산 : 0.34), H_3PO_4(인산 : 0.27) 등이 있다.

④ 약산중에서 중간 산에는 CH_3COOH(아세트산 : 0.0134), H_2CO_3(탄산 : 0.0017) 등이 있다.

⑤ 약산중에서 약한 산에는 H_2S(황화 수소산 : 0.0007), H_3BO_3(붕산), C_6H_5OH(석탄산), HCN(사이안화수소산) 등이 있다.

구분 (1)	구분 (2)	대표적인 보기
1 염기 산	1가의 산	HCl(염화수소산), HNO_3(질산), CH_3COOH(아세트산), $HClO_3$(염소산), C_6H_5OH(석탄산)
2 염기 산	2가의 산	H_2SO_4(황산), H_2SO_3(아황산), H_2CO_3(탄산), $H_2C_2O_4$(옥살산), H_2S(황화 수소산)
3 염기 산	3가의 산	H_3PO_4(인산), H_3BO_3(붕산)

(2) 산의 분자 중에 산소가 포함된 산을 **산소산(oxygen acid)**이라 하고, 산소가 포함되어 있지 않은 산을 **비산소산(non oxygen acid)**이라고 한다.

① 산소산에는 HNO_3(질산), H_2SO_4(황산), H_2SO_3(아황산), H_2CO_3(탄산) 등이 있다.

② 비산소산에는 HCl(염화수소산), HBr(브로민화수소산), HI(아이오딘화수소산), HF(플루오린화 수소산), H_2S(황화수소), HCN(사이안화수소산) 등이 있다.

2. 염기(base)[1)2)]

1) 염기의 정의

(1) 수용액 상태에서 해리하여 수산화이온을 내놓는 물질이며, 염기 중에서 물에 녹아 OH^-를 내는 물질을 **알칼리(alkali)**라 한다.

(2) 금속(또는 NH_4^+)의 수산화물(OH^-기와 결합한 화합물)을 염기라 한다. 예 NaOH(수산화나트륨), $Ca(OH)_2$(수산화칼슘), $Al(OH)_3$(수산화알루미늄), NH_4OH(수산화암모늄) 등

2) 염기의 특성

(1) 양성자를 받을 수 있는 물질이다(Brønsted).

(2) 비공유 전자쌍을 줄 수 있는 물질이다(Lewis).

(3) 산과 중화반응 하여 염과 물이 된다.

(4) 전기분해 하면 양극(+)에서 산소가 발생한다.

(5) 전리해서 수산이온(OH^-)을 내는 금속의 수산화물이다(Arrhenius).

(6) 쓴맛과 미끈한 감촉을 지닌다.

(7) 리트머스 시험지가 적색에서 청색으로 변한다.

(8) 지시약으로는 페놀프탈레인을 사용하고 약산 및 강염기의 적정에 사용하며, 산성 및 중성에서 무색, 염기성에서 적색을 나타낸다.

3) 염기의 분류

(1) 염기의 분자 중에 들어 있는 OH^-의 수를 **산도(acidity)**라고 한다.

① 2산 염기 이상의 염기는 **다산염기**라고도 하며, 2단계 또는 3단계로 전리한다.

② 0.1N(18℃)에서 전리도가 큰 강염기(단, $Ca(OH)_2$는 1/64N) : KOH(수산화포타슘 : 0.89), NaOH(수산화나트륨 : 0.84), $Ca(OH)_2$(수산화칼슘 : 0.9), $Ba(OH)_2$(수산화

---

1) 이해평, 박영주, 위험물질론, 도서출판 화수목(2015).

2) 이해평, 박영주, 위험물 안전관리, 도서출판 화수목(2015).

바륨 : 0.8(25℃)) 등

③ 전리도가 작은 약염기 : NH_4OH(수산화암모늄 : 0.0134), $Mg(OH)_2$(수산화마그네슘), $Cu(OH)_2$(수산화제이구리), $Fe(OH)_3$(수산화제이철) 등

구분 (1)	구분 (2)	대표적인 보기
1산 염기	1가의 염기	NaOH(수산화나트륨), KOH(수산화포타슘), NH_4OH(수산화암모늄)
2산 염기	2가의 염기	$Ca(OH)_2$(수산화칼슘), $Ba(OH)_2$(수산화바륨), $Cu(OH)_2$(수산화제이구리)
3산 염기	3가의 염기	$Fe(OH)_3$(수산화제이철), $Al(OH)_3$(수산화알루미늄)

④ 브뢴스테드(Brønsted)의 산 · 염기 설(짝산 · 짝염기)은 다음과 같으며 NH_3의 짝산은 NH_4^+이고 H_2O의 짝염기는 OH^-이다.

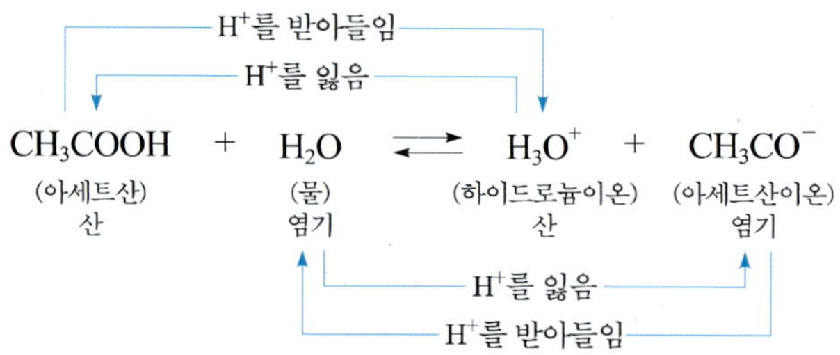

브뢴스테드(Brønsted)의 산 · 염기 설

3. 산화물(oxides)[1)2)]

1) 산성 산화물(무수산, acidic oxide)

(1) 산의 무수물로 간주할 수 있는 산화물로서 물과 화합하면 산소산이 되고, 염기와 반응하면 염이 된다.

① 물에 녹아 산이 된다.

② 염기와 작용하여 염과 물을 만든다.

③ 비금속의 원자가가 4가 이상인 산화물이다.

(2) **산성 산화물의 종류**

① CO_2(이산화탄소), Cl_2O_7(칠산화이염소), N_2O_5(오산화이질소), P_2O_5(오산화인), SiO_2

1) 이해평, 박영주, 위험물질론, 도서출판 화수목(2015).
2) 이해평, 박영주, 위험물 안전관리, 도서출판 화수목(2015).

(이산화규소), SO_2(이산화황), SO_3(삼산화황) 등이 있다.

② SiO_2는 물에 녹지 않지만, 염기와 반응하여 염과 물이 되므로 산성 산화물이다.

③ CO(일산화탄소), N_2O(일산화이질소), NO(일산화질소)는 비금속 산화물이지만 비금속의 원자가가 1가 및 2가이므로 산성 산화물이 아니며 중성 산화물이다.

2) 염기성 산화물(basic oxide)

(1) 염기의 무수물로 볼 수 있는 산화물로서 물과 반응하여 염기가 되고, 산과 중화하여 염을 만드는 물질인데 금속의 산화물은 일반적으로 염기성 산화물이다.

① 물에 녹아 염기가 된다.

② 산과 작용하여 염과 물을 만든다.

③ 금속의 원자가가 3가 이하인 금속의 산화물이다.

(2) **염기성 산화물의 종류**

① K_2O(산화 포타슘), Na_2O(산화나트륨), CaO(산화칼슘), BaO(산화바륨), CuO(산화제이구리), MgO(산화마그네슘), Fe_2O_3(산화제2 철) 등이 있다.

② MgO(산화마그네슘), CuO(산화제이구리)는 물에 녹지 않지만, 산과 반응하여 염과 물이 되므로 염기성 산화물이다.

③ CrO_3(삼산화크로뮴), Mn_2O_7(칠산화이망가니즈)은 금속산화물이지만 Cr(크로뮴)과 Mn(망가니즈)의 원자가가 6가와 7가이므로 산성 산화물이다.

3) 양쪽성 산화물(amphoteric oxide)

(1) 염기에 대해서는 산성, 산에 대해서는 염기성을 나타내는 산화물이나 산·염기 양쪽 모두와 반응하는 산화물이다.

① Zn(아연), Pb(납), Al(알루미늄), Bi(비스무트), Sn(주석)의 산화물이다.

② 산이나 강염기와 반응하여 염과 물을 만든다.

③ 물에 녹지 않는다.

(2) **양쪽성 산화물의 종류**

양쪽성원소는 산이나 강염기와 반응하여 염과 수소를 발생시킨다.

예 PbO(산화납), ZnO(산화아연), Al_2O_3(산화알루미늄), SnO(산화주석) 등

4. 염(salt)[1][2]

1) 염의 정의

(1) 산과 염기가 반응을 일으킬 때 물과 함께 생성되는 물질로서 산의 음이온과 염기의 양이온으로부터 만들어지는 화합물이다.

(2) 산과 염기가 반응하여 염과 물이 만들어지는 중화반응에서 염이 만들어지는 과정은 다음과 같다.

① 산의 수소 원자가 금속이나 양이온으로 치환된 화합물이다.

② 염기의 수산기(OH^-)가 산을 이루는 음성의 산기나 할로젠 원소·황으로 치환된 화합물이다.

③ 산의 수소가 금속으로 치환된다.

$$\underline{H}Cl + NaOH \rightleftharpoons \underline{Na}Cl + H_2O$$

산 염기 염 물

④ 염기의 수산기가 산을 이루는 음성의 산기와 치환된다.

$$HCl + Na\underline{OH} \rightleftharpoons Na\underline{Cl} + H_2O$$

산 염기 염 물

2) 염의 종류

(1) **정염(normal salt)**

① 염 중에서 산의 수소와 염기의 수산기가 과부족 없이 반응하여 생긴 염으로서 산의 수소 원자, 염기의 수산기가 모두 치환한 것이다. 예 $CaSO_4$(황산칼슘), Na_3PO_4(인산나트륨), NaCl(염화나트륨), $CaCl_2$(염화칼슘), Na_2SO_4 (황산나트륨), KNO_3(질산 포타슘) 등

② 정염의 수용액은 가수분해 등을 받을 때도 있고 중성이 아닐 때도 있지만 **중성염**이라고 말할 때도 있다.

(2) **산성염(acid salt)**

2 염기 산 이상인 다염기산의 산성을 나타내는 수소 일부만이 금속으로 치환된 형식의 염의 총칭으로 형식적인 분류이며 수용액이 반드시 산성을 보이지는 않는다. 예 $NaHCO_3$(탄산수소나트륨), $KHCO_3$(탄산수소 포타슘), $NaHSO_4$(황산수소나트륨), Na_2HPO_4(인산수소이나트륨), NaH_2PO_4(인산이수소나트륨) 등

1) 이해평, 박영주, 위험물질론, 도서출판 화수목(2015).
2) 이해평, 박영주, 위험물 안전관리, 도서출판 화수목(2015).

(3) **염기성염(basic salt)**

① 염기의 수산기가 일부만 치환한 것이다.

② 중성염과 수산화물을 간단한 분자 비로 포함하는 염, 또는 그 탈수물로 간주하는 염의 총칭이다. 예 $Ca(OH)Cl$(수산화염화칼슘), $2PbCO_3 \cdot Pb(OH)_2$(탄산수산화납(Ⅱ)), $BiOCl$(옥시염화 비스무트) 등

(4) **복염(double salt)**

① 성분염의 이온이 생성염의 이온과 같다.

② 2종 이상의 염이 결합한 형식의 염 중에서 착염이 아닌 것으로 착이온과 이온결정만이 존재할 때 착염으로 지칭한다.

③ 형식적으로 2종 이상의 염이 결합한 것을 모두 복염이라고 한 적이 있었으나 대부분은 착염이다. 예 $KAl(SO_4)_2 \cdot 12H_2O$(포타슘알루미늄 명반) 등

(5) **착염(complex salt)**

착이온을 가진 염으로서 성분염의 이온이 생성염의 이온과 다른 염이다.

예 $[CO(NH_3)_6]Cl_3$(루테오염), $[Cu(NH_3)_4]SO_4$(암민구리착염), $K_4[Fe(CN)_6]$(사이안화 철(Ⅱ)산 포타슘 황혈염, 페로사이안화 포타슘), $K[Fe(CN)_6] \cdot H_2O$(헥사사이아노철(Ⅱ)산 포타슘), $K[AuCl_4]$(염화금산염) 등

3) 염의 액성

(1) **중성(neutrality)**

① 강산과 강염기의 염이다. 예 $CaCl_2$(염화칼슘), $NaCl$(염화나트륨) 등

② 산성도 염기성도 아닌 상태로서 수용액에서는 수소이온 지수의 값이 7인 경우(pH=7)로서 7보다 큰 경우는 염기성, 작은 경우는 산성이다.

(2) **산성(acidic)**

① 강산과 약염기의 염으로서 이염기산인 강산과 강염기의 염이다. 예 $NaHSO_4$(황산수소나트륨), NH_4Cl(염화암모늄) 등

② 염기에 수소이온을 잘 주는 성질이며 염기를 중화시키는데 수용액에서 pH가 7보다 작을 때이고, 신맛이 난다.

(3) **염기성(basic)**

① 강염기와 약산의 염으로서 이산염기인 강염기의 강산과의 염이다. 예 $NaHCO_3$(탄산수소나트륨), $Ca(OH)Cl$(수산화염화칼슘), Na_2CO_3(탄산나트륨) 등

② 염기가 지닌 기본적인 성질로 pH는 7보다 크고, 붉은 리트머스 시험지를 푸른색으로 변화시킨다.

5. 전해질과 비전해질[1)2)]

1) 전해질(electrolyte)

(1) 물 등의 용매에 녹아서 이온으로 해리되어 전류를 흐르게 하는 물질이며 산, 염기, 염 등이 물에 녹아서 수용액이 만들어졌을 때 전기가 통한다.

(2) **강전해질(strong electrolyte)**

① 용매에 용해했을 때, 이온 해리의 정도가 높은 물질로서 물을 용매로 한 경우의 해리 정도이다.

② 이온 결합성이며, 고온에서 용해할 때도 전도성이 높으며 그 수용액은 희석 법칙 같은 전해질 수용액에 관한 법칙을 따르지 않는다.

③ 전리도가 큰 물질로서 강산으로는 HCl(염화수소산), 강염기로는 NaOH(수산화나트륨), 수용성 염으로는 NaCl(염화나트륨) 등이 있다.

(3) **약전해질(weak electrolyte)**

① 용매에 용해하였을 때, 이온으로 해리하는 정도가 낮은 물질로서 물을 용매로 하였을 경우의 해리 정도이다.

② 약전해질은 용매 중에서는 이온으로 분리될 가능성이 있으나 대부분은 비난해 분자인 채로 존재한다.

③ 강전해질은 이온결합으로 되어 있는 경우가 많고, 약전해질은 공유결합으로 되어 있는 경우가 많다.

④ 전리도가 작은 물질로서 약산으로는 CH_3COOH(아세트산)가 있고, 약염기로는 NH_4OH(수산화암모늄) 등이 있다.

2) 비전해질(non electrolyte)

물 등의 용매에 녹았을 때 이온화하지 않는 물질로서 전하 입자가 생기지 않아 전류가 흐르지 못한다. 예 설탕, 포도당, 에테인올, 글리세롤과 같은 물질의 수용액

3) 전리도

(1) **전리도(degree of electrolytic dissociation)**

① 전해질은 수용액 등에 용해되어 양이온과 음이온으로 해리되는데 이온에 해리된 분

1) 이해평, 박영주, 위험물질론, 도서출판 화수목(2015).
2) 이해평, 박영주, 위험물 안전관리, 도서출판 화수목(2015).

자 수와 원래의 총 분자 수와의 비를 **전리도** 또는 **이온화도**라고 한다.

② 전해질을 물에 녹였을 때 전리된 양과 용질 전체에 대한 비율이다.

$$전리도(\alpha)=\frac{이온화된\ 용질의\ 몰수}{용질의\ 전체\ 몰수}=\frac{전리된\ 분자수}{전체의\ 분자수}$$
$$=\frac{전리된\ 질량}{전체의\ 질량}=\frac{전리된\ g당량수}{전체의\ g당량수}$$

③ **같은 전해질의 전리도 크기**

ⓐ 온도가 같을 때 농도가 묽어지면 커진다.

ⓑ 같은 몰수가 녹아 있을 때 온도가 높아지면 커진다.

(2) 전리설(theory of electrolytic dissociation) 또는 이온화설

① **전리(ionization)**는 전해질이 수용액 중에서 양이온과 음이온으로 분리되는 현상인데 전해질은 수용액 중에 전리되어 있으므로 전기가 통한다는 것이다.

② 다음은 전리 현상의 사례들이다.

ⓐ NaOH의 전리 : $NaOH \rightleftarrows Na^{+}+OH^{-}$

ⓑ NaCl의 전리 : $NaCl \rightleftarrows Na^{+}+Cl^{-}$

ⓒ HCl의 전리 : $HCl \rightleftarrows H^{+}+Cl^{-}$

ⓓ H_2SO_4의 전리 : $H_2SO_4 \rightleftarrows 2H^{+}+SO_4^{-2}$

ⓔ $Al_2(SO_4)_3$의 전리 : $Al_2(SO_4)_3 \rightleftarrows 2Al^{+3}+3SO_4^{-2}$

(3) 전리평형(electrolytic dissociation equilibrium) 또는 이온화 평형

① 전해질용액 중 전리로 생긴 이온과 전리하지 않은 분자와의 사이에 성립되는 안정된 평형 상태로서 약산이나 약염기와 같은 약전해질의 수용액에서 전리된 이온과 전리되지 않은 분자 사이에 평형을 이루는 것이다.

② 강산과 강염기의 묽은 용액은 거의 전리하므로 전리평형은 없다.

③ 일정 온도에서 **전리평형 상수**(equilibrium constant of electrolytic dissociation) K_a는 일정하며 K_a 값이 클수록 강전해질이다.

예 $CH_3COOH \rightleftarrows CH_3COO^{-}+H^{+}$, $K_a=\frac{[CH_3COO^{-}][H^{+}]}{[CH_3COOH]}$

(4) 용해도곱(solubility product)

① 용매 중에 난용염이 존재할 때 그 염을 구성하는 음·양 두 이온농도(g 이온/ℓ)의 곱을 말하고, 특히 농도 대신 활동도를 사용할 때 **활동도 곱**이라고 한다.

② 포화용액에서 염(난용성염인 경우가 많다)을 구성하는 양이온과 음이온과의 농도의 곱을 말한다. 이온 평형에 대하여 질량작용 법칙이 적용된다면, 일정한 온도에서는 포화용액의 농도 및 이온화상수를 일정한 것으로 간주할 수 있으므로, 용해도곱도 일정 온도에서는 일정한 값을 보인다.

③ 난용성 염을 물에 넣어서 혼합하면 극히 일부만 녹아서 용액으로 되는데 이때 녹은 부분은 전부 전리하여 이온으로 되고 이 평형을 식으로 표시하여 구한 상수를 **용해도곱**이라고 한다.

④ 용해도곱 K_{sp}는 일정 온도에서 일정하며, K_{sp}값이 클수록 잘 녹는데

$$\mathrm{MA(고체)} \rightleftarrows \mathrm{M^+ + A^-} \text{에서 } K_{sp} = [\mathrm{M^+}][\mathrm{A^-}]$$

$$\text{평형상수 } K = \frac{[\mathrm{M^+}][\mathrm{A^-}]}{[\mathrm{MA}]} \text{에서 } K[\mathrm{MA}] = [\mathrm{M^+}][\mathrm{A^-}]$$

이며, $K[\mathrm{MA}]$는 고체 농도로서 그 값이 고정되므로 이것을 K_{sp}로 표시한다.

(5) 라울의 법칙(Raoult's law)

① 비휘발성, 비전해질인 용질이 녹아 있는 용액의 증기압 강하는 용질의 몰분율에 비례한다. 즉, 비휘발성·비전해질의 묽은 용액에서 끓는점 상승과 어는점 강하는 용질의 종류에 무관하고 용매에 따라 결정되며 용질의 몰랄농도에 비례한다.

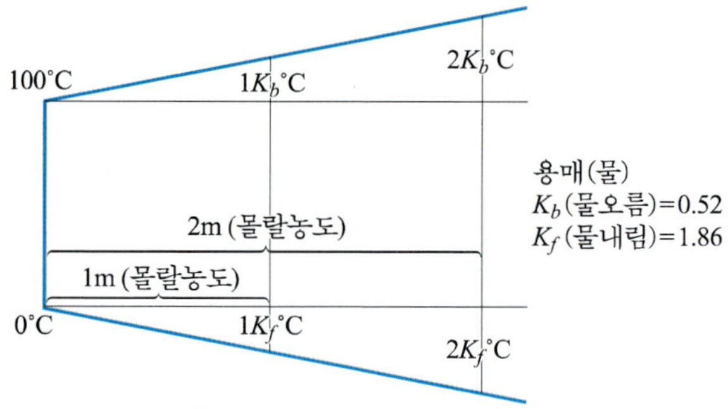

라울의 법칙

② 용매 1,000g에 비전해질 1mol이 녹는 용액의 끓는점 상승도를 **몰 오름**이라 하며, 어는점 강하도를 **몰 내림**이라고 한다. 몰 오름이나 몰 내림은 용매의 종류에 따라 다른데 같은 1 몰랄농도라 할지라도 용매의 종류에 따라서 용액의 끓는점과 어는점이 다르다.

▶ **끓는점 상승도와 어는점 강하도**

용매	끓는점(℃)	분자상승(℃)	용매	어는점(℃)	분자강하(℃)
H_2O	100	0.52	H_2O	0	1.86
C_6H_6	80.1	0.57	C_6H_6	5.5	5.10

③ 전해질의 경우, 몰 오름과 몰 내림은 해리된 전해질의 수의 곱에 비례한다.

예 $CaCl_2 \rightleftarrows Ca^{2+} + 2Cl^- = 3$mol 이온이므로 3곱 몰 오름 · 몰 내림이다.

④ 다음 식으로 끓는점 상승과 어는점 강하를 계산한다.

$$\Delta T_b = K_b \times m \text{ 또는 } K_b \times \frac{W}{M}, \quad M = \frac{W \cdot K_b}{\Delta T_b} \text{ 또는 } \frac{1000\omega \cdot K_b}{\Delta T_b \cdot a}$$

$$\Delta T_f = K_f \times m \text{ 또는 } K_f \times \frac{W}{M}, \quad M = \frac{W \cdot K_f}{\Delta T_f} \text{ 또는 } \frac{1000\omega \cdot K_f}{\Delta T_f \cdot a}$$

여기서, ΔT_b는 끓는점 상승(온도 차), ΔT_f는 어는점 강하(온도 차), K_b는 몰 오름(상수), K_f는 몰 내림(상수), m은 몰랄농도, W는 용질의 질량(용매 1,000g일 때의 질량), M은 분자량, ω는 용질의 질량, a는 용매의 질량이다.

6. 중화적정[1)2)]

1) 중화적정(neutralization titration)

(1) 시료 용액 중에 포함된 산이나 염기를 염기나 산의 표준용액으로 적정하는 것으로서 지시약을 사용하여 중화반응을 알고, 중화에 필요한 표준용액(산에는 염산, 염기에는 수산화나트륨이 사용됨)의 양으로부터 시료 중의 산 또는 염기의 농도를 알 수 있다.

(2) 농도를 알고 있는 산이나 염기 용액을 이용하여 농도를 모르는 산이나 염기의 농도를 결정하는 방법인데 산과 염기의 중화는 당량 대 당량으로 일어나고 산과 염기의 g 당량 수가 같아야지만 **완전 중화**가 일어난다.

$$NV = N'V'$$

여기서, N은 노말농도이고 V는 부피이다.

(3) 동일한 성질을 지닌 용액이 혼합될 때의 중화는 다음과 같으며, 산과 산을 혼합한 것은 **혼합 산**(mixed acid)이라고 한다.

$$NV + N'V' = N''V''$$

(4) 중화적정에 사용되는 실험기구들은 다음과 같다.

① **삼각플라스크**(erlenmeyer flask)는 피검액을 담는 데 사용한다.

② **메스플라스크**(mess flask)는 표준용액을 만들 때 사용한다.

③ **피펫**(pipet)은 일정량의 액체를 취할 때 사용한다.

---

1) 이해평, 박영주, 위험물질론, 도서출판 화수목(2015).

2) 이해평, 박영주, 위험물 안전관리, 도서출판 화수목(2015).

④ **뷰렛(buret)**은 중화적정에 필요한 용액을 일정량 측정할 때 사용하며, 직접 중화적정할 때 이용한다.

(5) **지시약(indicator)**

① 화학반응에서 일정한 상태를 판별하는 데 사용되는 시약으로서 산 · 염기 지시약이 대표적이다.

② 중화적정 시 중화점을 알기 위해서 pH 값에 따라 색이 변하는 시약을 이용하는데 이것을 지시약이라고 한다.

▶ **지시약의 종류 및 특성**

지시약	색상(산성/중성/염기성)	변색범위	중화적정
리트머스	적색/보라/청색	5.0~10.0	사용하지 않음
메틸레드(M.R)	적색/주황/황색	4.2~6.3	강산 · 약염기
메틸오렌지(M.O)	적색/황색/황색	3.1~4/4	강산 · 약염기
티올블루(T.B)	적색/황색/황색	1.2~2.8	강산
페놀프탈레인(P.P)	무색/무색/적색	8.3~10.0	약산 · 강염기

③ 리트머스 시험지를 이용한 산 · 염기 확인

ⓐ 산은 청색 리트머스 시험지를 적색으로 변화시킨다.

ⓑ 염기는 적색 리트머스 시험지를 청색으로 변화시킨다.

(6) **완충용액(buffer solution)**

① 외부로부터 어느 정도의 산이나 염기를 가했을 때, 영향을 크게 받지 않고 수소이온 농도를 일정하게 유지하는 용액이다.

② 약염기에 그 염을 혼합시킨 완충용액은 강염기를 소량 첨가해도 pH의 변화가 그다지 없고 약산에 그 염을 혼합시킨 완충용액은 강산을 소량 첨가해도 pH의 변화가 그다지 없다.

③ 완충용액은 피검액의 안정제나 pH 측정의 비교표준액으로 사용된다.

예 염기성 완충용액 : NH_4OH(수산화암모늄)＋NH_4Cl(염화암모늄)

예 산성 완충용액 : CH_3COOH(아세트산)＋CH_3COONa(아세트산나트륨)

2) 수소이온 농도(hydrogen ion concentration)

(1) 물질의 산성, 염기성의 정도를 나타내는 수치이며 수소이온 활동도의 척도이다.

(2) 1ℓ 중에 존재하는 H^+의 mol 수를 그 수용액의 **수소이온 농도**라고 하며 $[H^+]$로 표시하고

OH^-의 mol 수를 그 수용액의 **수산이온 농도**라고 하며 $[OH^-]$로 표시한다.

(3) 25℃에서 순수 물의 이온농도는 $[H^+]=10^{-7}mol/\ell$이고, $[OH^-]=10^{-7}mol/\ell$이다.

(4) **물의 이온곱(ion product of water)**

① 순수하거나 묽은 수용액 중에서 물이 매우 적게 해리하여 H^+와 OH^-가 생기고 미 해리의 H_2O와 평형을 유지하고 있는데 H^+와 OH^-의 활성량을 각각 a_{H^+}와 a_{OH^-}라고 하면 양자의 곱 $K_W = a_{H^+} \cdot a_{OH^-}$는 일정하게 된다. 이 K_W를 **물의 이온곱**이라 하며 25℃에서 1.0×10^{-14}의 값을 갖는다.

② 25℃에서 측정한 $[H^+]$와 $[OH^-]$은 각각 10^{-7}이며, 이것을 곱한 값을 물의 이온곱이라고 하며, K_W로 표시한다.

(5) **수소이온 지수(hydrogen exponent)**

① 용액의 수소이온 지수 즉, 수소이온 농도를 지수로 나타낸 것이며, pH는 용액의 산성도를 가늠하는 척도로서 수소이온 농도의 역수에 상용로그를 취한 값이다. 또는 수소이온 농도의 상용로그 값에 마이너스를 붙여서 구할 수도 있다.

② pH 5와 같은 산성용액을 순수 물로써 1,000배로 묽게 하면 이론적으로는 pH=8이 되어야 하지만 실제 pH=7에 가까운 값이 되고, pH가 7을 넘지 못한다.

제5절 용액·용해도 및 용액의 농도

1. 용액[1)2)]

1) 용액(solution)

(1) 두 종류 이상의 물질이 고르게 섞여 있는 혼합물로서 크게는 물질의 상태와 관계없이 서로 다른 물질들이 균일하게 섞여 있으면 용액이라고 할 수 있으나 일반적으로는 기체, 액체, 고체 상태의 용질이 액체 상태의 용매에 녹아 있는 혼합물을 말한다.

(2) 용액은 용매와 용질을 합한 것으로 **용매(solvent)**는 녹일 때 사용하는 물질이고 **용질(solute)**은 녹는 물질이다.

(3) 용매가 물인 용액을 **수용액(aqueous solution)**이라고 한다.

1) 이해평, 박영주, 위험물질론, 도서출판 화수목(2015).
2) 이해평, 박영주, 위험물 안전관리, 도서출판 화수목(2015).

2) 용액의 종류

(1) **포화용액**(saturated solution)은 일정 온도에서 일정량의 용매에 용질이 최대한 녹아서 더는 녹을 수 없는 상태의 용액인데 물질의 용해도는 온도에 따라 달라지므로 포화용액을 말할 때는 반드시 온도를 언급해야 한다.

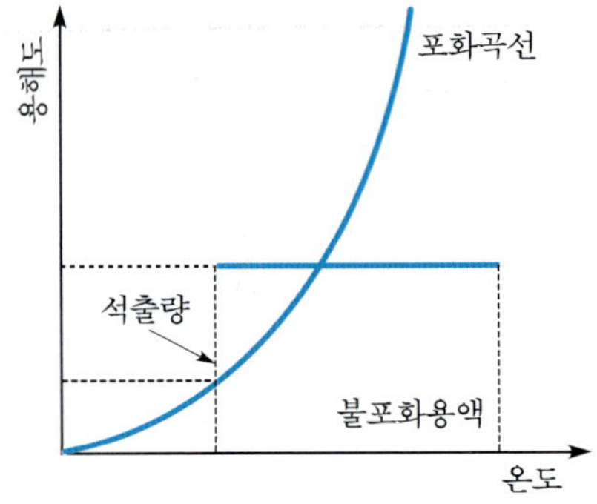

포화곡선

(2) **불포화용액**(unsaturated solution)은 용매가 녹일 수 있는 양보다 적은 양의 용질이 녹아 있어서 용질을 더 녹일 수 있는 용액으로 용해도는 온도에 따라 바뀌기 때문에 포화용액 온도를 변화시켜 불포화용액으로 만들 수 있다.

(3) **과포화용액**(supersaturated solution)은 일정한 온도에서 용질이 용해도 이상으로 녹아 있는 불안정한 상태의 용액이다.

(4) **용해평형**(equilibrium of dissolution)

① 용해 과정에서 용해된 분자나 이온수가 많아지면 이들 중 일부는 다시 결정으로 석출되는데 용질이 용해되는 속도와 석출되는 속도가 같아지면 용질은 더는 녹지 않는 것처럼 보이며 이와 같은 동적평형 상태를 **용해평형**이라고 한다.

② 포화용액은 용해속도와 석출 속도가 같은 용해평형 상태이다.

③ 불포화용액은 용해속도가 석출 속도보다 큰 상태이다.

④ 과포화용액은 용해속도가 석출 속도보다 작은 상태이다.

(5) 용액 온도에 따른 변화는 다음과 같다.

$$\text{과포화용액} \underset{\text{온도내림}}{\overset{\text{온도올림}}{\rightleftarrows}} \text{포화용액} \underset{\text{온도내림}}{\overset{\text{온도올림}}{\rightleftarrows}} \text{불포화용액}$$

2. 용해도[1)2)]

1) 고체의 용해도(solubility of solid)

(1) 반드시 온도를 표시하며, 포화용액에서 용매 100g에 용해된 물질의 g 수를 그 온도에

1) 이해평, 박영주, 위험물질론, 도서출판 화수목(2015).
2) 이해평, 박영주, 위험물 안전관리, 도서출판 화수목(2015).

서 용질의 **용해도**라고 한다.

$$용해도 = \frac{용질}{용매} \times 100$$

(2) 온도와 용해도와의 관계를 나타낸 그래프를 **용해도 곡선**이라고 하며, 고체의 용해도 곡선을 살펴보면, 일정량의 용매에 녹는 용질은 온도에 따라 변화한다.

2) 액체의 용해도(solubility of liquid)

(1) 압력과 온도에 무관하다.

(2) 극성 물질은 극성 물질에 잘 용해되며, 비극성 물질은 비극성 물질에 잘 용해된다.

① 극성 물질 : H_2O, $NaCl$, HCl, CH_3OH, C_2H_5OH, CH_3COCH_3 등

② 비극성 물질 : 휘발유, 등유, 경유, 벤젠, 에터 등

3) 기체의 용해도(solubility of gas)

(1) **헨리의 법칙**(Henry's law)

일정한 온도에서 일정 부피의 액체 용매에 녹는 기체의 질량, 즉 용해도는 용매와 평형을 이루고 있는 그 기체의 부분압력에 비례한다.

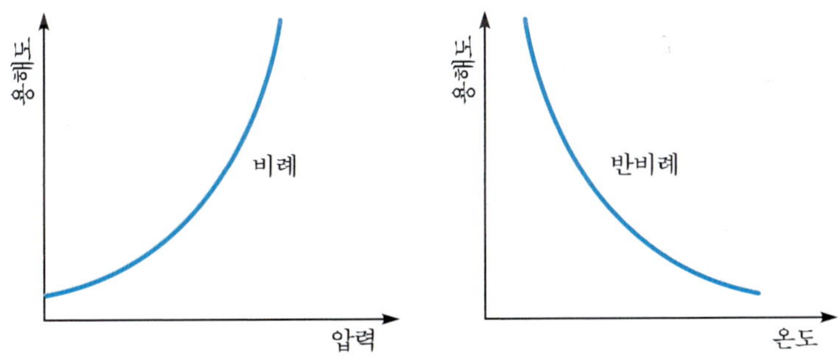

기체의 용해도

(2) **기체의 수용성**

① 물에 약간 녹는 기체는 헨리의 법칙에 적용된다. 예 CO_2, O_2, N_2, H_2 등

② 물에 잘 녹는 기체는 헨리의 법칙에 적용되지 않는다. 예 NH_3, HCl, HBr, HI, H_2S, SO_2 등

③ 물에 녹지 않는 기체는 헨리의 법칙에 적용되지 않는다. 예 CO, NO, N_2O, CH_4, C_2H_2, C_2H_4 등

3. 용액의 농도[1)2)]

1) 중량퍼센트 농도(weight percent concentration, wt %)

용액 100g 중에 녹아 있는 용질의 g 수로 나타낸 농도이며 용액 100g 중에 들어 있는 용질만 알면 된다.

$$\text{wt }\% = \frac{\text{용질의 중량}}{\text{용액의 중량}} \times 100$$

2) ppm 농도(part per million concentration)

(1) 용액 1,000mℓ 중에 녹아 있는 용질의 mg 수이며, 1ℓ=1kg=1,000g=1,000,000mg이다.

$$\text{ppm}(\text{mg}/\ell) = \frac{\text{용질의 질량}(\text{mg})}{\text{용액의 부피}(\ell)} = \frac{\text{용질의 질량}(\text{mg})}{\text{용액의 부피}(\text{m}\ell)/1{,}000}$$

(2) pphm은 parts per hundred(억 분율)이고 ppb는 parts per billion(10억 분율)이다.

3) 규정농도 또는 노말농도(normality, N)

(1) 용액 1ℓ 속에 녹아 있는 용질의 g 당량 수를 나타낸 농도이다.

(2) 규정농도는 다음과 같이 계산한다.

① $\text{규정농도}(\text{g당량수}/\ell) = \dfrac{\text{용질의 g 당량 수}(\text{g당량})}{\text{용액의 부피}(\ell)} = \dfrac{\text{용질의 질량}(\text{g})/\text{g당량}}{\text{용액의 부피}(\text{m}\ell)/1000}$

② 당량 수 = 노말농도(규정농도) × 부피(ℓ)

③ $\text{산의 1g 당량} = \dfrac{\text{산의 g 분자량}}{\text{산의 염기도수}(\text{수소의 개수})}$

④ HCl의 1g 당량 : 36.5g(1g 분자량(1mol)이 1g 당량임)

⑤ H_2SO_4의 1g 당량 : 98g ÷ 2 = 49g

⑥ $\text{염기의 1g 당량} = \dfrac{\text{염기의 g 분자량}}{\text{염기의 산도수}(\text{수산기의 개수})}$

⑦ NaOH 1g 당량 : 40g(1g 분자량(1mol)이 1g 당량임)

⑧ $Ca(OH)_2$의 1g 당량 : 74g ÷ 2 = 37g

4) 몰농도 또는 부피 몰농도(Molarity, M)

(1) 몰농도는 용액 1ℓ에 녹아 있는 용질의 몰수로 나타내는 농도로 mol/ℓ 또는 M으로 표시한다.

---

1) 이해평, 박영주, 위험물질론, 도서출판 화수목(2015).
2) 이해평, 박영주, 위험물 안전관리, 도서출판 화수목(2015).

(2) 몰농도는 다음과 같이 계산한다.

$$몰농도(mol/\ell) = \frac{용질의\ 몰수(mol)}{용액의\ 부피(\ell)} = \frac{용질의\ 질량(g)/g\ 분자량}{용액의\ 부피(m\ell)/1,000}$$

5) 몰랄농도 또는 중량 몰농도(molality, m)

(1) 용액의 농도를 나타내는 단위로 용매 1kg에 녹아 있는 용질의 몰 수로 나타낸 농도(mol/kg)이다. 온도변화에 영향을 받지 않는 특징이 있으며, 몰농도와 구분한다.

(2) 몰랄농도는 다음과 같이 계산한다.

$$몰랄농도(mol/kg) = \frac{용질의\ 몰수(mol)}{용매의\ 질량(kg)} = \frac{용질의\ 질량(g)/g\ 분자량}{용매의\ 질량(g)/1,000}$$

6) 몰분율(molar fraction)

(1) 두 성분 이상의 물질계에서 한 성분의 농도를 나타내는 방법이며 전체 성분에 대한 특정 성분의 몰수비를 말한다.

(2) 농도환산은 다음과 같다.

① 노말농도 = 몰농도 = 염기도(산도)

② % 농도를 규정농도로 환산 $= \frac{10 \cdot d \cdot S}{당량}$ (d : 비중, S : %농도)

③ % 농도를 몰농도로 환산 $= \frac{10 \cdot d \cdot S}{분자량}$ (d : 비중, S : %농도)

4. 용액의 종류[1)2)]

종류	용질의 크기	현미경 관찰	특성
진 용액	10^{-12}cm~10^{-8}cm	전자현미경으로 볼 수 없음	분자·이온 등이 녹아서 된 용액(설탕물·소금물) 여과지 반투막에 통과
콜로이드용액	10^{-7}cm~10^{-5}cm (10Å~1000Å) (1㎛~0.1μ)	한외현미경·전자현미경으로 볼 수 있음	여과지를 통과, 반투막에는 통과하지 못하고 고분자화합물 또는 여러 개의 분자가 모여서 된 용액
현탁액/유탁액	10^{-4}cm~10^{-2}cm	보통 현미경으로 볼 수 있음	화학반응에서 생긴 침전물 등
흙탕물	10^{-2}cm 이상	육안으로 볼 수 있음	금방 침전되는 용액, 여과지로 분리 가능

1) 이해평, 박영주, 위험물질론, 도서출판 화수목(2015).
2) 이해평, 박영주, 위험물 안전관리, 도서출판 화수목(2015).

5. 콜로이드용액과 성질

1) 콜로이드용액(colloidal solution)

(1) 콜로이드 입자가 분산된 액체로서 분산 질에 따라 분산콜로이드, 분자콜로이드가 있다. 즉, 용질 분자의 크기가 콜로이드로서 여러 성질을 보이게 만드는데, 이 콜로이드용액은 적당한 양의 용액을 천천히 가열시키면 얻을 수 있다.

(2) **분산 질(dispersoid)**

① 분산계 중에 분산해 있는 미세 입자이며, **연속 상**이라고 부르는 분산 매에 대응하여 분산 질을 **분산 상**이라고 부른다.

② 분산 질은 에멀션과 서스펜션과 같이 액체 입자와 고체 입자인 것도 있고 거품처럼 기체인 것도 있다.

③ 분산 질의 입자는 분산 매의 분자를 끌어당겨 용매와 합하기도 하고 분산 매 중에 존재하는 이온을 흡착하기도 하여, 분산 매 중에서는 입자 고유의 성질과는 다른 거동을 나타내는 경우가 많다.

(3) **분산 매(dispersion medium)**

① 분산계의 매질이며 분산 매의 일부는 수화 등과 같이 분산 질에 고정되는 것도 있고 분산 질에서 일부 녹아 나오는 일도 있다.

② 분산 매는 기체, 액체, 고체가 있으며 각각 에어로졸, 에멀션 또는 서스펜션, 고체 콜로이드라고 한다.

(4) **분산액**은 콜로이드용액을 말한다.

2) 콜로이드 성질

(1) **틴들현상(Tyndall phenomenon)**

① 콜로이드가 빛을 산란하는 현상 즉, 빛의 파장과 같은 정도나 그것보다 더 큰 미립자가 분산되어 있을 때 빛을 조사하면 광선이 통로에 떠 있는 미립자에 의해 산란하기 때문에 측면에서 보면 광선의 통로가 밝게 나타나는 현상이다.

② 이 현상을 이용하여 보통의 현미경으로는 볼 수 없는 미립자의 위치나 크기를 알 수 있으므로 한외현미경에 적용한다.

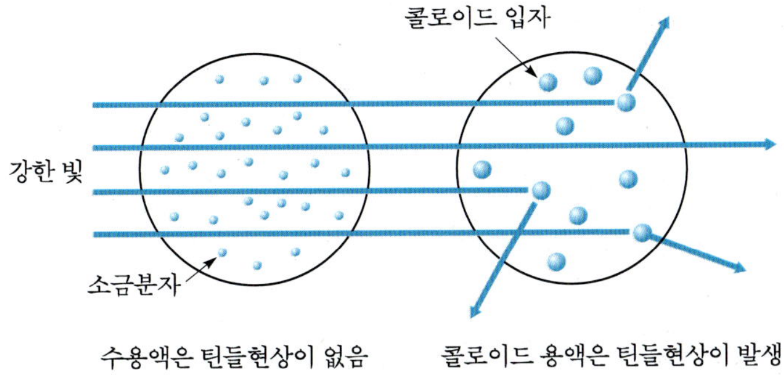

틴들현상

(2) **브라운운동(Brownian motion)**

① 콜로이드 입자의 불규칙한 직선운동이다.

② 액체나 기체 안에 떠서 움직이는 작은 입자의 불규칙한 운동이다. 예 물에 떠 있는 꽃가루의 운동, 냄새의 확산현상 등

(3) **투석(dialysis)**

① 반투막을 콜로이드는 통과 못 하는 현상이다. 예 소금과 전분을 정제하는데 진 용액(소금물)은 투석막을 통과

② 반투막으로 콜로이드·고분자 용액을 싸고, 이것을 순수 내지는 다량의 용매에 담가 두어 저분자나 이온으로 섞여 있는 불순물이 막 밖으로 확산하는 것을 이용하여 콜로이드·고분자 용액을 정제하는 조작이다.

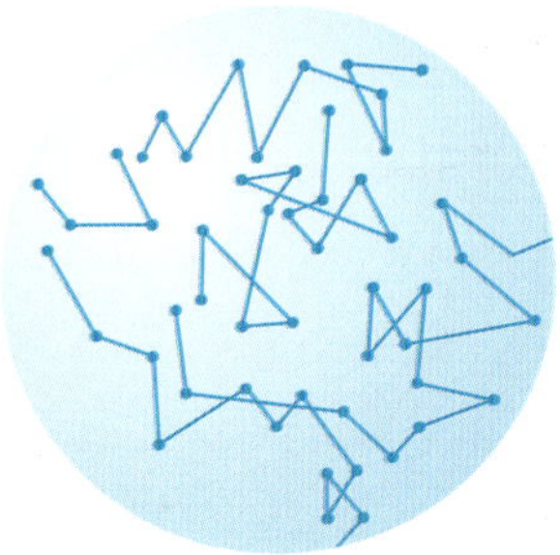

브라운운동

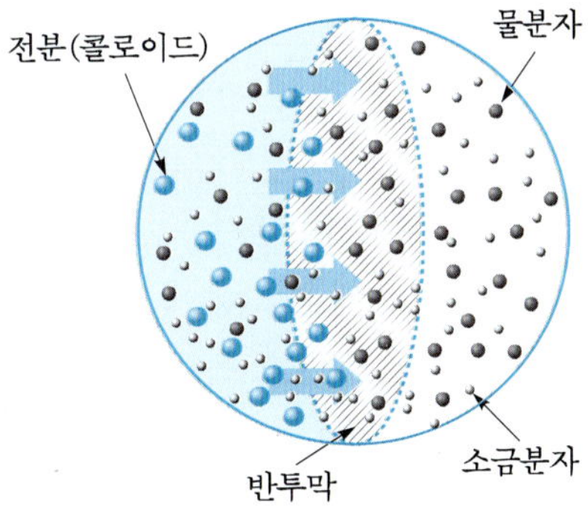

투석

(4) **전기영동(electrophoresis)**

① 콜로이드는 전기를 띠고 있으므로 전기를 걸면 한쪽으로 끌려가는 현상이다. 예 전기 집진기 등

② 용기 안에 물 또는 기타 액체를 넣고 그 속에 그것과 혼합되지 않는 다른 액 또는 고체의 미립자, 액체의 기포 등을 부유시키고, 전극을 삽입하여 직류 전압을 인가하면 액 속의 입자는 대전함과 동시에 전극에 이끌려 액 속을 이동한다.

③ 물질에 따라 대전 극성이 다른데 cataphoresis는 영동 하는 전극도 음극을 향하는 것이며 anaphoresis는 양극을 향하는 것이다.

(5) **흡착성(coating)**

① 콜로이드 입자는 질량에 비해서 표면적이 크기 때문에 분자, 이온 또는 다른 물질을 잘 흡착한다.

② 고체와 액체의 표면에 다른 무엇이 흡수되어서 고농도가 되는 현상이다. 예 활성탄이나 비누의 세척 작용 등

(6) **응석(응결 또는 엉김, coagulation)**

① 콜로이드가 전해질과 전기적 중화로 침전하는 현상이다.

② 액체 또는 기체 속에 분산하고 있는 미립자가 집합하여 큰 입자가 되는 현상이다.

③ **소수 콜로이드(hydrophobic colloid)**는 소량의 전해질로 침전한다(응석).

④ **친수 콜로이드(hydrophilic colloid)**는 다량의 전해질로 침전한다(염석).

⑤ **보호 콜로이드(protective colloid)**는 소수 콜로이드의 침전을 막기 위해 친수 콜로이드를 첨가한 것이다.

6. 졸과 젤[1)2)]

1) 반 고체상(semisolid phase)

(1) 녹말의 진한 용액은 고온에서 액상이지만 냉각하면 젤리와 같은 반 고체상으로 된다.

(2) 완전한 고상이 아니고 액체가 반쯤 엉겨서 이루어진 무른 고체로서 물렁물렁하고 점착성이 있다. 예 묵이나 두부 등

1) 이해평, 박영주, 위험물질론, 도서출판 화수목(2015).
2) 이해평, 박영주, 위험물 안전관리, 도서출판 화수목(2015).

2) 졸(sol)

(1) 액체 중에 콜로이드 입자가 분산하고 유동성을 갖는 계 즉, 액상의 콜로이드이다.

(2) 분산 매가 물이면 **하이드로 졸**, 유기물이면 **오르가노 졸**이라고 한다. 분산 질로서의 콜로이드 입자는 액체나 고체이며, 금속의 미립자와 같은 소수성 물질에서는 녹말과 같은 친수성 물질도 포함한다. 분산 매가 공기와 같은 기체로서 고체·액체의 콜로이드 입자가 분산된 계도 졸에 포함하는데 이것을 **에어로졸**이라고 한다. 젤을 졸로 하는 것을 **졸화**, 졸을 젤로 하는 것을 **젤화**라고 한다.

3) 젤(gel)

(1) 콜로이드용액(졸)이 일정한 농도 이상으로 진해져서 튼튼한 그물조직이 형성되어 굳어진 것 즉, 고체상의 콜로이드를 젤이라고 한다.
  ① **하이드로 젤** : 한천, 두부, 묵, 실리카젤 등
  ② **크세로 젤** : 흡착제로 널리 이용되는 규조토, 산성백토 등

(2) 젤은 많은 콜로이드 입자가 연결되어 망을 이루는 구조이며, 그 사이에 용매 분자가 들어 있는 구조로 되어 있다.

7. 서스펜션과 에멀션[1)2)]

1) 서스펜션(suspension)

(1) 콜로이드 입자보다 큰 입자가 분산되어 있을 때, 분산 질이 고체인 용액을 서스펜션(**현탁액**)이라 한다. 예 흙탕물

(2) 액체 속에 고체의 미립자가 분산된 것으로, 이때 미립자의 크기는 0.1~10 μ 정도이다.
예 도료나 먹물 등

2) 에멀션(emulsion) 또는 유탁액

(1) 콜로이드 입자보다 큰 입자가 분산되어 있을 때, 분산 질이 액체인 용액이다.

(2) 두 액체를 혼합할 때 한쪽 액체가 미세한 입자로 되어 다른 액체 속에 분산해 있는 계이다.
예 우유

1) 이해평, 박영주, 위험물질론, 도서출판 화수목(2015).
2) 이해평, 박영주, 위험물 안전관리, 도서출판 화수목(2015).

제6절 산화·환원

1. 산화와 환원[1)2)]

1) 산화와 환원

(1) 한 원소가 산화하면 다른 원소는 환원되기 때문에 산화와 환원은 동시에 일어난다.

(2) **산화**(oxidation)는 어떤 물질이 산소와 화합하거나 수소를 포함하는 화합물이 수소를 잃어버리는 것을 말하지만, 원자와 이온이 전자를 잃어버려 정전하를 증가시키고 산화수가 증가하는 변화를 말한다.

(3) **환원**(reduction)은 어떤 물질이 산소를 잃어버리거나 수소를 얻는 것 또는 원소와 이온이 전자를 받아들여 (+)원자가를 빼거나 (−)원자가를 늘리는 것으로서 산화수가 감소하는 것을 말한다.

2) 산화수(oxidation number)

(1) 화합물을 구성하는 각 원자에 전체 전자를 일정한 방법으로 배분하였을 때, 그 원자가 가진 전하의 수이다.

(2) 화합물을 구성하는 각 원소의 원자가에 (+)(−) 부호를 붙인 것으로서 각 원자에 대한 산화·환원 상태를 각 원소의 단체를 기준으로 산화·환원을 숫자로 표시한 것이다.

(3) 단체 중의 원자에서는 등분하여 배분하므로 산화수는 0이다.

예 H_2^0, O_2^0, C^0, Fe^0, Cu^0 등

(4) 화합물에서 산소의 산화수는 −2, 수소의 산화수는 +1이며, 과산화물에서 산소의 산화수는 −1이며, 수소화합물에서 수소의 산화수는 −1이다.

예 H_2O : H^+O^{2-}, H_2O_2 : H^+O^-, LiH : Li^+H^-, OF_2 : $O^{+2}F^-$ 등

(5) 이온 결합성인 화합물에서 각 원자의 산화수는 이온의 하전수와 같다.

예 NaCl : Na^+Cl^-, MgF_2 : $Mg^{2+}F^-$, $AlCl_3$: $Al^+{}_3Cl^-$ 등

(6) 모든 분자는 중성이므로 각 산화수에 원자 수를 곱한 값의 합은 0이다.

예 $H_2{}^+S^{+6}O_4{}^{-2}$: 1×2+6+(−2×4)=0, $K^+Mn^{+7}O_4{}^{-2}$: 1+7+(−2×4)=0 등

(7) 이온의 산화수는 각 산화수에 원자 수를 곱한 값의 합이 그 이온의 산화수이다.

예 MnO_4^- : Mn의 산화수는 $x+(-2\times4)=-1$이므로 $x=+7$

1) 이해평, 박영주, 위험물질론, 도서출판 화수목(2015).
2) 이해평, 박영주, 위험물 안전관리, 도서출판 화수목(2015).

3) 산화제와 환원제

(1) **산화제(oxidizing agent)**는 산화·환원반응에서 자신은 환원되면서 상대 물질을 산화시키는 물질이다. 예 PbO_2, $KMnO_4$, ClO_2, Cl_2 등

① **산화제의 조건**

ⓐ 수소와 결합하기 쉬운 물질 : $Cl_2 + H_2 \rightarrow 2HCl$

ⓑ 산소를 내기 쉬운 물질 : $2H_2O_2 \rightarrow 2H_2O + O_2$

ⓒ 전자를 받기 쉬운 물질 : $MnO_4^- + 8H^+ + 5e^- \rightarrow Mn^{+2} + 4H_2O$

ⓓ 발생기산소를 내기 쉬운 물질 : $O_3 \rightarrow O_2 + [O]$

② **산화제의 구분 방법**

ⓐ 산소를 내기 쉬운 물질 : MnO_2, O_3, $K_2Cr_2O_7$ 등

ⓑ 산소산 : HNO_3, H_2SO_4, $HClO_4$ 등

ⓒ 비금속성이 강한 단체 : Br_2, O_2, Cl_2 등

ⓓ 제2 화합물 : $SnCl_4$, Fe_2O_3, CuO, $HgCl_2$ 등

ⓔ 물질의 이름 앞에 "과"를 붙인 물질 : 과망가니즈산 포타슘, 과산화수소 등

(2) **환원제(reducing agent)**는 산화·환원반응에서 자신은 산화되면서 상대 물질을 환원시키는 물질이다. 예 H_2, $NaBH_4$, SO_2, C 등

① **환원제의 조건**

ⓐ 수소를 내기 쉬운 물질 : $H_2S \rightarrow H_2 + S$

ⓑ 산소와 결합하기 쉬운 물질 : $2SO_2 + O_2 \rightarrow 2SO_3$

ⓒ 전자를 잃기 쉬운 물질 : $H_2SO_3 + H_2O \rightarrow SO_4^{-2} + 4H^+ + 2e^-$

ⓓ 발생기수소를 내기 쉬운 물질 : $(COOH)_2 \rightarrow 2CO_2 + 2[H]$

② **환원제의 구분 방법**

ⓐ 산소와 결합하기 쉬운 물질 : C, CO, HCHO, SO_2, H_2 등

ⓑ 비산소산 : HBr, H_2S, HI 등

ⓒ 금속성이 강한 단체 : Na, Mg, Al, Ca, K 등

ⓓ 제1 화합물 : $SnCl_2$, FeO, $FeSO_4$, Hg_2Cl_2 등

ⓔ 물질의 이름 앞에 "아"를 붙인 물질 : 아황산나트륨, 아황산 등

(3) **산화제와 환원제 모두 되는 물질**

① 이산화황은 환원제이지만 더 환원력이 강한 황화수소 등과 반응할 때는 산화제로 사용된다.

② 과산화수소는 산화제이지만 더 산화력이 강한 과망가니즈산 포타슘, 이산화망가니즈, 중 크로뮴산 포타슘 등과 같은 산성용액에서는 환원제로 사용된다.

(4) 산화제와 환원제는 반응물 중에만 있고 생성물 중에는 없으며, 산화제와 환원제의 산화 · 환원반응은 다음과 같다.

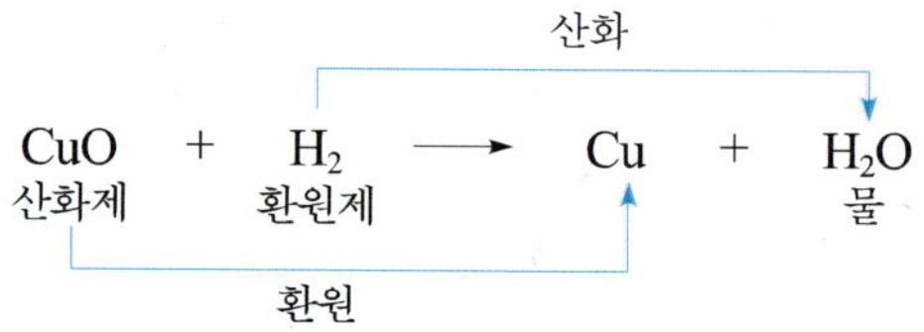

(5) **산화제와 환원제의 당량**

① 수소(1)/산소(8)을 받아들이거나 방출하는 산화제와 환원제의 양이다.

예 분자량 158인 과망가니즈산 포타슘의 당량 계산

$$2KMnO_4 \longrightarrow K_2O + 2MnO + 5[O]$$

$$2 \times 158 \quad : \quad 5 \times 16$$

$$\quad : \quad 8$$

$$\therefore\ x = \frac{2 \times 158 \times 8}{5 \times 16} = 31.6$$

② 산화수(1) 또는 전자 1mol의 이동에 해당하는 산화제 또는 환원제의 양이다.

예 분자량 63인 질산의 당량 계산

$$NO_3^- + 4H^+ + 3e^- \rightarrow NO + 2H_2O$$

전자 3mol이 이동하므로 당량$= \frac{63}{3} = 21$

∴ 산화제로서 HNO_3 1mol의 당량=3당량, 1당량=21

2. 전기분해 및 전지[1,2]

1) 전기분해(electrolysis)

(1) 전기분해는 물질에 전기에너지를 가하여 산화·환원반응이 일어나도록 하는 것으로서 전해질의 수용액이나 용융된 액체에 직류전기를 통해 주면 이들 용액이 분해되는 현상이다.

① 음극에서 양이온은 전자를 얻으며 환원된다.

② 양극에서 음이온은 전자를 잃고 산화된다.

---

1) 이해평, 박영주, 위험물질론, 도서출판 화수목(2015).
2) 이해평, 박영주, 위험물 안전관리, 도서출판 화수목(2015).

(2) 물의 전기분해

① 수소와 산소가 반응하여 물이 만들어지면 물은 자발적으로 수소와 산소로 되지 못하지만, 전기에너지를 가해서 반응을 일으키면 물을 분해할 수 있는데 (+)극은 산화반응으로 산소를 얻을 수 있고, (-)극에서는 환원반응이 일어나 수소를 얻을 수 있다.

② 물은 극소량 전리되어 H^+이온과 OH^-이온을 만들지만, 이것은 양이 극히 적기 때문에 전기가 통하지 않으므로 전기분해 할 때는 반드시 황산이나 수산화나트륨 용액을 조금 첨가한 다음 전기분해 한다.

음극(−) : $4H_2O + 4e^- \rightarrow 2H_2 + 4OH^-$

양극(+) : $2H_2O \rightarrow O_2 + 4H^+ + 4e^-$

전체 반응 : $6H_2O \rightarrow 2H_2 + O_2 + 4OH^- + 4H^+ + 4e^-$

$\rightarrow 2H_2O \rightarrow 2H_2 + O_2$

(3) 염화나트륨 수용액의 전기분해

① 염화나트륨(NaCl) 수용액에 전극을 넣고 전압을 걸면 (+)극에서는 염소이온(Cl^-)이 산화되고, (-)극에서는 나트륨이온(Na^+) 대신에 물이 환원된다.

② (-)극의 Na^+ 외에도 K^+, Ca^{2+}, Mg^{2+}, Al^{3+} 등의 양이온은 물보다 이온화 경향이 커서 물보다 환원되기가 어렵다.

③ 방전되지 않은 나트륨이온(Na^+)과 수산이온(OH^-)은 서로 대전 되어 수산화나트륨(NaOH)으로 녹아 남아 있다.

음극(−) : $2H_2O + 2e^- \rightarrow H_2 + 2OH^-$

양극(+) : $2Cl^- \rightarrow Cl_2 + 2e^-$

전체 반응 : $2Cl^- + 2H_2O \rightarrow Cl_2 + H_2 + 2OH^-$

(4) 황산구리 수용액의 전기분해

① 황산구리($CuSO_4$) 수용액은 대부분 물속에서 이온화되어 구리이온(Cu^{2+})과 황산이온(SO_4^{2-})이 되는데 이를 전기분해 하면 (+)극 주위에는 SO_4^{2-}이 산화되지 않고 이온화 경향이 더 큰물(H_2O)이 대신 산화된다.

② 황산이온(SO_4^{2-}) 외에도 F^-, CO_3^{2-}, PO_4^{3-}, NO_3^- 등의 음이온도 물보다 산화되기 어려우며 (-)극 주위에는 구리이온(Cu^{2+})이 환원되어 붉은 구리가 석출된다.

음극(−) : $Cu^{2+} + 2e^- \rightarrow Cu$

양극(+) : $H_2O \rightarrow \frac{1}{2}O_2 + 2H^+ + 2e^-$

전체 반응 : $Cu^{2+} + H_2O \rightarrow \frac{1}{2}O_2 + Cu + 2H^+$

③ 도금액은 도금하는 금속(Cu)이 포함된 금속염($CuSO_4$)을 사용한다.

(5) **도금액의 종류**

① **구리의 도금** : $CuSO_4$ 용액

② **은의 도금** : $KAg(CN)_2$ 용액

③ **니켈의 도금** : $NiSO_4$ 용액

(6) **패러데이의 법칙(Faraday's law)**

① 제1 법칙에 따르면 전해질용액을 전기분해 할 때 전극에서 석출되는 물질의 질량은 그 전극을 통과한 전자의 몰수에 비례한다. 즉, 전류가 더 많이 흐를수록 시간이 지날수록 석출되는 물질의 질량은 많아진다.

② 제2 법칙에 따르면 같은 전기량에 의해 석출되는 물질의 질량은 물질의 종류와 관계없이 각 물질의 화학당량에 비례한다. 즉, 1g 당량의 물질량을 전기분해 하여 석출하는 데 필요한 전기량은 물질의 종류와 관계없이 96,500 쿨롱으로 항상 일정하다.

③ 물질 1g 당량을 얻는 데 필요한 전기량은 96,500 쿨롱(coulomb)이며, 이 96,500 쿨롱을 1F(**패러데이**)라고 한다.

1 coulomb(전기량)=1 amp(암페어)×1s(초), Q(전기량)$=i$(암페어)$\times t$(초)

$$M = E \times nF = E \times \frac{Q}{96,500}$$

1F의 전기량 = 전자 1㏖(전자 6.023×10^{23}개의 전기량) = e^-

여기서, M은 생성물질의 질량[g], E는 당량, nF는 전기량이다.

2) 전지(cell 또는 battery)

(1) 전해질 수용액에 이온화 경향이 다른 두 금속을 넣고 도선으로 연결하면 화학적 또는 물리적 반응이 일어나는데 이 물질의 화학적·물리적 반응을 이용하여, 이들의 변화로 방출되는 에너지를 전기에너지로 변환하는 소형 장치가 전지이다.

① 전지에서는 산화반응과 환원반응이 동시에 일어난다.

② 전지에서 전류는 (+)극에서 (−)극으로 흐르지만, 전자는 이온화 경향이 큰 쪽에서 작은 쪽으로 이동하기 때문에 전자는 (−)극에서 (+)극으로 흐른다.

③ 표준 전극전위는 25℃에서 어떤 금속을 그 금속이온을 포함한 농도 1mol/ℓ의 용액에 담글 때 이들 사이에 생기는 전위차이다.

ⓐ 이온화 경향이 클수록 표준 전극전위 값이 크다.

ⓑ 기전력은 두 종류의 반쪽 반응의 표준 전극전위 값의 차로서 전지가 도선을 통하여 전류를 흐르게 하는 힘이다.

ⓒ 기전력의 크기는 전지의 (+)극의 전위와 (−)극의 전위차로 결정한다.

기전력 = 큰 쪽 표준 환원전위 값 − 작은 쪽 표준 환원전위 값

(2) **전지의 종류**

① 1차 전지는 축전할 수 없는 전지이다. 예 볼타전지, 다니엘전지, 건전지 등

② 2차 전지는 축전지이다. 예 알칼리전지, 에디슨전지, 납축전지 등

③ **감극제(소극제)**는 전지에서 H_2가 발생하는 분극 작용을 방지하기 위해서 사용한다.

ⓐ 볼타전지의 감극제 : MnO_2, PbO_2, $K_2Cr_2O_7$, HNO_3, CuO 등

ⓑ 건전지의 감극제 : MnO_2

ⓒ 납축전지의 감극제 : PbO_2

제7절 화학반응과 열역학

1. 화학반응 속도와 화학평형[1)2)]

1) 화학반응 속도(chemical reaction rate)

(1) 단위 시간당 반응물질의 농도 변화 또는 단위 시간당 생성물질의 농도 변화를 **반응속도**라고 하며, 반응이 얼마나 빨리 일어나는가를 양적으로 취급할 때의 빠르기이다.

(2) 화학반응이 일어나려면 반응에 관계하는 입자들이 서로 충돌해야 하며 반응속도는 반응물 입자들의 충돌 횟수에 비례한다.

(3) 반응속도에 영향을 주는 인자들은 반응물의 성질, 온도, 농도, 촉매, 압력, 빛, 입자의 크기 등이 있다.

① 비슷한 형태의 반응이지만 반응속도가 크게 다른 것은 **반응물의 성질**이 다르기 때문이다.

---

1) 이해평, 박영주, 위험물질론, 도서출판 화수목(2015).
2) 이해평, 박영주, 위험물 안전관리, 도서출판 화수목(2015).

② **온도**가 증가하면 입자 운동이 활발해져 10℃ 또는 10K가 상승하면 2~3배 증가한다.

③ **농도**가 증가하면 입자 수의 증가로 충돌 횟수가 많으므로 활발해진다.

④ **촉매**는 반응속도에만 영향을 주는데 **정촉매**는 반응속도를 빠르게 증가시키고 활성화 에너지를 감소시키는 반면, **부촉매**는 반응속도를 느리게 감소시키고 활성화 에너지를 증가시킨다.

2) 화학평형(chemical equilibrium)

(1) 가역반응에서 정반응의 속도와 역반응의 속도가 평형인 상태로, 외부 조건이 변화하지 않는 한 변하지 않으며, 외견상 반응이 정지된 것처럼 보이지만 온도, 농도, 압력 등을 변화시키면 평형은 파괴되고 생성량이 변화한다.

(2) **화학평형의 조건**

① 가역반응이어야 한다.

ⓐ 가역반응은 온도, 농도, 압력으로 정반응과 역반응이 일어나는 반응이다.

ⓑ 비가역반응은 기체, 물, 침전물이 생기는 반응이다.

② 정반응과 역반응의 속도가 같아야 하며, 평형상수는 다음과 같이 정의한다.

$$\text{평형상수}(K) = \frac{[\text{생성물의 농도의 곱}]}{[\text{반응물의 농도의 곱}]}$$

$$\mathrm{aA} + \mathrm{bB} \underset{v_b}{\overset{v_f}{\rightleftarrows}} \mathrm{cC} + \mathrm{dD}\ ,\ v_f = k[\mathrm{A}]^{\mathrm{a}}[\mathrm{B}]^{\mathrm{b}},\ v_b = k[\mathrm{C}]^{\mathrm{c}}[\mathrm{D}]^{\mathrm{d}}$$

$$K = \frac{v_b}{v_f} = \frac{k[\mathrm{C}]^{\mathrm{c}}[\mathrm{D}]^{\mathrm{d}}}{k[\mathrm{A}]^{\mathrm{a}}[\mathrm{B}]^{\mathrm{b}}} = \frac{[\mathrm{C}]^{\mathrm{c}}[\mathrm{D}]^{\mathrm{d}}}{[\mathrm{A}]^{\mathrm{a}}[\mathrm{B}]^{\mathrm{b}}}$$

③ 농도 변화가 없는 상태이어야 한다.

(3) **평형 이동의 법칙(르샤틀리에 법칙, Le Chatelier's principle)**

① 열역학적 평형 이동에 관한 원리로 평형 상태에 있는 물질계 온도나 압력을 바꾸었을 때, 그 평형 상태가 어떻게 이동하는가를 설명한다. 이 법칙에서 물리적·화학적 변화에 대하여 평형을 이루는 방향으로 운동이나 반응이 진행됨을 알 수 있다.

② 가역반응이 평형 상태에 있을 때 외부에서 온도, 농도, 압력의 조건을 변화시키면 그 조건을 감소시키는 방향으로 평형은 이동하여 새로운 평형을 유지한다.

③ 온도를 상승하면 평형 이동 방향은 항상 흡열반응 쪽으로 이동한다.

④ 농도를 증가하면 평형 이동은 농도가 감소하는 쪽으로 이동한다.

⑤ 압력이 증가하면 몰수가 작은 쪽으로 평형 이동하는데 단, 액체와 고체는 몰수에서 제외한다.

2. 열역학의 기본 개념[1)2)]

1) 열화학 반응식(thermochemical equation)

(1) 어떤 물질이 화학변화를 일으킬 때의 반응은 열을 흡수나 방출하는데 화학반응이 일어날 때의 반응열을 화학반응식과 함께 나타낸 것으로서 열량 단위는 kcal로 표시하며 반응 전·후의 총에너지양이 같음을 표시한다.

(2) 열의 출입에서 열을 흡수하는 반응은 흡열반응이고 열을 방출하는 반응은 발열반응인데 화학반응식에는 **질량 불변의 법칙**을 적용하며 열에너지에는 **에너지보존의 법칙**을 적용한다.

2) 활성화 에너지(activation energy)

(1) 일정량의 운동에너지를 지닌 입자들이 화학반응을 일으키는 데 필요한 최소 에너지이다.

(2) 반응을 일으키는 데 필요한 최소한의 에너지로, 반응에 참여하려면 이 에너지 이상의 에너지를 가져야만 한다. 활성화 에너지가 크면 그 이상의 에너지를 갖는 분자의 수가 적어 반응이 느리게 진행되고, 활성화 에너지가 작으면 반대로 반응속도가 빨라진다.

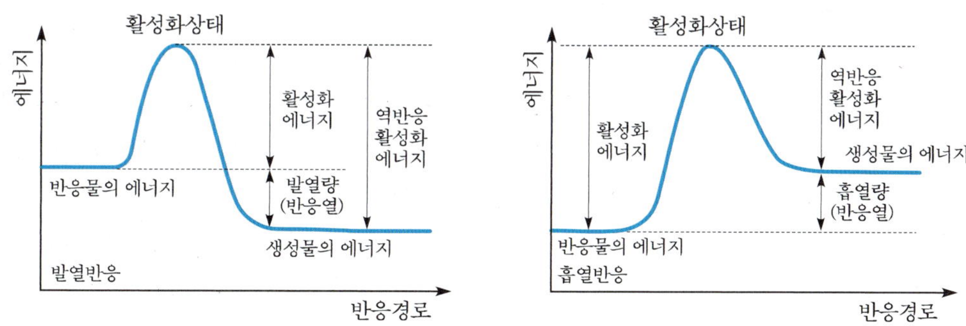

활성화 에너지와 반응열

3) 발열반응(exothermic reaction)

(1) 열을 방출하는 화학반응으로 원자핵반응과 연소반응, 중화반응, 상온에서의 반응 대부

---

1) 이해평, 박영주, 위험물질론, 도서출판 화수목(2015).
2) 이해평, 박영주, 위험물 안전관리, 도서출판 화수목(2015).

분이 포함된다.

(2) 반응열을 발산하는데 탄소의 산화반응을 살펴보면 다음과 같다.

$$C(s)+O_2(g) \rightarrow CO_2(g)+94kcal = C(s)+O_2(g)-94kcal \rightarrow CO_2$$

$$\text{발열량}:+94kcal \quad \text{엔탈피}(\Delta H):-94kcal$$

$C+O_2$의 에너지 합과 $CO_2+94kcal$의 에너지 합이 같으므로 CO_2는 작은 에너지이다. 따라서 에너지 크기는 **반응물의 에너지**>**생성물의 에너지**이다.

4) 흡열반응(endothermic reaction)

(1) 반응물질의 에너지가 상대적으로 작고 생성물질의 에너지가 큰 경우로 이 반응이 일어나려면 어떤 물질이 주위로부터 열에너지를 흡수해야 한다. 이 반응은 반응 시 열을 방출하는 발열반응의 역반응이기도 하다.

(2) 반응열을 흡수하는데 질소의 산화반응을 살펴보면 다음과 같다.

$$N_2(g)+O_2(g) \rightarrow 2NO(g)-43.2kcal = N_2(s)+O_2(g)+43.2kcal \rightarrow 2NO$$

$$\text{흡열량}: -43.2kcal \quad \text{엔탈피}(\Delta H): +43.2kcal$$

N_2+O_2의 에너지 합과 $2NO-43.2kcal$의 에너지 합이 같으므로 2NO는 큰 에너지이다. 따라서 에너지 크기는 **반응물의 에너지**<**생성물의 에너지**이다.

3. 엔탈피와 반응열[1)2)]

1) 엔탈피(enthalpy) 또는 열 함량

(1) 어떤 물질이 가지고 있는 에너지양이며, 엔탈피의 기호는 H로 나타내며 단위는 kJ을 사용하는데 물질이 가진 에너지의 절대량은 알 수 없고, 반응이 일어날 때 반응물질의 엔탈피와 생성물질의 엔탈피의 차이만 알 수 있다.

(2) 반응이 일어날 때는 이 차이에 해당하는 에너지가 감소하거나 증가하는데, 엔탈피가 감소할 때는 에너지가 열로 방출되며, 엔탈피가 증가할 때는 증가한 만큼의 에너지가 외부에서 흡수되기 때문이다.

(3) 엔탈피의 차이는 ΔH로 다음과 같이 나타낸다.

$$\Delta H = \text{생성물의 총 엔탈피} - \text{반응물의 총 엔탈피}$$

(4) **반응 엔탈피**는 화학반응이 일어날 때 관여하는 엔탈피로서 생성물질의 엔탈피에서 반응

1) 이해평, 박영주, 위험물질론, 도서출판 화수목(2015).
2) 이해평, 박영주, 위험물 안전관리, 도서출판 화수목(2015).

물질의 엔탈피를 뺀 값으로 정의하므로 발열반응의 경우 반응 엔탈피는 0보다 작고 흡열반응의 경우는 0보다 크다.

(5) 엔탈피의 차이는 반응열(Q)과 반대로 표시하는데 발열은 $-\Delta H = +Q$로 표시하고, 흡열은 $+\Delta H = -Q$로 표시한다.

2) **반응열**(heat of reaction)

(1) 화학반응에 수반하여 방출하거나 흡수하는 열량으로 반응물과 생성물의 에너지 차이이다. 반응물의 에너지보다 생성물의 에너지가 높으면 반응열이 흡수되는 흡열반응을 하고, 반응물의 에너지보다 생성물의 에너지가 낮아지면 반응열이 방출되는 발열반응을 한다.

(2) 반응식에서 목적하는 물질이 무엇이냐 또는 목적하는 반응이 무엇이냐에 따라 다음과 같이 나눌 수 있는데, 모두 물질 1mol에 대하여 출입하는 열량으로 표시한다(kcal/mol).

① **연소열**(heat of combustion)은 어떤 물질 1mol 또는 1g이 완전연소 할 때 발생하는 열량이나 발열량으로 반드시 발열이며, 이 값이 클수록 연료로서 효과적이다.

② **생성열**(heat of formation)은 일정한 압력일 때 각 원소의 홑원소 물질로부터 한 화합물 1mol을 만들 때 흡수하거나 발생하는 열량으로서 성분 원소의 엔탈피 총합에서 화합물의 엔탈피를 뺀 것인데, 이때 표준 생성열은 표준 연소열로부터 헤스의 법칙을 이용하여 추산한다.

③ **분해열**(heat of decomposition)은 화합물 1mol을 성분 원소의 단체로 분해할 때 발생하거나 흡수한 열량이며 분해열이 클수록 물질을 분해하기 어려운데 분해열은 표준 생성열로부터 구할 수 있다.

④ **중화열**(heat of neutralization)은 산과 염기가 중화반응을 일으킬 때 방출되는 열로서 산과 염기 1g 당량이 서로 중화될 때 발생하는 열은 산・염기의 종류에 무관하게 강산과 강염기의 묽은 용액은 13.7kcal/g 당량의 열량을 낸다.

⑤ **용해열**(heat of dissolution)은 용질이 용매에서 용해될 때는 열을 흡수하거나 방출하는데, 물질 1mol이 과량의 용매에 완전히 용해할 때 출입하는 열이다.

3) **헤스의 법칙**(Hess's law)

(1) 화학변화에서 발생 또는 흡수되는 열량은 변화의 시작과 종료의 상태로서 정해지고, 그 과정에는 관계하지 않는다는 열역학 기본 법칙의 하나로서 **총열량 불변의 법칙**이라고도 한다.

(2) 반응경로에 따른 반응에너지

반응경로1

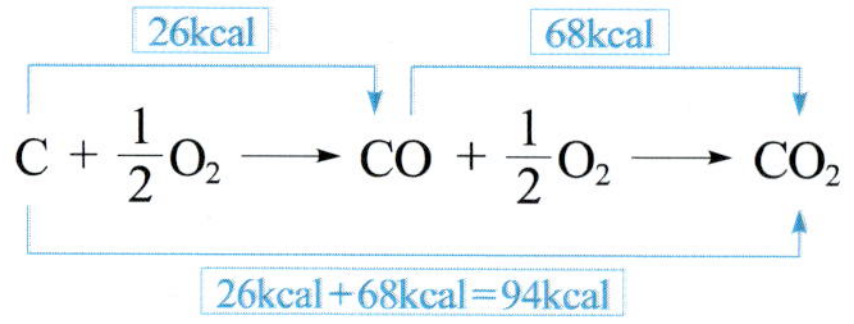

반응경로2 $C + O_2 \longrightarrow CO_2 + 94kcal$

(3) 탄소가 연소하여 이산화탄소가 되는 경로

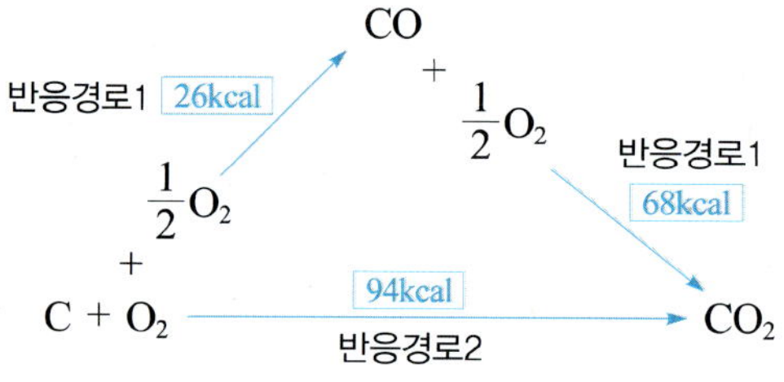

연습문제

01 다음 중 혼합물이 아닌 것은?

㉮ 소금물 ㉯ 암모니아
㉰ 공기 ㉱ 우유

02 다음 중 혼합물에 대한 설명으로 옳은 것은?

㉮ 원소는 화합물로 분류한다. ㉯ 성분의 조성비가 일정하다.
㉰ 물리적 방법으로 분리한다. ㉱ 어는점과 끓는점이 일정하다.

03 고체 중에서 결합력 세기가 가장 약한 것은?

㉮ 분자성 고체 ㉯ 원자성 고체
㉰ 이온성 고체 ㉱ 금속성 고체

04 다음 물질 중 무정형 결정구조를 갖는 것은?

㉮ 다이아몬드 ㉯ 소금
㉰ 알루미늄 ㉱ 숯

05 액체가 고체로 변하는 것을 무엇이라 하는가?

㉮ 응고 ㉯ 액화
㉰ 승화 ㉱ 기화

06 기체·액체·고체가 공존하는 것을 무엇이라고 하는가?

㉮ 기화점 ㉯ 삼중점
㉰ 임계점 ㉱ 공존점

07 20℃의 물 10ℓℓ 30℃로 올릴 때 필요한 열량은?

㉮ 10kcal ㉯ 20kcal
㉰ 100kcal ㉱ 200kcal

08 다음 중 잠열에 대한 설명으로 옳은 것은?

㉮ 상태는 변하지 않고 온도만 변할 때의 열량
㉯ 물질 1g을 1℃ 올리는데 필요한 열량
㉰ 압력을 일정하게 한 후 물질 1mol을 1K 올리는데 필요한 열량
㉱ 온도는 변하지 않고 상태만 변할 때의 열량

09 다음 중 화학변화에 해당하지 않는 것은?

㉮ 화합 ㉯ 분리
㉰ 치환 ㉱ 복분해

10 한 가지 물질이 두 가지 이상의 새로운 물질로 되는 변화는 무엇인가?

㉮ 치환 ㉯ 화합
㉰ 분해 ㉱ 분리

11 다음 중에서 질량이 가장 큰 입자는?

㉮ 중성자 ㉯ 전자
㉰ 양성자 ㉱ 중간자

12 다음 중 동소체만으로 짝지어진 것이 아닌 것은?

㉮ 다이아몬드-흑연 ㉯ 오존-산소
㉰ 일산화탄소-이산화탄소 ㉱ 황린-적린

13 다음 중 에너지 변화를 가장 적게 변화시키면 방출되는 빛은?

㉮ 파랑 ㉯ 빨강
㉰ 보라 ㉱ 노랑

14 다음 중 적외선 영역의 스펙트럼에 해당하지 않는 것은?

㉮ 파셴 계열 ㉯ 브라켓 계열
㉰ 푼트 계열 ㉱ 발머 계열

15 다음 중 같은 값에 해당하지 않는 것은?

㉮ 원자번호 ㉯ 양성자의 수
㉰ 중성자 수 ㉱ 전자의 수

16 원자의 전자배치에서 원자가전자의 수가 같은 것을 주기율표에서 무엇이라고 하는가?

㉮ 장주기 ㉯ 양성자수
㉰ 족 ㉱ 주기

17 다음 중 할로젠족 원소에 해당하는 것은?

㉮ Br ㉯ Ne
㉰ Ar ㉱ Xe

18 다음 중 입자의 크기가 가장 작은 것은?

㉮ B ㉯ N
㉰ C ㉱ Be

19 다음 중 이온화 에너지가 가장 큰 것은?

㉮ Pt ㉯ K
㉰ Fe ㉱ H

20 다음 중 전기음성도가 가장 작은 것은 어느 것인가?

㉮ P ㉯ F
㉰ C ㉱ N

21 다음 중 분자식과 실험식을 잘못 짝지은 것은?

㉮ C_2H_2−CH ㉯ $C_2H_4O_2$−CHO

㉰ H_2O−H_2O ㉱ H_2O_2−HO

22 다음에서 전자점식이 잘못된 것은?

㉮

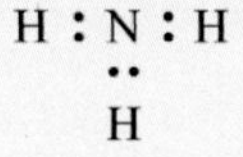

㉯

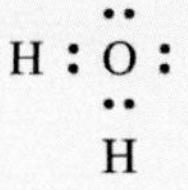

㉰

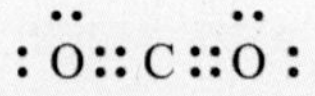

㉱

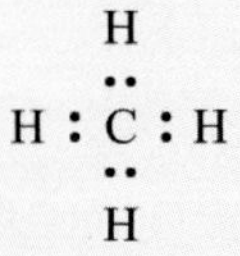

23 다음 이온결합 중 결합력이 가장 작은 것은?

㉮ CaO ㉯ MgO

㉰ BaO ㉱ SrO

24 금속결합의 결합력을 좌우하는 것은?

㉮ 중간자 ㉯ 중성자

㉰ 양성자 ㉱ 자유전자

25 다음 중에서 비극성 공유결합 물질인 것은?

㉮ NH_3 ㉯ HF

㉰ CO_2 ㉱ H_2O

26 비공유 전자쌍을 가진 분자는?

㉮ H_2 ㉯ C_2H_4

㉰ HF ㉱ NH_3

27 결합력이 가장 큰 것은?

㉮ 수소결합 ㉯ 이온결합
㉰ 반데르발스 힘 ㉱ 공유결합

28 다음 중 직선형 분자 형태가 아닌 것은?

㉮ LiH ㉯ HF
㉰ CH_4 ㉱ BeH_2

29 BH_3의 전자구조는 어떤 결합을 이루고 있는가?

㉮ p^3 결합 ㉯ sp 결합
㉰ sp^2 결합 ㉱ sp^3 결합

30 이온결합을 하는 화합물의 특성으로 옳지 않은 것은?

㉮ 융해점과 비등점이 낮다.
㉯ 극성용매인 물에 잘 녹는다.
㉰ 전기음성도 차가 1.7 이상이다.
㉱ 비전도성이나 용융 상태 또는 수용액에서는 전기전도성이 있다.

31 원자량의 기준 질량으로 이용되는 원소는?

㉮ C ㉯ H
㉰ O ㉱ Al

32 0℃, 1기압에서 H_2 11.2ℓ 속에 포함된 H_2 원자의 수는?

㉮ 6.02×10^{22} ㉯ 6.02×10^{23}
㉰ 1.04×10^{22} ㉱ 1.04×10^{23}

33 다음 중 당량에 대한 설명으로 옳은 것은?

㉮ 원자량의 절반
㉯ 원자가와 분자량의 곱
㉰ 산소 8부분과 결합하는 질량
㉱ STP에서 1ℓ의 질량

34 금속산화물 3g을 환원시켰더니 2g의 금속을 얻었다. 이 금속의 원자량이 32라면 이 금속 산화물의 화학식은?

㉮ MO_2
㉯ M_2O
㉰ MO
㉱ M_2O_3

35 배수 비례의 법칙을 발견한 사람은?

㉮ 돌턴
㉯ 아보가드로
㉰ 프루스트
㉱ 라보아제

36 원자 한 개가 분자의 역할을 하는 것은?

㉮ 질소
㉯ 산소
㉰ 염소
㉱ 헬륨

37 두 기체의 확산 속도의 비가 2:1이라면 이들의 분자량의 비는?

㉮ 1 : 2
㉯ 2 : 1
㉰ 4 : 1
㉱ 1 : 4

38 온도가 일정할 때 기체의 부피는 압력에 반비례한다는 법칙은?

㉮ 아보가드로의 법칙
㉯ 샤를의 법칙
㉰ 보일의 법칙
㉱ 돌턴의 부분압 법칙

39 수소 3mol과 염소 4mol이 반응하는 경우 반응하지 않고 남는 물질과 몰수는?

㉮ 수소 1mol
㉯ 염소 1mol
㉰ 수소 2mol
㉱ 염소 2mol

40 다음 중 같은 온도에 해당하지 않는 것은?

㉮ 273K ㉯ 212°F

㉰ 100℃ ㉱ 672R

41 다음 설명 가운데 옳지 않은 것은?

㉮ 일반적으로 극성분자나 이온결합으로 된 물질은 물에 잘 녹는다.

㉯ 벤젠에 녹는 것은 일반적으로 무극성분자다.

㉰ 불포화용액은 용해의 속도가 석출의 속도보다 크다.

㉱ 과포화용액은 용해의 속도와 석출의 속도가 같다.

42 0℃의 물에서 물에 난용성인 것은?

㉮ $Ca(OH)_2$ ㉯ KCl

㉰ NaCl ㉱ KNO_3

43 다음 물질 중 용해할 때 온도의 영향을 가장 크게 받는 것은?

㉮ NaCl ㉯ $KClO_3$

㉰ KNO_3 ㉱ NH_4Cl

44 25℃에서 어떤 물질은 그 포화용액 100g 속에 20g 녹아 있다. 이 온도에서 이 물질의 용해도는 얼마인가?

㉮ 20 ㉯ 25

㉰ 50 ㉱ 80

45 다음 중 물에 잘 녹는 기체가 아닌 것은?

㉮ CO ㉯ NH_3

㉰ HCl ㉱ H_2S

46 용액의 농도 중 억 분율에 해당하는 것은?

㉮ ppm ㉯ pphm
㉰ ppb ㉱ pphb

47 몰농도와 염기도를 곱한 것에 해당하는 것은?

㉮ 몰수 ㉯ 몰분율
㉰ 노말농도 ㉱ 당량 수

48 1mol의 g 수와 1N의 g 수가 같은 것은?

㉮ $BaCl_2$ ㉯ $CuSO_4$
㉰ H_2SO_4 ㉱ NaCl

49 당량 수는 부피(ℓ)에 무엇을 곱한 것인가?

㉮ 몰랄농도 ㉯ 노말농도
㉰ 몰분율 ㉱ 몰농도

50 H_2SO_4 49g은 몇 mol인가? (단, H_2SO_4의 분자량은 98이며, 1ℓ에 용해한다고 가정)

㉮ 0.5 ㉯ 1
㉰ 2 ㉱ 3

51 콜로이드 입자에 대한 설명으로 옳은 것은?

㉮ 한외현미경이나 전자현미경으로 볼 수 없다.
㉯ 보통 여과지를 통과하지 못한다.
㉰ 직경은 $1m\mu$~0.1μ 정도이다.
㉱ 반투막을 통과한다.

52 다음 중 콜로이드의 특성으로 옳지 않은 것은?

㉮ 삼투압 현상 ㉯ 브라운운동
㉰ 틴들현상 ㉱ 전기영동

53 콜로이드용액 중에 혼합된 전해질을 반투막으로 제거하는 조작은?

㉮ 전기영동 ㉯ 틴들현상
㉰ 투석 ㉱ 브라운운동

54 다음 중 고체상의 콜로이드를 무엇이라고 하는가?

㉮ 졸 ㉯ 젤
㉰ 서스펜션 ㉱ 에멀션

55 콜로이드 입자보다 큰 입자가 분산되어 있을 때, 분산 질이 액체인 용액은?

㉮ 진 용액 ㉯ 투석액
㉰ 현탁액 ㉱ 유탁액

56 콜로이드 입자의 불규칙한 직선운동은?

㉮ 브라운운동 ㉯ 전기영동
㉰ 흡착성 ㉱ 투석

57 소수 콜로이드 침전을 막기 위해 친수 콜로이드를 첨가한 것은?

㉮ 소수 콜로이드 ㉯ 친수 콜로이드
㉰ 억제 콜로이드 ㉱ 보호 콜로이드

58 비누의 세척 작용이나 활성탄은 콜로이드의 어떤 특성을 이용한 것인가?

㉮ 엉김 ㉯ 흡착성
㉰ 투석 ㉱ 전기영동

59 전기집진기는 콜로이드용액의 어떤 특성을 이용한 것인가?

㉮ 투석 ㉯ 전기영동
㉰ 흡착성 ㉱ 브라운운동

60 다음 중 젤에 해당하지 않는 것은?

㉮ 젤리 ㉯ 한천
㉰ 두부 ㉱ 헤어스프레이

61 산 · 염기 지시약 중 산성에서 적색 · 주황색 · 황색이고 중성 및 염기성에서 황색을 나타내는 것은?

㉮ 메틸블루 ㉯ 페놀프탈레인
㉰ 티올블루 ㉱ 메틸오렌지

62 다음 중 약산중에서 비교적 강한 산이 아닌 것은?

㉮ HCN ㉯ HF
㉰ H_2SO_3 ㉱ H_3PO_4

63 다음 중 산소산이 아닌 것은?

㉮ HNO_3 ㉯ HCl
㉰ H_2SO_3 ㉱ H_2CO_3

64 염기의 분자 중에 들어 있는 수산기(OH^-) 수를 무엇이라고 하는가?

㉮ 염기도 ㉯ 알칼리도
㉰ 산도 ㉱ 중성도

65 다음 중 3 염기 산에 해당하는 것은?

㉮ H_3PO_4 ㉯ HCl
㉰ HNO_3 ㉱ H_2SO_4

66 다음 중 산성 산화물에 해당하는 것은?

㉮ CO ㉯ NO
㉰ SO_3 ㉱ N_2O

67 다음 중 양쪽성 산화물이 아닌 것은?

㉮ Al_2O_3 ㉯ MgO
㉰ ZnO ㉱ PbO

68 다음 중 염기성염에 해당하는 것은?

㉮ NaCl ㉯ $NaHCO_3$
㉰ KNO_3 ㉱ Ca(OH)Cl

69 성분염의 이온이 생성염의 이온과 같은 것은?

㉮ 착염 ㉯ 복염
㉰ 정염 ㉱ 산성염

70 다음 중 염의 액성이 염기성이 아닌 것은?

㉮ $NaHSO_4$ ㉯ Na_2CO_3
㉰ $NaHCO_3$ ㉱ Ca(OH)Cl

71 다음 중 강전해질에 해당하지 않는 것은?

㉮ HCl ㉯ NaOH
㉰ CH_3COOH ㉱ NaCl

72 다음 중 비전해질에 해당하지 않는 것은?

㉮ 설탕 ㉯ 소금
㉰ 에테인올 ㉱ 글리세롤

73 전해질을 물에 녹였을 때 전리된 양과 용질 전체에 대한 비율에 해당하는 것은?

㉮ 전리평형 상수 ㉯ 전리도
㉰ 전해도 곱 ㉱ 용해도곱

74 비휘발성 · 비전해질 물질의 묽은 용액에서 끓는점 오름과 어는점 내림은 용질의 종류에 무관하고 용매에 따라 결정되며 용질의 몰랄농도에 비례한다는 법칙은?

㉮ 헨리의 법칙 ㉯ 라울의 법칙
㉰ 헤스의 법칙 ㉱ 르샤틀리에 법칙

75 용해도곱에 대한 설명으로 옳은 것은?

㉮ 용해도곱이 클수록 잘 녹는다.
㉯ 용해도곱이 작을수록 잘 녹는다.
㉰ 일정 온도에서 용매의 농도에 비례한다.
㉱ 일정 온도에서 용질의 농도에 비례한다.

76 다음 중 중화적정에 사용되는 기구가 아닌 것은?

㉮ 피펫 ㉯ 뷰렛
㉰ 메스플라스크 ㉱ 피토관

77 다음 중 강산의 중화적정에 사용되는 지시약이 아닌 것은?

㉮ 페놀프탈레인 ㉯ 메틸오렌지
㉰ 티몰블루 ㉱ 메틸레드

78 염기는 적색 리트머스 시험지를 어느 색으로 변색시키는가?

㉮ 백색 ㉯ 녹색
㉰ 청색 ㉱ 황색

79 수소이온농도의 역수를 상용대수로 나타낸 값을 무엇이라고 하는가?

㉮ 이온적 ㉯ 완충 농도
㉰ 수산이온 지수 ㉱ 수소이온지수

80 완충용액의 용도로 옳은 것은?

㉮ 피검액의 안정제 ㉯ 물의 농도 희석
㉰ 중화적정의 지시약 ㉱ 중화적정의 표준용액

81 다음 중 환원에 대한 정의로 옳지 않은 것은?

㉮ 전자를 잃는 것
㉯ 산소를 잃는 것
㉰ 수소를 얻는 것
㉱ 산화수가 감소하는 것

82 다음 중 산화수에 대한 설명으로 옳지 않은 것은?

㉮ 단체 중의 원자의 산화수는 0이다.
㉯ 이온의 산화수는 각 산화수에 원자 수를 더한 것이다.
㉰ 이온결합화합물에서 각 원자의 산화수는 이온의 하전수와 같다.
㉱ 모든 분자는 중성이므로 각 산화수에 원자 수를 곱한 값의 합은 0이다.

83 산화제와 환원제에 대한 설명으로 옳지 않은 것은?

㉮ 환원제는 다른 물질을 환원시키고 자신은 산화되는 물질이다.
㉯ 산화제는 다른 물질을 산화시키고 자신은 환원되는 물질이다.
㉰ 반응물 중에만 있고 생성물에는 없다.
㉱ 생성물 중에만 있고 반응물에는 없다.

84 다음 중 산화제가 되는 조건으로 옳지 않은 것은?

㉮ 산소를 내기 쉬운 물질
㉯ 발생기산소를 내기 쉬운 물질
㉰ 수소와 결합하기 쉬운 물질
㉱ 전자를 잃기 쉬운 물질

85 다음 중 과산화수소가 환원제로 쓰이는 산성용액이 아닌 것은?

㉮ 과망가니즈산 포타슘
㉯ 이산화망가니즈
㉰ 황화수소
㉱ 중 크로뮴산 포타슘

86 전기분해에 의하여 생성되는 물질의 질량은 전기량에 비례한다는 법칙은?

㉮ 헨리의 법칙
㉯ 헤스의 법칙
㉰ 패러데이의 법칙
㉱ 라울의 법칙

87 전지에서 전자의 이동이 옳은 것은?

㉮ 이온화 경향이 큰 쪽에서 작은 쪽으로 이동한다.
㉯ 이온화 경향이 작은 쪽에서 큰 쪽으로 이동한다.
㉰ 도체에서 부도체로 이동한다.
㉱ 부도체에서 도체로 이동한다.

88 다음 중 금속의 이온화 경향이 제일 작은 것은?

㉮ K
㉯ Au
㉰ Mg
㉱ Cu

89 다음 중 축전을 할 수 없는 1차 전지에 해당하지 않은 것은?

㉮ 알칼리전지
㉯ 볼타전지
㉰ 다니엘전지
㉱ 건전지

90 다음 중 니켈의 도금액으로 적합한 것은?

㉮ $CuSO_4$
㉯ $KAg(CN)_2$
㉰ NaCl
㉱ $NiSO_4$

91 활성화 에너지에 관한 설명이 옳지 않은 것은?

㉮ 활성화 에너지는 작을수록 반응이 일어나기 쉽다.
㉯ 활성화 상태란 활성화 에너지를 얻은 상태이다.
㉰ 반응을 일으키는데 필요한 최소의 에너지이다.
㉱ 물질이 반응할 때 흡수하는 에너지이다.

92 열화학반응에서 흡열반응의 등식이 옳게 표시된 것은?

㉮ 반응계의 $E >$ 생성계의 E
㉯ 반응계의 $E =$ 생성계의 E
㉰ 반응계의 $E \approx$ 생성계의 E
㉱ 반응계의 $E <$ 생성계의 E

93 엔탈피에 관한 설명이 옳지 못한 것은?

㉮ 화학반응과 엔탈피 변화는 무관하다.
㉯ 농도, 온도, 촉매에 영향을 받지 않는다.
㉰ 반응 엔탈피는 생성계의 에너지와 반응계의 에너지의 차이다.
㉱ 반응 엔탈피와 반응열은 절대값은 같고 부호는 반대이다.

94 화학반응에서 발생하거나 흡수되는 열량은 그 반응의 최초 상태 및 최종 상태가 결정되면 그 도중의 경로와 무관한 총열량 불변의 법칙과 관계있는 법칙은?

㉮ 르샤틀리에 법칙 ㉯ 라울의 법칙
㉰ 헤스의 법칙 ㉱ 헨리의 법칙

95 다음 중 열화학 반응식에 적용되는 법칙은?

㉮ 운동량 보존의 법칙 ㉯ 질량 불변의 법칙
㉰ 아보가드로의 법칙 ㉱ 배수 비례의 법칙

96 다음 중 엔탈피와 반응열의 관계를 옳게 표시한 것은?

㉮ 발열 표시 : $\Delta H = -Q$ ㉯ 발열 표시 : $\Delta H = Q$
㉰ 흡연 표시 : $\Delta H = Q$ ㉱ 흡연 표시 : $\Delta H = -Q$

97 생성물의 전 에너지양에서 반응물의 전 에너지양을 뺀 에너지 차를 무엇이라고 하는가?

㉮ 엔트로피 ㉯ 내부에너지
㉰ 표준 연소열 ㉱ 반응 엔탈피

98 화합물 1mol을 성분 원소의 단체로 분해할 때 발생 또는 흡수한 열량은?

㉮ 분해열 ㉯ 생성열
㉰ 중화열 ㉱ 용해열

99 산과 염기 1g 당량이 서로 중화될 때 발생하는 열은?

㉮ 중화열
㉯ 분해열
㉰ 산성열
㉱ 염기열

100 다음 중 반응열에 해당하지 않은 것은?

㉮ 연소열
㉯ 용해열
㉰ 복사열
㉱ 생성열

101 화학반응의 평형에 영향을 미치지 않는 것은?

㉮ 온도
㉯ 압력
㉰ 촉매
㉱ 농도

102 화학반응이 평형 상태에 도달하였다는 것은 다음 중 어느 것인가?

㉮ 분자 사이의 모든 반응은 완전히 끝났다.
㉯ 온도를 낮추면 흡열반응 쪽으로 평형이 이동한다.
㉰ 정반응과 역반응의 속도가 같다.
㉱ 부촉매를 넣으면 반응이 빨라진다.

103 다음 중 화학반응 속도에 영향을 미치는 것은?

㉮ 농도
㉯ 질량
㉰ 밀도
㉱ 부피

104 평형 이동의 법칙을 제안한 사람은?

㉮ 아보가드로
㉯ 르샤틀리에
㉰ 보일
㉱ 샤일

105 다음 중 평형 이동에 대한 설명으로 옳은 것은?

㉮ 온도를 상승시키면 평형이 동은 항상 발열반응 쪽으로 이동한다.
㉯ 농도를 감소시키면 평형이 동은 농도가 감소하는 쪽으로 이동한다.
㉰ 압력을 증가시키면 몰수가 큰 쪽으로 평형 이동한다.
㉱ 농도를 증가시키면 평형이 동은 농도가 감소하는 쪽으로 이동한다.

106 화학평형의 조건으로 옳지 않은 것은?

㉮ 정반응만 일어나고 역반응은 일어나지 않을 것
㉯ 가역반응일 것
㉰ 농도 변화가 없는 상태일 것
㉱ 정반응과 역반응의 속도가 같을 것

107 촉매에 의한 반응속도의 관계를 옳게 설명한 것은?

㉮ 정촉매는 활성화 에너지를 감소시킨다.
㉯ 부촉매는 활성화 에너지를 감소시킨다.
㉰ 정촉매는 반응속도를 감소시킨다.
㉱ 부촉매는 반응속도를 증가시킨다.

108 온도와 농도에 의한 반응속도 관계를 옳게 설명한 것은?

㉮ 온도가 변화할 때 반응속도는 농도의 곱에 비례한다.
㉯ 온도가 일정할 때 반응속도는 농도의 곱에 비례한다.
㉰ 온도가 일정할 때 반응속도는 농도의 합에 비례한다.
㉱ 온도가 변화할 때 반응속도는 농도의 합에 비례한다.

109 반응속도에 영향을 주는 인자들에 대한 설명으로 옳지 않은 것은?

㉮ 온도가 증가하면 분자운동이 활발해진다.
㉯ 농도가 증가하면 분자 수 증가로 충돌 횟수가 많으므로 활발해진다.
㉰ 비슷한 형태의 반응이지만 반응속도가 다른 것은 물질의 특성이 다르기 때문이다.
㉱ 촉매는 반응속도와 무관하다.

110 화학평형 상수에 대한 설명으로 옳은 것은?

㉮ [생성물의 농도의 곱]+[반응물의 농도의 곱]
㉯ [생성물의 농도의 합]+[반응물의 농도의 합]
㉰ $\dfrac{[\text{생성물의 농도의 곱}]}{[\text{반응물의 농도의 곱}]}$
㉱ $\dfrac{[\text{생성물의 농도의 합}]}{[\text{반응물의 농도의 합}]}$

CHAPTER 02

유 · 무기화합물

제1절 무기화합물

1. 금속화합물[1)2)]

1) 금속화합물의 개요

(1) 금속과 비금속

① **금속(metal)**은 금속광택을 가지며 전도도, 열전도도가 크고 강도가 커서 구부려도 잘 꺾이지 않고, 연성, 전성이 크고 상온에서 고체이며 비교적 용융하기 어려우며 **비금속(non-metal)**은 그렇지 않은 것이다.

② **금속원소(metallic element)**는 홑원소 물질로서 금속을 형성하는 원소이고 장주기 주기율표에서 왼쪽 아래에 존재하는데 다음과 같은 특징을 갖는다.

ⓐ 상온에서 고체이다.

ⓑ 융해점과 끓는점이 비교적 높다.

ⓒ 액체와 고체 상태에서 열과 전기를 잘 전달한다.

ⓓ 빛을 반사하여 고유한 금속광택을 내는 등의 성질을 가지고 있다.

③ 금속은 성질에 따라서 **중금속**과 **경금속**, **귀금속**과 **비금속**, **전이원소 금속**과 **전형원소 금속** 등으로 분류한다.

ⓐ **중금속(heavy metal)**

㉠ 주기율표상에서 주로 아래쪽에 위치하는 비중 4 이상의 무거운 금속원소이다. 예 비소, 안티모니, 납, 수은, 카드뮴, 크로뮴, 주석, 아연, 바륨, 비스무트, 니켈, 코발트, 망가니즈, 바나듐, 셀레늄 등

㉡ 중금속이 배출되면 생물권을 순환하면서 먹이연쇄를 따라 사람까지 이동하므로 중금속에 의한 환경오염을 막는 노력이 필요한데 중금속은 미량이라도

---

1) 이해평, 박영주, 위험물질론, 도서출판 화수목(2015).

2) 이해평, 박영주, 위험물 안전관리, 도서출판 화수목(2015).

체내에 축적되면 잘 배설되지 않고 우리 몸속의 단백질에 쌓여 장기간에 걸쳐 부작용을 나타내므로 매우 위험하다.

ⓑ **경금속(light metal)**

타이타늄(비중 4.5)보다도 비중이 가벼운 금속으로서 알칼리금속, 알칼리토금속 원소 외에 알루미늄 등이 여기에 속하며, 가장 빨리 실용화된 것은 알루미늄이고 타이타늄은 항공기 재료로 많이 쓰이고 있다. 예 베릴륨(비중 1.85), 마그네슘(1.74), 알루미늄(2.7), 타이타늄(4.5) 등

ⓒ **귀금속(precious metal)**

㉠ 대기 중에서 안정하여 녹이 잘 슬지 않고, 아름다운 금속광택을 가지고 있는 금속으로 산출량이 적어 값이 비싸다. 예 금, 은, 백금, 이리듐 등

㉡ 화폐, 장신구, 메달, 공예품 등의 재료로 사용되는 값비싼 금속류를 말하는 경우와 비금속보다 융해점이 높고, 연신성이 뛰어나며, 약품에 잘 녹지 않고, 열과 전기의 전도성이 높은 금속을 말하는 경우가 있다.

ⓓ **비금속(base metal)**

㉠ 공기 속에서 가열하면 쉽게 산화되고 이온화 경향도 비교적 큰 금속으로 귀금속의 반대 의미이다. 예 알칼리금속, 알칼리토류금속, 알루미늄, 아연 등

㉡ 범위가 명백하지는 않으며, 비금속은 변질하기 쉬우므로 구조재로 쓰이지 않지만, 아연이나 알루미늄 등은 순도를 높이면 훨씬 내식성이 좋아지고, 합금을 만들면 대기 속 보통의 조건에서도 오랫동안 쓸 수 있다.

ⓔ **전이원소 금속(transition metal element)**

㉠ 전형원소 금속에 대응하는 것으로 **천이원소** 또는 **전이원소**라고도 한다.

㉡ 미완성의 d, f 오비탈을 포함하는 주기율표의 3~12족에 속하는 원소이다. 모든 전이원소는 금속이므로 금속광택을 가지며, 열과 전기를 잘 통하고 대부분 높은 융해점과 비등점을 가진다.

ⓕ **전형원소 금속(typical metal element)**

㉠ 지금까지 알려진 화학원소 중에서 전이원소를 제외한 모든 원소를 **전형원소**라고 하며, 주기율표에서 1, 2족 12~18족 원소를 전형원소라고 한다.

㉡ 각 주기의 원소들을 원자번호 순으로 나열하면, 원자번호가 작을수록 금속성이 강하고 원자번호가 클수록 비금속성이 강해지는데 비금속성은 제7족 원소에서 극대가 되고 제8족 원소를 지나서 다음 주기의 제1족 원소에서 다시 금속성이 강해진다.

(2) 금속의 일반적인 성질

① 열전도(heat conduction)와 전기전도성(electro conductive)

ⓐ 비금속원소는 열이나 전기를 잘 전달하지 못하지만, 금속은 잘 전달한다.

ⓑ 금속의 열전도성 크기 : Ag > Cu > Au > Al > Mg > Zn > Pt > Fe > Pb > Hg

ⓒ 금속의 전기전도성 크기 : Ag > Cu > Au > Al > W > Zn > Ni > Fe > Pt > Pb > Hg

② 연성(ductility)과 전성(malleability)

ⓐ 연성(뽑힘성)은 금속을 길게, 늘려 뽑을 수 있는 성질이며, 전성(퍼짐성)은 판자와 같이 얇은 판으로 만들 수 있는 성질이다.

ⓑ 금속의 연성 크기 : Au > Ag > Pt > Fe > Cu > Al > Sn > Pb

ⓒ 금속의 전성 크기 : Au > Ag > Cu > Al > Sn > Pt > Pb > Fe

③ 융해점(melting point)

ⓐ 융해점은 높지만, 상온에서 액체인 것은 수은뿐이고 나머지 금속들은 모두 고체이다.

ⓑ 융해점이 가장 높은 것은 텅스텐(3,382℃)이며, 가장 낮은 것은 수은(−38.86℃)이다.

④ 합금(alloy)

금속에 다른 원소를 한 가지 이상 첨가하여 얻은 것으로 금속의 성질을 갖는다. 첨가하는 원소는 꼭 금속원소일 필요는 없으며, 그 목적에 따라 base인 금속 특색을 살리고 이것을 개량하는 것과 base인 금속의 결점을 보완하여 그것을 개량하는 것으로 구별한다. 예 놋쇠(Cu, Zn), 청동(Cu, Sn), 양은(Cu, Ni, Zn), 백동(Cu, Ni), 두랄루민(Al, Cu, Mn, Mg) 등

⑤ 야금(metallurgy)

ⓐ 금속을 광석으로부터 추출하고 정련해서 각종 사용 목적에 적합하게 조성과 조직을 조정하고 필요한 형태로 만드는 기술이다.

ⓑ 야금 방법

㉠ 사이안화법 : Au, Ag, Pt

㉡ 산화물을 탄소로 환원 : Zn, Fe, Ni, Sn

㉢ 연소 후 증류 : Hg

㉣ 용융 전해법 : K, Na, Ca, Mg, Al

㉤ 골드쉬미트법 : Co, Cr, Mn

(3) 금속 물질의 검출

① 불꽃반응(flame reaction)

ⓐ 알칼리금속이나 알칼리토금속의 성분을 포함하는 물질을 겉불꽃에 넣으면 특유

의 불꽃색이 나타나는 것으로서 폭죽, 시료의 성분 확인 등에 이용하며 금속을 구분하는 선스펙트럼에도 이용한다.

ⓑ 백금선이나 니크롬선에 알칼리금속염의 수용액이나 칼슘, 스트론튬, 바륨, 구리 등의 화합물 수용액을 묻힌 것을 무색의 불꽃에 넣으면 금속염에 따라 특유의 색을 나타내는데 나트륨이온이나 포타슘 이온의 수용액은 무색이고 침전도 안 생기므로 약품으로서 검출하기 곤란하지만, 불꽃반응을 통해서 쉽게 검출한다.

원소 이름	기호	불꽃색	원소 이름	기호	불꽃색
구리	Cu	청록색	세슘	Cs	청자색
나트륨	Na	노란색	스트론튬	Sr	진한 빨강
루비듐	Rb	심적색	포타슘	K	연보라
리튬	Li	진한 빨강	칼슘	Ca	황적색
바륨	Ba	황록색			

② **붕사구슬반응(borax bead reaction)**

ⓐ 붕사를 가열하여 얻는 붕사구슬을 금속염에 반응시켜 정성 분석하는 방법이며, 금속의 검출에 이용한다.

ⓑ 붕사를 백금선의 고리에 묻혀서 가열하면 결정수를 잃고 붕사구슬이라고 하는 유리 모양의 구슬이 백금선 끝에 생기는데 여기에 금속산화물을 묻혀서 불꽃 속에서 가열한 후에 식히면 금속에 따라 특유한 색을 나타낸다.

금속	기호	산화불꽃	환원불꽃	금속	기호	산화불꽃	환원불꽃
구리	Cu	청록색	붉은색	코발트	Co	푸른색	푸른색
망가니즈	Mn	보라색	무색	크로뮴	Cr	녹색	녹색

2) 나트륨(natrium 또는 sodium)

항목	내용
원자번호/원소기호	11/Na
족	1족 알칼리금속
외형 및 성질	칼로 자를 수 있을 정도로 무르고 은백색
반응성	반응성이 아주 크고 공기 중의 산소와 빠르게 반응하여 산화물을 만들며, 물과 격렬하게 폭발적으로 반응
저장 및 보관	반응성이 크므로 석유와 같은 액체 탄화수소인 비 산화성 물질에 담아 보관

(1) 수산화나트륨(sodium hydroxide, NaOH)

항목	내용
외형 및 성질	• 순수한 것은 무색의 투명한 결정이지만, 보통은 반투명한 백색 고체 • 탄산나트륨 등의 불순물을 함유 • 상온에서는 사방정계 • 조해성이 강해서 공기 중에 방치하면 습기와 이산화탄소를 흡수해서 탄산나트륨이 되어 결정을 석출
융해점	• 완전히 탈수시킨 수산화나트륨의 융해점 : 328℃ • 보통은 약간의 수분을 포함 : 318.4℃
비등점	1,390℃
비중	2.13
용해도	• 수용액은 강한 염기성 • 42g(0℃), 347g(100℃)
반응성	• 물에 잘 녹으며 다량의 열을 발생 • 알코올이나 글리세롤에는 잘 녹지만, 에터나 아세톤에는 녹지 않음
저장 및 취급	강하게 가열해도 산화물과 물로 분해하지 않지만, 쉽게 융해되어 금·백금·규산 등을 침식하므로, 융해 수산화나트륨은 은·니켈 등의 용기를 써서 취급

① 조해성은 고체가 공기 중의 수분을 흡수하여 스스로 액체가 되는 현상이다.

예 NaOH, KOH, $MgCl_2$, $CaCl_2$ 등

② NaCl은 조해성이 없지만, 불순물로 섞여 있는 $MgCl_2$ 때문에 소금가마니가 축축해져서 조해성 물질인 것으로 착각할 수 있다.

③ 수산화나트륨의 제조법

ⓐ **염화나트륨 전해법(전해소다법)**

㉠ 염화나트륨 수용액을 전기분해 하면 수산화나트륨과 염소와 수소 기체가 동시에 얻어지는데 이렇게 얻은 수산화나트륨을 **전해소다**라고 한다.

㉡ 전기분해 시 발생한 염소와 수소가 접촉하면 염소폭명기가 되고 물에 녹은 염소와 수산화나트륨은 NaClO(치아 염소산나트륨)가 되는데 염소폭명기와 치아 염소산나트륨의 생성을 막기 위해서 염화나트륨을 전기분해 할 때는 격막법 및 수은법을 사용한다.

제조법	내용
격막법 (diaphragm process)	격막으로 사용되는 석면의 설치법에 따라 **수평식**과 **수직식**이 있음 • 수평식은 격막의 파손이 적으며 전류의 효율이 높음 • 수직식은 공간 이용률이 높고 액 전압이 낮음

수은법 (mercury process)	흑연을 양극, 수은을 음극으로 한 전해조에서 식염수를 전기분해 하여 염소와 수산화나트륨을 만드는 방법인데, 수은 오염의 원인이 되므로 현재는 사용하지 않음
이온교환막법 (ion-exchange membrane method)	• 식염수를 전기분해 하여 수산화나트륨과 염소를 제조하는 방법 • 격막법에서 석면막 대신 양이온만을 통과시키는 플루오린 수지를 주체로 한 양이온교환막을 사용 • 막을 통과하는 것은 Na^+뿐이므로 음극에 대해 식염의 혼입이 없고, 수산화나트륨의 농도가 20~40%로 높으므로 격막법처럼 식염을 농축 분리할 필요가 없음

ⓑ **탄산나트륨의 가성화법(암모니아법 또는 솔베이법)**

조 탄산수소나트륨(crude sodium bicarbonate) 수용액에 이산화탄소를 불어넣어 탄산나트륨 원액을 만들어 사용하며, **습식법**과 **건식법**이 있다.

(2) **탄산나트륨(sodium carbonate, Na_2CO_3)**

① 무수물은 백색 분말의 흡습성이 강한 탄산나트륨이며, 1수화물·7수화물·10수화물이 알려져 있고 유리·비누 종이 제조 등에 사용된다.

② 탄산나트륨 제조법

제조법	내용
암모니아-소다법(솔베이법)	염의 포화용액에 암모니아 기체를 포화시키고, 여기에 이산화탄소를 통과시켜 탄산수소나트륨을 만들며, 이것을 가열하면 생성됨
르블랑소다법(르블랑법)	식염과 황산을 반응시켜 얻는 황산나트륨을 탄소로 환원시켜서 이것과 탄산칼슘으로부터 얻음
전해소다법(전해법)	• 식염수를 전기분해 하여 수산화나트륨을 만들고, 이것에 이산화탄소를 가해서 얻음 • 유리·비누·수산화나트륨·탄산수소나트륨 등의 제조 원료로 사용 • 염기성으로서 종이·펄프의 제조, 염료의 유기합성 등 여러 분야에서 사용

3) 포타슘(potassium)

항목	내용
원자번호/원소기호	19/K
족	1족 알칼리금속

항목	내용
외형 및 성질	• 은백색, 원자량 39.098g/mol, 융해점 63.38℃, 비등점 759℃, 밀도 0.89g/cm³ • 지구상에 나트륨에 이어 두 번째로 많이 존재하는 금속이지만 주로 규산염으로서 지각 속에 널리 분포 • 생물체 내에서 이온으로 존재하며 생물의 물질대사에 꼭 필요한 무기물질 • 불꽃반응은 옅은 보라색 • 이온화 경향이 큰 원소로서 산화하기 쉬움
반응성	• 포타슘은 물과 격렬히 반응해 수산화포타슘과 수소를 생성하고 연소나 폭발 • 수은과 접촉하면 격렬하게 반응하고 할로젠과 접촉하면 발화
저장 및 보관	공기 중의 수분과 작용하여 수소를 발생시켜 연소하므로 될 수 있으면 옥내의 건조한 곳에 저장

(1) 사이안화 포타슘(potassium cyanide) 또는 청산포타슘 · 청산칼리

항목	내용
외형 및 성질	• 수용성, 맹독의 무색 결정 • 조해성이 강하여, 보존할 때 병의 마개를 꼭 막지 않으면 습기를 흡수하여 녹기 시작 • 가수분해로 공기 중의 이산화탄소를 흡수하여 사이안화수소를 방출하고 탄산포타슘을 생성
화학식	KCN
융해점	635℃
비중	1.52
독성	독성이 매우 강하며, 치사량은 0.15g
제조	• 예전에는 코크스로 기체로부터 흡수된 철의 사이안화물에서 제조 • 최근에는 사이안화수소(HCN)를 수산화포타슘(KOH)과 반응시켜 사이안화포타슘 수용액을 만들고, 이것을 탈수 처리하여 제조
사용	금속 도금, 광물의 제련, 사진, 분석 시약 등
저장 및 취급	• 진한 수용액도 피부를 상하게 하므로 취급할 때는 주의 • 피부나 옷에 묻었을 때는 즉시 따뜻한 비눗물로 잘 씻어냄

4) 칼슘과 마그네슘

(1) 칼슘(calcium)

항목	내용
원자번호/원소기호	20/Ca
족	2족 알칼리토금속
외형 및 성질	• 인체에는 필수적인 무기염류로 인산과 결합하여 뼈나 이에 함유되어 있고 각종 생리작용에 참여 • 화합물로서 지구상에 다량으로 존재하는데 지각 안의 함유량은 철에 이어서 5위

항목	내용
반응성	반응성이 커서 자연계에 순수하게 존재하지 않고 탄산염 등의 화합물로 분포
사용	칼슘의 제조 원료로는 염화칼슘이 주로 이용됨

(2) 마그네슘(magnesium)

항목	내용
원자번호/원소기호	12/Mg
족	2족 알칼리토금속
외형 및 성질	• 원자량 24.3050, 융해점 650℃, 비등점 1,100℃, 비중 1.741, 굳기 2.6 • 은백색의 가벼운 금속으로 연성이 있어, 얇은 박이나 가는 철사로 만들 수 있음 • 가공 및 융해는 융제로 표면을 덮어 산화를 방지한 다음 행함 • 실온의 건조한 공기 속에서는 변하지 않는데, 그것은 산화마그네슘의 얇은 막이 산화의 진행을 방지하기 때문 • 습한 공기 중에서는 광택이 서서히 흐려짐 • 적열 상태에서는 일산화탄소·이산화탄소·아황산가스·산화질소 등을 환원하고 더 가열하면 빛을 내면서 연소하여 산화물이 됨
반응성	• 염소와 격렬하게 화합 • 할로젠·황·인·비소나 금속원소 등과도 화합 • 가열하면 질소와 반응하여 질소화합물을 생성 • 분말을 물속에서 끓이면 수산화마그네슘과 수소를 발생 • 산에는 쉽게 녹으며, 이 경우에도 수소를 발생하여 염이 되지만, 염기에는 녹지 않고 염화암모늄 수용액에는 녹음

(3) 센물과 단물

구분	내용
센물 **(경수, hard water)**	• 칼슘 이온이나 마그네슘 이온을 다량 포함하고 있는 물 • 물 100mℓ 속에 산화칼슘이 1mg 포함(산화마그네슘은 1.4mg)된 것을 세기 1도로 정하여 세기 20도 이상의 것 • 칼슘과 마그네슘 이온이 만드는 앙금 때문에 비누가 잘 풀리지 않고, 식수로 사용하거나 보일러에 사용하면 문제가 발생
단물 **(연수, soft water)**	• 칼슘 이온이나 마그네슘 이온을 비교적 적게 포함한 물 • 세기 10도 이하의 것 • 앙금이 별로 없어 비누가 잘 풀리고 보일러 등의 사용에도 문제가 발생하지 않음 • 센물보다 단물의 유용성이 크기 때문에 일시적 센물은 가열을 통해, 영구적 센물은 이온교환수지 등을 이용해 단물로 바꾸어 사용 • 강물이나 빗물, 수돗물, 증류수 등이 단물에 속함

① **일시적 센물**은 Ca이나 Mg가 탄산수소염 상태인 $Ca(HCO_3)_2$, $Mg(HCO_3)_2$가 다량 녹아 있는 센물로서 끓이면 HCO_3^- 성분이 분해되어 연수가 된다.

② **영구적 센물**은 Ca나 Mg가 황산염이나 염화물로서 녹아 있는, 즉 $CaSO_4$, $MgSO_4$, $CaCl_2$, $MgCl_2$가 다량 녹아 있는 센물이다.

(4) **칼슘화합물**

① **석회석(limestone, $CaCO_3$)**은 천연으로 출토되며 물에 녹지 않지만, 이산화탄소를 포함한 물에 녹으면 $Ca(HCO_3)_2$가 되어 맑은 용액이 된다.

② **산화칼슘(생석회, quick lime, CaO)**은 대리석이나 석회석을 900℃로 가열하면 이산화탄소와 함께 생성된다.

③ **수산화칼슘(소석회, slaked lime, $Ca(OH)_2$)**은 산화칼슘에 물을 가하면 발열하면서 생성된다.

(5) **마그네슘화합물**

① **할로젠화물 및 겹 할로젠화물** : MgF_2, $MgCl_2$, $MgBr_2$, MgI_2 등

② **산화물** : MgO, $Mg(OH)_2$, $MgAl_2O_4$ 등

③ **황화물** : MgS, MgSe, MgTe 등

④ **질화물** : Mg_3N_2, $Mg(NH_2)_2$ 등

⑤ **탄화물** : MgC_2, Mg_2C_3 등

⑥ **산소산염** : $MgSO_4$, $Mg(NO_3)_2$, $Mg_3(PO_4)_2$, $MgHPO_4$, $Mg_2P_2O_7$ 등

⑦ **유기마그네슘화합물** : R_2Mg 등

5) 알루미늄

(1) **알루미늄(aluminium)**

항목	내용
원자번호/원소기호	13/Al
족	3족 양쪽성 금속원소
외형 및 성질	• 원자량 26.981g/mol, 융해점 660.32℃, 비등점 2,519℃, 밀도는 2.7g/cm^3 • 은백색의 가볍고 무른 금속 • 연성과 전성이 크고, 열과 전기의 양도체 • 공기 중에서 산화알루미늄의 피막이 생겨 내부를 보호하며, 알루미늄 표면에 인공적으로 산화물 피막을 입힌 것을 **알루마이트(alumilite)**라고 함 • 알루미늄 분말과 Fe_2O_3 분말의 혼합물을 **테르밋(thermit)**이라 하며, 레일과 같은 철의 용접에 이용
제조	천연에서 **보크사이트**(Al_2O_3를 주성분으로 하는 광물질)로 산출되는데 보크사이트를 용융·전기분해 하여 야금(광석에서 금속을 빼내는 것)하며 용융점을 낮추기 위해서 **방정석**(Na_3AlF_6)을 용제(flux)로 첨가하여 사용

(2) **알루미늄 합금**

① 알루미늄에 구리·마그네슘 등의 금속을 첨가한 합금으로 알루미늄의 성질을 개량하여 우수한 특성을 발휘한다.

② 고력 알루미늄 합금은 알루미늄에 구리를 첨가한 것으로 강도가 크다. 예 두랄루민

③ 구조용 알루미늄 합금은 마그네슘·아연을 가한 것인데 내식성이 우수하며 철도차량·교량 등에 사용된다.

④ 주물용은 규소를 가한 합금을 사용한다.

구분	내용
두랄루민 (duralumin)	• 구리와 마그네슘 및 그 외 1~2종의 원소를 알루미늄에 첨가하여 시효 경화성을 가지게 한 고력 알루미늄 합금 • 두랄루민은 일반적으로 사용해 온 두랄루민과 초두랄루민 및 초초두랄루민으로 구분
라우탈(lautal)	• 알루미늄에 구리 4%, 규소 5%를 가한 주조용 알루미늄 합금으로 490~510℃로 담금질한 다음 120~145℃에서 16~48시간 뜨임을 하면 기계적 성질이 좋아짐 • 열처리와 가공을 적당히 조합함으로써 두랄루민과 같은 정도의 강도를 갖는 것을 만들 수가 있으며, 용도는 자동차·항공기·선박 등의 부분품으로 사용
하이드로날륨 (hydronalium)	• 알루미늄에 10%까지의 마그네슘을 첨가한 내식 알루미늄 합금으로 알루미늄이 바닷물에 약한 것을 개량하기 위하여 개발된 합금 • 내식성이 필요한 아케이드 지붕이나 철도차량, 객선의 갑판구조물로 사용
실루민(silumin)	• 주조용 알루미늄 경합금의 일종으로 Al 86~89%, Si 11~14%로 구성 • 가볍고 연성·전성이 모두 크며, 주조 후의 수축이 매우 작고 해수에 잘 침식되지 않지만, 결점은 탄성 한도가 낮고 피로에 약함

6) 수은

(1) **수은(mercury)**

항목	내용
원자번호/원소기호	80/Hg
족	12족 6주기에 속하는 아연족 원소
외형 및 성질	• 원자량 200.59g/mol, 융해점 −38.83℃, 비등점 356.73℃, 밀도 13.534g/cm^3 • 상온에서 은백색의 금속광택이 나는 무거운 액체 금속 • 전성·연성이 크고 팽창률과 표면장력이 매우 크며 중독의 위험성이 있음 • 증기는 유독하며 중금속 중독증인 미나마타병을 일으킴
제조	자연계에 단체로 존재할 수도 있으며, HgS에서 산출

(2) 수은 합금

구분	내용
염화제일수은 (Hg_2Cl_2) 또는 칼로멜(calomel) 또는 감홍	• 무색의 결정으로, 비중 7.15 • 빛에 의해 분해되어 어두운 빛깔이 되고, 서서히 가열하면 노란색이 됨 • 강하게 가열하면 융해하지 않고 승화함 • 물에는 거의 녹지 않고, 알코올·아세톤·에테 등에도 녹지 않음 • 묽은 염산에는 약간 녹으며 독성은 없음 • 염화수은(Ⅱ)과 수은의 혼합물을 가열하면 승화하여 생성되며, 표준전극(감홍 전극)에 사용되고 완화제로도 사용됨
염화제이수은 ($HgCl_2$) 또는 승홍	• 광택이 나는 바늘 모양의 무색 결정 • 융해점 277℃, 비등점 304℃, 비중 5.44(25℃) • 승화성이 있으며, 고체는 열 및 빛에 안정 • 물에는 약간 녹고 0℃에서 1ℓ의 물에 36g이 녹음 • 알코올·아세톤·에테 등에도 녹지만 염산 또는 금속 염화물 수용액에는 더 잘 녹음 • 암모니아수에 의해 염화수은 아마이드의 백색 침전을 생성 • 수은에 염소를 작용시키거나, 황산수은(Ⅱ)에 식염을 섞어서 가열하면 생성됨 • 목재·해부 시료의 방부제, 살균제, 사진에서의 증력제, 납에서의 금 분리 시약, 분석 시약 등으로 사용 • Hg^{+2}는 맹독성이 있지만 0.1% 용액은 소독제로 사용
아말감(amalgam)	• 수은과 다른 금속의 합금이며 수은의 분량이 많으면 합금이 액체 상태가 되지만 대부분은 고체이며, 상온에서도 액체 또는 무른 고체의 합금을 만들어, 약간만 가열하면 무르게 되므로 세공하기 쉬움 • 은·주석·구리의 아말감은 치과용 충전재로 사용 • 납·주석·비스무트의 아말감은 거울의 뒷면에 칠하여 반사가 잘 되기 위하여 사용 • Pt, Fe, Co, Ni, Cr, Mn 등은 아말감을 만들지 못함

2. 비금속 화합물[1)2)]

1) 질소(nitrogen, N_2)

항목	내용
원자번호/원소기호	7/N
족	15족 2주기에 속하는 비금속원소

1) 이해평, 박영주, 위험물질론, 도서출판 화수목(2015).
2) 이해평, 박영주, 위험물 안전관리, 도서출판 화수목(2015).

항목	내용
외형 및 성질	• 융해점 −210℃, 비등점 −196℃, 비중 0.808 • 상온에서 주로 이원자 분자로 존재 • 지구의 대기의 약 78% 정도를 차지
제조	• 지각 중에는 질산염, 암모늄염으로 존재 • 단백질 등의 구성 원소로 생물체 내에 많이 들어 있음 • 공업적으로는 액체 공기를 분류하여 얻음

2) 암모니아(ammonia, NH_3)

항목	내용
외형 및 성질	• 융해점 −77.7℃, 비등점 −33.4℃ • 가벼운 무색의 기체 • 자극적인 강한 냄새 • 물에 잘 녹으며, 1ℓ의 물에 1,000cm^{3}의 암모니아가 녹는데 이 수용액을 **암모니아수**라고 함
분석	• 기체 속에 함유되어 있을 때는 물 또는 산에 흡수시키고, 물에 녹아 있을 때는 묽은 **네슬러 시약**을 가하면 황갈색으로 변함 • 수용액에 수산화나트륨을 가하여 가열하면 암모니아의 특이한 냄새가 나는데 이 냄새는 아주 강하여, 극히 미량(1m^{3}당 17mg)이라도 알 수 있음 • NH_4^+이온이 포함된 물에 네슬러 시약을 가하면 노란색이 되고 암모니아나 NH_4^+이온이 많을 때는 적갈색이 되므로 마시는 물의 간단한 수질검사에 이용
사용	• 0℃에서는 4.2기압에서, 20℃에서는 8.4기압에서 액화 • 기화될 때 주변에서 열을 흡수하므로 액체 암모니아는 냉동제로 많이 이용

3) 질산(nitric acid, HNO_3)

항목	내용
외형 및 성질	• 융해점 −42℃, 비등점 86℃(일부는 물과 오산화질소로 분해), 비중 1.502 • 농도 98% 이상의 질산은 무색의 액체로서 흡습성이 강하고 발연 • 빛을 쬐면 일부는 분해
반응성	• Au·Pt·Rh·Ir 등의 귀금속 이외의 금속과 격렬히 반응하고 이들을 녹임 • Fe·Cr·Al·Ca·Co·Ni 등은 금속이 귀금속과 같이 진한 질산 속에서 부식되지 않는 얇은 피막을 갖는 **부동태**를 만들므로 침식되지 않음 • HNO_3 또는 질산염의 용액에 $FeSO_4$ 용액을 혼합시킨 다음 시험관 유리 벽에 천천히 C−H_2SO_4를 가하면 경계면에 갈색 고리 [Fe(NO)]SO_4가 생기는데 이것을 **갈색 고리 반응**이라고 함
제조	$NaNO_3$에 C−H_2SO_4를 가하고 가열하면 질산을 얻음

4) 산소

(1) 산소(oxygen, O_2)

항목	내용
원자번호/원소기호	8/O
족	16족에 2주기에 속하는 **칼코젠(chalcogen)** 원소
외형 및 성질	• 원자량 16, 융해점 −218.79℃, 비등점 −182.95℃, 밀도는 1.429g/ℓ • 상온에서 이원자 분자(O_2)로 존재 • 반응성이 커서 거의 모든 원소와 반응하여 산화물을 생성 • 공기 중에 약 21%, 물·기타 화합물 속에 다량 포함되어 있음 • 질량으로 지각에서 가장 풍부한 화학원소이며 우주에서 H_2와 He 다음 세번째로 많은 원소로서 **클라크수**(지구 표면의 각 원소 존재의 추정치, wt %)는 49.5%로서 가장 큼 • 불연성·조연성 기체
제조	• $KClO_3$에 MnO_2를 촉매로 하여 가열·분해함 • 물을 전기분해 하거나 공기를 액화 분류함

(2) 오존(ozone, O_3)

① 산소 원자 3개로 이루어진 산소의 동소체로서 훨씬 덜 안정되고 산소를 무성 방전하거나 자외선을 통해 주면 오존이 된다.

② 마늘 냄새가 나며 인체에 독성이 있어 장시간 흡입하면 호흡 기관을 해치므로 주의해야 한다.

③ 지상에서 20~25km 고도에 20km 두께로 비교적 농도가 높은 오존이 분포하는데, 이것을 **오존층**이라고 하며 이 오존층에서 태양의 자외선을 흡수하기 때문에 지구의 생물은 자외선에 의한 피해를 줄일 수 있었지만, 환경오염으로 오존층이 서서히 파괴되고 있어 그 대책이 시급하다.

③ 무색 결정인 아이오딘화포타슘은 백색의 녹말종이를 푸른색으로 변색시키는 성질을 이용하여 오존을 검출할 수 있다.

5) 수소

(1) 수소(hydrogen, H_2)

항목	내용
원자번호/원소기호	1/H
족	1족 1주기에 속하는 비금속원소

항목	내용
외형 및 성질	• 원자량 1.00794g/mol, 비등점 −252.87℃, 융해점 −259.14℃, 밀도 0.08988g/ℓ • 지구상에 존재하는 가장 가벼운 원소 • 무색·무미·무취의 기체 • 주로 수소 분자 H_2로 이루어지는데 공기 중에서 발화원에 의하여 폭발적으로 연소(폭명기)하며 **폭명기**는 수소 2와 산소 1의 혼합기체로서 발화원에 의하여 폭음을 내고 폭발하며 물을 만드는 혼합기체 • 폭발범위 또는 연소범위 4.1~74%
제조	• 아연에 염산을 가하거나 황산을 가하면 염화아연이나 황산아연과 함께 수소가 생성됨 • 공업적 제법은 수성 가스법, 석유 분해법, 천연가스 분해법, 일산화탄소 전환법 등이 있음 • 킵(kipp) 장치를 이용하면 수소(Zn+묽은황산), 이산화탄소($CaCO_3$+HCl), 황화수소(FeS+HCl) 등을 만들 수 있음

(2) **황화수소(hydrogen sulfide, H_2S)**

① 수소의 황화물로 악취를 가진 무색의 유독한 기체로서 분석화학에서 중요하고 유기화합물 합성의 환원제로도 사용된다.

② 순수한 것은 염화마그네슘과 황화칼슘의 혼합물에 물을 조금 가한 후 가열하여 제조하며, FeS에 HCl을 가하면 $FeCl_2$와 황화수소가 제조된다.

(3) **황산(sulfuric acid, H_2SO_4)**

① 무색의 비휘발성 액체로서 물을 제외하고 가장 많이 제조되는 강산성 화합물이다.

② 공업적으로 백금이나 오산화바나듐 촉매를 이용해 만든다.

ⓐ **연실법**은 황이나 황철광을 연소시켜 얻은 이산화황을 물과 같이 질소산화물을 촉매로 하여 작용시켜 제조하는 방법이다.

ⓑ **접촉법**은 오산화바나듐(V_2O_5)을 촉매로 하여 이산화황을 산화시켜 삼산화황을 만들어 물과 접촉해서 만든다.

6) 할로젠

(1) **플루오린(fluorine, F)**

항목	내용
원자번호/원소기호	9/F
족	17족 2주기에 속하는 할로젠족 원소

항목	내용
외형 및 성질	• 융해점 −219.62℃, 비등점 −188.12℃, 밀도 3.1g/ℓ • 연한 황갈색 기체 • 원소 중에서 전기음성도와 반응성이 가장 커서 거의 모든 원소와 반응하여 화합물을 생성 • HF는 유리를 부식시키며, 연황색 기체 • 수소와 결합력의 세기는 F > Cl > Br > I
제조	형석(CaF_2)과 빙정석(Na_3AlF_6)에 존재

(2) 염소(chlorine, Cl)

항목	내용
원자번호/원소기호	17/Cl
족	17족 3주기에 속하는 할로젠족 원소
외형 및 성질	• 융해점은 −101.5℃, 비등점은 −34.04℃, 밀도는 3.2g/ℓ • 전기음성도가 플루오린 다음으로 크고 자극적인 냄새가 나는 맹독성 녹황색 기체 • 염소는 아이오딘화포타슘 전분지를 청자색으로 변화시키며 소금이나 염소 이온이 포함되면 질산은 용액으로 흰 침전이 생기며 불꽃반응이 노란색으로 변하는 성질을 이용하여 마시는 물의 검사에 이용
제조	• 형석(CaF_2)과 빙정석(Na_3AlF_6)에 존재 • 염산에 MnO_2, $KMnO_4$, $K_2Cr_2O_7$ 등의 산화제를 가하거나 표백분($CaOCl_2$)에 진한 염산을 가하여 얻음
사용	• 강력한 산화제이며 표백제로 사용 • 염화수소는 소금에 진한 황산을 가하여 가열하여 제조 • 염화바륨($BaCl_2$)을 탄산염(Na_2CO_3) 또는 황산염(Na_2SO_4)의 수용액에 넣으면 탄산바륨 및 황산바륨의 백색 침전물을 얻음 • 소석회($Ca(OH)_2$)에 염소를 흡수시키면 표백분인 차아염소산칼슘 [$CaOCl_2 \cdot H_2O$ 또는 $CaCl(ClO) \cdot H_2O$]를 얻음

① 표백분에 산을 가하였을 때 발생한 염소의 g 수를 % 단위로 표시한 것을 표백분의 **유효염소**라고 한다.

② 염화수소 기체를 물에 녹인 것을 **염산**이라고 하며, 진한 염산은 염화수소 농도가 35% 이상이다.

(3) 브로민(bromine, Br)

항목	내용
원자번호/원소기호	35/Br
족	17족 4주기에 속하는 할로젠족 원소

항목	내용
외형 및 성질	• 융해점 −7.2℃, 비등점 58.8℃, 밀도 3.1g/cm³ • 상온에서 액체인 유일한 비금속원소로 적갈색의 무거운 휘발성 액체 • 천연으로는 홑원소 물질로서 존재하지 않음 • 자극성 냄새가 나며, 적갈색의 증기는 유독 • 상온에서 액체인 유일한 비금속원소이며, 강산화제로서 피부를 손상
제조	• 브로민화물에 이산화망가니즈와 황산을 넣고 가열하여 얻음 • 브로민화수소는 적린에 브로민과 물을 넣어 가열하여 제조

7) 불활성 기체

(1) 불활성 기체(inert gas)

① 보통 희유기체원소, 즉 주기율표 18족에 속하는 헬륨·네온·아르곤·크립톤·제논·라돈의 6 원소를 말하며 이밖에 다른 물질과 비교적 반응하기 어려운 질소 등을 포함할 때도 있다.

② 불활성 기체는 화학적으로 몹시 활발하지 못하여 화합물을 잘 만들기 어렵지만, 들뜬 상태에서는 산화물·플루오린화물 등의 화합물을 만들기도 하고 실온에서 무색 기체이며, 단원자 분자이다.

③ 헬륨은 기구·비행선에, 네온은 네온사인에, 아르곤은 전구에 이용한다.

(2) 가이슬러관(Geissler tube)에서의 색깔

① 가이슬러관은 0.1~1mmHg 압력의 관이다.

② 헬륨은 노랑, 네온은 빨강, 아르곤은 보라, Ar+수증기는 파랑, 공기는 붉은 보라, 수은은 청회색을 나타낸다.

8) 탄소

(1) 탄소(carbon, C)

항목	내용
원자번호/원소기호	6/C
족	14족 2주기
외형 및 성질	• 원자량 12.0107g/mol, 승화점 3,642℃, 밀도 2.267g/cm³(흑연)/3.515g/cm³(다이아몬드) • 동소체로 숯, 석탄의 무정형 탄소와 결정성인 흑연과 다이아몬드가 있음 • 수소, 산소 또는 질소 등과 공유결합을 안정적으로 쉽게 형성할 수 있어 생체분자의 기본요소로 사용되며 석탄과 석유의 주성분

(2) 일산화탄소(carbon monoxide, CO)

① 냄새가 없고 눈에 보이지 않는 독성 기체로서 중독되면 사망에 이를 수도 있다.

② 폼산에 진한 황산을 가하여 가열하거나 1,000℃로 가열된 코크스에 수증기를 가하면 얻을 수 있다.

(3) 이산화탄소(carbon dioxide, CO_2)

① 무색·무취의 기체로서 공기 속에 0.03% 포함되어 있으며 압력을 가하면 액화나 응고된다.

② 대리석이나 석회석에 묽은 염산을 가하거나 900℃로 가열하여 얻을 수 있다.

(4) 기타 탄소족 원소

① 규소(Si)는 반도체로서 집적회로(IC)의 칩을 만들며, 연마제인 **카보런덤**(SiC)을 만든다.

② 저마늄(Ge)은 반도체로서 트랜지스터 제조에 이용한다.

③ 단결정의 순수한 규소는 얇게 판으로 잘라낸 것을 **웨이퍼(wafer)**라고 하며 이 웨이퍼에 기술적 고안을 한 것이 컴퓨터 등에 사용하는 반도체 칩이다.

9) 기체의 포집법과 건조

(1) 기체의 포집법

방법	내용
수상치환 (water substitution)	• 물을 가득 채운 용기 속에 알맞은 관으로 기체를 넣고 거품으로 부상시켜 기체를 모으는 방법 • H_2, O_2, N_2, NO, CO, CH_4, C_2H_2와 같이 물에 녹기 어려운 기체로서 물에 녹는 불순물이 포함된 기체의 포집 방법
상방치환 (upper substitution)	H_2, CH_4, NH_3와 같이 물에 녹는 기체 가운데 공기보다 가벼운 기체의 포집 방법
하방치환 (downward substitution)	Cl_2, HCl, H_2S, CO_2, SO_2, NO_2와 같이 물에 녹는 기체 가운데 공기보다 무거운 기체의 포집 방법

(2) 기체의 건조제

건조제	내용
산성 건조제 (C-H_2SO_4, P_2O_5 등)	• 산성 기체(Cl_2, HCl, H_2S, CO_2, NO_2 등)에만 사용 • HCl에 P_2O_5 건조제는 반응하므로 사용해서는 안 됨

건조제	내용
염기성 건조제 (CaO, NaOH+CaO 등)	염기성 기체(NH_3)에만 사용
중성 건조제 ($CaCl_2$·실리카겔 등)	• 염기성이나 산성의 성분 등을 띠지 않은 중성 성분인 건조제로서 물질이 머금고 있는 수분을 없애 건조한 상태로 만들어 주는데, 중성 기체(H_2, O_2, N_2, CO 등)에만 사용 • 황산칼슘, 진한 황산, 수산화포타슘, 염화칼슘, 실리카겔 등이 있음

3. 방사성 화합물[1)2)]

1) 방사성 원소(radioactive element)

(1) 방사능을 가진 중성자의 수가 양성자의 수보다 많은 ${}^{209}_{83}Bi$ 이상의 원소로서 **천연 방사성 원소**와 **인공 방사성 원소**로 나눌 수 있다.

(2) 원자핵이 α선, β선, γ선 등의 방사선을 방출하고 붕괴하면서 안정한 원소로 변하는데, 이 과정은 우라늄계열, 토륨계열, 악티늄계열 중 하나에 속해 있으며, 최종적으로 도달하는 원소는 계열에 따라 정해진다.

2) 방사선(radioactive rays)

(1) **방사성 원소**는 방사선을 내놓는 원소이고 **방사능(radioactivity)**은 방사선을 내놓는 능력이다. **방사선**은 우라늄, 플루토늄과 같은 원자량이 매우 큰 원소들은 핵이 너무 무거워서 상태가 불안정하므로 스스로 붕괴를 일으켜서 다른 원소로 바뀌게 될 때 방출하는 입자선이나 복사선이다.

(2) 원소가 붕괴할 때 나오는 방사선은 α(알파)선, β(베타)선, γ(감마)선 세 가지뿐만 아니라 X선, 중성자선 같은 다른 입자나 전자기파를 합쳐서 언급하는 경우가 많은데 α(알파)선, β(베타)선, 중성자선과 같이 운동하는 입자인 **입자선**과 X선, γ(감마)선과 같은 **전자기파**의 두 가지로 구분할 수 있다.

1) 이해평, 박영주, 위험물질론, 도서출판 화수목(2015).
2) 이해평, 박영주, 위험물 안전관리, 도서출판 화수목(2015).

(3) 방사선의 종류와 특징

방사선	특징
알파(α)선	• 알파 입자가 움직이는 입자 방사선이며 알파 입자는 양성자 2개와 중성자 2개로 구성되어 있으며 이는 헬륨의 원자핵에 해당하는데 원자번호 2, 질량수 4, 속도는 빛의 속도의 0.1배인 입자 • 원자량이 큰 원소가 붕괴할 때 가장 흔히 나오는 입자로서 알파선이 나오는 붕괴는 α붕괴에 해당하고, α붕괴가 일어나면 양성자 2개만큼 원소의 전하량이 떨어짐 • 양성자 2개가 +2의 전하를 띠고 있으므로 전기장이나 자기장에서 휘어지고 전리작용이 매우 강해서 다른 물질을 매우 쉽게 이온화시키지만, 질량과 전하량이 크기 때문에 운동에너지가 매우 쉽게 감소해서 종이 정도의 두께를 가진 물질에도 흡수되어 차단되며 공기 중에서도 순식간에 멈추어 몇 cm 정도밖에 움직이지 못한다. 단, 그런 만큼 근거리에서 미치는 영향은 크기 때문에 알파선을 방출하는 물질을 몸속에 넣을 때는 내부 피폭에 특히 주의해야 함 • 이온화 작용이 강하기 때문에 이것을 이용하여 분석화학 등에 사용
베타(β)선	• 전자의 흐름으로 생기는 방사선으로 질량은 수소의 1/1840 정도이며, 빛의 속도와 거의 같은 입자로서 베타 입자가 움직이는 입자 방사선이고 β붕괴를 통해 원자 바깥으로 나온 전자 • 전자의 반물질인 **양전자**(positron)가 움직이는 경우도 베타선이라고 하지만 자연에서는 드문 경우 • 핵 안에 들어있는 중성자가 양성자로 바뀌면서 전자가 튀어나오는 현상을 β붕괴라고 하며 이때 베타선과 **중성미자**(neutrino)가 나오는데 β붕괴가 아닌 다른 방식으로 운동하는 전자는 일반적으로 베타선이라고 하지 않음 • β붕괴가 일어난 원소는 전하량이 1 올라간 다른 원소로 바뀌지만, 전자의 질량이 매우 작으므로 원자량은 그대로며 전자의 움직임이므로 전하는 −1이 되고 에너지 분포는 알파선과 달리 연속적이므로 정확히 알기 어려움 • 물질을 투과하는 능력은 알파선보다는 크지만, 에너지 분포가 연속적인 관계로 일정하지는 않고 얇은 알루미늄 포일이나 플라스틱판 정도로도 베타선을 막을 수 있음 • 전하를 띠고 있어서 전기장과 자기장에서 휘지만, 질량이 알파선보다 매우 작아서 이온화 능력은 그렇게 크지 않으며 원자핵 옆을 지나가면 핵 주위에 있는 전기장에 의해 방향이 바뀌고 속도가 떨어져서 에너지 일부가 X선의 형태로 방출되는데, 이러한 현상을 **베타선 제동복사** 또는 **방사선 손실**이라고 함
감마(γ)선	• 입자의 흐름이 아닌 파장이 매우 짧은 전자기파(빛)로서 파장이 10nm(10^{-9}m)보다 작은 전자기파는 감마선이라고 하고 X선과 파장 영역이 겹치며 가지는 성질도 비슷하여, X선과 감마선은 보통 파장 길이로 구분하지 않고 어떤 원인에 의해 발생한 것인지를 놓고 구별

	• 전기적으로 중성이며, 빛의 속도와 거의 같은 입자로서 베타선과 함께 방출되는데 한 원소의 원자핵이 붕괴하여 다른 원소로 바뀔 때 생성되는 에너지가 방출되는 전자기파를 가리키며, 원자핵이 아닌 원자 내의 전자가 에너지를 방출하면서 나오는 전자기파를 **X선**이라고 함 • 원자 내부의 핵이 붕괴하여 알파선이나 베타선이 방출될 때, 아주 약간의 질량이 줄어드는데 이 질량은 아인슈타인의 식 $E=mc^2$에 따라 커다란 에너지로 전환되고 이 에너지는 원자핵을 불안정하게 만들며, 이렇게 불안정해진 원자핵은 안정한 상태로 돌아가며 큰 에너지를 가진 전자기파를 내놓고 전자기파는 에너지가 클수록 파장이 짧아지기 때문에 원자핵의 붕괴 시에는 감마선이 방출됨 • 감마선은 그 자체로는 이온화 능력이 없지만, 에너지가 매우 크기 때문에 물질의 원자나 분자를 건드려서 에너지를 주어 이온화를 일으키며 **광전효과**나 **컴프턴 효과**와 같은 현상으로 나타나고, 소멸하면서 전자와 양전자를 생성하기도 하는데(**쌍생성**) 역으로 전자와 양전자가 만나면 감마선이 나타남(**쌍소멸**). • 이온화 능력 자체는 알파선이나 베타선에 비해 약한 편이지만, 투과력이 매우 강력해서 일반적인 방사선 피폭은 감마선에 의한 것이며 콘크리트나 철, 납처럼 밀도가 높은 물질을 통해서 차단할 수 있지만, 가장 잘 차단할 수 있는 납을 사용하더라도 10cm 정도의 두께가 필요
그 외의 방사선	• 전자기파로는 대표적인 것이 **X선**이 있으며 입자선으로는 대표적인 것이 **중성자선, 양성자선, 우주선**(cosmic ray) 등이 있고 전자기파 중 자외선(UV : ultra violet)도 이온화 작용을 일으키지만, 자외선은 방사선에 넣지 않음 • X선은 파장이 10^{-9}m에서 10^{-5}m 정도 되는 전자기파로 일반적으로 감마선보다 파장이 길고 그만큼 에너지가 약함 • 양성자선과 중성자선은 핵이 붕괴하면서 발생하지는 않으며 원자로나 입자가속기 같은 인위적인 수단에 의해 발생하는데 양성자선은 알파선과 비슷한 성질을 지니며, 중성자선은 전하를 갖지 않지만, 운동에너지가 크므로 그런 운동에너지를 잃으면서 감마선을 내놓거나 양성자를 방출하여 이온화 작용을 일으킴 • 우주선은 원자핵이나 원자로 등 지구가 기원이 아닌 우주에서 기원하는 모든 방사선을 지칭하는 것으로 뮤온, 중성미자, 전자, 중성자, 감마선 등을 모두 포함

(4) 방사선의 작용

① Ra의 방사선은 의학용으로 이용한다.

② 온도·압력·화합물의 종류 등의 변화와 관계없이 방사선을 보낸다.

③ 공기를 대전시킨다.

④ 생물체의 세포 파괴 작용을 한다.

⑤ 방사선의 투과력 및 감광성·형광성·전리성은 다음과 같다.

종류	투과력(속도)	감광성·형광성·전리성
α선(^4_2He) ⊕	약	강
β선($^{0}_{-1}e$) ⊖	중	중
γ선(전파) ⊙	강	약

3) 자연붕괴 및 반감기

(1) 자연붕괴(spontaneous disintegration)

① 방사성 원소의 원자가 자발적으로 α입자·β입자 등을 방출해서 그 원소의 특유한 속도로 다른 원소가 되는 현상이다.

② **파얀스-소디의 법칙(Fajans-Soddy's law)**

ⓐ **변위법칙(displacement law)** 또는 **천이율의 법칙**이라고도 하며, 방사성 핵종의 붕괴에 따른 원자번호 Z 및 질량수 A의 변화에 관한 법칙이다.

ⓑ **α붕괴(alpha-decay)**

㉠ 어떤 원소에서 α붕괴가 1회 일어나면 질량수가 4 감소하고, 원자번호가 2만큼 작은 새로운 원소가 된다.

㉡ α선은 He 입자에 해당한다.

$$\alpha\text{붕괴의 횟수} = \frac{\text{원자량 차}}{\text{He의 원자량}} = \frac{\text{원자량 차}}{4}$$

ⓒ **β붕괴(beta-decay)**

㉠ 어떤 원소에서 β붕괴가 일어나면 질량수에는 변화가 없고, 원자번호가 1 증가하여 새로운 원소가 된다.

㉡ ^1_0n(중성자)에서 $^{0}_{-1}e$(전) 1개를 내놓으며 ^1_1P(양성자)가 된다.

$$\beta\text{붕괴의 횟수} = \alpha\text{붕괴의 횟수} \times 2 - \text{원자번호 차}$$

ⓓ **γ붕괴(gamma-decay)**

㉠ 에너지를 많이 가진 원자핵이 불안정한 상태에서 안정한 상태로 가는 과정으로 감마(γ)선을 방출하는 현상이다.

㉡ α붕괴나 β붕괴와는 달리 핵을 이루는 소립자의 구성에는 변화가 없으므로 핵의 종류나 원자번호, 질량수는 변하지 않고 핵의 내부에너지만 감소한다.

(2) 반감기(half life)

① 어떤 특정 방사성 핵종의 원자 수가 방사성 붕괴로 원래 수의 반으로 줄어드는 데 걸리는 시간이다.

② 반감기는 양과 관계없이 일정하며, 온도와 압력의 영향을 받지 않는다.

$$m = M\left(\frac{1}{2}\right)^{\frac{t}{T}}$$

여기서, m은 붕괴 후의 질량, M은 초기 질량, t는 경과시간, T는 반감기이다.

4) 핵분열과 핵융합

(1) 원자력(atomic power)

원자핵의 변환에 따라서 방출되는 에너지로서 핵분열과 핵융합을 이용하여 만들 수 있으며, 원자력발전은 핵분열을 이용한 것이다. 이때 방출한 막대한 에너지는 핵분열 전후 질량의 차에 기인한 것인데 이런 질량의 차를 **질량결손**이라고 한다.

$$E = mc^2$$

여기서, E는 질량결손에 의한 생성에너지[erg], m은 질량결손[g], c는 빛의 속도 ($c = 3 \times 10^{10}\text{cm/s}$), $1\text{erg} = 10^{-7}\text{J}$, $1\text{J} = 10^7\text{erg}$, $1\text{cal} = 4.185\text{J}$이다.

(2) 핵분열(nuclear fission)과 핵융합(nuclear fusion)

구분	특징
핵분열	• 우라늄 235의 원자핵이 중성자를 흡수하면서 질량수가 작은 2개의 다른 원자핵으로 분열하는 것이며 이때 중성자는 다른 우라늄 핵을 계속 충격하며 순간적으로 많은 우라늄 핵을 분열하는데 이런 반응을 **연쇄반응**이라고 하고 이때 분열하는 원자핵은 전혀 다른 물질로 변화하면서 엄청난 열을 발생 • 원자탄은 핵분열에 의한 연쇄반응으로 발생한 막대한 에너지를 이용하는 폭탄이며, 원자로는 핵분열을 서서히 일으켜 에너지를 이용하고 방사성 동위원소를 만드는 장치 • 원자로의 제어봉은 Cd와 B 등을 이용하고, 감속제는 흑연과 중수, Be 등을 이용
핵융합	• 질량수가 작은 원자핵(^2_1D, 중수소)과 원자핵(^3_1T, 3중수소)을 합쳐서 ^4_2He(핵)과 ^1_0n(중성자)가 생기며 막대한 에너지를 생성 • 1억℃ 이상의 고온에서 가벼운 원자핵이 융합하여 더 무거운 원자핵이 되는 과정에서 에너지를 창출해 내는 방법으로 이 과정을 이용하여 수소폭탄이 개발되었는데 핵연료는 무한하며, 방사성 낙진도 생기지 않고 해로운 방사능도 적음 • 핵융합이 일어나기 위해서는 원자탄의 폭발열(플라스마 상태)과 같은 에너지가 필요

제2절 유기화합물

1. 유기화합물의 개요[1)2)]

1) 유기화합물(organic compounds) 또는 유기물

(1) 홑원소 물질인 탄소, 산화탄소, 금속의 탄산염, 사이안화물, 탄화물 등을 제외한 탄소화합물의 총칭으로 과거에는 생명력 있는 화합물로서 생물에 관계되는 것을 의미하였고, 광물체로부터 얻어지는 무기화합물에 대하여 생물체의 구성성분을 이루는 화합물, 또는 생물에 의하여 만들어지는 화합물로 분류하였지만, 최근에는 탄소의 화합물로서 정의한다.

(2) **유기화학(organic chemistry)**은 탄소화합물(유기화합물)을 연구 대상으로 다루는 화학의 한 분야로서 생명체의 구성성분이나 대사 등으로 만들어지는 화합물의 구조나 화학반응을 연구하는 분야로 되어 있었으나 천연물뿐만 아니라 합성염료, 화성품, 플라스틱을 포함하는 탄소화합물을 다루는 화학으로 발전하였다.

2) 유기화합물의 성질

(1) 대부분 가연물로서 CO_2와 H_2O를 생성한다.

(2) 주성분은 탄소이며, 수소, 산소, 황, 질소, 인, 할로젠 원소들과 화합한다.

(3) 용융점은 낮고 융해점 이하에서 분해되는 것이 많다.

(4) 공유결합을 하므로 대부분 비전해질이다.

(5) 탄소의 원자가는 4가이고 사슬 모양이나 고리 모양의 구조이며, 이성질체가 많다.

(6) 물에 잘 안 녹으며, 유기용매에는 잘 녹는다.

(7) 분자들 간의 반응인 공유결합은 이온결합을 하는 이온성 분자보다 반응속도가 느리다.

---

1) 이해평, 박영주, 위험물질론, 도서출판 화수목(2015).

2) 이해평, 박영주, 위험물 안전관리, 도서출판 화수목(2015).

3) 유기화합물의 분류

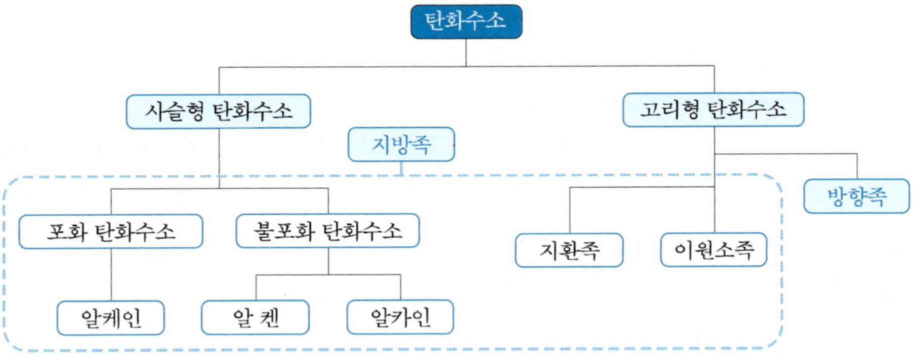

(1) **사슬형 탄화수소(chain hydrocarbon)**

① **지방족 탄화수소**라고도 하고, 탄소 사슬로는 노말 사슬 탄화수소와 곁사슬 탄화수소가 있으며, 포화(지방족)탄화수소와 불포화(지방족)탄화수소로 나눈다.

② **포화탄화수소(saturated hydrocarbon)**

ⓐ 이중결합이나 삼중결합 등의 불포화결합이 하나도 포함되어 있지 않은 탄화수소이다.

ⓑ **알케인(alkane)**

㉠ **파라핀계탄화수소, 메테인계탄화수소** 또는 단순히 **파라핀**이라고도 한다.

㉡ 사슬 모양 탄화수소로서 일반식 C_nH_{2n+2}로 나타낼 수 있는 화합물의 총칭이다.

③ **불포화탄화수소(unsaturated hydrocarbon)**

ⓐ 탄화수소 중에서 분자 내에 이중결합 또는 삼중결합 등의 불포화결합으로 이루어진 것으로 반응성이 풍부하며 탄소수가 적은 것은 화학공업의 원료로서 중요하다.

ⓑ **알켄(alkene)**

㉠ 분자 내에 한 개의 이중결합을 가진 불포화탄화수소의 총칭이며, **에틸렌계 탄화수소, 올레핀계 탄화수소, 에틸렌 열 탄화수소**라고도 한다.

㉡ C_nH_{2n}의 일반식으로 표시하며 에틸렌의 동족렬인데 동족렬은 같은 일반식으로 표시되는 유기화합물로서 CH_2의 조성이 규칙적으로 증가하고 성질이 비슷한 계열이며, 이들 화합물을 동족체라고 한다.

ⓒ **알카인(alkyne)**

㉠ 분자 내에 탄소의 삼중결합을 가지는 불포화탄화수소의 총칭이다.

㉡ **아세틸렌계 탄화수소**라고도 하고 일반식 $C_nH_{2n-2}(n > 2)$로 표시하며, 다이올레핀류의 이성질체이다.

(2) **고리형 탄화수소(cyclic hydrocarbons)**

① **방향족(aromatic hydrocarbons)**

ⓐ 분자 속에 벤젠고리를 가진 유기화합물로서 벤젠의 유도체인데 벤젠에서는 첨가 중합이 일어나기 어렵고 치환반응을 일으키므로 이것은 방향족 화합물의 특성이 되며, 타르 속에 많이 존재한다.

ⓑ 벤젠·자일렌·톨루엔 등을 비롯하여 벤젠고리를 2개 이상 함유하는 것도 다수 존재하며, 바이페닐·다이페닐메테인 등과 같이 2개 이상의 벤젠고리가 각각 독립적으로 떨어져 있는 것과 나프탈렌·안트라센 등과 같이 축합고리식 구조를 가진 것이 있다.

② **지환족(alicylic hydrocarbons)**

ⓐ **사이클로알케인(cycloalkane)**

㉠ 포화탄화수소는 탄소 사슬에 수소가 최대로 결합한 화합물로서 그 가운데 고리를 이루고 있는 탄소 사슬에 수소가 최대로 결합한 화합물을 **사이클로알케인**이라고 한다.

㉡ 분자식(일반식)은 $C_nH_{2n}(n > 3)$이며 탄소가 3개인 사이클로프로페인과 탄소가 4개인 사이클로뷰테인은 매우 불안정하지만, 탄소가 5개 이상인 것은 안정하다.

ⓑ **사이클로알켄(cycloalkene)**

㉠ 여러 개의 탄소 원자가 고리처럼 결합하고 각각의 탄소 원자에 수소가 결합한 탄화수소로 이중결합이 고리에 있지만, 방향족이 아니며 화학식은 C_nH_{2n-2}이다.

㉡ 이중결합이 하나인 것은 사슬 모양의 불포화탄화수소 중 알카인과 이성질체 관계이며, 탄소수가 작으면 *cis* 형태만 갖지만 큰 것은 *trans* 형태도 갖는다.

③ **이원소족(heterocyclic hydrocarbons)**

ⓐ **복소환 고리식 탄화수소** 또는 **헤테로 고리 방향족 탄화수소**라고도 하는데 피리딘과 피리미딘은 벤젠의 헤테로 고리화합물의 유도체들로서 피리딘의 경우는 벤젠의 1개의 CH 단위가 질소로, 피리미딘의 경우에는 2개의 CH 단위가 질소로 치환된 것이다.

ⓑ 방향족 화합물과 같이 고리를 형성하고 있는 유기화합물이나 고리 중의 적어도 하나의 원소는 탄소 이외의 원소이어야 한다.

4) 유기화합물의 명명법

(1) 수에 관한 접두어

수	접두어	수	접두어
1	mono	6	hexa
2	di	7	hepta
3	tri	8	octa
4	tetra	9	nona
5	penta	10	deca

(2) 탄소수에 관한 접두어

탄소수	접두어	탄소수	접두어
1	meth	6	hex
2	eth	7	hept
3	prop	8	oct
4	but	9	non
5	pent	10	dec

(3) 탄화수소화합물의 IUPAC 어미 명명법

	C_nH_{2n+2} 단일결합	C_nH_{2n} 이중결합	C_nH_{2n-2} 삼중결합	C_nH_{2n+1} 원자단
	alkane	alkene	alkine	alkyle
C_1	CH_4 methane	–	–	CH_3 methyle
C_2	C_2H_6 ethane	C_2H_4 ethene	C_2H_2 ethine	C_2H_5 ethyle
C_3	C_3H_8 propane	C_3H_6 propene	C_3H_4 propine	C_3H_7 propyle
C_4	C_4H_{10} butane	C_4H_8 butene	C_4H_6 butine	C_4H_9 butyle
C_5	C_5H_{12} pentane	C_5H_{10} pentene	C_5H_8 pentine	C_5H_{11} pentyle
C_6	C_6H_{14} hexane	C_6H_{12} hexene	C_6H_{10} hexine	C_6H_{13} hexyle
C_7	C_7H_{16} heptane	C_7H_{14} heptene	C_7H_{12} heptine	C_7H_{15} heptyle
C_8	C_8H_{18} octane	C_8H_{16} octene	C_8H_{14} octine	C_8H_{17} octyle
C_9	C_9H_{20} nonane	C_9H_{18} nonene	C_9H_{16} nonine	C_9H_{18} nonyle
C_{10}	$C_{10}H_{22}$ decane	$C_{10}H_{20}$ decene	$C_{10}H_{18}$ decine	$C_{10}H_{21}$ decyle

(4) 탄화수소화합물의 IUPAC 명과 관용명

		IUPAC명	관용명
C_nH_{2n} 이중결합	CH_2	methene	methylene
	C_2H_4	ethene	ethylene
	C_3H_6	propene	propylene
	C_4H_8	butene	butylene
	C_5H_{10}	pentene	pentylene
C_nH_{2n-2} 삼중결합	C_2H_2	ethine	acetylene
	C_3H_4	propine	methyl acetylene
	C_4H_6	butine	ethyl acetylene
	C_5H_8	pentine	propyl acetylene
	C_6H_{10}	hexine	diphenyl acetylene

(5) IUPAC의 기타 명칭

① 가장 긴 탄소 사슬의 탄화수소 명을 기본 명으로 한다.

② 사슬 한 말단에서부터 각 탄소에 번호를 부여하여 각 곁사슬의 위치, 수, 명칭을 기본 명 앞에 붙인다.

$$^{1}CH_3-{}^{2}CH_2-{}^{3}CH_2-{}^{4}CH_2-{}^{5}CH_3 : n-pentane$$

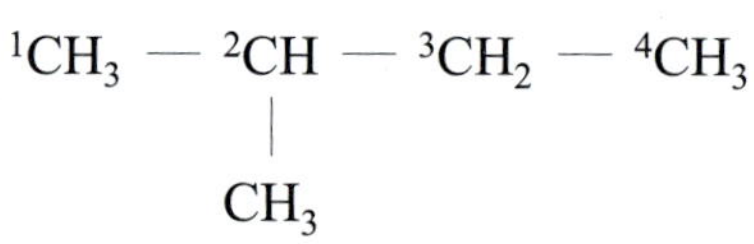

[iso－pentane
2－methylbutane]

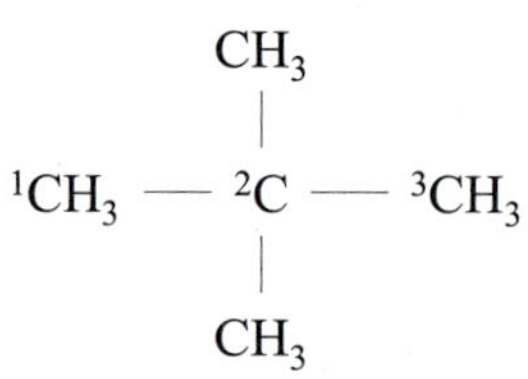

[neo－pentane
2,2－dimethylpropane]

③ 곁사슬이 같은 경우 최초의 수를 작게 표시한다.

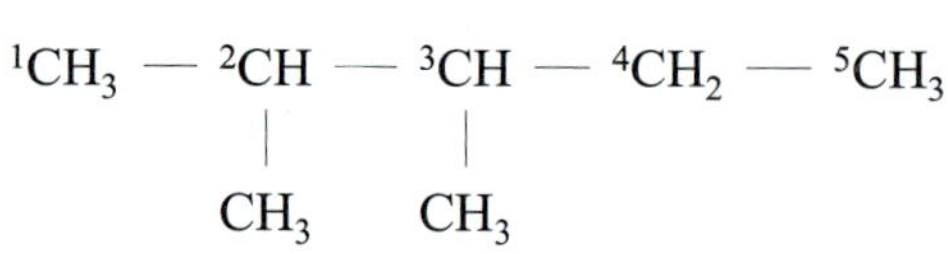

: 2,3－dimethylpentane

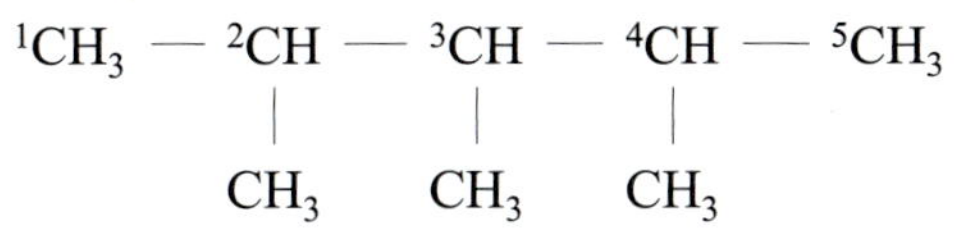

: 2,3,4 − trimethylpentane

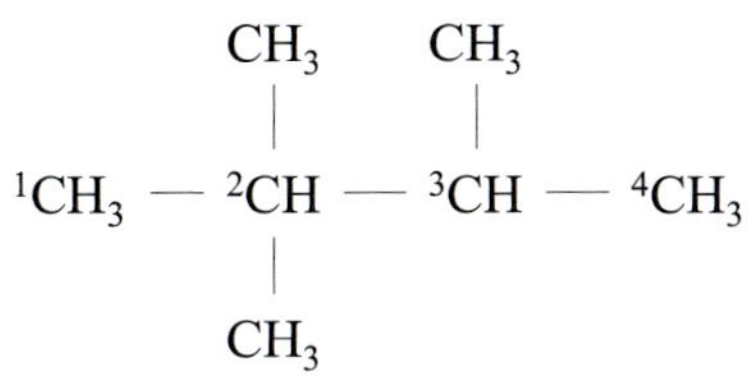

: 2,2,3 − trimethylbutane

④ 곁사슬이 다른 경우 a → 간단한 것에서 복잡한 것으로, b → 알파벳 순서로 표시한다.

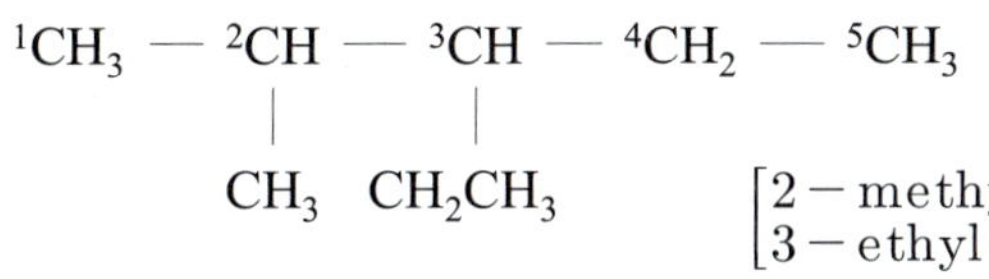

[2 − methy1 − 3 − ethyl − pentane
3 − ethyl − 2 − methyl − pentane]

⑤ 이중결합을 1개 가진 것은 어미에 − ene를 붙인다.

$^{1}CH_3 - ^{2}CH = ^{3}CH - ^{4}CH_3$: 2 − butene

⑥ 이중결합을 2개 가진 것은 어미에 −adiene를 붙인다.

$^{1}CH_2 = ^{2}CH - ^{3}CH = ^{4}CH_2$: 1, 3 − butadiene

⑦ 이중결합과 삼중결합을 함께 가진 것은 이중결합이나 삼중결합이 있는 쪽에 작은 번호를 붙이고 이중결합(−ene), 삼중결합(−yne) 순으로 읽는다.

$^{1}CH \equiv ^{2}C - ^{3}CH = ^{4}CH - ^{5}CH_2 - ^{6}CH_3$: 3 − hexene − 1 − yne

⑧ 이중결합과 삼중결합에 같은 번호가 붙으면 이중결합 쪽에 최소 번호를 붙인다.

$^{1}CH_2 = ^{2}CH - ^{3}CH = ^{4}CH - ^{5}CH \equiv ^{6}CH$: 1, 3 − hexadiene − 5 − yne

⑨ 이중결합과 삼중결합에 곁사슬이 붙은 경우는 다음과 같다.

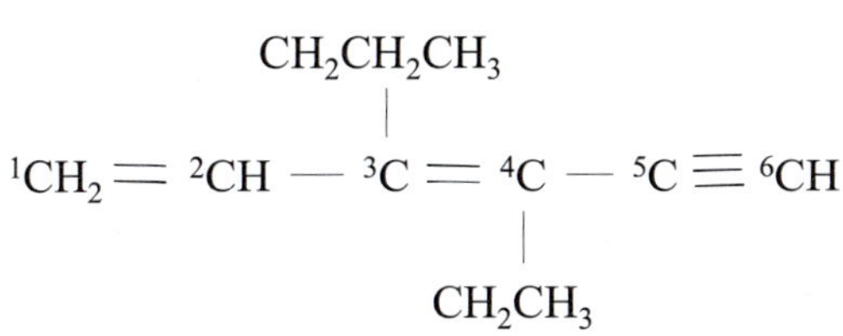

4 − ehyl − 3 − propyl − 1, 3 − hexadiene − 5 − yne

⑩ 원자가를 교차해서 읽는다.

CH_3COOK (아세트산 포타슘) CH_3COO^{-1} ✕ K^{+1}

$(C_2H_5)_3Al$ (트라이에틸알루미늄) $C_2H_5^{-1}$ ✕ Al^{+3}

$(C_2H_5)_4Pb$ (사에틸납) $C_2H_5^{-1}$ ✕ Pb^{+4}

2. 지방족 탄화수소 화합물[1)2)]

1) 포화탄화수소 화합물

(1) 포화탄화수소(saturated hydrocarbon)

① 탄소와 수소로만 구성된 화합물인 탄화수소 중에서 이중결합이나 삼중결합 등의 불포화결합이 하나도 포함되어 있지 않은 것이다.

② 사슬형 포화탄화수소의 분자식은 C_nH_{2n+2}이고 한 개의 고리로 이루어진 고리형 포화탄화수소는 C_nH_{2n}의 분자식으로 표시한다.

③ 포화탄화수소는 **알케인**이라고 부르는데 탄소와 수소로만 구성되고 불포화결합이 없는 기본적인 유기화합물로서 탄소 원자의 개수가 작은 것은 기체(C_1~C_4), 중간 정도인 것은 액체(C_5~C_{16}), 탄소수가 많은 것은 고체(C_{17} 이상)로 존재한다. 특히, 고체 포화탄화수소를 **파라핀(paraffin)**이라고 부른다.

④ 모든 원자는 결합선이 끊어지지 않는 **α 결합**으로 되어 있으며, sp^3 혼성 오비탈을 갖는다.

(2) 치환반응

① 가장 간단한 포화탄화수소인 메테인은 천연가스의 주성분이며 나머지 포화탄화수소도 석유 등의 화석연료에 포함되어 있으므로 석유의 분별증류 과정에서 얻을 수 있고 연료와 용매로 많이 사용되며 불포화결합이 없으므로 부가반응은 거의 일어나지 않으며 대부분 치환반응이 일어난다.

② 햇빛을 촉매로 염소와 치환하거나 아이오딘폼(CHI_3)이나 프레온(CCl_2F_2) 등과 치환반응을 한다.

1) 이해평, 박영주, 위험물질론, 도서출판 화수목(2015).
2) 이해평, 박영주, 위험물 안전관리, 도서출판 화수목(2015).

③ **메테인 유도체의 용도**

ⓐ 클로로폼 : 마취제 및 용매

ⓑ 사염화탄소 : 소화제

ⓒ 프레온 : 냉동제

ⓓ 염화메틸 : 냉동제

ⓔ 염화메틸렌 : 유기화합물 추출 용제

2) 불포화탄화수소 화합물

(1) 불포화탄화수소(unsaturated hydrocarbon)

① 탄화수소 중에서 분자 내에 이중결합 또는 삼중결합 등의 불포화결합으로 이루어진 것으로 반응성이 풍부하며 탄소수가 적은 것은 화학공업의 원료로서 중요하다.

② 탄소-탄소 이중결합 1개를 가진 에틸렌계 탄화수소, 탄소-탄소 삼중결합을 1개 가진 아세틸렌계 탄화수소를 비롯하여 이중결합을 2개 가진 엔, 3개 가진 트라이엔 등이 있고, 이중결합과 삼중결합을 함께 가진 것도 있다.

③ 고리 모양 탄화수소에도 이중결합이나 삼중결합을 가진 것이 있는데, 사슬 모양보다 수가 적고 다중결합을 가진 화합물인 불포화탄화수소는 반응성이 풍부하다는 것이 특색이며, 첨가반응이나 중합반응을 할 수 있다.

ⓐ **첨가반응**은 이중결합이나 삼중결합 화합물에 다른 분자나 같은 분자가 결합하여 다른 분자가 되는 반응이다.

ⓑ 이중결합과 삼중결합은 결합력이 약한 π **결합**에 해당한다.

④ 불포화화합물의 검출은 적갈색의 브로민이 무색으로 변하는 방법을 이용한다.

(2) 에틸렌계(올레핀계)

① 이중결합 물질이며 C_nH_{2n}으로 표시하고 에틸렌은 sp^2 혼성 오비탈을 갖는다.

② 탄소의 이중결합에 산이 첨가반응할 때 산의 수소는 수소 원자가 많은 쪽의 탄소에 결합한다는 **마르코우니코프의 규칙**(Markovnikovs rule)이 성립한다.

(3) 아세틸렌계(에타인계)

① 삼중결합 물질이며 C_nH_{2n-2}로 표시하고 아세틸렌은 sp 혼성 오비탈을 갖는다.

② $HgSO_4$를 촉매로 물과 첨가반응을 시키면 아세트알데하이드(CH_3CHO)를 생성한다.

③ 아세트알데하이드를 니켈 촉매로 수소로 환원반응을 시키면 에틸알코올(C_2H_5OH)을 생성한다.

④ $HgCl_2$를 촉매로 염화수소와 첨가반응을 시키면 PVC를 제조할 수 있다.
⑤ 구리, 은, 수은과 접촉하면 아세틸리드를 생성하는데 건조한 상태에서 약간의 충격으로도 폭발의 위험이 있으므로 주의해야 하지만 62% 미만의 구리·구리 합금은 사용할 수 있다.

3) 유기화합물의 원자단

(1) 원자단(atomic group)

① 화합물의 분자 내에서 공유결합을 통해 결합하고 있는 원자의 집단으로서 라디칼이나 기보다 좀 더 넓은 의미로 사용되며, 유기화합물은 원자단에 의해서 성질이 결정되므로 **관능기(functional group)**라고도 한다.
② 강한 결합으로 묶여 있으므로 화학반응 시 각각으로 반응하지 않고 원자단 전체로 반응이 일어나며, 원자 1개만으로 이루어진 이온이나 기를 제외하고 이온과 기는 모두 원자단의 한 종류이며 원자단과 다른 원자가 결합하여 분자를 생성할 수도 있다.

(2) 알킬기

① 일반식은 C_nH_{2n+1}이며, 대문자 R로 표시한다.
② 메틸기(CH_3), 에틸기(C_2H_5), 프로필기(C_3H_7), 뷰틸기(C_4H_9), 펜틸기(C_5H_{11}), 헥실기(C_6H_{13}) 등의 알킬기에 수산기(−OH)가 결합하면 알코올이 된다.

(3) 원자단의 종류

원자단	식	원자단	식
나이트로기	$-NO_2$	알데하이드기	−CHO
바이닐기	$-CH=CH_2$	에스터기	−COO−
수산기	−OH	에터기	−O−
설폰산기	$-SO_3H$	카보닐기(케톤기)	−CO−
아미노기	$-NH_2$	카복실기	−COOH
아세틸기	$-COCH_3$	페닐기	$-C_6H_5$
아조기	$-N_2$		

4) 지방족 탄화수소 유도체

(1) 산소를 포함한 지방족 화합물

화합물	식	화합물	식
알데하이드	R−CHO	에터	$R-O-R'$
알코올	R−OH	카복실산	R−COOH
에스터	$R-COO-R'$	케톤	$R-CO-R'$

(2) 지방족 탄화수소 유도체의 분류체계

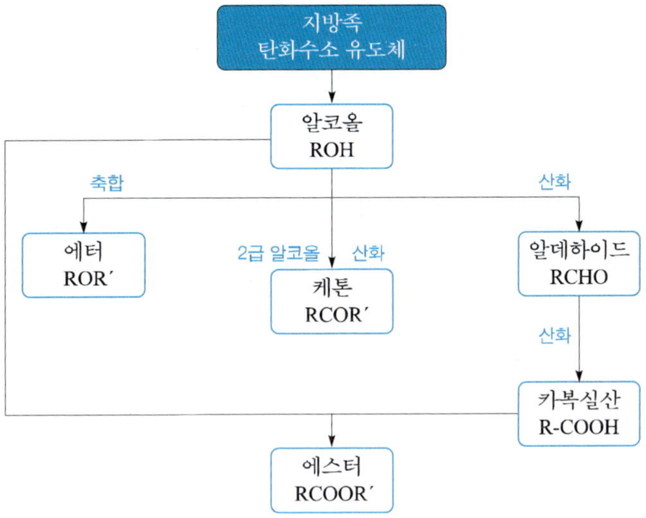

(3) 이성질체(isomer)

① 분자식은 같으나 분자 내에 있는 구성 원자의 연결방식이나 공간배열이 같지 않은 물리적·화학적 성질이 다른 화합물을 말한다.

② **구조이성질체(structural isomer)**

ⓐ 분자식은 같지만 구조가 다르므로 다른 성질을 갖는 화합물이다.

ⓑ **사슬 이성질체** 또는 **연쇄 이성질체**는 다른 탄소와 결합한 탄소의 종류에 따라 1, 2, 3, 4급으로 분류한다.

ⓒ **위치 이성질체**는 원자단의 위치에 따라 *n*(노말), *iso*(아이소), *neo*(네오) 또는 *o*(오쏘, ortho), *m*(메타, meta), *p*(파라, para)로 분류한다.

ⓓ **작용기 이성질체**는 분자식은 같으나 원자단의 종류가 다른 것이다.

③ **입체이성질체(stereoisomer)**

ⓐ 분자 내 원자의 공간배열이 달라짐에 따라 생기는 이성질체이다.

ⓑ **기하 이성질체(geometrical isomer)**는 이중결합의 탄소 원자에 결합한 원자나 원자단의 공간적 위치가 다른 것으로 *cis* 형과 *trans* 형이 있다.

ⓒ **광학 이성질체(optical isomer)** 또는 **거울상 이성질체(enantiomer)**는 탄소 원자에 4개의 다른 원자나 원자단이 결합한 부제탄소(asymmetric carbon)로 인해서 생기는 입체적인 이성질체로서 우성체(*d*형), 좌성체(*l*형), 라세미체(racemate)가 있다.

3. 방향족 탄화수소 화합물[1)2)]

1) 벤젠(benzene)

(1) C_6H_6의 분자식을 포함하는 간단한 방향족 탄화수소로서 콜타르(coal tar)를 분별증류하거나 석유로부터 얻으며, 아세틸렌을 중합하여 얻을 수도 있다.

(2) 벤젠은 고리형 분자의 일종으로 흔히 벤젠고리라는 말을 사용하기도 하고 벤젠을 비롯해 벤젠고리를 포함하는 화합물을 **방향족 화합물**이라고 한다.

(3) 벤젠은 6개의 탄소 원자가 6각형 모양으로 연결되어 있고, 단일결합과 이중결합이 교대로 존재하는 구조로서 각 탄소에는 수소 원자가 하나씩 결합하고 있다.

2) 방향족 탄화수소 유도체

(1) **벤젠의 직접 치환체**

① 벤젠은 매우 안정적인 분자이므로 반응성이 약해서 첨가반응은 잘 일어나지 않으며 일어나는 대부분의 반응은 치환반응이다. 벤젠의 치환반응에는 할로젠화반응, 나이트로화반응, 설폰화 반응, 알킬화 반응 등이 있으며, 첨가반응이 일어나기는 매우 어려우므로 첨가반응을 진행할 때는 니켈과 같은 촉매를 이용한다.

② 벤젠을 $AlCl_3$ 촉매 하에서 할로젠화 알킬과 반응시켜 알킬벤젠을 얻는 반응을 **프리델-크라프츠 반응(Friedel-Crafts reaction)**이라고 한다.

③ 벤젠의 할로젠화반응으로 클로로벤젠을, 나이트로화반응으로 나이트로벤젠을, 설폰화반응으로 벤젠설폰산을 그리고 알킬화 반응으로 메틸벤젠(톨루엔)을 얻는다.

(2) **벤젠의 다단계 치환체**

① 벤젠으로부터 **다단계 치환반응**을 통해서 아닐린을 얻거나 페놀 등을 얻을 수 있으며, 페놀의 수용액은 약산성이므로 나트륨과 반응하면 수소를 발생하고 염화 제2 철($FeCl_3$)에서 보라색으로 변한다.

② **아닐린의 다이아조화**는 저온에서 아닐린에 아질산나트륨과 염산을 반응시키면 염화벤젠다이아조늄을 얻는다.

③ 다이아조늄염에 페놀류를 작용시켜서 아조기(-N=N-)를 갖는 파라하이드록시아조벤젠과 같은 아조화합물을 만드는 반응을 **커플링(coupling)**이라고 한다.

---

1) 이해평, 박영주, 위험물질론, 도서출판 화수목(2015).
2) 이해평, 박영주, 위험물 안전관리, 도서출판 화수목(2015).

(3) 사이클로 화합물

① 일반식은 C_nH_{2n}(n≧3)으로 나타낸다.

② 탄소가 고리를 이루고 있는 포화탄화수소를 **사이클로알케인**이라고 하며, 탄소가 3개인 사이클로프로페인과 탄소가 4개인 사이클로뷰테인은 매우 불안정하나 탄소가 5개 이상인 것은 안정하다.

(4) 기타 방향족 화합물

① 방향족 유기산에는 석탄산(페놀), 벤조산(안식향산), 프탈산, 몰식자산, 살리실산(티눈약) 등이 있으며, 수산기가 포함되어 있으면 황갈색의 염화 제2 철($FeCl_3$)에서 보라색으로 변한다.

② o-크레졸, 나프탈렌, 안트라센, α-나프톨, 피로갈롤 등과 같은 화합물도 있다.

4. 고분자화합물[1)2)]

1) 천연고분자화합물

(1) 탄수화물(carbohydrate)

① 녹말, 셀룰로스, 포도당 등과 같이 일반적으로 탄소·수소·산소의 세 원소로 이루어져 있는 화합물로서 생물체의 구성성분이거나 에너지원으로 사용되는 등 생물체에 꼭 필요한 화합물이며, 일반식은 $C_m(H_2O)_n$ (m≧6)으로 나타낸다.

ⓐ 녹말은 아밀라아제에 의해 맥아당으로 가수분해되며, 맥아당은 말타아제에 의해 포도당으로 가수분해되고 포도당은 치마아제에 의해 발효되어 에테인올이 된다.

ⓑ 녹말의 검출법은 아이오딘을 이용하면 청자색으로 변한다.

ⓒ 탄수화물은 에스터화반응을 일으킨다.

ⓓ 포도당, 과당, 갈락토스, 맥아당, 젖당 등은 **환원성 당**인데 환원성 당은 펠링용액(A, B 혼합액 : 짙은 푸른색)과 반응하여 등적색 또는 벽돌색의 침전이 생기며 암모니아성 질산은 용액에서 **은거울반응**을 한다.

② **단당류(monosaccharide)**

ⓐ 탄수화물의 단위체로 다당류(녹말·셀룰로스 등)를 산 또는 효소로 가수분해했을 때 생기는 당류이며, 포도당, 과당, 갈락토스 등이 있다.

ⓑ 일반식은 $C_6H_{12}O_6$로서 물에 용해되지만, 가수분해는 되지 않고 단맛, 환원성 및

1) 이해평, 박영주, 위험물질론, 도서출판 화수목(2015).
2) 이해평, 박영주, 위험물 안전관리, 도서출판 화수목(2015).

수산기를 포함한다.

③ **이당류(disaccharide)**

ⓐ 단당류 분자 두 개로 이루어진 물질을 말하며, 단맛이나 쓴맛이 나고 설탕, 엿당(맥아당), 젖당(락토스) 등이 있다.

ⓑ 일반식은 $C_{12}H_{22}O_{11}$로서 물에 용해되고 가수분해되며 설탕을 제외한 나머지 이당류는 환원성이 있다.

④ **다당류(polysaccharide)**

ⓐ 단당류 3개 이상이 글리코사이드결합을 통하여 큰 분자를 만들고 있는 당류를 통틀어 일컫는 말이며, 녹말(전분), 셀룰로스, 글라이코겐, 이눌린 등이 있다.

ⓑ 일반식은 $(C_6H_{10}O_5)_n$ 또는 $[C_6H_7O_2(OH)_3]_n$으로서 물에 녹지 않고 단맛과 환원성이 없다.

⑤ **올리고당(oligosaccharide)**

ⓐ 단당류가 글리코사이드결합을 한 것으로 단당 2개로 이루어지는 이당류로부터 단당 10개로 이루어지는 10 당류까지의 당류를 총칭한다. 슈크로스, 말토스, 락토스 등이 속하며, 당단백질과 당지질도 그 당 성분은 대부분 올리고당류에 속한다.

ⓑ **과당류·소당류**라고도 한다. 단당류·다당류와 함께 그 분자 사슬의 길이에 따라서 분류할 때 사용하는 명칭이다.

(2) 단백질(protein)

① 모든 생물의 몸을 구성하는 고분자 유기물로 수많은 **아미노산(amino acid)**의 연결체이고 생물체의 몸의 구성성분으로서, 또 세포 내의 각종 화학반응의 촉매 물질로서 중요하다.

② 탄소, 질소, 산소, 황 그리고 인 등을 성분 원소로 한다.

③ 펩타이드결합의 고분자물질로서 가수분해하면 아미노산을 생성한다.

ⓐ **펩타이드결합**은 단백질 분자 중 아래와 같은 구조를 말하며 이 결합을 **아마이드결합**이라고도 하는데 이 결합물질은 **아마이드**라고 하고 단백질, 양모, 나일론 등에 포함되어 있다.

$$-CO-NH-(-\overset{\overset{O}{\|}}{C}-\overset{\overset{H}{|}}{N}-)$$

ⓑ 단백질 검출반응은 다음과 같다.

㉠ **닌하이드린반응**은 단백질 용액에 1%의 무색 닌하이드린 용액을 가하여 중성이나 약산성에서 끓이고 냉각하면 보라색이나 붉은 보라색으로 되는 반응이다.

ⓛ **뷰렛반응**은 단백질 수용액에 무색의 수산화나트륨 용액을 가하고 파란색의 황산구리 용액을 소량만 가하면 붉은 보라색이 되는 반응이다.

ⓒ **크산토프로테인반응**은 진한 질산을 단백질에 가하고 가열하면 노란색 침전이 생기며, 염기를 작용시키면 오렌지색으로 변하는 반응이다.

(3) **천연고무**(natural rubber)

① 아이소프렌의 중합체이고 고무나무의 상처로부터 얻은 유액을 **라텍스**라고 하며, 아세트산이나 폼산을 첨가하면 침전되어 굳어지는데 이것을 **생고무**라고 한다.

② 식물에서 얻어지는 고무 상의 고분자물질로서 가황하면 양호한 탄성을 발휘하지만, 공기와 자외선에 약하다.

2) 합성고분자화합물(synthetic polymer)

(1) **합성수지**(synthetic resin)

① 합성고분자 물질 중에서 섬유, 고무로 이용되는 이외의 것을 총칭하며, 열가소성수지와 열경화성수지로 크게 나뉜다. 셀룰로이드, 아세틸셀룰로스와 같은 천연고분자 물질을 원료로 하여 화학 처리해서 얻는 수지를 **반합성 수지**라고 하며, 합성수지와 반합성 수지를 합쳐서 **플라스틱**(plastic)이라고도 한다.

② **열가소성수지**(thermoplastic resin)

ⓐ 열을 가하여 성형한 뒤에도 다시 열을 가하면 형태를 변형시킬 수 있는 수지로 압출성형·사출성형에 의해 능률적으로 가공할 수 있다는 장점이 있지만, 내열성·내용제성은 열경화성수지에 비해 약한 편이다.

ⓑ **부가중합체**(addition polymer)로서 염화 바이닐 수지, 아세트산 바이닐, 아크릴수지, 규소수지, 스타이렌수지, 폴리에틸렌수지 등이 있다.

ⓒ **부가중합**(addition polymerization)은 C=C 구조를 갖는 이중결합 화합물이 부가반응 하여 중합체를 만드는 것이다.

③ **열경화성수지**(thermosetting resin)

ⓐ 열을 가하여 경화 성형하면 다시 열을 가해도 형태가 변하지 않는 수지로 일반적으로 내열성, 내용제성, 내약품성, 기계적 성질, 전기절연성이 좋다.

ⓑ **축중합**(condensation polymerization)은 두 분자 사이에서 물 등이 빠지면서 많은 분자가 중합체를 만드는 것인데 **축 중합체**로는 페놀수지, 요소수지, 멜라민수지 등이 있다.

(2) 합성고무(synthetic rubber)

① 천연고무와 유사한 성상을 지니는 합성고무상 물질 또는 고무상 탄성체가 될 수 있는 가소성 물질로서 아세틸렌 2분자를 중합시켜 얻은 바이닐 아세틸렌이 주원료이다.

② **부나-N(NBR)**은 뷰타다이엔과 아크릴로나이트릴의 **공중합체(copolymer)**이다.

③ **부나-S(SBR)**는 뷰타다이엔과 스타이렌의 공중합체이다.

④ **네오프렌 고무**는 클로로프렌의 부가중합체이다.

⑤ **공중합(copolymerization)**은 두 종류 이상의 이중결합 화합물인 단위체가 부가중합하는 것이다.

(3) 합성섬유(synthetic fiber)

① 인조섬유 중 석유·석탄·공기·물 등을 출발원료로 하여 섬유를 형성하는 일련의 긴 분자를, 화학적으로 합성하여 섬유로 만든 고분자물질이다.

② **테트론(tetron)**은 테레프탈산과 에틸렌글라이콜을 축중합 하여 만든다.

③ **나일론 6.6(nylon 6.6)**은 펩타이드결합을 갖는 폴리아마이드계 합성수지로서 헥사메틸렌다이아민과 아디프산을 원료로 축중합 반응으로 만든다.

④ **바이닐론(vinylon)**은 아세트산 바이닐을 원료로 만든다.

(4) 합성염료(synthetic dye)

① 염료 중 동식물, 광물 등의 천연물에 의하지 않고, 유기합성화학의 과정을 거쳐 제조되는 것의 총칭이며, 오늘날 사용되는 염료는 약간의 특이한 예를 제외하고 대부분 합성염료이다.

② 색소의 모체가 되는 결합인 **발색단(chromophore)**은 이중결합을 가지며, 섬유에 염색을 돕고 빛깔을 진하게 해주는 **조색단(auxochrome)**은 수소 원자를 갖는다.

ⓐ 발색단의 종류에는 아조기, 에틸렌기, 나이트로기, 나이트로소기, 카보닐기, 싸이오카보닐기 등이 있으며, 아조기는 발색단 중 대표적인 중요한 발색단이다.

ⓑ 조색단의 종류에는 수산기, 카복실기, 아미노기, 설폰산기 등이 있다.

(5) 합성세제(synthetic detergent)

① 석유계 탄화수소 등을 화학적으로 합성하여 만든 세제로 대개 중성세제이며, 대부분 알킬벤젠설폰산 나트륨이다.

② 알킬벤젠설폰산 나트륨은 알킬벤젠설폰산과 수산화나트륨을 중화하여 만든다.

③ 알킬황산나트륨은 탄소수 5개 이상의 고급 1가 알코올에 황산을 작용시켜 만든 알킬황산 에스터에 수산화나트륨을 반응시켜 만든다.

연습문제

01 다음 중 열과 전기의 전도성에 제일 나쁜 것은?

㉮ Al ㉯ Hg
㉰ Cu ㉱ Ag

02 중금속 원소는 비중이 얼마를 초과해야 하는가?

㉮ 1 ㉯ 2
㉰ 3 ㉱ 4

03 다음 중 뽑힘성(연성)이 가장 큰 금속에 해당하는 것은?

㉮ Au ㉯ Pt
㉰ Al ㉱ Pb

04 다음 중 퍼짐성(전성)이 가장 작은 금속에 해당하는 것은?

㉮ Au ㉯ Cu
㉰ Fe ㉱ Al

05 다음 중 융해점이 가장 높은 금속에 해당하는 것은?

㉮ W ㉯ Au
㉰ Pt ㉱ Hg

06 다음 중 두랄루민에 포함되는 성분이 아닌 것은?

㉮ Al ㉯ Mg
㉰ Cu ㉱ Fe

07 다음 중 골드쉬미트법에 따라 야금하는 대상이 아닌 것은?

㉮ Co ㉯ Hg
㉰ Cr ㉱ Mn

08 다음 중 붕사구슬반응을 이용한 금속 검출 시, 산화와 환원불꽃이 모두 녹색을 띠는 금속은?

㉮ Cr　　㉯ Co
㉰ Cu　　㉱ Mn

09 다음 중 불꽃반응에 의한 금속 검출 시 황적색을 띠는 금속은?

㉮ Na　　㉯ Ba
㉰ Ca　　㉱ Cs

10 다음 중 구리와 니켈의 합금에 해당하는 것은?

㉮ 놋쇠　　㉯ 청동
㉰ 백동　　㉱ 양은

11 고체가 공기 중의 수분을 흡수하여 스스로 액체가 되는 현상은?

㉮ 전해성　　㉯ 산화성
㉰ 조해성　　㉱ 환원성

12 다음 중 조해성이 없는 물질은?

㉮ NaCl　　㉯ NaOH
㉰ KOH　　㉱ $CaCl_2$

13 소금물을 전기분해 할 때 염소폭명기가 발생할 수 있는 상황에 해당하는 것은?

㉮ 격막법　　㉯ 수은법
㉰ 가성화법　　㉱ 전해법

14 다음 중 사이안화 포타슘에 대한 설명으로 옳지 않은 것은?

㉮ 맹독성이다.
㉯ 수용액은 염기성이다.
㉰ 헤모글로빈의 주성분 물질이다.
㉱ 염산과 반응하면 사이안화수소가 발생한다.

15 다음 중 영구적 센물에 다량 녹아 있는 성분에 해당하지 않는 것은?

㉮ $CaSO_4$ ㉯ $Ca(HCO_3)_2$
㉰ $MgSO_4$ ㉱ $CaCl_2$

16 다음 중 보크사이트를 용융·전기분해 하여 야금하는 물질에 해당하는 것은?

㉮ Al ㉯ Ca
㉰ K ㉱ Hg

17 다음 중 염화제이수은에 대한 설명으로 옳지 않은 것은?

㉮ 물에 녹지 않으며 독성은 없다.
㉯ 바늘 모양의 무색 결정이다.
㉰ 승화성이 있다.
㉱ 물에 녹으며, 수은 이온은 맹독성이 있다.

18 알루미늄 야금 시 용제(flux)로 사용하는 물질은?

㉮ 보크사이트 ㉯ 테르밋
㉰ 방정석 ㉱ 알루마이트

19 다음 중 미나마타병을 일으키는 물질에 해당하는 것은?

㉮ Hg ㉯ Ag
㉰ Cu ㉱ Au

20 다음 중 수은과 아말감을 만들 수 있는 것은?

㉮ Ni ㉯ Fe
㉰ Co ㉱ Zn

21 다음 중 수소의 공업적 제법에 해당하지 않는 것은?

㉮ 수성가스법 ㉯ 석유분해법
㉰ 천연가스분해법 ㉱ 연실법

22 다음 중 접촉법을 이용한 황산의 제조에서 사용하는 촉매는?

㉮ NO_2 ㉯ MnO_2
㉰ V_2O_5 ㉱ Fe_2O_3

23 다음 중 아이오딘화포타슘을 이용해서 오존을 검출할 때 녹말종이의 색깔 변화를 옳게 짝지은 것은?

㉮ 백색 → 푸른색 ㉯ 푸른색 → 백색
㉰ 백색 → 붉은색 ㉱ 붉은색 → 백색

24 음용수의 수질검사 시 유기물을 포함할 때 나타나는 색은?

㉮ 보라색 ㉯ 무색
㉰ 푸른색 ㉱ 붉은색

25 다음 중 NO_3^-의 검출에 이용되는 방법은?

㉮ 네슬러 시약 ㉯ 갈색 고리 반응
㉰ 수상 치환법 ㉱ 가이슬러관

26 다음 중 염기성 기체에만 사용하는 염기성 건조제에 해당하는 것은?

㉮ P_2O_5 ㉯ $CaCl_2$
㉰ CaO ㉱ 실리카겔

27 가이슬러관에서의 색깔을 잘못 짝지은 것은?

㉮ He－노랑 ㉯ Ar－보라
㉰ 수은－청회색 ㉱ Ne－파랑

28 다음 중 하방치환으로 포집하는 기체는?

㉮ CO_2 ㉯ CH_4
㉰ H_2 ㉱ NH_3

29 반도체로서 트랜지스터를 만드는 탄소족 원소에 해당하는 것은?

㉮ Si ㉯ Al
㉰ Ne ㉱ Ge

30 다음 중 산성 기체에 해당하지 않는 것은?

㉮ NH_3 ㉯ Cl_2
㉰ H_2S ㉱ NO_2

31 다음 중 1898년 퀴리 부부에 의해 발견된 방사성 원소는?

㉮ Bi ㉯ Ra
㉰ Rn ㉱ U

32 다음 중 원자핵 중에서 ${}^{4}_{2}He$ 의 흐름으로 생기는 방사선은?

㉮ α선 ㉯ β선
㉰ γ선 ㉱ δ선

33 다음 중 방사선의 작용으로 옳지 않은 것은?

㉮ 공기를 대전시킨다.
㉯ 생물체의 세포 파괴 작용을 한다.
㉰ 온도·압력·화합물의 종류 등의 변화와 관계없이 방사선을 보낸다.
㉱ 우라늄의 방사선은 식품용으로 이용된다.

34 다음 중 원자로의 감속제로 사용되지 않는 것은?

㉮ 흑연 ㉯ 중수
㉰ Cd ㉱ Be

35 다음 중 반감기에 대한 설명으로 옳지 않은 것은?

㉮ 방사성 원소가 붕괴하여 그 양이 1/2로 될 때 걸리는 시간이다.
㉯ T로 표시한다.
㉰ 양과 관계없이 일정하다.
㉱ 온도와 압력의 영향을 크게 받는다.

36 핵의 내부에너지만 감소하는 방사성 원소의 붕괴는?

㉮ α붕괴 ㉯ β붕괴
㉰ γ붕괴 ㉱ δ붕괴

37 원자핵을 구성하는 물질인 핵자에 해당하지 않는 것은?

㉮ 전자 ㉯ 양성자
㉰ 중간자 ㉱ 중성자

38 원자로에서 B 막대기가 하는 역할은?

㉮ 중성자의 수를 줄인다. ㉯ 핵분열을 일으킨다.
㉰ 중성자를 공급한다. ㉱ 중성자를 느리게 한다.

39 방사선 중 투과력이 가장 강한 것은?

㉮ α선 ㉯ β선
㉰ γ선 ㉱ δ선

40 토륨이 납으로 β붕괴하는 횟수는?

㉮ 1회 ㉯ 2회
㉰ 3회 ㉱ 4회

41 다음 탄소화합물 중 유기화합물이 아닌 것은?

㉮ C_2H_4 ㉯ CH_3COCH_3
㉰ K_2CO_3 ㉱ $(NH_2)_2CO$

42 다음 중 유기화합물의 특징이 아닌 것은?

㉮ 공유결합을 한다.
㉯ 구조가 다른 이성질체를 많이 만든다.
㉰ 탄소 원자가 골격을 이룬다.
㉱ 물에 잘 녹고 유기용매에 잘 녹지 않는다.

43 다음 중 알켄족 화합물에 속하는 것은?

㉮ C_3H_6 ㉯ C_2H_2
㉰ C_3H_8 ㉱ C_2H_6

44 다음 중 CH_4와 동족체가 아닌 것은?

㉮ C_2H_6 ㉯ C_3H_6
㉰ C_4H_{10} ㉱ C_5H_{12}

45 C_nH_{2n+2}의 일반식을 갖는 탄화수소는?

㉮ 파라핀계 ㉯ 올레핀계
㉰ 에틸렌계 ㉱ 아세틸렌계

46 다음 중 삼중결합을 갖는 탄화수소는?

㉮ C_3H_8 ㉯ C_4H_{10}
㉰ C_3H_4 ㉱ C_4H_8

47 다음 중 탄소수에 관한 접두어가 아닌 것은?

㉮ meth ㉯ hept
㉰ hexa ㉱ prop

48 C_4H_6의 관용명에 해당하는 것은?

㉮ methane ㉯ ethyl acetylene
㉰ butine ㉱ butylene

49 $CH_3-\underset{\displaystyle CH_3}{\underset{|}{CH}}-\underset{\displaystyle CH_3}{\underset{|}{CH}}-CH_2-CH_3$ 의 명명법은?

㉮ 3, 4-dimethylheptane ㉯ 2, 3-dimethylheptane
㉰ 3, 4-dimethylpentane ㉱ 2, 3-dimethylpentane

50 $CH_2=CH-CH=CH_2$를 정확하게 명명한 것은?

㉮ 3-bytene ㉯ 1, 3-butadiene
㉰ 3-butadiene ㉱ 1, 3-butene

51 다음 물질 중 염화메틸은 어느 것인가?

㉮ CCl_4 ㉯ CH_3Cl
㉰ $CHCl_3$ ㉱ CH_2Cl_2

52 다음 중 브로민과 가장 반응을 잘하는 것은?

㉮ CH_4 ㉯ C_2H_6
㉰ C_2H_2 ㉱ C_3H_8

53 다음 중 카복실기를 포함하고 있지 않은 것은?

㉮ 석탄산 ㉯ 살리실산
㉰ 벤조산 ㉱ 폼산

54 다음 중 파이결합을 갖고 있지 않은 탄화수소는?

㉮ 아세틸렌 ㉯ 에틸렌
㉰ 벤젠 ㉱ 에테인

55 다음 중 에스터기에 해당하는 것은?

㉮ $-CO-$
㉯ $-COO-$
㉰ $-COCH_3$
㉱ $-COOH$

56 다음 중 구조이성질체의 종류가 아닌 것은?

㉮ 연쇄 이성질체
㉯ 작용기 이성질체
㉰ 광학 이성질체
㉱ 위치 이성질체

57 불포화탄화수소 화합물을 검출할 때 브로민의 색깔 변화로 옳은 것은?

㉮ 적갈색 → 무색
㉯ 무색 → 적갈색
㉰ 보라색 → 무색
㉱ 무색 → 보라색

58 아세틸렌 3분자로부터 벤젠을 만드는 반응은?

㉮ 부가반응
㉯ 치환반응
㉰ 축합반응
㉱ 중합반응

59 할로젠 원소에 의해 치환반응이 일어날 수 있는 것은?

㉮ C_2H_2
㉯ C_2H_4
㉰ C_2H_6
㉱ C_3H_6

60 $C_nH_{2n+1}OH$의 명칭은?

㉮ 유기산
㉯ 알코올
㉰ 에스터
㉱ 에터

61 프리델-크라프츠 반응에 사용되는 촉매는?

㉮ $FeCl_3$
㉯ $AlCl_3$
㉰ $KMnO_4$
㉱ H_2SO_4

62 다이아조화반응에서 사용되는 시약으로 옳은 것은?

㉮ 질산나트륨
㉯ 질산나트륨과 염산
㉰ 아질산나트륨
㉱ 아질산나트륨과 염산

63 벤젠핵이 없는 것은 어느 것인가?

㉮ 아닐린
㉯ 석탄산
㉰ 프탈산
㉱ 사이클로펜테인

64 다음 중 벤젠의 유도체가 아닌 것은?

㉮ 피크르산
㉯ 젖산
㉰ 석탄산
㉱ 몰식자산

65 다음 물질의 수용액이 산성인 것은?

㉮ 페놀
㉯ 에테인올
㉰ 수산화암모늄
㉱ 에틸렌글라이콜

66 벤젠의 다단계 치환체에 해당하는 것은?

㉮ 클로로벤젠
㉯ 나이트로벤젠
㉰ 아닐린
㉱ 톨루엔

67 다음 중 3개의 벤젠고리를 갖는 방향족 화합물은?

㉮ 피로갈롤
㉯ 나프탈렌
㉰ 안트라센
㉱ o-크레졸

68 수산기가 있는 화합물에서 황갈색의 염화 제2 철은 어떤 색으로 변하는가?

㉮ 무색
㉯ 검은색
㉰ 붉은색
㉱ 보라색

69 다음 중 카복실기를 갖고 있지 않은 방향족 유기산은?

㉮ 벤조산 ㉯ 몰식자산
㉰ 석탄산 ㉱ 살리실산

70 다음 중 에스터이면서 동시에 카복실산인 것은?

㉮ 아세틸살리실산 ㉯ 페놀
㉰ 벤조산 ㉱ 프탈산

71 가수분해는 하지 않지만, 치마아제로 알코올 발효가 일어나는 것은?

㉮ 전분 ㉯ 포도당
㉰ 맥아당 ㉱ 젖당

72 다음 중 다당류에 해당하지 않는 것은?

㉮ 녹말 ㉯ 이눌린
㉰ 갈락토스 ㉱ 셀룰로스

73 다음 중 단백질의 검출반응에 해당하지 않는 것은?

㉮ 에스터화반응 ㉯ 뷰렛반응
㉰ 크산토프로테인반응 ㉱ 닌하이드린반응

74 다음 중 열가소성수지에 해당하지 않는 것은?

㉮ 염화 바이닐 수지 ㉯ 규소수지
㉰ 아크릴수지 ㉱ 요소수지

75 다음 중 합성고무에 해당하지 않는 것은?

㉮ NBR ㉯ SBR
㉰ 라텍스 ㉱ 네오프렌 고무

76 다음 중 합성염료의 발색단의 종류가 아닌 것은?

㉮ 아미노기 ㉯ 아조기
㉰ 에틸렌기 ㉱ 나이트로기

77 열경화성수지와 관계있는 것은 어느 것인가?

㉮ 폴리 바이닐계 수지 ㉯ 부가중합체
㉰ 축중합체 ㉱ 스타이렌수지

78 다음 중 펩타이드결합을 갖지 않은 물질은?

㉮ 아마이드 ㉯ 요소수지
㉰ 나일론 ㉱ 지방산

79 다음 중 환원성 당에 해당하지 않는 것은?

㉮ 포도당 ㉯ 과당
㉰ 맥아당 ㉱ 글라이코겐

80 다음 중 조색단의 종류에 해당하지 않는 것은?

㉮ 카복실기 ㉯ 카보닐기
㉰ 수산기 ㉱ 설폰산기

P/A/R/T 02

화재 예방과 소화 방법

CHAPTER 03 화재 예방 및 소화 방법

제1절 화재 및 소화

1. 연소이론[1)2)3)]

1) 연소의 개요

(1) **연소(combustion)**는 빛과 열을 동반하는 급격한 산화반응이며, 물질이 완전히 연소할 때 발생하는 열을 **연소열**이라고 하고 대부분의 연소반응은 발열반응이다.

(2) **연소로 간주하지 않는 경우**

① 철이 녹스는 경우처럼 매우 천천히 진행되는 산화반응

② 효소가 작용하는 호흡처럼 생체 내에서의 느린 산화반응

③ 산소와 질소가 외부로부터 열을 흡수하는 흡열반응

(3) **발광과 온도**

① **발광(luminescence)**은 대기 중에서 빛을 내는 현상이다.

② **적열(red-heat)**은 물체를 가열할 때 물체의 온도가 약 700~900℃의 범위이고, 눈에 빨갛게 보이는 상태이다.

③ **백열(white heat)**은 물체를 1,000℃ 이상의 고온에서 가열하면 백광색을 띠는 현상이다.

색상	온도	색상	온도
담암적색	522℃	황적색	1,100℃
암적색	700℃	백적색	1,300℃
적색	850℃	휘백색	1,500℃
휘적색	950℃		

1) 이해평, 박영주, 위험물질론, 도서출판 화수목(2015).
2) 이해평, 박영주, 위험물 안전관리, 도서출판 화수목(2015).
3) 이해평, 박영주, 연소공학, 도서출판 화수목(2015).

(4) 연소의 3요소와 4요소

① **연소의 3요소(three elements of combustion)**는 연소가 일어나기 위해서 반드시 동시에 있어야만 하는 가연물, 산소공급원, 발화원 3가지를 말한다.

② **연소의 4요소(four elements of combustion)**는 연소가 시작할 때 필요한 연소의 3요소에 연소가 지속되는 데 필요한 연쇄반응 즉, 계속해서 분자가 활성화되고 연속적으로 산화반응이 진행되는 요소를 추가한 것이다.

③ **가연물(combustible)**

ⓐ 불에 잘 타거나 그런 성질을 가지고 있는 물질로서 산화되기 쉬운 물질인데 일반적으로 산화되기 어려운 것이나 반응열이 작은 것은 가연물이라 하지 않는다.

ⓑ **가연물이 될 수 있는 조건**

㉠ 산화할 때 열전도도가 작을 것

㉡ 산화할 때 발열량이 클 것

㉢ 산소와 친화력이 좋고 표면적이 클 것

㉣ 산화할 때 필요한 활성화 에너지가 작을 것

ⓒ **가연물이 될 수 없는 조건**

㉠ 주기율표 0족의 원소(He, Ne, Ar, Kr, Xe, Rn)는 모든 원소 중 가장 안정된 물질로서 산화하지 않는다.

㉡ CO_2, SiO_2, Al_2O_3, P_2O_5 등과 같이 이미 산화반응이 완결된 안정된 산화물은 가연물이 아니다.

㉢ 질소 또는 질소산화물은 산소와 산화반응을 하지만 발열반응이 아닌 흡열반응을 하므로 가연물이 아니다.

④ **산소공급원(supply oxygen)**

ⓐ 연소하려면 산소가 필요하며, **산화성 물질** 또는 **조연성 물질**이라고도 한다.

ⓑ 산소공급원에는 **공기**, **산화제**, **자기반응성 물질**(또는 **자기 연소성 물질**) 등이 해당한다.

㉠ 산소는 공기 중에 21 vol % 정도나 23 wt % 정도가 존재한다.

㉡ 제1류 위험물과 제6류 위험물은 강산화제로서 많은 산소를 함유하고 있다.

㉢ 제5류 위험물은 가연물인 동시에 자체 내부에 산소를 갖고 있으므로 공기 중의 산소가 필요하지 않고 발화원만으로 연소하는 자기반응성 물질이다.

⑤ **발화원(ignition source)**

ⓐ 발화원은 가연물에 발화에 필요한 만큼의 온도, 즉 열량을 주는 것으로서 활성화

에너지를 공급하는 것이다.

ⓑ **발화원의 종류**

㉠ **고열물** : 빨갛게 달구어진 쇠붙이 등을 말한다.

㉡ **낙뢰** : 낙뢰에 대한 화재 예방을 위해 한국산업표준 가운데 피뢰설비 표준으로 KS C IEC 62305가 있다.

㉢ **단열압축** : 경유 엔진은 전기불꽃 방전 없이 압축으로 폭발 연소한다.

㉣ **마찰 및 충격의 불꽃** : 사람의 출입이 드문 산속에서 가을철에 많이 발생하는 산불은 건조한 날씨와 강풍에 의한 나무 간의 마찰에 의한 화재로 간주하며, 충격에 의한 불꽃으로는 정과 망치로 바위를 쫄 때 발생하는 불꽃을 예로 들 수 있다.

㉤ **산화열** : 산소와 결합할 때 생성되는 반응열이다.

㉥ **전기불꽃** : 전선의 합선으로 일어나는 불꽃이며, 에너지 측정이 가능하다.

㉦ **정전기 불꽃** : 전기가 통하지 않는 전기의 불량도체는 마찰로 전기를 띠며, 발생 전기는 미세하지만 축적되어 미세한 불꽃방전을 일으킨다. 이와 같은 정전기를 방지하는 방법들은 다음과 같다.

㉮ 접지할 것

㉯ 공기 중의 상대습도를 70% 이상으로 유지할 것

㉰ 공기를 이온화할 것

(5) 인화점(flash point)

① 가연물을 가열할 때 가연성증기가 연소 하한계에 도달하는 최저온도이다.

② 기체나 휘발성 액체에서 발생하는 증기가 공기와 섞여서 가연성이나 폭발성 혼합기체를 형성하고, 여기에 불꽃이 접촉하면 순간적으로 섬광을 내면서 연소하는, 즉 인화되는 최저온도이다.

(6) 연소점(fire point)

① 인화점 이상 계속 가열하면 불꽃을 접촉했을 때 지속해서 연소하는 온도에 이르는데 이 온도를 연소점이라고 하며 인화점과 구별한다.

② 연소가 5초간 지속되기 위한 온도로서 대략 인화점보다 10℃ 정도 높은 온도이다.

③ 가연성 액체(고체)를 공기 중에서 가열하였을 때, 발화한 불에서 발염하여 계속 연소하는 액체(고체)의 최저온도로서 인화점의 경우, 한 번 불이 붙으면 그 이후는 불이 꺼져도 무방하지만, 연소점에서는 지속되어야 하는 점이 다르다. 따라서 연소점

에는 상부 인화점에 상당하는 값이 없고 또 인화점보다 약간 높은 온도를 나타낸다.

(7) **발화점(ignition point)**

① 가연물을 가열할 때 발화원 없이 가열한 열만으로 스스로 연소가 시작되는 최저온도이다.

② 발화점은 보통 인화점보다 수백도 이상 높은 온도이다.

③ 발화점이 낮아지면 위험성이 높아지지만, 위험성의 척도는 인화점이다.

ⓐ 산소와 친화력이 좋을 때

ⓑ 분자구조가 복잡할 때

ⓒ 발열량이 클 때

ⓓ 접촉 금속의 열전도도가 좋을 때

ⓔ 압력이 높을 때 분자의 운동은 급격해짐

ⓕ 가스압과 압력은 반대 현상이므로 습도 및 가스압이 낮을 때

ⓖ 화학적 활성도가 클 때

(8) **연소범위(range of inflammability)**

① 가연성 혼합기의 연소 하한계와 연소 상한계 사이이며, 혼합기의 발화에 필요한 조성범위를 표시한다. **폭발범위**라고도 하지만 최근에는 **가연 범위** 또는 **가연한계**가 많이 사용되고 있다.

② 연소에 필요한 가연성 기체와 공기나 산소와의 혼합기체의 농도 범위로서 단위는 vol %이다.

③ 가연성 기체 및 액체와 산소나 공기와의 혼합기체에 발화원을 가했을 때 연소(폭발)가 일어나는 혼합기체의 농도 범위로서 낮은 농도를 **연소 하한계**, 높은 농도를 **연소 상한계**라고 한다.

④ **연소범위가 넓어지는 경우**

ⓐ 온도가 상승하면 증기압이 높아지고, 액체가 기화되어 분자운동이 활발하므로 낮은 농도(하한)는 변하지만, 액면과 가까운 높은 농도(상한)는 크게 변하지 않는다.

ⓑ 증기압이 높으면 연소범위가 넓어진다.

⑤ **혼합기체의 연소범위**

ⓐ 연소 하한계는 비교적 정확하지만, 연소 상한계는 부정확하다.

ⓑ **르샤틀리에 법칙(Le Chatelier's principle)**

$$\frac{100}{L} = \frac{V_1}{L_1} + \frac{V_2}{L_2} + \frac{V_3}{L_3} + \cdots\cdots$$

여기서, L은 혼합기체의 연소 하한계(%), L_1, L_2, L_3은 각 성분의 연소 하한계(%), V_1, V_2, V_3 은 각 성분의 부피(%)이다.

⑥ **위험도**(H)는 가연성 혼합가스의 연소범위에 의해 결정되는 값이다.

$$H = \frac{U-L}{L}$$

여기서, H는 위험도, U는 연소 상한값, L은 연소 하한값이다.

2) 연소의 종류

(1) 기체연료의 연소

① **확산연소(diffusion combustion)**는 가연성 기체와 공기를 각각 공급하여 연소시키는 방법 즉, 가연성 기체와 공기가 혼합되면서 연소하는 현상이다.

② **예혼합연소(premixed combustion)**는 가연성 기체와 공기를 미리 완전히 혼합하여 가연성 혼합기를 만들어 그것을 발화시켜 연소하는 현상이다.

(2) 액체연료의 연소

① **액면 연소(pool combustion)**는 화염으로부터 복사나 대류에 의해 연료 표면에 열이 전달되어 증발이 일어나고, 발생한 증기가 공기와 접촉하여 액면 위에서 확산연소를 하는 것이다.

② **심지 연소(wick combustion)**는 **등심 연소** 또는 **심화 연소**라고도 하며, 목면이나 유리섬유의 굵은 끈, 또는 두꺼운 천으로 된 심지에 의해 모세관현상으로 액체연료를 빨아올려 화염으로부터의 대류나 복사열로 증발시켜 연소하는 것으로, 섬유상의 물질(심지)에 스며들어 배인 상태로 기화하여 연소한다.

③ **증발연소(evaporative combustion)**는 가연물을 가열했을 때 열분해를 일으키지 않고 그대로 증발한 증기가 연소하는 것으로 액체 표면에서 증발하는 가연성증기가 공기와 혼합해서 연소하는 것이다.

④ **분무연소(spray combustion)**는 **액적 연소**라고도 하며, 액체 가연물을 고압으로 분무하여 미립자 상태의 안개 상으로 만들어 연소시키는 방법이다.

⑤ **분해연소(decomposing combustion)**는 비휘발성이거나 비등점이 높은 가연성 액체가 연소할 때 먼저 열분해하여 탄소가 석출하면서 연소하는 현상이다.

(3) **고체연료의 연소**

① **분해연소(decomposing combustion)**는 증발온도보다 분해 온도 쪽이 낮을 때 가열로 열분해하여 휘발하기 쉬운 성분이 표면으로부터 떨어진 곳에서 연소하는 현상이다.

② **표면연소(surface combustion)**는 가연물 자체가 가열되어도 열분해나 승화, 증발 등의 과정이 없고 가연성 기체를 발생시키지 않는 가연물들의 연소로, 온도가 상승하거나 산소가 충분히 공급되어도 유염연소로 전환될 수 없다.

③ **증발연소(evaporative combustion)**는 융해점이 열분해 온도보다 낮아 열을 가했을 때 액체로 변하는 물질이 연소하는 과정으로 일단 액체로 상변화 된 후에는 액체의 증발연소와 같은 연소 형태를 따른다.

④ **자기연소(self combustion)**는 화약이나 폭약처럼 공기 중의 산소가 필요하지 않고 자신이 분해되면서 연소하는 방식이다.

3) 발화의 형태

(1) **자연발화(spontaneous combustion)**

① 공기 중에 놓여 있는 물질이 상온에서 저절로 발열하여 발화·연소하는 현상이며, 산화·분해 또는 흡착 등에 의한 반응열이 축적하여 일어난다.

② **자연발화의 형태**

ⓐ **산화열**에 의한 발열 : 석탄, 건성유 등 특히 미분탄은 습도가 높은 곳에서 서서히 산화되어 야적된 석탄 더미가 빨갛게 불타는 것이다.

ⓑ **분해열**에 의한 발열 : 셀룰로이드, 나이트로셀룰로스는 저장실 온도가 상승하면 자연 발화하므로 외부로부터의 열을 차단하기 위하여 건축물 지붕에 살수설비를 하거나 벽에 수관을 설치하여 건축물을 냉각한다.

ⓒ **흡착열**에 의한 발열 : 활성탄, 목탄 분말에 고열체를 가까이하면 고열체에서 방출하는 복사열을 흡수하여 발열한다.

ⓓ **발효열**에 의한 발열 : 퇴비, 먼지 속에 들어있는 혐기성 미생물은 퇴비 속의 단백질 등 기타 영양소를 섭취하여 일부는 생명력을 유지하고 나머지는 활동 에너지로 사용하며 이 활동 에너지의 축적으로 자연 발화한다.

ⓔ **중합열**에 의한 발열 : 사이안화수소와 산화에틸렌 등은 중합반응이 일어날 때 발생하는 열에 의해 자연발화가 일어난다.

③ **자연발화의 조건**

ⓐ 열의 축적 : 물질의 양이 많고, 열전도가 불량, 퇴적 상태, 공기의 이동이 적음

ⓑ 열의 발생 속도 : 초기 온도가 높고 발열량이 많고 촉매적인 수분이 존재
ⓒ 큰 표면적
ⓓ 촉매 물질의 존재
ⓔ 보존기간 : 물질에 따라 신선한 것일수록 발화하기 쉬운 것과 오래된 것일수록 불안정한 것이 있음
ⓕ 주위의 온도가 높음

④ **자연발화를 일으키는 인자**
ⓐ 열의 축적
ⓑ 열의 전도도
ⓒ 퇴적 방법
ⓓ 공기의 유통
ⓔ 발열량
ⓕ 수분

⑤ **자연발화의 방지법**
ⓐ 통풍을 잘 시킬 것
ⓑ 습도가 높은 곳을 피할 것
ⓒ 퇴적 및 수납할 때 열이 쌓이지 않게 할 것
ⓓ 저장실 온도를 낮출 것

(2) 준 자연발화(semi-spontaneous combustion)

① 가연물이 공기나 물과 접촉해서 반응이 일어나며 급격히 발열·발화하는 현상이다.
② 자연발화보다 연소반응 속도가 급격하고 공기 중에서나 물과 접촉하였을 때 일어나는 발화 현상이다.
③ **황린(P_4)**
ⓐ **백린**이라고도 하며 공기 중에서 발화하고 피부와 접촉하면 화상을 입는데 보관할 때는 PH_3(인화수소)의 발생을 억제하기 위하여 pH 9 정도의 물에 보관한다.
ⓑ 보호액 : 물
ⓒ 연소생성 기체 : P_2O_5

④ **금속 포타슘(K), 금속 나트륨(Na)**
ⓐ 물 또는 습기와 접촉하여 급격히 발화한다.
ⓑ 보호액 : 석유(등유, 경유, 파라핀 등)
ⓒ 생성 기체 : H_2

⑤ **알킬알루미늄**

ⓐ 공기나 물과 반응하여 발화하며 피부와 접촉하면 화상을 입는다.

ⓑ 희석액 : 벤젠, 헥세인

ⓒ 소화제 : 팽창질석, 팽창 진주암

(3) **혼합발화**

① 위험물을 두 가지 또는 그 이상으로 서로 혼합·접촉했을 때 발열·발화하는 현상이다.

② **혼재 위험성**

ⓐ 폭발성 화합물을 생성하는 경우

ⓑ 폭발성 혼합물을 생성하는 경우

ⓒ 가연성 기체를 발생하는 경우

ⓓ 시간이 지나거나 바로 분해 또는 발화하는 경우

2. 소화 이론[1)2)3)]

1) 소화(fire extinguishing)의 개요

(1) 원치 않은 화재가 발생하거나 의도된 화재이지만 더 이상의 연소가 필요하지 않을 때, 연소를 중단하기 위해 실행하는 활동이다.

(2) 연소 중인 물질에 대해 인위적인 수단으로 연소를 종식하는 것으로 인화성인 액체에 불이 붙었을 때는 그 액체 자체의 온도를 인화점 이하로 냉각시키거나 물을 뿌려 희석하여 인화점을 높여서 연소를 차단한다.

(3) 실제 소화 과정에서는 한 가지 이상의 요소를 제거하는 데 따른 복합적인 효과가 나타나는데 소화 방법을 평가하려면 각각의 방법이 가진 장점과 그것이 미치는 영향에 대해서 알고 있어야 한다.

(4) 화재를 진압하는 데 드는 노력을 효과적으로 사용하려면 연소 및 소화 과정에서 발생하는 반응 메커니즘을 이해하는 것이 중요하다.

2) 소화 방법

(1) 소화하려면 연소의 3요소인 가연물·산소 공급원·발화원이나 연소의 4요소인 가연물·

1) 이해평, 박영주, 위험물질론, 도서출판 화수목(2015).
2) 이해평, 박영주, 위험물 안전관리, 도서출판 화수목(2015).
3) 이해평, 박영주, 연소공학, 도서출판 화수목(2015).

산소 공급원·발화원·연쇄반응 중 어느 하나를 제거하거나 연소가 계속되지 않도록 하는 방법을 생각한다.

① **물리적인 소화 방법**

ⓐ 혼합기의 조성을 변화시켜 소화하는 방법

ⓑ 강풍을 이용하여 화재를 소화하는 방법

ⓒ 발화점 이하로 온도를 떨어뜨려 소화하는 방법

ⓓ 기타 물리적인 방법을 이용하여 소화하는 방법

② **화학적인 소화 방법**

화학적으로 제조한 소화약제를 이용하여 소화하는 방법이다.

(2) 제거 소화(extinguishment for removal of fuel supply)

① 가연물, 이연물 등을 제거해서 소화하는 방법, 즉 연소를 계속하는 물질을 공급하지 않으면 연소하지 못하고 스스로 소화된다.

② 연소의 근원을 차단하는 원리는 다음과 같다.

ⓐ 산불을 소화하려면 화재 진행 방향의 나무를 잘라서 제거

ⓑ 가스누설에 의한 화재를 소화하려면 먼저 주 밸브를 잠금

ⓒ 유전에서 화재가 발생하면 불이 붙어 뿜어 오르는 원유를 폭약을 사용하여 순간적으로 폭풍을 일으켜 화염을 날려 보냄

ⓓ 촛불은 입김으로 가연성증기를 순간적으로 날려 보냄

(3) 질식소화(extinguishment by smothering)

① 연소시키려면 공기(산소)가 필요하므로 공기의 공급을 차단하면 자연히 연소를 계속할 수 없게 된다. 즉, 연소할 때 공기 중의 21% 정도의 산소의 농도를 15% 이하로 떨어뜨려 산소공급을 차단하여 연소를 중단시키는 방법이다.

② 공기의 공급을 차단하려면 개방 부분의 폐쇄에 의한 차단, 이산화탄소나 거품 등으로 연소하는 근원과 공기와의 차단을 통해서 소화한다.

③ B급 화재인 제4류 위험물의 소화에 가장 효과적이다.

(4) 억제 소화(extinguishment by suppression)

① 할로젠화합물을 소화약제로 사용하며, 전기의 부도체이므로 전기화재에 적응성이 좋다.

② 연소의 연속적 관계를 차단하는 억제(부촉매) 효과와 상승효과인 희석 및 냉각 효과를 가지므로 유류화재에도 적응성을 갖는다.

(5) **냉각소화(extinguishment by cooling)**

① 연소물을 냉각하면 발화점 이하가 되어서 연소할 수 없도록 하는 소화 방법이며, 이 방식에는 물을 가장 보편적으로 사용하고 이것은 물이 증발잠열이 커서 화점에서 물이 수증기로 변하면서 많은 열을 빼앗아 발화점 이하로 낮출 수 있기 때문이다.

② 일반적으로 봉상주수 방법이 사용되고 있으나 물방울 입자를 미세하게 하여 액표면적을 더 크게 하여 열을 흡수하기 쉽게 하려고 분무 형상으로 효과를 높이는 무상주수 방법도 있다.

(6) **희석 소화(extinguishment by dilution)**

수용성 가연 물질의 화재 시, 다량의 물을 일시에 방사하여 연소 하한계 이하로 희석하여 소화하는 방법이다.

3. 폭발의 종류 및 특성[1)2)]

1) 폭발의 종류

(1) **폭발(explosion)**

① 급속히 진행되는 화학반응에서, 반응에 관여하는 물체가 급격하거나 현저하게 그 부피를 증가시키는 반응이다. 그 조건은 연소의 조건을 갖추고 있으며, 폭발물질이 산소와 화합하는 가연물이고, 산소화합물이 혼합되어 있어야 한다.

② 가연성 기체나 액체의 열의 발생 속도가 열의 일산 속도를 상회하는 현상이며, 여기서 열의 일산 속도는 축적된 열을 순간적으로 발산할 때의 속도이다.

(2) **폭연(deflagration)**

① 연료가 탈 때처럼 하나의 분자 분해열이 인접하여 있는 분자를 가열·분해하여 점차 폭발적 분해를 진행하여 가는 반응으로서, 화약에서 속도는 보통 300m/s 이내지만, 폭굉파의 한계에 대해서 일정한 것은 아니다. 총포 속 화약의 분해는 폭연이며 이때에만 **연소**라 한다.

② 작은 부분의 연소로 발생한 열이 곧장 인접 부분을 가열하여 충격파를 발생하지 않고 연소가 전파되는 현상으로 그 전파속도는 보통 연소가 전파되는 속도보다 크고 폭굉이 전파되는 속도보다 작다. 추진제의 추진력은 폭연에 의해 발생하는 고온 기

1) 이해평, 박영주, 위험물질론, 도서출판 화수목(2015).
2) 이해평, 박영주, 위험물 안전관리, 도서출판 화수목(2015).

체에 의해 생긴다.

(3) **폭굉(detonation)**

① 폭발 중 폭발성 기체나 고체 속을 음속보다 빠른 속도로 연소반응이 전파하는 현상으로 **데토네이션**이라고도 하고 이 반응의 이동을 파장으로 생각하여 **폭굉파**라 한다.

② 폭굉파는 선두가 날카롭게 선 압력과 밀도가 상승하고 있는 충격파와 이 파에 추종하는 연소반응 후의 고온 기체 생성물의 흐름으로 되어 있는데 파가 이동하는 속도는 1초간에 수천 m에 이르며 강한 파괴력이 있다.

③ 최초의 완만한 연소속도가 격렬한 폭굉으로 변할 때의 거리를 **폭굉 유도 거리**라고 한다.

④ **폭굉 유도 거리가 짧아지는 경우**

ⓐ 고압일 경우

ⓑ 발화원의 에너지가 클 경우

ⓒ 관 속에 방해물이 있을 때

ⓓ 정상 연소속도가 큰 혼합물일 경우

ⓔ 관 경이 작을 경우

(4) **분진폭발(dust explosion)**

① 공기 중에 떠도는 짙은 농도의 분진이 에너지를 받아 열과 압력을 발생하면서 갑자기 연소·폭발하는 현상이다.

② 비휘발성 액체나 고체가 미립자로 공기 중에서 폭발범위 내로 존재할 때 발화에너지를 가하면 일어나는 현상이다.

③ 분진폭발을 일으키는 물질

ⓐ 농산물 : 밀가루, 전분, 솜, 담뱃가루, 커피 가루 등

ⓑ 광물질 : 알루미늄, 아연, 철분, 마그네슘, 타이타늄 등

④ **폭발 입경**

ⓐ 고체의 폭발 입경 : 100μm, 유효 입경 : 150μm

ⓑ 액체의 폭발 입경 : 20μm, 유효 입경 : 50μm

⑤ **폭발범위** : 하한 25mg/ℓ~45mg/ℓ, 상한 80mg/ℓ

⑥ **발화에너지**

ⓐ 분진 : 10^{-3}~10^{-2}J

ⓑ 화약 : 10^{-6}~10^{-4}J

(5) 가스폭발(gas explosion)

① 기체가 빠른 반응속도로 발열반응을 일으켜 급격히 팽창하면서 충격적인 열과 압력을 발생시켜 파괴 작용을 하는 현상이다.

② 가연성 기체의 산화반응이 많으나 CH_4 기체와 염소의 혼합기체와 같이 산소가 전혀 관계없을 때도 있다.

(6) 탄진폭발(coal dust explosion)

① 탄광의 갱내에서 공기 속에 부유하는 석탄의 미립자(탄가루)가 발화되어 폭발하는 현상이다.

② 탄진폭발의 예방법은 탄가루가 부유하지 않도록 하고, 탄가루가 부유해도 탄진폭발을 일으키지 않는 방법을 채택해야 한다.

③ 탄가루가 부유하지 않도록 하려면 물을 뿌려 탄가루의 부유 요소를 없애고 부유 중인 탄가루는 석회석 분말을 분출하여 탄가루를 희석하는 방법을 채택한다.

2) 방폭 및 방폭구조

(1) 방폭 개요

① **안전간격(safety gap)**

용기 내(내용적 8ℓ, 틈의 안길이 25mm의 구형 용기)에 폭발성 가스를 채우고 발화시켰을 때 폭발 화염이 용기 외부까지 전달되지 않는 한계의 틈을 말한다.

② **폭발등급**

폭발등급	안전간격(mm)	해당 가스
1등급	0.6mm 초과	메테인, 에테인, 프로페인, 뷰테인
2등급	0.4mm 초과 0.6mm 이하	에틸렌, 석탄가스
3등급	0.6mm 이하	수소, 아세틸렌

③ **최고 표면온도 등급 및 발화도 등급**

최고 표면온도 등급	전기기기의 최고 표면온도(℃)	발화도 등급	증기 또는 가스의 발화도(℃)
T1	450 이하(또는 300 초과 450 이하)	G1	450 초과
T2	300 이하(또는 200 초과 300 이하)	G2	300 초과 450 이하
T3	200 이하(또는 135 초과 200 이하)	G3	200 초과 300 이하
T4	135 이하(또는 100 초과 135 이하)	G4	135 초과 200 이하
T5	100 이하(또는 85 초과 100 이하)	G5	100 초과 135 이하
T6	85 이하	G6	85 초과 100 이하

④ 발화도 등급

폭발등급 \ 발화도	G1 450℃ 초과	G2 300℃ 초과 450℃ 이하	G3 200℃ 초과 300℃ 이하	G4 135℃ 초과 200℃ 이하	G5 100℃ 초과 135℃ 이하	G6 85℃ 초과 100℃ 이하
1	아세톤 암모니아 일산화탄소 에테인 아세트산 아세트산에틸 톨루엔 프로페인 벤젠 메테인올 메테인	에테인올 아세트산 펜틸 1-뷰테인올 뷰테인 무수아세트산	휘발유 헥세인	아세트알데하이드 에틸에터		아질산에틸
2	석탄가스	에틸렌 에틸렌옥사이드				
3	수성가스 수소	아세틸렌			이황화탄소	질산에틸

⑤ 가스폭발 위험장소의 분류

분류	장소
0종 장소	가. 설비의 내부 나. 인화성 또는 가연성 액체 pit 등의 내부 다. 인화성 또는 가연성의 가스나 증기가 지속적으로나 장기간 체류하는 곳
1종 장소	가. 통상의 상태에서 위험 분위기가 쉽게 생성되는 곳 나. 운전, 유지 보수 또는 누설로 자주 위험 분위기가 생성되는 곳 다. 설비 일부의 고장 시 가연성 물질의 방출과 전기계통의 고장이 동시에 발생하기 쉬운 곳 라. 환기가 불충분한 장소에 설치된 배관 계통으로 배관이 쉽게 누설되는 구조의 곳 마. 주변 지역보다 낮아 가스나 증기가 체류할 수 있는 곳 바. 상용의 상태에서 위험 분위기가 주기적 또는 간헐적으로 존재하는 곳
2종 장소	가. 환기가 불충분한 장소에 설치된 배관 계통으로 배관이 쉽게 누설되지 않는 구조의 곳 나. 개스킷(gasket), 패킹(packing) 등의 고장과 같이 이상 상태에서만 누출될 수 있는 공정 설비 또는 배관이 환기가 충분한 곳에 설치될 경우 다. 1종 장소와 직접 접하며 개방된 곳 또는 1종 장소와 덕트, 트랜치, 파이프 등으로 연결되어 이들을 통해 가스나 증기의 유입이 가능한 곳 라. 강제 환기 방식이 채용되는 곳으로 환기설비의 고장이나 이상 시에 위험 분위기가 생성될 수 있는 곳

⑥ **분진폭발 위험장소의 분류**

분류	장소
20종 장소	분진 운 형태의 가연성 분진이 폭발농도를 형성할 정도로 충분한 양이 정상 작동 중에 연속적으로 또는 자주 존재하거나, 제어할 수 없을 정도의 양 및 두께의 분진 층이 형성될 수 있는 장소
21종 장소	20종 장소 외의 장소로서, 분진 운 형태의 가연성 분진이 폭발농도를 형성할 정도의 충분한 양이 정상 작동 중에 존재할 수 있는 장소
22종 장소	21종 장소 외의 장소로서, 가연성 분진 운 형태가 드물게 발생 또는 단기간 존재할 우려가 있거나, 이상 작동 상태에서 가연성 분진 운이 형성될 수 있는 장소

⑦ **위험장소별 방폭구조**

폭발성 분위기에서 발화하지 않도록 전기기기에 적용되는 특수한 조치이다.

<table>
<tr><th colspan="2">분류</th><th>적용</th></tr>
<tr><td rowspan="3">가스 폭발 위험 장소</td><td>0종 장소</td><td>본질 안전 방폭구조(ia)
그 밖에 관련 공인 인증 기관이 0종 장소에서 사용이 가능한 방폭구조로 인증한 방폭구조</td></tr>
<tr><td>1종 장소</td><td>내압 방폭구조(d)　압력 방폭구조(p)
충전 방폭구조(q)　유입 방폭구조(o)
안전증 방폭구조(e)　본질 안전 방폭구조(ia, ib)
몰드 방폭구조(m)
그 밖에 관련 공인 인증 기관이 1종 장소에서 사용이 가능한 방폭구조로 인증한 방폭구조</td></tr>
<tr><td>2종 장소</td><td>0종 장소 및 1종 장소에 사용 가능한 방폭구조
비 점화 방폭구조
그 밖에 2종 장소에서 사용하도록 특별히 고안된 비 방폭형 구조</td></tr>
</table>

(2) **방폭구조의 종류(type of explosion-proof)**

① **내압 방폭구조(d)**

ⓐ 아크를 발생시키는 전기설비를 전폐 용기에 넣고 용기 내부에서 폭발이 일어날 때 용기가 폭발 압력에 견뎌 외부의 폭발성 가스에 인화될 위험이 없도록 한 구조이다.

ⓑ 폭발한 고열 가스가 용기의 틈을 통하여 누설되더라도 틈의 냉각 효과로 인하여 폭발의 위험이 없도록 한다.

② **압력 방폭구조(p)**

아크를 발생시키는 전기설비를 용기에 넣고 용기 내부에 불연성 가스(공기 또는 질소를 밀어 넣어 용기 내부로 폭발성 가스가 침입하는 것을 방지하는 방폭구조이다.

③ **유입 방폭구조(o)**

폭발성 분위기가 발화할 수 없도록 전기설비 또는 전기설비의 부품을 보호액에 함침시키는 방폭구조이다.

④ **안전증 방폭구조(e)**

정상 운전 중의 내부에서 불꽃이 발생하지 않도록 전기적, 기계적, 구조적으로 온도 상승에 대해 안전도를 증가시킨 구조이다.

⑤ **본질 안전 방폭구조(ia, ib)**

정상 시 또는 단락, 단선, 지락 등의 사고 시에 발생하는 아크, 불꽃, 고열에 의하여 폭발성 가스나 증기에 발화되지 않는 것이 확인된 구조이다.

⑥ **비 점화 방폭구조(n)**

ⓐ 전기기기가 정상 작동 및 비정상상태에서 주위의 폭발성 가스 분위기를 발화시키지 못하도록 만든 방폭구조(정상 시에도 발화되지 않고 발화되는 고장이 발생하지 않도록 한 구조)이다.

ⓑ 2종 장소에만 사용할 수 있다.

⑦ **몰드 방폭구조(m)**

전기기기의 스파크 또는 열로 인해 폭발성 위험 분위기에 발화하지 않도록 컴파운드를 충전해서 보호한 방폭구조이다.

⑧ **충전 방폭구조(q)**

폭발성 가스 분위기를 발화시킬 수 있는 부품을 고정하여 설치하고, 그 주위를 충전재로 완전히 둘러쌈으로써 외부의 폭발성 가스 분위기를 발화하지 않도록 하는 방폭구조이다.

⑨ **특수 방폭구조(s)**

내압, 유입, 압력, 안전증, 본질 안전 이외의 방폭구조로서 폭발성 가스 또는 증기에 발화나 위험 분위기로 인화를 방지할 수 있는 것이 시험, 기타에 의하여 확인된 구조이다.

⑩ **방진 방폭구조(tD)**

분진 층이나 분진 운의 발화를 방지하기 위하여 용기로 보호하는 전기기기에 적용되는 분진침투 방지, 표면온도 제한 등의 방법을 말한다.

4. 화재의 분류 및 특성[1)2)]

1) 화재의 정의[3)]

화재란 사람의 의도에 반하거나 고의 또는 과실에 의하여 발생하는 연소 현상으로서 소화할 필요가 있는 현상 또는 사람의 의도에 반하여 발생하거나 확대된 화학적 폭발 현상을 말한다.

2) 화재의 분류[4)]

분류	특징
A급 화재	• 일상적으로 사용되는 특히 고체연료에서 발생하는 화재 • A급 화재에 포함되는 물질이 열분해를 받는 고체 물질이라 연소 후 숯이나 재가 남음 • 소화하기 위해서는 열분해가 중지되도록 연료를 냉각하는 방법을 주로 사용
B급 화재	• 인화성 액체와 기체로 인해 발생하는 화재 • 연료 표면이나 적절한 기상 혼합물이 존재하는 연소영역 내에서 연소 • 불완전연소가 되어 미연소 탄소가 남아 있을 때 검댕(soot)이 만들어지기도 하지만 잔존 연료가 탄화하지는 않음 • 공기를 제거하고 연료를 냉각시키며 연료가 연소영역 내에 이르지 못하도록 하거나 연쇄반응을 중지시켜서 소화
C급 화재	• 다른 등급의 화재에 속하는 모든 연료를 포함하지만, 연소영역 내에 전기가 공급되는 전기설비를 갖고 있다는 점에서 다른 등급의 화재와 차이가 있음 • 위험성은 연소영역 내에 있는 사람들이 감전되는 것과 전기에너지가 연료를 재가열하여 소화된 연료가 재발화됨 • 전기 공급을 끊으면 C급 화재의 위험성을 제거할 수 있음
D급 화재	• 타이타늄, 마그네슘, 지르코늄 및 알루미늄 같은 가연성 금속을 포함하는데 가연성 금속들은 연소 시 격렬하게 열을 방출하므로 이들을 소화하는 데 재래식 소화약제를 사용하는 것은 부적합 • 소규모 금속 화재를 소화하려면 그 금속에 맞는 건조 분말을 천천히 살포 • 대규모 금속 화재를 소화하려면 대량의 건조 모래나 흙이 필요 • 금속 화재에 천천히 물을 뿌리는 것은 폭발 반응을 유발할 수 있지만, 대량의 물을 주수하면 마그네슘과 같은 금속 화재를 소화할 수 있음 • 나트륨과 리튬은 금수성 물질이므로 이들 금속에 물을 뿌리면 격렬한 발열반응을 일으킴

1) 이해평, 박영주, 위험물질론, 도서출판 화수목(2015).
2) 이해평, 박영주, 위험물 안전관리, 도서출판 화수목(2015).
3) 법제처 국가법령정보센터, 소방의 화재조사에 관한 법률(시행 2022. 6. 9).
4) 윤용균, 화재 공학 개론, 도서출판 화수목(2015).

분류	특징
K급 화재	• 새로운 화재 등급으로 F급 화재라고도 함 • 동물성 기름보다는 식물성 기름을 사용하여 튀김기로 대량의 음식을 만드는 식당과 식품 가공공장 등에서 예기치 못한 특성을 나타내는 화재 • 인화성이나 가연성 액체 화재에 사용되는 소화설비와 간이소화기를 주방 화재에서도 사용하지만, 기존의 액체 화재에 적용하는 소화약제를 사용하여 식용유 화재를 진압하고 재발화를 방지하는 데는 불충분 • 식용유에 의해 발생하는 주방 화재를 소화하려면 식물성 식용유를 비누로 변화시키는 비누화 반응이 일어나는 물질을 사용

3) 구획화재의 성상[1)]

(1) **실내화재(compartment fire)**라고도 하며, 연료 지배형 화재와 환기 지배형 화재로 구분한다.

① **연료 지배형 화재(fuel control fire)**

ⓐ 작은 고정 창문으로 밀폐된 건물, 지하실 또는 지하 주차장과 같이 연료량은 많고 통기량이 적은 경우, 연소는 통기량의 지배를 받으므로 연소속도나 연소시간이 길어질 수 있다.

ⓑ 창문을 깨뜨리면 충분한 공기 공급으로 인하여 화재가 확대되고 연소속도는 증가한다.

② **환기 지배형 화재(ventilation control fire)**

ⓐ 개방형의 큰 창문으로 된 건물은 연료량이 적고 통기량이 충분하므로 화재는 연료 표면의 통제를 받는다.

ⓑ 연료 지배형 화재는 연소시간이 짧고 외부에서 찬 공기가 유입되므로 실내의 온도가 높아지지 않지만 낮은 고층 건물에서는 화염이 개구부를 통하여 각 층으로 확산할 수 있음에도 천장이 높으면 화염이 실내를 벗어나지 못하고 국한된다.

(2) **구획화재의 진행 단계**

① **발화(ignition)** : 화재가 최초 시작되는 단계로서 가연물로의 열전달이 시작되는 순간 현상 단계

② **화재 성장단계(developing fire)** : 전실 화재의 전 단계이며, 발화하면 화재는 하나의 가연물로부터 성장하거나 다른 가연물을 발화시킬 수 있음

③ **전실 화재(full space involvement)** : 실내화재 시 연소열에 의해 천장류 온도가 상승하여 600℃ 정도에 도달하면 천장류에서 방출되는 복사열에 의해 실내에 있는 모든

1) 이해평, 박영주, 연소공학, 도서출판 화수목(2015).

가연물이 열분해 되어 가연성증기를 발생하므로 실내 전체가 연소하게 되는 상태

④ **최성기(fully developed fire)** : 화염이 창문이나 문을 통해 분출될 정도로 실내에 화염이 가득 찬 상태로서 실내의 모든 가연물이 최고의 잠재력을 발휘하는 상태

⑤ **감쇠기(decay)** : 평균온도가 최대값으로부터 80%까지 낮아진 이후 단계로서 이 기간에는 가연물로부터 발생하는 휘발성분이 소진됨에 따라 연소율은 점차 감소

4) 건축물의 화재 현상

(1) **롤오버(roll over)** : 개구부를 통해 방출되는 가열된 연소가스와 복도 천장 근처의 신선한 공기가 섞이면서 발생하는데 플래시오버보다 먼저 발생하며, 전형적으로 공간 내의 화재가 성장단계에 있을 때 발생하고 롤오버에 의한 연소 확대는 성큼성큼 건너뛰듯이 확대됨

(2) **백드래프트(back draft)** : 연소에 필요한 산소가 부족하여 훈소상태에 있는 실내에 산소가 갑자기 다량 공급될 때 연소가스가 순간적으로 발화하는 현상

(3) **플래임오버(flame over)** : 벽체, 천장 또는 바닥 표면이 과열하여 발생하는 가연성증기에 발화원이 급속히 발화하여 그 물체의 표면상에 화염을 전파하는 현상

(4) **플래시오버(flash over)** : 화점 주위에서 화재가 서서히 진행하다가 어느 정도 시간이 지나면서 대류와 복사 현상에 의해 일정 공간 안에 있는 발화점까지 가열되어 한순간에 걸쳐 동시에 발화하는 현상

5) 유류 또는 가스 저장탱크의 화재 현상

(1) **보일 오버(boil over)** : 비등점이 높은 중질유의 저장탱크 내부나 에멀션이 장시간 열을 공급받아 유류를 밀어 올리고 기름과 함께 비산하는 현상

(2) **분출화재(jet fire)** : 연료가스 배관의 플랜지, 배관의 구멍, 이음새에서의 가스누출 후 외부로부터의 발화로 발생하는 화재로서 연료가스가 분출되어 공기와 혼합되면서 화염을 형성하는데 확산연소의 형태로 이루어지며 연료의 분출 속도와 외부 공기의 흐름에 따라 화염의 크기와 길이가 영향을 받음

(3) **비등 액체 증기 폭발(boiling liquid expanding vapor explosion, BLEVE)** : 저장탱크나 기타 용기에서 휘발성이 높은 인화성 액체가 누출되어 증기로 변하면서 공기와 혼합되어 폭발이 발생하는 현상으로 고압 탱크 주위에서 화재가 발생했을 때 주로 일어나며 탱크 벽면의 온도가 올라가면 내부에서 비등이 일어나 탱크 내부 압력이 상승하여 증기가 공기와 혼합되어 폭발범위를 형성하여 폭발을 일으킴

(4) **슬롭 오버(slop over)** : 온도가 상승하면서 기름이 타고 이런 상황에서 물을 뿌리면 물이 수증기로 급변하면서 상승하는데 이렇게 폭발하듯이 불길이 퍼지는 현상

(5) **액면 화재(pool fire)** : 인화성이나 가연성 액체의 표면에서 액체 증기가 발생하며, 발화원에 의해 발화하면서 발생하는데 연소가 시작되면 액면 상부에 화염이 형성되며 지속됨

(6) **오일 오버(oil over)** : 저장탱크 내에 저장된 유류 저장량이 내용적의 50% 이하로 충전되어 있을 때 화재로 인하여 탱크가 폭발하는 현상

(7) **증기운폭발(unconfined vapor cloud explosion, UVCE)** : 대기 중에 확산한 다량의 증기운이 어떤 발화원에 의해 급격한 폭발을 일으키는 현상으로 풍속이 낮아 증기운이 잘 확산하지 않을 때 더욱 피해가 심각하며 폭발 시간이 비교적 짧아 복사열에 의한 피해보다는 화염전파에 따른 압력파에 의해 시설물에 피해받는 정도가 더 심각

(8) **파이어볼(fire ball)** : 증기와 공기가 혼합하여 연소범위가 형성되면서 공 모양의 대형 화염이 상승하는 현상

(9) **프로스 오버(froth over)** : 화재와 무관하게 아스팔트와 같은 액체의 끈끈한 성질인 고온의 점성유체를 수용하고 있는 탱크에 물이 존재한 상태에서 뜨거운 점성의 아스팔트 등을 넣으면 물이 수증기로 증발·팽창하면서 뜨거운 기름을 탱크 밖으로 흘러넘치게 하는 현상

제2절 화재 예방 및 소화 방법

1. 위험물의 화재 예방[1)]

1) 위험물의 저장 및 취급의 제한(「위험물안전관리법」 제5조 제3항)

제조소 등에서의 위험물의 저장 또는 취급에 관하여는 다음 각호의 중요기준 및 세부기준에 따라야 한다.

(1) 중요기준 : 화재 등 위해의 예방과 응급조치에 있어서 큰 영향을 미치거나 그 기준을 위반하는 경우 직접적으로 화재를 일으킬 가능성이 큰 기준으로서 행정안전부령이 정하는 기준

(2) 세부기준 : 화재 등 위해의 예방과 응급조치에 있어서 중요기준보다 상대적으로 적은 영향을 미치거나 그 기준을 위반하는 경우 간접적으로 화재를 일으킬 수 있는 기준 및

1) 법제처 국가법령정보센터, 위험물안전관리법(시행 2024. 7. 31).

위험물의 안전관리에 필요한 표시와 서류·기구 등의 비치에 관한 기준으로서 행정안전부령이 정하는 기준

2) 탱크 시험자의 등록 등(「위험물안전관리법」 제16조 제4항)

다음 각호의 어느 하나에 해당하는 자는 탱크 시험자로 등록하거나 탱크 시험자의 업무에 종사할 수 없다.

(1) 피성년후견인

(2) 이 법, 「소방기본법」, 「화재의 예방 및 안전관리에 관한 법률」, 「소방시설 설치 및 관리에 과한 법률」 또는 「소방시설공사업법」에 따른 금고 이상의 실형 선고를 받고 그 집행이 종료(집행이 종료된 것으로 보는 경우를 포함한다)되거나 집행이 면제된 날부터 2년이 지나지 아니한 자

(3) 이 법, 「소방기본법」, 「화재의 예방 및 안전관리에 관한 법률」, 「소방시설 설치 및 관리에 과한 법률」 또는 「소방시설공사업법」에 따른 금고 이상의 형의 집행유예 선고를 받고 그 유예기간에 있는 자

(4) 탱크시험자의 등록이 취소(피성년후견인에 해당하여 자격이 취소된 경우는 제외한다)된 날부터 2년이 지나지 아니한 자

(5) 법인으로서 그 대표자가 제(1)항 내지 제(4)항에 해당하는 경우

3) 예방 규정(「위험물안전관리법」 제17조)

(1) 대통령령으로 정하는 제조소 등의 관계인은 해당 제조소 등의 화재 예방과 화재 등 재해 발생 시의 비상조치를 위하여 행정안전부령이 정하는 바에 따라 예방 규정을 정하여 해당 제조소 등의 사용을 시작하기 전에 시·도지사에게 제출하여야 한다. 예방 규정을 변경한 때에도 또한 같다.

(2) 시·도지사는 제(1)항의 규정에 따라 제출한 예방 규정이 제5조 제3항의 규정에 따른 기준에 적합하지 아니하거나 화재 예방이나 재해 발생 시의 비상조치를 위하여 필요하다고 인정하는 때에는 이를 반려하거나 그 변경을 명할 수 있다.

(3) 제(1)항의 규정에 따른 제조소 등의 관계인과 그 종업원은 예방 규정을 충분히 잘 익히고 준수해야 한다.

(4) 소방청장은 대통령령으로 정하는 제조소 등에 대하여 행정안전부령으로 정하는 바에 따라 예방 규정의 이행 실태를 정기적으로 평가할 수 있다.

4) 위험물의 운반(「위험물안전관리법」 제20조)

(1) 위험물의 운반은 그 용기·적재 방법 및 운반 방법에 관한 다음 각호의 중요기준과 세부기준에 따라야 한다.

① 중요기준 : 화재 등 위해의 예방과 응급조치에 있어서 큰 영향을 미치거나 그 기준을 위반하는 경우 직접적으로 화재를 일으킬 가능성이 큰 기준으로서 행정안전부령이 정하는 기준

② 세부기준 : 화재 등 위해의 예방과 응급조치에 있어서 중요기준보다 상대적으로 적은 영향을 미치거나 그 기준을 위반하는 경우 간접적으로 화재를 일으킬 수 있는 기준 및 위험물의 안전관리에 필요한 표시와 서류·기구 등의 비치에 관한 기준으로서 행정안전부령이 정하는 기준

(2) 제(1)항에 따라 운반 용기에 수납된 위험물을 지정수량 이상으로 차량에 적재하여 운반하는 차량의 운전자(이하 "위험물 운반자"라 한다)는 다음 각호의 어느 하나에 해당하는 요건을 갖추어야 한다.

① 「국가기술자격법」에 따른 위험물 분야의 자격을 취득할 것

② 제28조 제1항에 따른 교육을 수료할 것

(3) 시·도지사는 운반 용기를 제작하거나 수입한 자 등의 신청에 따라 제(1)항의 규정에 따른 운반 용기를 검사할 수 있다. 다만, 기계에 의하여 하역하는 구조로 된 대형의 운반 용기로서 행정안전부령이 정하는 것을 제작하거나 수입한 자 등은 행정안전부령이 정하는 바에 따라 당해 용기를 사용하거나 유통하기 전에 시·도지사가 실시하는 운반 용기에 대한 검사를 받아야 한다.

2. 위험물의 화재 시 조치 방법

위험물	조치 방법
제1류 위험물	• 다른 물질을 산화시키는 산소를 많이 함유하는 물질로서 불연성 물질이지만 연소영역에 가까이 접하고 있으면 열분해로 산소를 다량 방출하며 방출된 산소는 연소를 급격하게 진행하므로 소화 방법은 분해 온도 이하로 냉각하는 주수를 이용 • 제1류 위험물은 산소를 함유한 강산화제로 산화성 고체임 • 제1류 위험물의 소화 방법은 주수가 가장 적당하지만, 무기 과산화물 중에는 물과 접촉하면 급격히 발열하며 산소를 방출하는 것도 있음

위험물	조치 방법
제2류 위험물	• 이연성(가연물 중 연소하기 쉬운 물질) 또는 가연성 물질이며 환원제이므로 산화제와의 접촉을 피해야 하며 주수에 의한 냉각소화가 적합 • 철분, 마그네슘, 금속분의 소화 시, 주수하면 물과 접촉하여 수소를 발생시키고 공기 중에 확산한 분말로 2차 분진폭발이 일어날 수 있으므로 마른 모래, 탄산수소염류 분말 소화약제 등으로 질식소화 • 오황화인, 칠황화인의 소화 시, 주수에 의하여 발열하며 황화수소를 발생하므로 마른 모래, 소화약제에 의한 질식소화 • 인화성 고체는 소화약제에 의한 질식소화
제3류 위험물	• 금수성 물질, 자연발화성 물질로서 물이나 공기와 접촉하면 발열하며 가연성 기체가 발생 • 소화 방법으로 물은 사용하지 못하며 마른 모래, 팽창질석, 팽창 진주암 및 탄산수소염류 분말 소화약제 등을 사용 • 황린을 소화 시, 주수 소화도 좋지만, 고압 주수를 하면 황린의 비산으로 화점을 분산시키는 위험이 있으므로 주의를 요하고 소화약제에 의한 질식소화
제4류 위험물	• 질식소화에 의한 각종 소화기(포, 분말, CO_2, 할로젠화합물, 청정 소화약제, 간이소화제)를 모두 사용 • 수용성인 위험물은 무상 주수 소화도 가능하지만, 봉상 주수 소화는 화재 면의 확대 위험성이 있으므로 사용할 수 없음
제5류 위험물	• 내부연소성 물질이라고도 하며 가연물과 동시에 자체 내부에 산소를 함유하고 있으므로 공기 중의 산소 없이 자체 산소만을 갖고 발화에너지에 의해 연소 • 공기 중에서 연소는 대단히 급격히 진행되므로 화재 초기에는 주수에 의한 냉각소화가 좋지만, 화재가 진전되면 적당한 소화 방법은 없음
제6류 위험물	• 소화 시 주의사항은 피복 및 피부를 보호하고 발생하는 유독 기체의 발생에 대비하여 마스크 등 보호구를 착용 • 제6류 위험물은 산화성 액체로서 불연성 물질 • 대량의 물에 의한 주수 소화, 인산염류 분말에 의한 질식소화 방법을 사용 • 유출 사고 시 조치 방법은 마른 모래, 중화제(생석회, 소다라임)를 사용

3. 자체 소방조직 설치·운영

1) 자체 소방대를 설치하여야 하는 사업소

(1) 다량의 위험물을 저장·취급하는 제조소 등으로서 대통령령이 정하는 제조소 등이 있는 동일한 사업소에서 대통령령이 정하는 수량 이상의 위험물을 저장 또는 취급하는 경우 당해 사업소의 관계인은 대통령령이 정하는 바에 따라 당해 사업소에 자체 소방대를 설치하여야 한다.

(2) 제조소 등에서의 흡연 금지

① 누구든지 제조소 등에서는 지정된 장소가 아닌 곳에서 흡연을 하여서는 아니 된다.

② 제조소 등의 관계인은 해당 제조소 등이 금연 구역임을 알리는 표지를 설치하여야 한다.

③ 시·도지사는 제조소 등의 관계인이 제②항을 위반하여 금연 구역임을 알리는 표지를 설치하지 아니하거나 보완이 필요한 경우 일정한 기간을 정하여 그 시정으로 명할 수 있다.

④ 제①항에 따른 지정 기준·방법 등은 대통령령으로 정하고, 제②항에 따른 표지를 설치하는 기준·방법 등은 행정안전부령으로 정한다.

(3) 대통령령이 정하는 제조소 등은 다음과 같다.

① 제4류 위험물을 취급하는 제조소 또는 일반취급소 다만, 보일러로 위험물을 소비하는 일반취급소 등 행정안전부령으로 정하는 일반취급소는 제외

② 제4류 위험물을 저장하는 옥외 탱크저장소

(4) 대통령령이 정하는 수량 이상은 다음과 같다.

① 대통령령이 정하는 제조소 등의 제①항에 해당하는 경우 : 제조소 또는 일반취급소에서 취급하는 제4류 위험물의 최대수량의 합이 지정수량의 3천 배 이상

② 대통령령이 정하는 제조소 등의 제②항에 해당하는 경우 : 옥외 탱크저장소에 저장하는 제4류 위험물의 최대수량이 지정수량의 50만 배 이상

2) 자체 소방대의 설치 제외대상인 일반취급소

(1) 보일러, 버너 그 밖에 이와 유사한 장치로 위험물을 소비하는 일반취급소

(2) 이동 저장탱크 그 밖에 이와 유사한 것에 위험물을 주입하는 일반취급소

(3) 용기에 위험물을 옮겨 담는 일반취급소

(4) 유압장치, 윤활유 순환 장치 그 밖에 이와 유사한 장치로 위험물을 취급하는 일반취급소

(5) 「광산 안전법」의 적용을 받는 일반취급소

3) 자체 소방대 편성의 특례 : 영 제18조 제3항 단서의 규정에 따라 2 이상의 사업소가 상호응원에 관한 협정을 체결하고 있는 경우에는 당해 모든 사업소를 하나의 사업소로 보고 제조소 또는 취급소에서 취급하는 제4류 위험물을 합산한 양을 하나의 사업소에서 취급하는 제4류 위험물의 최대수량으로 간주하여 동항 본문의 규정에 따른 화학 소방자동차의 대수 및 자체 소방대원을 정할 수 있다. 이 경우 상호응원에 관한 협정을 체결하고 있는 각 사업소의 자체 소방대에는 영 제18조 제3항 본문의 규정에 따른 화학소방차 대수의 2분의 1 이상의 대수와 화학 소방자동차마다 5인 이상의 자체 소방대원을 두어야 한다.

4) 자체 소방대에 두어야 하는 화학 소방자동차 및 자체 소방대원

(1) 자체 소방대를 설치하는 사업소의 관계인은 별표 8의 규정에 따라 자체 소방대에 화학 소방자동차 및 자체 소방대원을 두어야 한다. 다만, 화재 그 밖의 재난 발생 시 다른 사업소 등과 상호응원에 관한 협정을 체결하고 있는 사업소에 있어서는 행정안전부령이 정하는 바에 따라 별표 8의 범위 안에서 화학 소방자동차와 인원의 수를 달리할 수 있다.

▶ **[별표 8] 자체 소방대에 두는 화학 소방자동차와 인원**

사업소의 구분	화학 소방자동차	자체 소방대원의 수
1. 제조소 또는 일반취급소에서 취급하는 제4류 위험물의 최대수량의 합이 지정수량의 3천 배 이상 12만 배 미만인 사업소	1대	5인
2. 제조소 또는 일반취급소에서 취급하는 제4류 위험물의 최대수량의 합이 지정수량의 12만 배 이상 24만 배 미만인 사업소	2대	10인
3. 제조소 또는 일반취급소에서 취급하는 제4류 위험물의 최대수량의 합이 지정수량의 24만 배 이상 48만 배 미만인 사업소	3대	15인
4. 제조소 또는 일반취급소에서 취급하는 제4류 위험물의 최대수량의 합이 지정수량의 48만 배 이상인 사업소	4대	20인
5. 옥외 탱크저장소에 저장하는 제4류 위험물의 최대수량이 지정수량의 50만 배 이상인 사업소	2대	10인

※ 비고 : 화학 소방자동차에는 행정안전부령으로 정하는 소화능력 및 설비를 갖추어야 하고, 소화 활동에 필요한 소화약제 및 기구(방열복 등 개인 장구를 포함한다)를 비치하여야 한다.

(2) **화학소방차의 기준 등**

① 영 별표 8 비고의 규정에 따라 화학 소방자동차(내폭 화학차 및 제독차를 포함한다)에 갖추어야 하는 소화능력 및 설비의 기준은 별표 23과 같다.

② 포 수용액을 방사하는 화학 소방자동차의 대수는 영 제18조 제3항의 규정에 따른 화학 소방자동차의 대수의 3분의 2 이상으로 하여야 한다.

▶ **[별표 23] 화학 소방자동차에 갖추어야 하는 소화능력 및 설비의 기준**

화학 소방자동차의 구분	소화능력 및 설비의 기준
포 수용액 방사 차	포 수용액의 방사 능력이 매분 2,000ℓ 이상일 것
	소화 약액 탱크 및 소화 약액 혼합장치를 비치할 것
	10만ℓ 이상의 포 수용액을 방사할 수 있는 양의 소화약제를 비치할 것

화학 소방자동차의 구분	소화능력 및 설비의 기준
분말 방사 차	분말의 방사 능력이 매초 35kg 이상일 것
	분말 탱크 및 가압용 가스설비를 비치할 것
	1,400kg 이상의 분말을 비치할 것
할로젠화합물 방사 차	할로젠화합물의 방사 능력이 매초 40kg 이상일 것
	할로젠화합물 탱크 및 가압용 가스설비를 비치할 것
	1,000kg 이상의 할로젠화합물을 비치할 것
이산화탄소 방사 차	이산화탄소의 방사 능력이 매초 40kg 이상일 것
	이산화탄소 저장 용기를 비치할 것
	3,000kg 이상의 이산화탄소를 비치할 것
제독차	가성소다 및 규조토를 각각 50kg 이상 비치할 것

연습문제

01 다음 중 연소의 3요소에 해당하지 않는 것은?

㉮ 가연물
㉯ 산소공급원
㉰ 발화원
㉱ 연쇄반응

02 다음 중 가연물이 아닌 것은?

㉮ CCl_4
㉯ CH_3COCH_3
㉰ CS_2
㉱ CO

03 가연물이면서 동시에 산소공급원의 역할을 하는 것은?

㉮ 제1류 위험물
㉯ 제2류 위험물
㉰ 제5류 위험물
㉱ 제6류 위험물

04 가연성 액체의 위험성은 무엇을 기준으로 하는가?

㉮ 발화점
㉯ 인화점
㉰ 연소점
㉱ 비등점

05 발화온도가 낮아지는 요인 중 맞지 않는 것은?

㉮ 발열량이 많다.
㉯ 압력이 높다.
㉰ 산소농도가 높다,
㉱ 화학적 활성도가 작다.

06 다음 중 표면연소에 의하여 연소하는 물질이 아닌 것은?

㉮ 금속분
㉯ 파라핀
㉰ 목탄
㉱ 코크스

07 고체의 연소 중 증발연소 하는 물질에 해당하는 것은?

㉮ 나프탈렌
㉯ 목재
㉰ 플라스틱
㉱ 석탄

08 자연발화에 영향을 주는 요인이 아닌 것은?

㉮ 수분 ㉯ 열의 축적
㉰ 가연물 입자크기 ㉱ 퇴적 방법

09 다음 중 폭굉 유도 거리가 짧아지는 상황에 해당하지 않는 것은?

㉮ 고압일 경우
㉯ 관 경이 작을 경우
㉰ 발화원의 에너지가 클 경우
㉱ 정상 연소속도가 작은 혼합물일 경우

10 다음 중 분진폭발을 일으키는 광물질이 아닌 것은?

㉮ 염소 ㉯ 알루미늄
㉰ 철분 ㉱ 타이타늄

11 석유난로의 연소 형태로 점도가 높고 비휘발성인 액체를 무상으로 분사하여 액체의 표면적을 넓혀 연소하는 방법은?

㉮ 분해연소 ㉯ 액적연소
㉰ 표면연소 ㉱ 증발연소

12 다음 중 양초의 연소 형태에 해당하는 것은?

㉮ 증발연소 ㉯ 내부연소
㉰ 표면연소 ㉱ 분해연소

13 연소가 일어나기 위한 조건에 해당하지 않는 것은?

㉮ 산소 ㉯ 라이터 불
㉰ 종이 ㉱ 헬륨

14 발화온도가 낮아지는 요인으로 적합하지 않은 것은?

㉮ 발열량이 많다.
㉯ 압력이 높다.
㉰ 분자구조가 복잡하다.
㉱ 습도가 높다.

15 연소속도의 정의와 가장 가까운 것은?

㉮ 발화 속도
㉯ 산화 속도
㉰ 기화열의 발생 속도
㉱ 환원 속도

16 다음 중 증발연소가 주된 연소 형태에 해당하는 물질은?

㉮ 목재
㉯ 피크르산
㉰ 황
㉱ 금속 가루

17 분진폭발을 일으킬 위험성이 가장 적은 물질은?

㉮ 시멘트 가루
㉯ 밀가루
㉰ 알루미늄 가루
㉱ 석탄

18 제3류 위험물의 소화 방법으로 적당하지 않은 것은?

㉮ 마른 모래
㉯ 물
㉰ 탄산수소염류의 분말 소화약제
㉱ 팽창 진주암

19 다음 중 질식소화에 의한 소화 효과가 가장 작은 것은?

㉮ 제1류 위험물
㉯ 제2류 위험물
㉰ 제5류 위험물
㉱ 제6류 위험물

20 다음 중 발화원으로 적합하지 않은 것은?

㉮ 마찰열
㉯ 정전기 불꽃
㉰ 기화열
㉱ 산화열

21 다음 중 금속 화재는?

㉮ A급 화재 ㉯ B급 화재
㉰ C급 화재 ㉱ D급 화재

22 다량 주수에 의한 소화 효과가 가장 높은 화재는?

㉮ A급 화재 ㉯ B급 화재
㉰ C급 화재 ㉱ D급 화재

23 다음 중 연소 형태가 다른 것들과 다른 것은?

㉮ 메테인올 ㉯ 파라핀
㉰ 황 ㉱ 목탄

24 셀룰로이드의 자연발화 형태를 가장 옳게 설명한 것은?

㉮ 분해열에 의한 발화 ㉯ 흡착열에 의한 발화
㉰ 잠열에 의한 발화 ㉱ 미생물에 의한 발화

25 적린과 오황화인의 공통 연소생성물은?

㉮ H_3PO_4 ㉯ SO_2
㉰ H_2S ㉱ P_2O_5

26 인화성 액체의 화재를 나타내는 것은?

㉮ A급 화재 ㉯ B급 화재
㉰ C급 화재 ㉱ D급 화재

27 물리적 소화에 의한 소화 효과에 해당하지 않는 것은?

㉮ 질식 효과 ㉯ 냉각 효과
㉰ 억제 효과 ㉱ 제거 효과

28 다음 중 화재 위험성이 가장 낮은 것은?

㉮ 수소와 산소가 공존한다.
㉯ 등유에 금속 나트륨이 담겨 있다.
㉰ 가연성 가스가 연소범위 내의 농도에 있다.
㉱ 미분의 석탄 가루가 공기 중에 분산되어 있다.

29 다음 중 연소가 잘 일어나는 조건으로 옳지 않은 것은?

㉮ 가연성 기체가 많이 발생할 것
㉯ 가연물의 발열량이 클 것
㉰ 가연물의 열전도율이 클 것
㉱ 산소와의 접촉 면적이 클 것

30 자연발화 방지법으로 적합하지 않은 것은?

㉮ 통풍이 잘될 것
㉯ 퇴적 및 수납 시 열이 축적되지 않을 것
㉰ 습도가 낮은 곳을 피할 것
㉱ 저장 장소의 온도가 낮을 것

CHAPTER 04

소화약제 및 소화기

제1절 소화약제

1. 소화약제의 개요[1][2][3]

1) 소화약제의 정의

(1) **소화약제**는 소화설비에 사용되는 소화 성능이 있는 고체, 액체 및 기체의 물질이다.

(2) **포 소화약제**는 주원료에 포 안정제, 그 밖의 약제를 첨가한 액상의 것으로 물(바닷물을 포함)과 일정한 농도로 혼합하여 공기 또는 불활성 기체를 기계적으로 혼입시킴으로써 거품을 발생시켜 소화에 사용하는 소화약제이다.

(3) **단백포 소화약제**는 단백질을 가수분해한 것을 주원료로 하는 포 소화약제이다.

(4) **합성계면활성제포 소화약제**는 합성계면활성제를 주원료로 하는 포 소화약제(제(5)호에서 정하는 것은 제외)이다.

(5) **수성막포 소화약제**는 합성계면활성제를 주원료로 하는 포 소화약제 중 기름 표면에서 수성막을 형성하는 포 소화약제이다.

(6) **알코올형포 소화약제**는 단백질 가수분해물이나 합성계면활성제 중에 지방산 금속염이나 타 계통의 합성계면활성제 또는 고분자 젤 생성물 등을 첨가한 포 소화약제로 「위험물 안전관리법 시행령」 별표 1의 위험물 중 알코올류, 에터류, 에스터류, 케톤류, 알데하이드류, 아민류, 나이트릴류 및 유기산 등 수용성 용제의 소화에 사용하는 약제이다.

(7) **포 수용액**은 포 소화약제에 물을 가한 수용액이다.

(8) **수치 % 형**은 포 수용액에 있어서 포 소화약제의(수치) 용량의 % 농도이다.

(9) **변질시험**은 소화약제를 (65 ± 2) ℃로 216시간 보존한 후 실온으로 환원하고, 다시 (−18 ± 2) ℃로 24시간 보존한 후 실온으로 환원시키는 시험이다.

(10) **변질시험 후의 포 소화약제**는 포 소화약제를 (65 ± 2) ℃ 온도로 216시간 유지한 후 실온

---

1) 이해평, 박영주, 위험물질론, 도서출판 화수목(2015).

2) 이해평, 박영주, 위험물 안전관리, 도서출판 화수목(2015).

3) 법제처 국가법령정보센터, 소화약제의 형식승인 및 제품검사의 기술기준(시행 2024. 8. 28).

으로 환원하고, 다시 (−18 ± 2) ℃ 온도로 24시간 유지한 후 실온으로 환원시키는 시험을 한 소화약제이다.

(11) **변질시험 후의 포 수용액**은 제(9)호에서 정하는 시험을 한 포 소화약제의 포 수용액이다.

(12) **방수포용 포 소화약제**는 대용량 포 방수포 등(압축 공기포 소화장치를 포함한다)에 사용하는 포 소화약제이다.

(13) **저발포용 포 소화약제**는 제4조 제11호 제가목에서 규정하는 별표 2의 표준 발포 노즐에 의해 발포시키는 경우 포 팽창률이 6배(수성막포 소화약제는 5배) 이상인 포 소화약제이다.

(14) **고발포용 포 소화약제**는 제4조 제11호 제나목에서 규정하는 별표 3의 표준 발포 노즐에 의해 발포시키는 경우 포 팽창률이 500배 이상인 포 소화약제이다.

2) 소화약제의 공통적 성질

(1) 소화약제는 현저한 독성이나 부식성이 없어야 하며 열과 접촉할 때 현저한 독성이나 부식성의 가스를 발생하지 아니하여야 한다.

(2) 수용액의 소화약제 및 액상의 소화약제는 결정의 석출, 용액의 분리, 부유물 또는 침전물의 발생 등 그 밖의 이상이 생기지 아니하여야 하며 과 플루오린화 옥테인 설폰산(그 염류와 과플루오린화옥테인설포닐플로라이드를 포함)을 함유하지 말아야 한다.

(3) 소화약제의 중량은 별표 1의 중(용)량 허용범위 이내이어야 한다.

▶ **소화약제 중(용)량 허용범위**

약제 충전량	허용범위
50g 미만	±3g
50g~100g 미만	±5g
100g~500g 미만	+15g, −5g
500g~700g 미만	+20g, −10g
700g~1kg 미만	+40g, −20g
1kg~5kg 미만	+100g, −40g
5kg~10kg 미만	+200g, −60g
10kg~20kg 미만	+300g, −80g
20kg~30kg 미만	+400g, −100g
30kg~40kg 미만	+500g, −100g
40kg~100kg 미만	+800g, −300g
100kg~500kg 미만	+3kg, −500g
500kg~1,000kg 미만	+5kg, −1kg
1,000kg 이상	+1.2kg, −2kg

3) 소화약제의 구비조건

(1) 구하기 쉽고 가격이 저렴하며 연소의 4요소 가운데 하나 이상을 제거하는 능력이 있어야 한다.

(2) 환경 오염성이 없고 인체에 대한 독성이 낮아야 한다.

(3) 안정성이 장기적으로 유지되어야 한다.

2. 소화약제의 종류[1)2)3)]

1) 포 소화약제

(1) 성상은 다음 각 목에 적합하여야 한다.

① 균질하여야 한다.

② 변질 방지를 위한 유효한 조치가 강구되어야 한다.

③ 발생한 거품은 석유류 등 가연성 액체의 표면에 흘러서 고르게 퍼지는 것이어야 하며, 목재 등 고체 표면에 달라붙는 것이어야 한다.

(2) 설계된 사용온도범위에서 사용할 때 성상, 발포성능 및 소화 성능의 기능이 유효하게 발휘되어야 한다. 다만, 사용온도는 5℃ 단위로 구분하여야 한다.

(3) 비중은 KS M 0004(화학제품의 비중 측정 방법)의 비중 부액계 또는 비중병을 사용하여 20℃ 온도에서 측정했을 때 설계값의 ±0.02 이내이어야 하며, 포 소화약제의 종류에 따라 다음 표와 같아야 한다.

종류	단백포 소화약제	합성계면활성제포 소화약제 및 알코올형포 소화약제	수성막포 소화약제
비중의 범위	1.10 이상 1.20 이하	0.90 이상 1.20 이하	1.00 이상 1.15 이하

(4) 점도는 KS M ISO 3104(석유제품 동점도 및 점도 시험방법) 또는 B형 점도계로 사용온도 범위에서 측정한 경우, 설계값의 ±30% 이내이어야 하며, 각각의 값은 200mm^2/s(cSt)(단백포 소화약제는 400mm^2/s(cSt), 알코올형포 소화약제는 3,500mm^2/s(cSt)) 이하이어야 한다.

(5) 유동점은 KS M ISO 3106(석유제품 유동점 시험방법)에 따라 측정한 경우, 사용 하한 온도보다 2.5℃ 이하이어야 한다.

---

1) 이해평, 박영주, 위험물질론, 도서출판 화수목(2015).
2) 이해평, 박영주, 위험물 안전관리, 도서출판 화수목(2015).
3) 법제처 국가법령정보센터, 소화약제의 형식승인 및 제품검사의 기술기준(시행 2024. 8. 28).

(6) 수소이온 농도는 (20 ± 2) ℃인 포 소화약제를 KS M 0011(수용액의 pH 측정 방법)에 따라 측정한 경우, 설계값의 ±0.4 이내이어야 하며, 종류에 따라 다음 표와 같아야 한다.

(7) 포 소화약제의 침전량은 다음 각 목에 적합하여야 한다.

① (20 ± 2) ℃인 포 소화약제를 원심분리용 시험관에 넣고 상대원심력을 분당회전수(600~700)으로 원심 분리하여 생기는 침전물이 0.1 vol % 이하이어야 한다.

② ①목의 측정 후 포 소화약제의 상등액을 포 수용액으로 하여 그 침전량을 ①목의 규정에 따라 측정한 경우, 0.05 vol %(합성계면활성제 포 소화약제는 0.2 vol %) 이하이며, 백탁 또는 부유하는 생성물이 눈금 크기 180㎛(80 mesh)의 비철금망을 쉽게 통과하여야 한다.

③ 변질시험 후의 포 소화약제의 침전량은 ①목의 규정에 따라 측정한 경우, 0.2 vol % 이하이어야 한다.

(8) 인화점은 KS M ISO 2592(인화점 및 연소점 시험방법-클리브랜드 개방컵 시험방법)에 적합한 인화점 시험기로 측정한 경우, 60℃ 이상이어야 한다.

(9) 포 소화약제에 적응 대상 금속재료를 각각 (50 ± 2) ℃에서 90일간 침지한 후 금속재료의 중량 손실은 각각 1일에 $1mg/58.9cm^2$ 이하이어야 한다.

(10) 수성막포 소화약제의 확산계수는 (20 ± 2) ℃인 포 수용액을 사이클로헥세인을 사용하여 절삭유제 시험방법으로 측정한 경우, 3.5 이상이어야 한다. 변질시험 후의 포 수용액에서도 또한 같다.

(11) 포 수용액(방수포용 포 소화약제를 제외)의 발포 성능은 용도별로 다음 각 목에 적합하여야 한다.

① 저발포용 소화약제 : (20 ± 2) ℃인 포 수용액을 수압력 0.7MPa, 방수량이 매분 10ℓ인 조건에서 별표 2의 표준 발포 노즐을 사용하여 거품을 발생시키는 경우 그 거품의 팽창률(포 수용액의 용량과 발생하는 거품의 용량과의 비를 말한다. 이하 같다)이 6배(수성막포 소화약제는 5배) 이상이어야 하며, 발포 전 포 수용액 용량의 25%인 포 수용액이 거품으로부터 환원하는 데 필요한 시간은 1분 이상이어야 한다. 변질시험 후의 포 수용액에 있어서도 또한 같다.

② 고발포용 포 소화약제 : (20 ± 2) ℃인 포 수용액을 수압력 0.1MPa, 방수량 매분 6ℓ, 풍량 매분 $13m^3$의 조건에서 별표 3의 표준 발포 장치를 사용하여 발포시키는 경우 거품의 팽창률은 500배 이상이어야 하며, 발포 전 포 수용액 용량의 25%인 포 수용액이 거품으로부터 환원하는 데 필요한 시간이 3분 이상이어야 한다. 변질시험 후의 포 수용액에서도 또한 같다.

⑿ 방수포용 포 소화약제의 (20 ± 2) ℃인 포 수용액을 수압력 0.7MPa, 방수량이 매분 10 ℓ로 1.075m 높이에 수평으로 고정된 별표 4의 표준 발포 노즐을 사용하여 발포하고 포가 자연 낙하하는 지점에 별표 5의 포 수집 장치 및 포 수집 용기에 포를 받은 경우, 포 팽창률이 6배(수성막포 소화약제는 5배) 이상 10배 미만이어야 하며, 발포 전 포 수용액 용량의 25%인 포 수용액이 포로부터 환원하는 데 필요한 시간은 2분 이상이어야 한다. 변질시험 후의 포 수용액에서도 같다.

2) 강화액 소화약제

(1) 강화액소화약제는 다음 각 호에 적합한 알칼리 금속염류 등을 주성분으로 하는 수용액이어야 한다.

① 알칼리 금속염류의 수용액인 경우는 알칼리성 반응을 나타내어야 한다.

② 강화액 소화약제의 응고점은 −20℃ 이하이어야 한다.

(2) 강화액 소화약제에 적응 대상 금속재료를 각각 (50 ± 2) ℃에서 90일간 침지한 후 금속재료의 중량손실은 각각 1일에 $1mg/58.9cm^2$ 이하이어야 한다.

(3) 강화액 소화약제의 침전량은 (20 ± 2) ℃의 강화액 소화약제를 원심분리용 시험관에 넣고 상대 원심력을 분당 회전수 (600~700)으로 원심 분리하여 생기는 침전물이 0.1 vol % 이하이어야 한다.

(4) 변질시험 후의 강화액 소화약제 침전량은 제6항의 규정에 의한 방법으로 측정한 경우 0.2 vol % 이하이어야 한다.

(5) 강화액 소화약제의 표면장력은 33mN/m 이하이어야 하며, 설계값의 −3.0mN/m~1.5 mN/m이어야 한다. 다만, K급 화재용을 포함하는 소화약제의 경우에는 적용하지 아니한다.

(6) 비중은 KS M 0004(화학 제품의 밀도 및 비중 측정 방법)의 비중 부액계 또는 비중병을 사용하여 (20 ± 2) ℃에서 측정하였을 때 설계값의 ±0.02 이내이어야 한다.

(7) 수소이온 농도는 KS M 0011(수용액의 pH 측정 방법)에 따라 (20 ± 2) ℃에서 측정한 경우 pH 6~9의 범위이어야 하며, 설계값 ±0.4 이내이어야 한다.

3) 분말 소화약제

(1) 분말 소화약제는 방습 가공을 한 나트륨 및 칼륨의 중탄산염 기타의 염류 또는 인산염류·황산염류 그 밖의 방염성을 가진 염류이다.

(2) 분말의 미세한 정도는 KS A 5101-1(시험용 체-1부 : 금속망 체)의 표준체에 통과시켰

을 경우 그 잔량이 다음과 같아야 한다.

표준체의 크기 (㎛)	BC용 분말(잔량 wt %)		ABC용 분말(잔량 wt %)	
	최소	최대	최소	최대
425	9	0.5	0	0
150	9	1	0	10
75	5	30	12	25
45	×	×	12	25
받침판	70	95	50	70

(3) 분말의 성분비는 다음에 적합한 것이어야 한다.

① 주성분이 중탄산나트륨인 소화약제는 중탄산나트륨($NaHCO_3$)이 90 wt % 이상이어야 한다.

② 주성분이 중탄산칼륨인 소화약제는 중탄산칼륨($KHCO_3$)이 90 wt % 이상이어야 한다.

③ 주성분이 인산염류 등인 소화약제는 제1 인산암모늄($NH_4H_2PO_4$) 등 함량이 최소 75 wt % 이상이어야 하며 설계값의 -5%~+15%이어야 한다.

(4) 상대습도가 50% 이하인 대기 중에서 시료를 정량하여 농도 (95~98) %의 농황산을 건조제로 사용한 데시케이터 내에 (18~24) ℃로 24시간 놓아둔 후 정량하여 아래 수식으로 계산한 수분 함유율이 0.2 wt % 이하이어야 한다.

$$M = \frac{100(W_2 - W_1)}{W_1}$$

여기서 M은 수분 함유율(%), W_1은 원 시료의 무게(g), W_2는 24시간 건조 후의 시료의 무게(g)이다.

(5) (20 ± 2) ℃, 50% 상대습도에서 48시간 보존하고 다시 (20 ± 2) ℃, 80% 상대습도에서 48시간 동안 보존하는 시험을 반복하여 20일간 시험하는 경우 아래의 수식으로 계산한 흡습률이 중탄산나트륨이 주성분인 것은 0.2 wt %, 중탄산칼륨이 주성분인 것은 2 wt %, 인산염류 등이 주성분인 것은 1.5 wt % 이하이어야 하며, 시험 후 시료는 유동성이 있고 고화되지 아니하여야 한다.

$$M = \frac{100(W_2 - W_1)}{W_1}$$

여기서 M은 흡습률(%), W_1은 온도 (20 ± 2) ℃, 상대습도 50%에서 최초 48시간 놓아둔 후의 꺼내어 즉시 정량한 시료의 중량(g), W_2는 20일 시험 후 꺼내어 즉시 정량한 시료의 중량(g)이다.

(6) 겉보기비중은 0.8g/mℓ 이상이어야 하고, 설계값 ± 0.1g/mℓ 이내이어야 한다.

(7) 분말을 수면에 고르게 살포한 경우, 1시간 이내에 침강하지 않아야 한다.

(8) 칼륨의 중탄산염이 주성분인 소화약제는 담회색으로 인산염 등이 주성분인 소화약제는 담홍색(또는 황색)으로 각각 착색하여야 하며 이를 혼합하지 않아야 한다.

(9) 분말 상태의 소화약제는 굳거나 덩어리지거나 변질 등 그 밖의 이상이 생기지 않아야 하며 침입도시험기(Penetrometer)로 시험한 경우, 15mm 이상 침투되어야 한다.

(10) 온도상승시험 : (60 ± 2) ℃에서 7일간 보존하고 실온에서 3일간 보존한 후 유동성이 있어야 하며 고화되지 않아야 한다.

(11) 절연내력시험 : C급 화재용은 최소 5,000V의 교류전압을 가하는 시험에서 내전압에 이상이 없어야 한다.

4) 할로젠화합물 소화약제

(1) 할로젠화합물 소화약제는 다음 각 호에 적합하여야 한다.

① 클로로테트라플루오린에테인(HCFC-124), 펜타플루오린에테인(HFC-125), 헵타플루오린프로페인(HFC-227ea), 트라이플루오린메테인(HFC-23) 및 브로모클로로다이플루오린메테인(할론 1211), 헥사플루오린프로페인(HFC-236fa), 트라이플루오린아이오다이드(FIC-13I1) 및 도데카플루오린-2-메틸펜테인-3-원(FK-5-1-12) 등의 소화약제의 순도는 99.0 mol % 이상이어야 한다.

② 브로모트라이플루오린메테인(할론 1301)의 소화약제의 순도는 99.6 mol % 이상이어야 한다.

(2) 할로젠화합물 소화약제를 혼합하여 사용하는 경우는 그 혼합 조성비가 다음 각 호에 적합하여야 한다.

① HCFC BLEND A는 클로로디플루오린메테인(HCFC-22), HCFC-124, 디클로로트리플루오린에테인(HCFC-123), 이소프로페닐-1-메틸사이클로헥세인으로 구성되어야 하며 그 혼합 조성비는 다음과 같다.

ⓐ HCFC-22 (82 ± 0.8) wt %

ⓑ HCFC-124 (9.50 ± 0.9) wt %

ⓒ HCFC-123 (4.75 ± 0.5) wt %

ⓓ 아이소프로페닐-1-메틸사이클로헥세인 (3.75 ± 0.5) wt %

② HFC BLEND B는 테트라플루오린에테인(HFC-134a), HFC-125 및 이산화탄소로 구성되어야 하며 그 혼합 조성비는 다음과 같다.

ⓐ HFC-134a (86 ± 5) wt %

ⓑ HFC-125 (9.0 ± 3) wt %

ⓒ 이산화탄소 (5 ± 2) wt %

5) 불활성 기체 소화약제

(1) IG-541 소화약제의 구성물은 질소 (52 ± 4) vol %, 아르곤 (40 ± 4) vol %, 이산화탄소 (8~9) vol %로 구성되어야 한다.

(2) IG-01 소화약제의 구성물은 아르곤이 99.9 vol % 이상이어야 한다.

(3) IG-100 소화약제의 구성물은 질소가 99.9 vol % 이상이어야 한다.

(4) IG-55 소화약제의 구성물은 질소 (50 ± 5) vol %, 아르곤 (50 ± 5) vol %로 구성되어야 한다.

6) 침윤 소화약제

(1) 침윤 소화약제는 물의 침투 능력, 분산 능력 및 유화 능력 등을 증대하기 위하여 물과 혼합해서 사용하는 약제로서 다음 각호에 적합하여야 한다.

① 침윤수용액의 표면장력은 33mN/m 이하이어야 한다.

② **용해 시험**

침윤 소화약제는 사용농도에서 다음의 온도 조건으로 용해하였을 경우 물에 쉽게 용해되어야 한다.

조건	물의 온도(℃)	침윤 소화약제의 온도(℃)
1	4 ± 1	21 ± 1
2	21 ± 1	21 ± 1
3	4 ± 1	4 ± 1
4	21 ± 1	4 ± 1

③ **용액의 분리 시험**

ⓐ 침윤수용액은 0℃에서 50℃의 온도 범위에서 분리되어서는 아니 된다.

ⓑ 침윤 소화약제는 사용상한온도 및 하한온도와 16℃에서 각각 30일간 정치하였을 때 분리되어서는 아니 된다.

ⓒ ⓐ목 및 ⓑ목에서 규정한 시험을 하는 경우 침전 현상(시험 기간 중에 발생한 것도 포함한다), 흐려지는 현상 등 이와 유사한 현상 등은 분리 현상으로 한다.

④ **저온에 따른 표면장력 변화**

(−18 ± 2) ℃에 저장된 침윤 소화약제로 혼합된 침윤수용액의 표면장력 값과 제① 호에 의해 측정된 침윤수용액의 표면장력 값의 차이는 5mN/m 이내이어야 한다.

⑤ **수소이온 농도시험**

침윤 소화약제의 수소이온 농도는 KS M ISO 0011(수용약의 pH 측정방법)에 따라 (20 ± 2) ℃에서 측정한 경우 pH 6~9의 범위이어야 하며, 설계값 ± 0.4 이내이어야 한다.

⑥ **점도시험**

침윤 소화약제의 점도는 KS M ISO 3104(석유제품–투명 및 불투명 액체–동점도 시험방법 및 점도 계산) 또는 B형 점도계로 사용온도범위에서 측정하였을 경우 설계값의 ±30% 이내이어야 한다.

⑦ **금속부식 시험**

침윤수용액에 적응대상 금속재료를 각각 (50 ± 2) ℃에서 90일간 침지한 후 금속재료의 중량 손실은 각각 1일에 $1mg/58.9cm^2$ 이하이어야 한다.

(2) 침윤 소화약제는 물과 혼합하여 사용할 때 부패하거나 변질 등이 발생하여서는 아니 된다.

제2절 소화기

1. 소화기의 개요[1)2)3)]

1) 소화기의 정의

(1) **소화기**는 물이나 소화약제를 압력에 의하여 방사하는 기구로서 사람이 조작하여 소화하는 것(소화약제에 의한 간이소화용구를 제외)이다.

(2) **가압식 소화기**는 소화약제의 방출원이 되는 가압 가스를 소화기 본체 용기와는 별도의 전용 용기에 충전하여 장치하고 소화기 가압용 가스 용기의 작동 봉판을 파괴하는 등의 조작에 의하여 방출되는 가스의 압력으로 소화약제를 방사하는 방식의 소화기이다.

(3) **축압식 소화기**는 용기 중에 소화약제와 함께 소화약제의 방출원이 되는 질소 등의 압축 가스를 봉입한 방식의 소화기이다.

(4) **소화약제**는 방염성능이 있는 물질을 가공하여 소화에 사용하는 약제 또는 물이다.

(5) **대형소화기**는 제4조 제2항 및 제10조에 해당하는 소화기이다.

1) 이해평, 박영주, 위험물질론, 도서출판 화수목(2015).
2) 이해평, 박영주, 위험물 안전관리, 도서출판 화수목(2015).
3) 법제처 국가법령정보센터, 소화기의 형식승인 및 제품검사의 기술기준(시행 2024. 7. 25).

(6) **소형소화기**는 (5)에서 규정하는 이외의 소화기이다.

(7) **멜빵식 소화기**는 멜빵 등을 이용하여 소화기 본체를 등에 지고 사용하는 형태의 소화기이다.

(8) **차륜식 소화기**는 바퀴가 달린 차대 등에 소화기 본체가 장착되어 끌어서 이동하는 형태의 소화기이다.

2) 소화기의 관리

(1) 소화기의 표시

① 소화기의 용기는 다음 사항을 보기 쉬운 부위에 잘 지워지지 아니하도록 표시하여야 한다. 다만, 제ⓝ호는 포장 또는 취급설명서에 표시할 수 있다.

ⓐ 종별 및 형식

ⓑ 형식승인번호

ⓒ 제조년월 및 제조번호, 내용연한(분말소화약제를 사용하는 소화기에 한함)

ⓓ 제조업체명 또는 상호, 수입업체명(수입품에 한함)

ⓔ 사용온도범위

ⓕ 소화능력단위

ⓖ 충전된 소화약제의 주성분 및 중(용)량

ⓗ 방사시간, 방사거리

ⓘ 가압용가스용기의 가스종류 및 가스량(가압식 소화기에 한함)

ⓙ 총중량

ⓚ 취급상의 주의사항

㉠ 유류화재 또는 전기화재에 사용하여서는 아니 되는 소화기는 그 내용

㉡ 기타 주의사항

ⓛ 적응화재별 표시사항은 일반화재용 소화기의 경우 "A(일반화재용)", 유류화재용 소화기의 경우에는 "B(유류화재용)", 전기화재용 소화기의 경우 "C(전기화재용)", 금속화재용 소화기의 경우 "D(금속화재용)", 주방화재용 소화기의 경우 "K(주방화재용)"으로 표시하여야 한다.

ⓜ 사용방법

ⓝ 품질보증에 관한 사항(보증기간, 보증내용, 애프터 서비스 (A/S)방법, 자체검사필 등)

ⓞ 소화기의 원산지

ⓟ 소화기에 충전한 소화약제의 물질안전자료(MSDS)에 언급된 동일한 소화약제명의 다음 각 목의 정보

㉠ 1 %를 초과하는 위험물질 목록

㉡ 5 %를 초과하는 화학물질 목록

㉢ MSDS에 따른 위험한 약제에 관한 정보

ⓠ 소화 가능한 가연성 금속재료의 종류 및 형태, 중량, 면적(D급 화재용 소화기에 한함)

② 차량용 소화기에는 제①항의 표시 외에 "자동차겸용"이라는 표시를 하여야 한다.

③ 할로젠화합물 및 이산화탄소소화기는 제①항의 표시 외에 다음의 주의 사항을 표시하여야 한다.

> **주의**
>
> 1. 밀폐된 좁은 실내에는 사용을 삼가십시오.
> 2. 바람을 등져서 방사하고 사용 후는 즉시 환기 하십시오.
> 3. 발생하는 가스는 유독하므로 호흡을 삼가십시오.

④ 가압식 소화기에는 제①항의 표시 외에 다음의 주의 사항을 표시하여야 한다.

> 이 소화기는 조작 시 용기 전체가 급속히 가압 되므로 아래와 같은 소화기는 사용하지 마십시오.
>
> 1. 녹, 부식, 변형이 심한 것
> 2. 뚜껑이 완전히 조여져 있지 않은 것
> 3. 폐기된 것

⑤ D급 화재용 소화기에는 제①항의 표시 외에 다음의 주의 사항을 표시하여야 한다.

> **주의**
>
> 1. 이 소화기는 [○○(소화대상 금속재료 종류 및 형태)](○○kg 이하의 중량과 ○○m^2 이하의 면적)에 한해 소화능력이 있습니다.
> 2. 적응성이 인정되지 않은 금속화재에 소화기를 사용하는 경우 폭발적 연소반응이나 유독성 가스가 발생할 수 있으니 지정된 금속화재 외에는 절대 사용하지 마십시오.
> 3. 금속화재는 고온, 섬광 등을 발생시킬 수 있으므로 소화약제 방출시 주의하십시오.

⑥ 명판은 다음 각 호에서 정하는 시험을 하는 경우 적합하여야 한다. 다만, 용기에 직

접 인쇄하는 경우는 제외한다.

ⓐ 명판노출시험

다음 각 목의 조건을 적용하여 시험하는 경우 명판의 오염, 흐려짐, 기포와 같은 현저한 변질이 없어야 하며 균열이나 말림이 없어야 한다.

㉠ (80 ± 2) ℃에서 240시간 동안 보존

㉡ (20 ± 2) ℃의 물에서 48시간 동안 침지

ⓑ 명판부착시험

명판의 평균 부착력은 0.18N/mm 이상이어야 한다.

ⓒ 명판마모시험

코팅되어 있지 아니한 명판은 물을 묻힌 천에 18N의 하중을 걸어 500회 반복하는 시험을 적용하는 경우 손상되지 아니하고 읽을 수 있는 상태를 유지하여야 한다.

(2) 소화기의 공통 유지관리법

① 소화약제가 동결, 변질 또는 분출할 우려가 없는 곳에 설치

② 설치된 지점에 잘 보이도록 「**소화기**」 표시를 할 것

③ 통행, 피난에 지장이 없고 사용 시 반출하기 쉬운 곳에 설치

④ 바닥 면으로부터 1.5m 이하 되는 지점에 설치할 것

(3) 소화기를 사용할 때의 주의사항

① 소화기는 그 구조, 성능, 취급법을 모르면 무용지물이다.

② 소화기는 화재 초기에만 효과가 있고, 화재가 확대된 후에는 거의 효과가 없다.

③ 소화기는 대형 소화설비의 대용이 될 수 없다. 화재를 발견하면 바로 관리실이나 소방관서에 통보한 후 소화기를 사용하며, 소화기는 소화약제의 한계가 있으므로 화재가 확대되면 대형 소화설비에 의존해야만 한다.

④ 어떤 형태의 모든 화재에 유효한 만능소화기는 없다. 소화기는 예상 가능한 화재위험에 대응해서 소화기의 크기 및 종류를 선정해 설치한다.

(4) 소화기 관리상의 주의사항

① 1년에 한 번 이상 실제 사용법을 시험해 본다.

② 방화관리자 및 화기 책임자를 임명하고, 구조 및 취급법을 숙지케 한다.

③ 전 종업원이 소화기의 취급법을 알아둔다.

④ 가끔 설치장소를 검사해서 규정 조건에 맞는지 확인한다.

(5) **소화기의 일반 사용 방법**

① 바람을 등지고 풍상에서 풍하의 방향으로 사용한다.

② 적응화재에만 사용한다.

③ 양옆으로 비로 쓸 듯이 골고루 사용한다.

④ 성능에 따라 불 가까이 접근하여 사용한다.

(6) **소화기의 점검**

① **작동 기능검사**는 연 1회 상반기에 압력기 지시침 확인, 소화약제의 용량 및 중량측정, 작동장치(안전핀 봉인 확인·손잡이·가압용 가스용기 봉 판 확인) 검사 등을 실시한다.

② **종합 정밀검사**는 연 1회 하반기에 압력시험 등을 실시한다.

2. 소화기 관련 제반 사항[1)2)3)]

1) 일반구조

(1) 작동방식이 확실하고 취급·점검 및 정비가 용이하여야 한다.

(2) 소화기는 한사람이 쉽게 사용할 수 있어야 하며 조작 시 인체에 부상을 유발하지 아니하는 구조이어야 한다.

(3) 소화기에 충전하는 소화약제는 소화약제의 중량을 100g 단위로 구분하여야 한다.

(4) 축압식 소화기는 지시 압력계를 설치하여야 한다. 다만, 이산화탄소 및 할론 1301 등 자체 증기압으로 방사되는 구조의 소화기는 제외할 수 있다.

(5) 지시 압력계는 충전압력 값이 소화기의 축심과 일직선상에 위치하도록 부착하여야 한다.

(6) 소화기 용기의 외부에 부착하는 가압용 가스용기는 외부의 충격으로부터 보호될 수 있는 구조이어야 한다.

(7) 소화기는 손상, 변형 및 가공 불량 등이 없어야 하며 각 부 치수의 허용 공차는 KS B 0250(주조품–치수 공차 및 절삭 여유 방식), KS B ISO 2768–1(일반 공차–제1부 : 개별적인 지시가 없는 선 치수와 각도 치수에 대한 공차) 및 KS B 0413(판재의 프레스 가공품 일반 치수 공차)을 준용하여야 한다.

(8) 소화기 총중량은 설계값의 (−2~5) %이어야 한다. 다만, 이음매 없는 강제 용기를 사용하는 경우는 설계값의 (−5~15) %이어야 한다.

---

1) 이해평, 박영주, 위험물질론, 도서출판 화수목(2015).

2) 이해평, 박영주, 위험물 안전관리, 도서출판 화수목(2015).

3) 법제처 국가법령정보센터, 소화기의 형식승인 및 제품검사의 기술기준(시행 2024. 7. 25).

(9) 소화기 용기 하단에 설치되는 밑받침은 용접 또는 체결 등의 방법으로 설치하여야 하며 별도의 조작 없이 빠지지 아니하는 구조이어야 한다.

(10) 소화기의 주 기능에 영향을 미치는 부속장치를 설치하지 아니하여야 한다.

(11) 휴대식 소화기는 별도의 지지대 없이 바로 세워질 수 있어야 하고 벽에 걸 수 있는 구조(「고압가스 안전관리법」의 적용을 받는 소화기는 제외)이어야 한다.

(12) 용기 개구부의 내부 지름은 다음 표에서 정하는 크기 이상이어야 한다.

소화약제의 중량(kg)	개구부 내부지름(mm)
14 이하	19
14 초과	25
비고 : 2개 이상의 용기 개구부가 있을 경우에는 19mm를 적용한다.	

(13) 소화기의 표면은 녹슬지 아니하도록 칠을 하여야 한다. 다만, 내식성 재료로 된 소화기는 제외할 수 있다.

2) 능력 단위 등

(1) A급 화재용 소화기 또는 B급 화재용 소화기는 별표 2 또는 별표 3에 따라 측정하는 경우 능력 단위의 수치가 1 이상이어야 한다.

(2) 대형소화기의 능력 단위의 수치는 A급 화재에 사용하는 소화기는 10단위 이상, B급 화재에 사용하는 소화기는 20단위 이상이어야 한다.

(3) C급 화재용 소화기는 (1)의 규정 및 제8조 제3항 제10호의 절연내력시험 또는 별표4의 전기전도성 시험에 적합하여야 하며 C급 화재에 대한 능력 단위는 지정하지 아니한다.

(4) K급 화재용 소화기는 (1)의 규정 및 별표 6의 K급 화재용 소화기의 소화 성능시험에 적합하여야 하며, K급 화재에 대한 능력 단위는 지정하지 아니한다.

(5) D급 화재용 소화기는 별표7의 D급 화재용 소화기의 소화성능시험에 적합하여야 하며, D급 화재에 대한 능력 단위는 지정하지 아니한다.

3) 차량용 소화기

자동차에 설치하는 소화기는 강화액 소화기(안개 모양으로 방사되는 것에 한함), 할로젠화합물 소화기, 이산화탄소 소화기, 포 소화기 또는 분말 소화기이어야 한다.

4) 대형소화기

대형소화기에 충전하는 소화약제의 양은 다음과 같아야 한다.

(1) 물소화기 : 80ℓ 이상

(2) 강화액 소화기 : 60ℓ 이상
(3) 할로젠화합물 소화기 : 30kg 이상
(4) 이산화탄소 소화기 : 50kg 이상
(5) 분말 소화기 : 20kg 이상
(6) 포 소화기 : 20ℓ 이상

5) 방사 성능

소화기는 정상적인 조작 방법으로 방사할 때 그 성능이 다음 각 호에 적합하여야 한다.

(1) 방사 조작 완료 즉시 소화약제를 유효하게 방사할 수 있어야 한다.
(2) 소화기의 방사 시간은 (20 ± 2) ℃ 온도에서 최소 8초 이상이어야 하고, 사용 상한 온도, (20 ± 2) ℃의 온도, 사용 하한 온도에서 각각 설계값의 ± 30% 이내이어야 한다.
(3) 소화기의 방사거리는 (20 ± 2) ℃에서 다음 각 목에 적합하여야 한다. 다만, D급 화재용 분체소화기는 제외한다.
  ① 분말소화기의 방사거리는 최소 3m(충전 약제량이 2kg 이하는 1.5m) 이상이어야 하고, 신청된 방사거리 설계값에서 충전 소화약제의 80% 이상이 회수되어야 한다.
  ② 액체계소화기의 방사거리는 최소 1.5m(충전 약제량이 2kg 이하는 1.0m) 이상이어야 하고, 신청된 방사거리 설계값에서 충전 소화약제의 80% 이상이 회수되어야 한다.
(4) 충전된 소화약제의 용량 또는 중량의 90% 이상이 방사되어야 한다.

6) 소화약제의 누출 방지

소화기에는 온도 상승 또는 진동 등에 의하여 충전된 소화약제가 새지 아니하도록 누출 방지 장치를 설치하여야 한다. 다만, 누출될 우려가 없는 구조인 소화기는 그러하지 아니한다.

7) 안전장치

(1) 소화기는 안전장치를 설치하여야 한다. 다만, 수동펌프에 의하여 작동하는 물소화기 또는 거꾸로 세우는 동작만으로 작동되는 소화기는 그러하지 아니한다.
(2) 안전장치의 구조는 다음 각 호의 어느 하나에 적합하여야 한다.
  ① 소화기의 작동 조작 도중에 자동으로 풀리는 구조이어야 하며, 평상시에 잘못 작동되지 아니하도록 하는 장치가 있어야 한다.
  ② 하나의 동작으로 쉽게 풀리는 것이어야 하며 푸는 데 지장이 없는 봉인을 해야 한다.
(3) 안전장치는 스테인리스강 또는 합성수지 등 내식성 재질로 제조되어야 하며 풀어낸 안전장치가 분실되지 않도록 소화기와의 연결장치를 설치하여야 한다. 이 경우 손가락을 걸어

서 푸는 고리형태의 안전장치는 조작이 용이하도록 안지름이 25mm 이상이어야 한다.

(4) 휴대식 소화기는 안전장치를 고정하기 위한 봉인줄 등을 제거한 상태로 기준 제30조의 그림 3의 상태로 60Hz의 진동주파수에서 30분간 진동 시험을 실시하는 경우, 안전장치가 이탈되지 아니하여야 한다.

(5) 안전장치가 장착되어 있는 소화기의 작동장치에 220N으로 30초 동안 힘을 가하는 경우 안전장치가 파손 및 변형되거나 이탈되어서는 안 되며 정상적으로 작동되어야 한다.

(6) 안전장치를 푸는 데 필요한 힘은 20N 이상 70N 이하여야 한다.

(7) 안전장치가 분실되지 않도록 연결장치의 강도는 사용온도범위에서 100N를 초과하여야 한다.

8) 지지, 휴대, 운반 등의 장치

(1) 소화기(멜빵식 소화기 및 차륜식 소화기를 제외)에는 그 소화기를 안전한 상태로 유지할 수 있거나 또는 지지할 수 있는 장치를 설치해야 하며, 그 지지장치는 소화기를 풀 수 있는 구조이어야 한다.

(2) 소화기의 중량(소화기에 설치된 지지장치 및 차륜의 중량을 포함하지 아니한다)이 28kg 이하인 것은 휴대식 소화기 또는 멜빵식 소화기로, 28kg 초과 35kg 이하인 것은 휴대식 소화기 또는 멜빵식 소화기로, 35kg을 초과하는 것은 차륜식 소화기로 하여야 한다.

(3) 소화기의 휴대 및 운반을 위한 손잡이, 멜빵 및 차륜은 고무로 피복하여야 한다.

(4) 휴대식 소화기의 손잡이는 다음 각 호에 적합하여야 한다.

① 휴대 및 운반을 위해 손을 거치하는 부분은 용기 등과 최소 25mm 이상의 이격 거리가 있어야 한다.

② 손잡이의 길이는 90mm 이상(총중량 6.8kg 미만 소화기의 경우에는 75mm 이상)이어야 한다.

9) 사용온도범위

(1) 소화기는 그 종류에 따라 다음의 온도 범위에서 사용할 경우, 소화 및 방사의 기능을 유효하게 발휘할 수 있어야 한다.

① 강화액 소화기 : −20℃ 이상 40℃ 이하

② 분말 소화기 : −20℃ 이상 40℃ 이하

③ 그 밖의 소화기 : 0℃ 이상 40℃ 이하

(2) (1)의 규정에도 불구하고 사용온도범위를 확대하고자 할 경우는 10℃ 단위로 하여야 한다.

연습문제

01 할론 소화약제에서 할론 2402의 화학식은?

㉮ $CBrF_3$
㉯ CBr_2F_2
㉰ $C_2Br_2F_4$
㉱ $CBrClF_2$

02 할론 소화약제의 구비조건으로 옳지 않은 것은?

㉮ 인화성이 없어야 한다.
㉯ 증발 잔류물이 없어야 한다.
㉰ 전기절연성이 우수해야 한다.
㉱ 공기보다 가벼워야 한다.

03 소화전용 물통 8ℓ의 소화능력 단위는?

㉮ 0.1단위
㉯ 0.2단위
㉰ 0.3단위
㉱ 0.4단위

04 이산화탄소 소화기 사용 중 소화기 방출구에 생길 수 있는 물질은?

㉮ 드라이아이스
㉯ 포스겐
㉰ 일산화탄소
㉱ 수성가스

05 다음 물질 중 소화약제로 적합하지 않은 것은?

㉮ $NaHCO_3$
㉯ $NH_4H_2PO_4$
㉰ CO_2
㉱ HCN

06 포 소화약제의 종류에 해당하지 않는 것은?

㉮ 액표면포 소화약제
㉯ 단백포 소화약제
㉰ 합성계면활성제포 소화약제
㉱ 수성막포 소화약제

07 물을 소화약제로 사용하는 장점이 아닌 것은?

㉮ 기화잠열이 크다.
㉯ 연소물질에 대한 피해가 없다.
㉰ 구하기가 쉽다.
㉱ 취급이 간편하다.

08 다음 중 소화약제의 구성성분으로 사용하지 않는 것은?

㉮ 황산알루미늄 ㉯ 인화 알루미늄
㉰ 탄산수소나트륨 ㉱ 제1 인산암모늄

09 CF_3Br 소화기의 주된 소화 효과에 해당하는 것은?

㉮ 질식 효과 ㉯ 억제 효과
㉰ 피복 효과 ㉱ 냉각 효과

10 제3종 분말 소화약제의 제조 시 사용되는 실리콘 오일의 용도는?

㉮ 방수제 ㉯ 경화제
㉰ 착색제 ㉱ 탈색제

11 화재의 종류와 소화기 표시가 바르게 짝지어진 것은?

㉮ A급 화재-황색 ㉯ B급 화재-백색
㉰ C급 화재-청색 ㉱ D급 화재-적색

12 다음 중 ABC 소화약제에 해당하는 분말 소화기는?

㉮ 1종 분말 ㉯ 2종 분말
㉰ 3종 분말 ㉱ 4종 분말

13 다음 중 간이소화제에 해당하지 않는 것은?

㉮ 마른 모래　　㉯ 팽창 진주암

㉰ 팽창질석　　㉱ 이산화탄소

14 다음 중 물소화기의 장점이 아닌 것은?

㉮ 기화잠열이 작다.

㉯ 사용하기 안전하다.

㉰ 어디서나 구하기 쉽다.

㉱ 가격이 저렴하다.

15 다음 중 소화 효과가 가장 높은 것은?

㉮ 할론 1011　　㉯ 할론 2402

㉰ 할론 1211　　㉱ 할론 1301

16 다음 중 소화기 외부 표시사항에 해당하지 않는 것은?

㉮ 적응화재　　㉯ 능력 단위

㉰ 제조연월일　　㉱ 판매가격

17 소화기의 종합 정밀검사는 연 몇 회 실시하는가?

㉮ 1회　　㉯ 2회

㉰ 3회　　㉱ 4회

18 할론 소화약제의 구비조건으로 옳지 않은 것은?

㉮ 증발 잔류물이 없을 것

㉯ 인화성이 없을 것

㉰ 공기보다 가벼울 것

㉱ 전기절연성이 우수할 것

19 할론 소화약제의 소화 효과로 가장 적합한 것은?

㉮ 질식, 기화잠열 효과
㉯ 제거, 질식 효과
㉰ 기화잠열 효과
㉱ 냉각, 부촉매 효과

20 다음 중 물의 동결을 방지하도록 보강한 소화기는?

㉮ 포 소화기
㉯ 강화액 소화기
㉰ 할로젠화합물 소화기
㉱ 분말 소화기

21 Halon 1211 소화기에 해당하는 것은?

㉮ CF_2ClBr
㉯ CH_2ClBr
㉰ CF_3Br
㉱ $C_2F_4Br_2$

22 소화기에 'A-3, B-2'라고 표기된 숫자의 의미는?

㉮ 소화기의 소요단위
㉯ 소화기의 사용순위
㉰ 소화기의 제조번호
㉱ 소화기의 능력 단위

23 강화액 소화기의 특성을 옳지 않은 것은?

㉮ 부동성이 높아서 한랭한 장소나 겨울에 사용할 수 있다.
㉯ 소화약제는 강산성을 나타낸다.
㉰ ABC 소화기이다.
㉱ 독성과 부식성이 없다.

24 질식 효과를 위해 포의 성질로서 갖춰야 할 조건으로 적합하지 않은 것은?

㉮ 유동성이 좋을 것
㉯ 바람 등에 견디고 응집성과 안정성이 있을 것
㉰ 부착성이 있을 것
㉱ 기화성이 좋을 것

25 알코올 화재 시 수성막포 소화약제는 효과가 없는데 그 이유로 적합한 것은?

㉮ 알코올 화재 시 불꽃의 온도가 매우 높으므로
㉯ 알코올이 수용성이어서 포를 소멸시키므로
㉰ 알코올이 포 소화약제와 발열반응을 하므로
㉱ 알코올이 반응하여 가연성증기를 발생하므로

26 소화약제가 갖춰야 할 성질과 거리가 먼 것은?

㉮ 저장 안정성이 있어야 한다.
㉯ 현저한 독성이나 부식성이 없어야 한다.
㉰ 부유물이나 침전을 통해 분리가 잘되어야 한다.
㉱ 열과 접촉 시 현저한 독성을 발생하지 않아야 한다.

27 물과 작용하여 $COCl_2$라고 하는 유독한 가스를 발생시키는 소화약제는?

㉮ CO_2
㉯ CH_2ClBr
㉰ CCl_4
㉱ $CBrClF_2$

28 할론 1011 소화약제에 함유되지 않은 물질은?

㉮ F
㉯ Cl
㉰ Br
㉱ H

29 분말 소화약제 가운데 제1 인산암모늄의 특징에 해당하지 않는 것은?

㉮ A급 화재에 사용할 수 있다.
㉯ B급 화재에 사용할 수 있다.
㉰ C급 화재에 사용할 수 있다.
㉱ 백색으로 착색되어 있다.

30 올바른 소화기의 사용 방법이 아닌 것은?

㉮ 방출 거리보다 먼 거리에서 사용할 것
㉯ 양옆으로 비로 쓸 듯이 골고루 사용할 것
㉰ 적응화재에 사용할 것
㉱ 바람을 등지고 사용할 것

위험물 안전관리

CHAPTER 05

소방시설의 설치 및 운영

제1절 소화설비의 설치 및 운영

1. 소화설비[1)2)3)]

1) 소화설비의 정의

물 또는 그 밖의 소화약제를 사용하여 소화하는 기계·기구 또는 설비이다.

2) 소화설비의 종류

(1) **소화 기구**

① 소화기

② 간이소화용구 : 에어로졸 방식 소화 용구, 투척용 소화 용구, 소 공간용 소화 용구 및 소화약제 외의 것을 이용한 간이소화용구

③ 자동 확산 소화기

(2) **자동소화장치**

① 주거용 주방 자동소화장치

② 상업용 주방 자동소화장치

③ 캐비닛형 자동소화장치

④ 가스 자동소화장치

⑤ 분말 자동소화장치

⑥ 고체 에어로졸 자동소화장치

(3) **옥내소화전 설비**(호스릴 옥내소화전 설비를 포함)

---

1) 이해평, 박영주, 위험물질론, 도서출판 화수목(2015).
2) 이해평, 박영주, 위험물 안전관리, 도서출판 화수목(2015).
3) 법제처 국가법령정보센터, 소방시설 설치 및 관리에 관한 법률 시행령(시행 2024. 5. 17) 별표 1.

(4) **스프링클러 설비 등**

① 스프링클러 설비
② 간이스프링클러 설비(캐비닛형 간이스프링클러 설비를 포함)
③ 화재 조기 진압용 스프링클러 설비

(5) **물 분무 등 소화설비**

① 물 분무 소화설비
② 미 분무 소화설비
③ 포 소화설비
④ 이산화탄소 소화설비
⑤ 할론 소화설비
⑥ 할로젠화합물 및 불활성 기체(다른 원소와 화학반응을 일으키기 어려운 기체) 소화설비
⑦ 분말 소화설비
⑧ 강화액 소화설비
⑨ 고체 에어로졸 소화설비

(6) **옥외소화전 설비**

2. 소화 기구(fire extinguisher) 및 자동소화장치(automatic extinguishing equipment)[1)2)3)4)]

1) 정의

(1) **소화기**는 소화약제를 압력에 따라 방사하는 기구로서 사람이 수동으로 조작하여 소화하는 것으로서 **소화약제**는 소화 기구 및 자동소화장치에 사용되는 소화 성능이 있는 고체·액체 및 기체의 물질이다.

① **소형소화기**는 능력 단위가 1단위 이상이고 대형소화기의 능력 단위 미만인 소화기이다.
② **대형소화기**는 화재 시 사람이 운반할 수 있도록 운반대와 바퀴가 설치되어 있고 능력 단위가 A급 10단위 이상, B급 20단위 이상인 소화기이다.

(2) **자동 확산 소화기**는 화재를 감지하여 자동으로 소화약제를 방출 확산시켜 국소적으로 소

1) 이해평, 박영주, 위험물질론, 도서출판 화수목(2015).
2) 이해평, 박영주, 위험물 안전관리, 도서출판 화수목(2015).
3) 법제처 국가법령정보센터, 소화 기구 및 자동소화장치의 화재안전성능기준(NFPC 101)(시행 2022. 12. 1).
4) 법제처 국가법령정보센터, 소화 기구 및 자동소화장치의 화재안전기술기준(NFTC 101)(시행 2024. 7. 25).

화하는 소화기이다.

① **일반 화재용 자동 확산 소화기**는 보일러실, 건조실, 세탁소 대량 화기취급소 등에 설치되는 자동 확산 소화기이다.

② **주방 화재용 자동 확산 소화기**는 음식점, 다중이용업소, 호텔, 기숙사, 의료시설, 업무시설, 공장 등의 주방에 설치되는 자동 확산 소화기이다.

③ **전기 설비용 자동 확산 소화기**는 변전실, 송전실, 변압기실, 배전반실, 제어반, 분전반 등에 설치되는 자동 확산 소화기이다.

(3) **자동소화장치**는 소화약제를 자동으로 방사하는 고정된 소화장치로서 「소방시설 설치 및 관리에 관한 법률」 제36조 또는 제39조에 따라 형식승인이나 성능인증을 받은 유효 설치 범위(설계 방호 체적, 최대 설치 높이, 방호면적 등을 말함) 이내에 설치하여 소화하는 다음의 장치들이다.

① **주거용 주방 자동소화장치**는 주거용 주방에 설치된 열 발생 조리기구의 사용으로 인한 화재 발생 시 열원(전기 또는 가스)을 자동으로 차단하며 소화약제를 방출하는 소화장치이다.

② **상업용 주방 자동소화장치**는 상업용 주방에 설치된 열 발생 조리기구의 사용으로 인한 화재 발생 시 열원(전기 또는 가스)을 자동으로 차단하며 소화약제를 방출하는 소화장치이다.

③ **캐비닛형 자동소화장치**는 열, 연기 또는 불꽃 등을 감지하여 소화약제를 방사하여 소화하는 캐비닛 형태의 소화장치이다.

④ **가스 자동소화장치**는 열, 연기 또는 불꽃 등을 감지하여 가스계 소화약제를 방사하여 소화하는 소화장치이다.

⑤ **분말 자동소화장치**는 열, 연기 또는 불꽃 등을 감지하여 분말의 소화약제를 방사하여 소화하는 소화장치이다.

⑥ **고체 에어로졸 자동소화장치**는 열, 연기 또는 불꽃 등을 감지하여 에어로졸의 소화약제를 방사하여 소화하는 소화장치이다.

(4) **거실**은 거주·집무·작업·집회·오락 그 밖에 이와 유사한 목적을 위하여 사용하는 방이다.

(5) **능력 단위**는 소화기 및 소화약제에 따른 간이소화용구에 있어서는 「소방시설 설치 및 관리에 관한 법률」 제36조 제1항에 따라 형식승인 된 수치이며, 소화약제 외의 것을 이용한 간이소화용구에 있어서는 별표 2에 따른 수치이다.

▶ [별표 2] 소화약제 외의 것을 이용한 간이소화용구의 능력 단위

간이소화용구		능력 단위
1. 마른모래	삽을 상비한 50ℓ 이상의 것 1포	0.5 단위
2. 팽창질석 또는 팽창 진주암	삽을 상비한 80ℓ 이상의 것 1포	

(6) **일반화재(A급 화재)**는 나무, 섬유, 종이, 고무, 플라스틱류와 같은 일반 가연물이 타고 나서 재가 남는 화재이다. 일반화재에 대한 소화기의 적응화재별 표시는 'A'로 표시한다.

(7) **유류화재(B급 화재)**는 인화성 액체, 가연성 액체, 석유 그리스, 타르, 오일, 유성도료, 솔벤트, 래커, 알코올 및 인화성 가스와 같은 유류가 타고 나서 재가 남지 않는 화재이다. 유류화재에 대한 소화기의 적응화재별 표시는 'B'로 표시한다.

(8) **전기화재(C급 화재)**는 전류가 흐르고 있는 전기기기, 배선과 관련된 화재이다. 전기화재에 대한 소화기의 적응화재별 표시는 'C'로 표시한다.

(9) **주방화재(K급 화재)**는 주방에서 동·식물유를 취급하는 조리기구에서 일어나는 화재이다. 주방화재에 대한 소화기의 적응화재별 표시는 'K'로 표시한다.

(10) **금속화재(D급 화재)**는 마그네슘 합금 등 가연성 금속에서 일어나는 화재이다. 금속화재에 대한 소화기의 적응화재별 표시는 'D'로 표시한다.

2) 기술기준

부록 참고

3. 옥내소화전 설비(indoor fire hydrant)[1)2)3)4)]

1) 정의

(1) **고가수조**는 구조물 또는 지형지물 등에 설치하여 자연 낙차의 압력으로 급수하는 수조이다.

(2) **압력수조**는 소화 용수와 공기를 채우고 일정 압력 이상으로 가압하여 그 압력으로 급수하는 수조이다.

(3) **충압펌프**는 배관 내 압력손실에 따른 주 펌프의 빈번한 기동을 방지하기 위하여 충압역할을 하는 펌프이다.

1) 이해평, 박영주, 위험물질론, 도서출판 화수목(2015).
2) 이해평, 박영주, 위험물 안전관리, 도서출판 화수목(2015).
3) 법제처 국가법령정보센터, 옥내소화전 설비의 화재안전성능기준(NFPC 102)(시행 2022. 12. 1).
4) 법제처 국가법령정보센터, 옥내소화전 설비의 화재안전기술기준(NFTC 102)(시행 2022. 12. 1).

(4) **정격토출량**은 펌프의 정격부하운전 시 토출량으로서 정격토출압력에서의 펌프의 토출량이다.

(5) **정격토출압력**은 펌프의 정격부하운전 시 토출압력으로서 정격토출량에서의 펌프의 토출측 압력이다.

(6) **진공계**는 대기압 이하의 압력을 측정하는 계측기이다.

(7) **연성계**는 대기압 이상의 압력과 대기압 이하의 압력을 측정할 수 있는 계측기이다.

(8) **체절 운전**은 펌프의 성능시험을 목적으로 펌프 토출 측의 개폐 밸브를 닫은 상태에서 펌프를 운전하는 것이다.

(9) **기동용 수압 개폐장치**는 소화설비의 배관 내 압력변동을 검지하여 자동적으로 펌프를 기동 및 정지시키는 것으로서 압력 챔버 또는 기동용 압력스위치 등이다.

(10) **급수 배관**은 수원 또는 송수구 등으로부터 소화설비에 급수하는 배관이다.

(11) **분기 배관**은 배관 측면에 구멍을 뚫어 둘 이상의 관로가 생기도록 가공한 배관으로서 다음의 분기 배관이다.

① 확관형 분기 배관은 배관의 측면에 조그만 구멍을 뚫고 소성가공으로 확관시켜 배관 용접이음자리를 만들거나 배관 용접이음자리에 배관이음쇠를 용접 이음한 배관이다.

② 비확관형 분기배관은 배관의 측면에 분기호칭내경 이상의 구멍을 뚫고 배관이음쇠를 용접 이음한 배관이다.

(12) **개폐표시형밸브**는 밸브의 개폐 여부를 외부에서 식별이 가능한 밸브이다.

(13) **가압 수조**는 가압원인 압축공기 또는 불연성 기체의 압력으로 소화 용수를 가압하여 그 압력으로 급수하는 주된 펌프이다.

(14) **주펌프**는 구동장치의 회전 또는 왕복운동으로 소화 용수를 가압하여 그 압력으로 급수하는 주된 펌프이다.

(15) **예비펌프**는 주펌프와 동등 이상의 성능이 있는 별도의 펌프이다.

2) 기술기준

부록 참고

4. 스프링클러 설비 등(sprinkler system)[1)2)3)4)]

1) 정의

(1) **고가수조**는 구조물 또는 지형지물 등에 설치하여 자연 낙차의 압력으로 급수하는 수조이다.

(2) **압력수조**는 소화 용수와 공기를 채우고 일정 압력 이상으로 가압하여 그 압력으로 급수하는 수조이다.

(3) **충압펌프**는 배관 내 압력손실에 따른 주 펌프의 빈번한 기동을 방지하기 위하여 충압 역할을 하는 펌프이다.

(4) **정격토출량**은 펌프의 정격부하운전 시 토출량으로서 정격토출압력에서의 토출량이다.

(5) **정격토출압력**은 펌프의 정격부하운전 시 토출압력으로서 정격토출량에서의 토출측 압력이다.

(6) **진공계**는 대기압 이하의 압력을 측정하는 계측기이다.

(7) **연성계**는 대기압 이상의 압력과 대기압 이하의 압력을 측정할 수 있는 계측기이다.

(8) **체절 운전**은 펌프의 성능시험을 목적으로 펌프 토출측의 개폐 밸브를 닫은 상태에서 펌프를 운전하는 것이다.

(9) **기동용 수압 개폐장치**는 소화설비의 배관 내 압력변동을 검지하여 자동적으로 펌프를 기동 및 정지시키는 것으로서 압력 챔버 또는 기동용 압력스위치 등이다.

(10) **개방형 스프링클러 헤드**는 감열체 없이 방수구가 항상 열려져 있는 헤드이다.

(11) **폐쇄형 스프링클러 헤드**는 정상상태에서 방수구를 막고 있는 감열체가 일정 온도에서 자동적으로 파괴·용융 또는 이탈됨으로써 방수구가 개방되는 헤드이다.

(12) **조기 반응형 헤드**는 표준형 스프링클러 헤드보다 기류 온도 및 기류속도에 조기에 반응하는 것이다.

(13) **측벽형 스프링클러 헤드**는 가압된 물이 분사될 때 헤드의 축심을 중심으로 한 반원 상에 균일하게 분산시키는 헤드이다.

(14) **건식 스프링클러 헤드**는 물과 오리피스가 분리되어 동파를 방지할 수 있는 스프링클러 헤드이다.

(15) **유수검지장치**는 유수 현상을 자동적으로 검지하여 신호 또는 경보를 발하는 장치이다.

---

1) 이해평, 박영주, 위험물질론, 도서출판 화수목(2015).
2) 이해평, 박영주, 위험물 안전관리, 도서출판 화수목(2015).
3) 법제처 국가법령정보센터, 스프링클러 설비의 화재안전성능기준(NFPC 103)(시행 2024. 7. 1).
4) 법제처 국가법령정보센터, 스프링클러 설비의 화재안전기술기준(NFTC 103)(시행 2024. 7. 1).

(16) **일제개방밸브**는 일제살수식 스프링클러 설비에 설치되는 유수검지장치이다.

(17) **가지 배관**은 헤드가 설치되어 있는 배관이다.

(18) **교차 배관**은 가지 배관에 급수하는 배관이다.

(19) **주 배관**은 가압송수장치 또는 송수구 등과 직접 연결되어 소화수를 이송하는 주된 배관이다.

(20) **신축 배관**은 가지 배관과 스프링클러 헤드를 연결하는 구부림이 용이하고 유연성을 가진 배관이다.

(21) **급수 배관**은 수원 또는 송수구 등으로부터 소화설비에 급수하는 배관이다.

(22) **분기 배관**은 배관 측면에 구멍을 뚫어 둘 이상의 관로가 생기도록 가공한 배관으로서 다음 각 분기 배관이다.

① **확관형 분기 배관**은 배관의 측면에 조그만 구멍을 뚫고 소성가공으로 확관시켜 배관 용접이음자리를 만들거나 배관 용접이음자리에 배관이음쇠를 용접 이음한 배관이다.

② **비확관형 분기 배관**은 배관의 측면에 분기호칭내경 이상의 구멍을 뚫고 배관이음쇠를 용접 이음한 배관이다.

(23) **습식 스프링클러 설비**는 가압송수장치에서 폐쇄형 스프링클러 헤드까지 배관 내에 항상 물이 가압 되어 있다가 화재로 인한 열로 폐쇄형 스프링클러 헤드가 개방되면 배관 내에 유수가 발생하여 습식 유수검지장치가 작동하게 되는 스프링클러 설비이다.

(24) **부압식 스프링클러 설비**는 가압송수 장치에서 준비 작동식 유수검지장치의 1차 측까지는 항상 정압의 물이 가압되고, 2차 측 폐쇄형 스프링클러 헤드까지는 소화수가 부압으로 되어 있다가 화재 시 감지기의 작동에 의해 정압으로 변하여 유수가 발생하면 작동하는 스프링클러 설비이다.

(25) **준비 작동식 스프링클러 설비**는 가압송수 장치에서 준비 작동식 유수검지장치 1차 측까지 배관 내에 항상 물이 가압되어 있고 2차 측에서 폐쇄형 스프링클러 헤드까지 대기압 또는 저압으로 있다가 화재 발생 시 감지기의 작동으로 준비 작동식 밸브가 개방되면 폐쇄형 스프링클러 헤드까지 소화수가 송수되고, 폐쇄형 스프링클러 헤드가 열에 의해 개방되면 방수가 되는 스프링클러 설비이다.

(26) **건식 스프링클러 설비**는 건식 유수검지장치 2차 측에 압축공기 또는 질소 등의 기체로 충전된 배관에 폐쇄형 스프링클러 헤드가 부착된 스프링클러 설비로서, 폐쇄형 스프링클러 헤드가 개방되어 배관 내의 압축공기 등이 방출되면 건식 유수검지장치 1차 측의 수압에 의하여 건식 유수검지장치가 작동하게 되는 스프링클러 설비이다.

(27) **일제살수식 스프링클러 설비**는 가압송수 장치에서 일제개방밸브 1차 측까지 배관 내에 항

상 물이 가압되어 있고 2차 측에서 개방형 스프링클러 헤드까지 대기압으로 있다가 화재 발생 시 자동감지장치 또는 수동식 기동장치의 작동으로 일제개방밸브가 개방되면 스프링클러 헤드까지 소화수가 송수되는 방식의 스프링클러 설비이다.

(28) **반사판(디프렉타)**은 스프링클러 헤드의 방수구에서 유출되는 물을 세분시키는 작용을 하는 것이다.

(29) **개폐표시형밸브**는 밸브의 개폐 여부를 외부에서 식별이 가능한 밸브이다.

(30) **연소할 우려가 있는 개구부**는 각 방화구획을 관통하는 컨베이어·에스컬레이터 또는 이와 유사한 시설의 주위로서 방화구획을 할 수 없는 부분이다.

(31) **가압 수조**는 가압원인 압축공기 또는 불연성 고압 기체에 따라 소방용수를 가압하여 그 압력으로 급수하는 수조이다.

(32) **소방부하**는 법 제2조 제1항 제1호에 따른 소방시설 및 방화·피난·소화 활동을 위한 시설의 전력 부하이다.

(33) **소방전원 보존형 발전기**는 소방부하나 소방부하 이외의 부하(이하 비상부하라 한다) 겸용의 비상 발전기로서, 상용전원 중단 시에는 소방부하 및 비상 부하에 비상 전원이 동시에 공급되고, 화재 시 과부하에 접근될 경우 비상 부하의 일부 또는 전부를 자동으로 차단하는 제어장치를 구비하여, 소방부하에 비상 전원을 연속 공급하는 자가발전설비이다.

(34) **건식유수검지장치**는 건식 스프링클러 설비에 설치되는 유수검지장치이다.

(35) **습식유수검지장치**는 습식 스프링클러 설비 또는 부압식 스프링클러 설비에 설치되는 유수검지장치이다.

(36) **준비 작동식 유수검지장치**는 준비 작동식 스프링클러 설비에 설치되는 유수검지장치이다.

(37) **패들형 유수검지장치**는 소화수의 흐름에 의하여 패들이 움직이고 접점이 형성되면 신호를 발하는 유수검지장치이다.

(38) **주펌프**는 구동장치의 회전 또는 왕복운동으로 소화수를 가압하여 그 압력으로 급수하는 주된 펌프이다.

(39) **예비펌프**는 펌프와 동등 이상의 성능이 있는 별도의 펌프이다.

2) 기술기준

부록 참고

5. 물 분무 등 소화설비(water mist spray extinguishing equipment)[1)2)]

1) 물 분무 소화설비[3)4)]

(1) 정의

① **물 분무 헤드**는 화재 시 직선류 또는 나선류의 물을 충돌·확산시켜 미립상태로 분무함으로써 소화하는 헤드이다.

② **고가수조**는 구조물 또는 지형지물 등에 설치하여 자연낙차 압력으로 급수하는 수조이다.

③ **압력수조**는 소화용수와 공기를 채우고 일정 압력 이상으로 가압하여 그 압력으로 급수하는 수조이다.

④ **급수 배관**은 수원 또는 송수구 등으로부터 소화설비에 급수하는 배관이다.

⑤ **분기 배관**은 배관 측면에 조그만 구멍을 뚫고 소성가공으로 확관시켜 배관 용접이음자리를 만들거나 배관 용접이음자리에 배관이음쇠를 용접 이음한 배관이다.

ⓐ **확관형 분기 배관**은 배관의 측면에 조그만 구멍을 뚫고 소성가공으로 확관시켜 배관 용접이음자리를 만들거나 배관 용접이음자리에 배관이음쇠를 용접 이음한 배관이다.

ⓑ **비확관형 분기 배관**은 배관의 측면에 분기호칭내경 이상의 구멍을 뚫고 배관이음쇠를 용접 이음한 배관이다.

⑥ **진공계**는 대기압 이하의 압력을 측정하는 계측기이다.

⑦ **연성계**는 대기압 이상의 압력과 대기압 이하의 압력을 측정할 수 있는 계측기이다.

⑧ **기동용 수압 개폐장치**는 소화설비의 배관 내 압력변동을 검지하여 자동적으로 펌프를 기동 및 정지시키는 것으로서 압력 챔버 또는 기동용 압력스위치 등이다.

⑨ **일제개방밸브**는 일제 살수식 스프링클러 설비에 설치되는 유수검지장치이다.

⑩ **가압 수조**는 가압원인 압축공기 또는 불연성 고압 기체에 따라 소방용수를 가압하여 그 압력으로 급수하는 수조이다.

(2) 기술기준

부록 참고

1) 이해평, 박영주, 위험물질론, 도서출판 화수목(2015).
2) 이해평, 박영주, 위험물 안전관리, 도서출판 화수목(2015).
3) 법제처 국가법령정보센터, 물 분무 소화설비의 화재안전성능기준(NFPC 104)(시행 2024. 7. 1).
4) 법제처 국가법령정보센터, 물 분무 소화설비의 화재안전기술기준(NFTC 104)(시행 2024. 7. 1).

2) 미 분무 소화설비[1)2)]

(1) 정의

① **미 분무 소화설비**는 가압된 물이 헤드 통과 후 미세한 입자로 분무 됨으로써 소화 성능을 가지는 설비로서, 소화력을 증가시키기 위해 강화액 등을 첨가할 수 있다.

② **미 분무**는 물만을 사용하여 소화하는 방식으로 최소 설계압력에서 헤드로부터 방출되는 물 입자 중 99%의 누적 체적 분포가 400㎛ 이하로 분무되고 A, B, C급 화재에 적응성을 갖는 것이다.

③ **미 분무 헤드**는 하나 이상의 오리피스를 가지고 미 분무 소화설비에 사용되는 헤드이다.

④ **개방형 미 분무 헤드**는 감열체 없이 방수구가 항상 열려있는 헤드이다.

⑤ **폐쇄형 미 분무 헤드**는 정상상태에서 방수구를 막고 있는 감열체가 일정 온도에서 자동적으로 파괴·용융 또는 이탈됨으로써 방수구가 개방되는 헤드이다.

⑥ **저압 미 분무 소화설비**는 최고사용압력이 1.2MPa 이하인 미 분무 소화설비이다.

⑦ **중압 미 분무 소화설비**는 사용압력이 1.2MPa을 초과하고 3.5MPa 이하인 미 분무 소화설비이다.

⑧ **고압 미 분무 소화설비**는 최저사용압력이 3.5MPa을 초과하는 미 분무 소화설비이다.

⑨ **폐쇄형 미 분무 소화설비**는 배관 내에 항상 물 또는 공기 등이 가압 되어 있다가 화재로 인한 열로 폐쇄형 미 분무 헤드가 개방되면서 소화수를 방출하는 방식의 미 분무 소화설비이다.

⑩ **개방형 미 분무 소화설비**는 화재감지기의 신호를 받아 가압송수 장치를 동작시켜 미 분무수를 방출하는 방식의 미 분무 소화설비이다.

⑪ **유수검지장치**(패들형을 포함한다.)는 유수현상을 자동적으로 검지하여 신호 또는 경보를 발하는 장치이다.

⑫ **전역 방출방식**은 고정식 미 분무 소화설비에 배관 및 헤드를 고정 설치하여 구획된 방호구역 전체에 소화수를 방출하는 설비이다.

⑬ **국소 방출방식**은 고정식 미 분무 소화설비에 배관 및 헤드를 설치하여 직접 화점에 소화수를 방출하는 설비로서 화재 발생 부분에 집중적으로 소화수를 방출하도록 설치하는 방식이다.

⑭ **호스릴 방식**은 소화수 또는 소화약제 저장용기 등에 연결하여 사람이 직접 화점에 소

1) 법제처 국가법령정보센터, 미 분무 소화설비의 화재안전성능기준(NFPC 104A)(시행 2023. 2. 10).
2) 법제처 국가법령정보센터, 미 분무 소화설비의 화재안전기술기준(NFTC 104A)(시행 2023. 2. 10).

화수 또는 소화약제를 방출하는 소화설비이다.

⑮ **교차 회로 방식**은 하나의 방호구역 내에 2 이상의 화재감지기 회로를 설치하고 인접한 2 이상의 화재감지기에 화재가 감지되어 작동되는 때에 소화설비가 작동하는 방식이다.

⑯ **가압 수조**는 가압원인 압축공기 또는 불연성 기체의 압력으로 소화용수를 가압하여 그 압력으로 급수하는 수조이다.

⑰ **개폐표시형밸브**는 밸브의 개폐 여부를 외부에서 식별이 가능한 밸브이다.

⑱ **연소할 우려가 있는 개구부**는 각 방화구획을 관통하는 컨베이어·에스컬레이터 또는 이와 유사한 시설의 주위로서 방화구획을 할 수 없는 부분이다.

⑲ **설계도서**는 점화원, 연료의 특성과 형태 등에 따라서 건축물에서 발생할 수 있는 화재의 유형이 고려되어 작성된 것이다.

⑳ **호스릴**은 원형의 소방호스를 원형의 수납장치에 감아 정리한 것이다.

(2) 기술기준

부록 참고

3) 포 소화설비[1)2)]

(1) 정의

① **고가수조**는 구조물 또는 지형지물 등에 설치하여 자연 낙차 압력으로 급수하는 수조이다.

② **압력수조**는 소화용수와 공기를 채우고 일정 압력 이상으로 가압하여 그 압력으로 급수하는 수조이다.

③ **충압펌프**는 배관 내 압력손실에 따른 주 펌프의 빈번한 기동을 방지하기 위하여 충압역할을 하는 펌프이다.

④ **연성계**는 대기압 이상의 압력과 대기압 이하의 압력을 측정할 수 있는 계측기이다.

⑤ **진공계**는 대기압 이하의 압력을 측정하는 계측기이다.

⑥ **정격토출량**은 펌프의 정격부하운전 시 토출량으로서 정격토출압력에서의 토출량이다.

⑦ **정격토출압력**은 펌프의 정격부하운전 시 토출압력으로서 정격토출량에서의 토출측 압력이다.

⑧ **전역 방출방식**은 고정식 포 발생장치로 구성되어 포 수용액이 방호대상물 주위가 막힌 공간이나 밀폐공간 속으로 방출되게 된 설비방식이다.

---

1) 법제처 국가법령정보센터, 포 소화설비의 화재안전성능기준(NFPC 105)(시행 2024. 7. 1).
2) 법제처 국가법령정보센터, 포 소화설비의 화재안전기술기준(NFTC 105)(시행 2024. 7. 1).

⑨ **국소 방출방식**은 소화약제 공급장치에 배관 및 분사헤드 등을 설치하여 직접 화점에 소화약제를 방출하는 방식이다.

⑩ **팽창비**는 최종 발생한 포 체적을 원래 포 수용액 체적으로 나눈 값이다.

⑪ **개폐표시형밸브**는 밸브의 개폐 여부를 외부에서 식별이 가능한 밸브이다.

⑫ **기동용 수압 개폐장치**는 소화설비의 배관 내 압력변동을 검지하여 자동적으로 펌프를 기동 및 정지시키는 것으로서 압력 챔버 또는 기동용 압력스위치 등이다.

⑬ **포워터스프링클러 설비**는 포워터스프링클러 헤드를 사용하는 포 소화설비이다.

⑭ **포 헤드 설비**는 포 헤드를 사용하는 포 소화설비이다.

⑮ **고정포 방출설비**는 고정포 방출구를 사용하는 설비이다.

⑯ **호스릴 포 소화설비**는 호스릴 포 방수구·호스릴 및 이동식 포 노즐을 사용하는 설비이다.

⑰ **포 소화전 설비**는 포 소화전 방수구·호스 또는 이동식 포 노즐을 사용하는 설비이다.

⑱ **송액관**은 수원으로부터 포 헤드·고정포 방출구 또는 이동식 포 노즐 등에 급수하는 배관이다.

⑲ **급수 배관**은 수원 및 옥외송수구로부터 포 소화설비의 헤드 또는 방출구에 급수하는 배관이다.

⑳ **분기 배관**은 배관 측면에 조그만 구멍을 뚫어 둘 이상의 관로가 생기도록 가공한 배관으로서 다음의 분기 배관이다.

ⓐ **확관형 분기 배관**은 배관의 측면에 조그만 구멍을 뚫고 소성가공으로 확관시켜 배관 용접이음자리를 만들거나 배관 용접이음자리에 배관이음쇠를 용접 이음한 배관이다.

ⓑ **비확관형 분기 배관**은 배관의 측면에 분기호칭내경 이상의 구멍을 뚫고 배관이음쇠를 용접 이음한 배관이다.

㉑ **펌프 프로포셔너방식**은 펌프의 토출관과 흡입관 사이의 배관 도중에 설치한 흡입기에 펌프에서 토출된 물의 일부를 보내고, 농도 조정밸브에서 조정된 포 소화약제의 필요량을 포 소화약제 탱크에서 펌프 흡입 측으로 보내어 이를 혼합하는 방식이다.

㉒ **프레져 프로포셔너방식**은 펌프와 발포기의 중간에 설치된 벤추리관의 벤추리 작용과 펌프 가압수의 포 소화약제 저장탱크에 대한 압력에 따라 포 소화약제를 흡입·혼합하는 방식이다.

㉓ **라인 프로포셔너방식**은 펌프와 발포기의 중간에 설치된 벤추리관의 벤추리 작용에 따라 포 소화약제를 흡입·혼합하는 방식이다.

㉔ **프레져사이드 프로포셔너방식**은 펌프의 토출관에 압입기를 설치하여 포 소화약제 압

입용 펌프로 포 소화약제를 압입시켜 혼합하는 방식이다.

㉕ **가압 수조**는 가압원인 압축공기 또는 불연성 기체의 압력으로 소화용수를 가압하여 그 압력으로 가압시키는 수조이다.

㉖ **압축 공기포 소화설비**는 압축공기 또는 압축 질소를 일정 비율로 포수용액에 강제 주입 혼합하는 방식이다.

㉗ **주펌프**는 구동장치의 회전 또는 왕복운동으로 소화수를 가압하여 그 압력으로 급수하는 주된 펌프이다.

㉘ **호스릴**은 원형의 형태를 유지하고 있는 소방호스를 수납장치에 감아 정리한 것이다.

㉙ **압축 공기포 믹싱챔버방식**은 물, 포 소화약제 및 공기를 믹싱챔버로 강제주입시켜 챔버 내에서 포 수용액을 생성한 후 포를 방사하는 방식이다.

(2) **기술기준**

부록 참고

4) 이산화탄소 소화설비[1)2)]

(1) **정의**

① **전역 방출방식**은 소화약제 공급장치에 배관 및 분사 헤드 등을 설치하여 밀폐 방호구역 전체에 소화약제를 방출하는 방식이다.

② **국소 방출방식**은 소화약제 공급장치에 배관 및 분사 헤드 등을 설치하여 직접 화점에 소화약제를 방출하는 방식이다.

③ **호스릴 방식**은 소화수 또는 소화약제 저장 용기 등에 연결된 호스릴을 이용하여 사람이 직접 화점에 소화수 또는 소화약제를 방출하는 방식이다.

④ **충전비**는 소화약제 저장 용기의 내부용적과 소화약제의 중량과의 비(용적/중량)이다.

⑤ **심부 화재**는 목재 또는 섬유류와 같은 고체 가연물에서 발생하는 화재 형태로서 가연물 내부에서 연소하는 화재이다.

⑥ **표면화재**는 가연성 물질의 표면에서 연소하는 화재이다.

⑦ **교차 회로 방식**은 하나의 방호구역 내에 2 이상의 화재감지기 회로를 설치하고 인접한 2 이상의 화재감지기에 화재가 감지되는 때에 소화설비가 작동하는 방식이다.

⑧ **방화문**은 「건축법 시행령」 제64조에 따른 60분+방화문, 60분 방화문 또는 30분 방화문이다.

---

1) 법제처 국가법령정보센터, 이산화탄소 소화설비의 화재안전성능기준(NFPC 106)(시행 2024. 8. 1).
2) 법제처 국가법령정보센터, 이산화탄소 소화설비의 화재안전기술기준(NFTC 106)(시행 2024. 8. 1).

⑨ **방호구역**은 소화설비의 소화범위 내에 포함된 영역이다.

⑩ **선택밸브**는 2 이상의 방호구역 또는 방호대상물이 있어 소화수 또는 소화약제를 해당하는 방호구역 또는 방호대상물에 선택적으로 방출되도록 제어하는 밸브이다.

⑪ **설계농도**는 방호대상물 또는 방호구역의 소화약제 저장량을 산출하기 위한 농도로서 소화농도에 안전율을 고려하여 설정한 농도이다.

⑫ **소화농도**는 규정된 실험 조건의 화재를 소화하는데 필요한 소화약제의 농도(형식승인대상의 소화약제는 형식승인된 소화농도)이다.

⑬ **호스릴**은 원형의 소방호스를 원형의 수납장치에 감아 정리한 것이다.

(2) **기술기준**

부록 참고

5) 할론 소화설비[1)2)]

(1) **정의**

① **전역 방출방식**은 소화약제 공급장치에 배관 및 분사 헤드 등을 설치하여 밀폐 방호구역 전체에 소화약제를 방출하는 설비이다.

② **국소 방출방식**은 소화약제 공급장치에 배관 및 분사 헤드 등을 설치하여 직접 화점에 소화약제를 방출하는 방식이다.

③ **호스릴 방식**은 소화수 또는 소화약제 저장용기 등에 연결된 호스릴을 이용하여 사람이 직접 화점에 소화수 또는 소화약제를 방출하는 방식이다.

④ **충전비**는 소화약제 저장 용기의 내부 용적과 소화약제의 중량과의 비(용적/중량)이다.

⑤ **교차 회로 방식**은 하나의 방호구역 내에 2 이상의 화재감지기 회로를 설치하고 인접한 2 이상의 화재감지기가 동시에 감지되는 때에 소화설비가 작동하는 방식이다.

⑥ **방화문**은 「건축법 시행령」 제64조에 따른 60분+방화문, 60분 방화문 또는 30분 방화문이다.

⑦ **방호구역**은 소화설비의 소화범위 내에 포함된 영역이다.

⑧ **별도 독립방식**은 소화약제 저장용기와 배관을 방호구역 별로 독립적으로 설치하는 방식이다.

⑨ **선택밸브**는 2 이상의 방호구역 또는 방호대상물이 있어 소화수 또는 소화약제를 해당하는 방호구역 또는 방호대상물에 선택적으로 방출되도록 제어하는 밸브이다.

1) 법제처 국가법령정보센터, 할론 소화설비의 화재안전성능기준(NFPC 107)(시행 2023. 2. 10).
2) 법제처 국가법령정보센터, 할론 소화설비의 화재안전기술기준(NFTC 107)(시행 2023. 2. 10).

⑩ **집합관**은 개별 소화약제(가압용 가스 포함) 저장용기의 방출관이 연결되어 있는 관을 말한다.

⑪ **호스릴**은 원형의 소방호스를 원형의 수납장치에 감아 정리한 것이다.

(2) **기술기준**

부록 참고

6) 할로젠화합물 및 불활성 기체 소화설비[1)2)]

(1) **정의**

① **할로젠화합물 및 불활성 기체 소화약제**는 할로젠화합물(할론 1301, 할론 2402, 할론 1211 제외) 및 불활성 기체로서 전기적으로 비전도성이며 휘발성이 있거나 증발 후 잔여물을 남기지 않는 소화약제이다.

② **할로젠화합물 소화약제**는 불소, 염소, 브롬 또는 아이오딘 중 하나 이상의 원소를 포함하고 있는 유기화합물을 기본성분으로 하는 소화약제이다.

③ **불활성 기체 소화약제**는 헬륨, 네온, 아르곤 또는 질소가스 중 하나 이상의 원소를 기본성분으로 하는 소화약제이다.

④ **충전밀도**는 소화약제의 중량과 소화약제 저장용기의 내부 용적과의 비(중량/용적)이다.

⑤ **방화문**은「건축법 시행령」제64조에 따른 60분+방화문, 60분 방화문 또는 30분 방화문이다.

⑥ **교차 회로 방식**은 하나의 방호구역 내에 이상의 화재감지기 회로를 설치하고 인접한 2 이상의 화재감지기가 동시에 감지되는 때에 소화설비가 작동하는 방식이다.

⑦ **방호구역**은 소화설비의 소화범위 내에 포함된 영역이다.

⑧ **별도 독립방식**은 소화약제 저장용기와 배관을 방호구역 별로 독립적으로 설치하는 방식이다.

⑨ **선택밸브**는 2 이상의 방호구역 또는 방호대상물이 있어 소화수 또는 소화약제를 해당하는 방호구역 또는 방호대상물에 선택적으로 방출되도록 제어하는 밸브이다.

⑩ **설계농도**는 방호대상물 또는 방호구역의 소화약제 저장량을 산출하기 위한 농도로서 소화농도에 안전율을 고려하여 설정한 농도이다.

---

1) 법제처 국가법령정보센터, 할로젠화합물 및 불활성 기체 소화설비의 화재안전성능기준(NFPC 107A)(시행 2024. 8. 1).
2) 법제처 국가법령정보센터, 할로젠화합물 및 불활성 기체 소화설비의 화재안전기술기준(NFTC 107A)(시행 2024. 8. 1).

⑪ **소화농도**는 규정된 실험 조건의 화재를 소화하는데 필요한 소화약제의 농도(형식승인대상의 소화약제는 형식승인된 소화농도)이다.

⑫ **집합관**은 개별 소화약제(가압용 가스 포함) 저장용기의 방출관이 연결되어 있는 관이다.

⑬ **최대허용 설계농도**는 사람이 상주하는 곳에 적용하는 소화약제의 설계농도로서, 인체의 안전에 영향을 미치지 않는 농도이다.

(2) **기술기준**

부록 참고

7) 분말 소화설비[1)2)]

(1) **정의**

① **전역 방출방식**은 소화약제 공급장치에 배관 및 분사 헤드 등을 설치하여 밀폐 방호구역 전체에 소화약제를 방출하는 설비이다.

② **국소 방출방식**은 소화약제 공급장치에 배관 및 분사 헤드 등을 설치하여 직접 화점에 소화약제를 방출하는 방식이다.

③ **호스릴 방식**은 소화수 또는 소화약제 저장용기 등에 연결된 호스릴을 이용하여 사람이 직접 화점에 소화수 또는 소화약제를 방출하는 방식이다.

④ **충전비**는 소화약제 저장 용기의 내부 용적과 소화약제의 중량과의 비(용적/중량)이다.

⑤ **집합관**은 개별 소화약제(사압용 가스 포함) 저장용기의 방출관이 접속되어 있는 관이다.

⑥ **분기 배관**은 배관 측면에 조그만 구멍을 뚫어 둘 이상의 관로가 생기도록 가공한 배관으로서 다음의 분기 배관이다.

ⓐ **비확관형 분기 배관**은 배관의 측면에 분기호칭내경 이상의 구멍을 뚫고 배관이음쇠를 용접 이음한 배관이다.

ⓑ **확관형 분기 배관**은 배관의 측면에 조그만 구멍을 뚫고 소성가공으로 확관시켜 배관용접이음 자리를 만들거나 배관용접이음 자리에 배관이음쇠를 용접이음한 배관이다.

⑦ **교차 회로 방식**은 하나의 방호구역 내에 2 이상의 화재감지기 회로를 설치하고 인접한 2 이상의 화재감지기가 감지되는 때에 소화설비가 작동하는 방식이다.

---

1) 법제처 국가법령정보센터, 분말 소화설비의 화재안전성능기준(NFPC 108)(시행 2023. 2. 10).
2) 법제처 국가법령정보센터, 분말 소화설비의 화재안전기술기준(NFTC 108)(시행 2023. 2. 10).

⑧ **방화문**은 「건축법 시행령」 제64조에 따른 60분+방화문, 60분 방화문 또는 30분 방화문이다.

⑨ **방호구역**은 소화설비의 소화범위 내에 포함된 영역이다.

⑩ **선택밸브**는 2 이상의 방호구역 또는 방호대상물이 있어 소화수 또는 소화약제를 해당하는 방호구역 또는 방호대상물에 선택적으로 방출되도록 제어하는 밸브이다.

⑪ **호스릴**은 원형의 소방호스를 원형의 수납장치에 감아 정리한 것이다.

⑫ **제1종 분말**은 탄산수소나트륨을 주성분으로 한 분말소화약제이다.

⑬ **제2종 분말**은 탄산수소칼륨을 주성분으로 한 분말소화약제이다.

⑭ **제3종 분말**은 인산염을 주성분으로 한 분말소화약제이다.

⑮ **제4종 분말**은 탄산수소칼륨과 요소가 화합된 분말소화약제이다.

(2) **기술기준**

부록 참고

6. 옥외소화전 설비(outdoor fire hydrant)[1)2)3)4)]

1) 정의

(1) **고가수조**는 구조물 또는 지형지물 등에 설치하여 자연 낙차 압력으로 급수하는 수조이다.

(2) **압력수조**는 소화용수와 공기를 채우고 일정 압력 이상으로 가압하여 그 압력으로 급수하는 수조이다.

(3) **충압펌프**는 배관 내 압력손실에 따른 주 펌프의 빈번한 기동을 방지하기 위하여 충압역할을 하는 펌프이다.

(4) **연성계**는 대기압 이상의 압력과 대기압 이하의 압력을 측정할 수 있는 계측기이다.

(5) **진공계**는 대기압 이하의 압력을 측정하는 계측기이다.

(6) **정격토출량**은 펌프의 정격부하운전 시 토출량으로서 정격토출압력에서의 토출량이다.

(7) **정격토출압력**은 펌프의 정격부하운전 시 토출압력으로서 정격토출량에서의 토출측 압력이다.

(8) **개폐표시형밸브**는 밸브의 개폐 여부를 외부에서 식별이 가능한 밸브이다.

(9) **기동용 수압 개폐장치**는 소화설비의 배관 내 압력변동을 검지하여 자동으로 펌프를 기동

1) 이해평, 박영주, 위험물질론, 도서출판 화수목(2015).
2) 이해평, 박영주, 위험물 안전관리, 도서출판 화수목(2015).
3) 법제처 국가법령정보센터, 옥외소화전 설비의 화재안전성능기준(NFPC 109)(시행 2022. 12. 1).
4) 법제처 국가법령정보센터, 옥외소화전 설비의 화재안전기술기준(NFTC 109)(시행 2022. 12. 1).

및 정지시키는 것으로서 압력 챔버 또는 기동용 압력스위치 등이다.

(10) **급수 배관**은 수원 또는 송수구 등으로부터 소화설비에 급수하는 배관이다.

(11) **분기 배관**은 배관 측면에 구멍을 뚫어 둘 이상의 관로가 생기도록 가공한 배관으로서 다음의 분기 배관을 말한다.

① **확관형 분기 배관**은 배관의 측면에 조그만 구멍을 뚫고 소성가공으로 확관시켜 배관 용접이음자리를 만들거나 배관 용접이음자리에 배관이음쇠를 용접 이음한 배관이다.

② **비확관형 분기 배관**은 배관의 측면에 분기호칭내경 이상의 구멍을 뚫고 배관이음쇠를 용접 이음한 배관이다.

(12) **가압 수조**는 가압원인 압축공기 또는 불연성 기체의 압력으로 소방용수를 가압하여 그 압력으로 급수하는 수조이다.

2) 기술기준

부록 참고

제2절 경보 및 피난 구조 설비의 기술기준

1. 경보설비[1)2)3)]

1) 경보설비의 정의

화재 발생 사실을 통보하는 기계 · 기구 또는 설비이다.

2) 경보설비의 종류

(1) 단독경보형 감지기

(2) 비상 경보설비

① 비상벨 설비

② 자동식 사이렌 설비

(3) 시각 경보기

1) 이해평, 박영주, 위험물질론, 도서출판 화수목(2015).
2) 이해평, 박영주, 위험물 안전관리, 도서출판 화수목(2015).
3) 법제처 국가법령정보센터, 소방시설 설치 및 관리에 관한 법률 시행령(시행 2024. 5. 17) 별표 1.

(4) 화재알림설비
(5) 비상 방송설비
(6) 자동화재속보설비
(7) 통합감시시설
(8) 누전경보기
(9) 가스누설경보기

2. 비상 경보설비 및 단독경보형 감지기[1)2)3)4)]

1) 정의

(1) **비상벨 설비**는 화재 발생 상황을 경종으로 경보하는 설비이다.
(2) **자동식 사이렌 설비**는 화재 발생 상황을 사이렌으로 경보하는 설비이다.
(3) **단독경보형 감지기**는 화재 발생 상황을 단독으로 감지하여 자체에 내장된 음향 장치로 경보하는 감지기이다.
(4) **발신기**는 화재 발생 신호를 수신기에 수동으로 발신하는 장치이다.
(5) **수신기**는 발신기에서 발하는 화재 신호를 직접 수신하여 화재의 발생을 표시 및 경보하여 주는 장치이다.
(6) **신호처리방식**은 화재신호 및 상태신호 등(이해 화재신호 등이라 한다)을 송수신하는 방식으로서 다음의 방식이다.
(7) **유선식**은 화재신호 등을 배선으로 송・수신하는 방식이다.
(8) **무선식**은 화재신호 등을 전파에 의해 송・수신하는 방식이다.
(9) **유・무선식**은 유선식과 무선식을 겸용으로 사용하는 방식이다.

2) 기술기준

부록 참고

1) 이해평, 박영주, 위험물질론, 도서출판 화수목(2015).
2) 이해평, 박영주, 위험물 안전관리, 도서출판 화수목(2015).
3) 법제처 국가법령정보센터, 비상 경보설비 및 단독경보형 감지기의 화재안전성능기준(NFPC 201)(시행 2022.12.1)
4) 법제처 국가법령정보센터, 비상 경보설비 및 단독경보형 감지기의 화재안전기술기준(NFTC 201)(시행 2022.12.1)

3. 자동화재탐지설비 및 시각경보장치[1)2)3)4)]

1) 정의

(1) **경계구역**은 특정소방대상물 중 화재 신호를 발신하고 그 신호를 수신 및 유효하게 제어할 수 있는 구역이다.

(2) **수신기**는 감지기나 발신기에서 발하는 화재 신호를 직접 수신하거나 중계기를 통하여 수신하여 화재의 발생을 표시 및 경보하여 주는 장치이다.

(3) **중계기**는 감지기·발신기 또는 전기적 접점 등의 작동에 따른 신호를 받아 이를 수신기에 전송하는 장치이다.

(4) **감지기**는 화재 시 발생하는 열, 연기, 불꽃 또는 연소생성물을 자동적으로 감지하여 수신기에 화재신호 등을 발신하는 장치이다.

(5) **발신기**는 수동누름버튼 등의 작동으로 화재 신호를 수신기에 발신하는 장치이다.

(6) **시각경보장치**는 자동화재탐지설비에서 발하는 화재 신호를 시각 경보기에 전달하여 청각장애인에게 점멸형태의 시각 경보를 하는 것이다.

(7) **거실**은 거주·집무·작업·집회·오락 그 밖에 이와 유사한 목적을 위하여 사용하는 실이다.

(8) **신호처리방식**은 화재신호 및 상태신호 등(이해 화재신호 등이라 한다)을 송수신 하는 방식으로서 다음의 방식이다.

(9) **유선식**은 화재신호 등을 배선으로 송・수신하는 방식이다.

(10) **무선식**은 화재신호 등을 전파에 의해 송・수신하는 방식이다.

(11) **유 · 무선식**은 유선식과 무선식을 겸용으로 사용하는 방식이다.

2) 기술기준

부록 참고

4. 화재알림설비[5)6)]

1) 정의

1) 이해평, 박영주, 위험물질론, 도서출판 화수목(2015).
2) 이해평, 박영주, 위험물 안전관리, 도서출판 화수목(2015).
3) 법제처 국가법령정보센터, 자동화재탐지설비 및 시각경보장치의 화재안전성능기준(NFPC 203)(시행 2022. 12. 1).
4) 법제처 국가법령정보센터, 자동화재탐지설비 및 시각경보장치의 화재안전기술기준(NFTC 203)(시행 2022. 12. 1).
5) 법제처 국가법령정보센터, 화재알림설비의 화재안전성능기준(NFPC 207)(시행 2023. 12. 7).
6) 법제처 국가법령정보센터, 화재알림설비의 화재안전기술기준(NFTC 207)(시행 2023. 12. 12).

(1) **화재알림형 감지기**는 화재 시 발생하는 열, 연기, 불꽃을 자동적으로 감지하는 기능 중 두 가지 이상의 성능을 가진 열・연기 또는 열・연기・불꽃 복합형 감지기로서 화재알림형 수신기에 주위의 온도 또는 연기의 양의 변화에 따라 각각 다른 전류 또는 전압 등(이하 "화재정보값"이라 한다)의 출력을 발하고, 불꽃을 감지하는 경우 화재신호를 발신하며, 자체 내장된 음향장치에 의하여 경보하는 것이다.

(2) **화재알림형 중계기**는 화재알림형 감지기, 발신기 또는 전기적인 접점 등의 작동에 따른 화재정보값 또는 화재신호 등을 받아 이를 화재알림형 수신기에 전송하는 장치이다.

(3) **화재알림형 수신기**는 화재알림형 감지기나 발신기에서 발하는 화재정보값 또는 화재신호 등을 직접 수신하거나 화재알림형 중계기를 통해 수신하여 화재의 발생을 표시 및 경보하고, 화재의 정보값 등을 자동으로 저장하여, 자체 내장된 속보 기능에 의해 화재신호를 통신망을 통하여 소방관서에는 음성 등의 방법으로 통보하고, 관계인에게는 문자로 전달할 수 있는 장치이다.

(4) **발신기**는 수동누름버튼 등의 작동으로 화재신호를 수신기에 발신하는 장치이다.

(5) **화재알림형 비상경보장치**는 발신기, 표시등, 지구음향장치(경종 또는 사이렌 등)를 내장한 것으로 화재발생 상황을 경보하는 장치이다.

(6) **원격감시서버**는 원격지에서 각각의 화재알림설비로부터 수신한 화재정보값 및 화재신호, 상태신호 등을 원격으로 감시하기 위한 서버이다.

(7) **공용부분**은 전유부분 외의 건물부분, 전유부분에 속하지 아니하는 건물의 부속물, 「집합건물의 소유 및 관리에 관한 법률」 제3조 제2항 및 제3항에 따라 공용부분으로 된 부속의 건물이다.

2) 기술기준

부록 참고

5. 자동화재속보설비[1)2)3)4)]

1) 정의

(1) **속보기**는 화재 신호를 통신망을 통하여 음성 등의 방법으로 소방관서에 통보하는 장치이다.

---

1) 이해평, 박영주, 위험물질론, 도서출판 화수목(2015).
2) 이해평, 박영주, 위험물 안전관리, 도서출판 화수목(2015).
3) 법제처 국가법령정보센터, 자동화재속보설비의 화재안전성능기준(NFPC 204)(시행 2023. 12. 1).
4) 법제처 국가법령정보센터, 자동화재속보설비의 화재안전기술기준(NFTC 204)(시행 2023. 12. 1).

(2) **통신망**은 유선이나 무선 또는 유무선 겸용 방식을 구성하여 음성 또는 데이터 등을 전송할 수 있는 집합체이다.

(3) **데이터전송방식**은 전기・통신매체를 통해서 전송되는 신호에 의하여 어떤 지점에서 다른 수신 지점에 데이터를 보내는 방식이다.

(4) **코드전송방식**은 신호를 표본화하고 양자화하여, 코드화한 후에 펄스 혹은 주파수의 조합으로 전송하는 방식이다.

2) 기술기준

부록 참고

6. 비상 방송설비[1)2)3)4)]

1) 정의

(1) **확성기**는 소리를 크게 하여 멀리까지 전달될 수 있도록 하는 장치로써 일명 스피커이다.

(2) **음량조절기**는 가변저항을 이용하여 전류를 변화시켜 음량을 크게 하거나 작게 조절할 수 있는 장치이다.

(3) **증폭기**는 전압 전류의 진폭을 늘려 감도를 좋게 하고 미약한 음성전류를 커다란 음성전류로 변화시켜 소리를 크게 하는 장치이다.

(4) **기동장치**는 화재감지기, 발신기 등의 상태변화를 전송하는 장치이다.

(5) **몰드**는 전선을 물리적으로 보호하기 위해 사용되는 통형 구조물이다.

(6) **약전류회로**는 전신선, 전화선 등에 사용하는 전선이나 케이블, 인터폰, 확성기의 음성회로, 라디오・텔레비전의 시청회로 등을 포함하는 약전류가 통전되는 회로이다.

(7) **전원회로**는 전기・통신, 기타 전기를 이용하는 장치 등에 전력을 공급하기 위하여 필요한 기기로 이루어지는 전기회로이다.

(8) **절연저항**는 전류가 도체에서 절연물을 통하여 다른 충전부나 기기로 누설되는 경우 그 누설 경로의 저항이다.

(9) **절연효력**은 전기가 불필요한 부분으로 흐르지 않도록 절연하는 성능을 나타내는 것이다.

(10) **정격전압**은전기기계기구, 선로 등의 정산적인 동작을 유지시키기 위해 공급해 주어야

1) 이해평, 박영주, 위험물질론, 도서출판 화수목(2015).
2) 이해평, 박영주, 위험물 안전관리, 도서출판 화수목(2015).
3) 법제처 국가법령정보센터, 비상 방송설비의 화재안전성능기준(NFPC 202)(시행 2023. 2. 10).
4) 법제처 국가법령정보센터, 비상 방송설비의 화재안전기술기준(NFTC 202)(시행 2023. 2. 10).

하는 기준 전압이다.

(11) **조작부**는 기기를 제어할 수 있도록 조작스위치, 지시계, 표시등 등을 집결시킨 부분이다.

(12) **풀박스**는 장거리 케이블 포설을 용이하게 하기 위해 전선관 중간에 설치하는 상자형 구조물 등이다.

2) 기술기준

부록 참고

7. 누전경보기[1)2)3)4)]

1) 정의

(1) **누전경보기**는 내화구조가 아닌 건축물로서 벽, 바닥 또는 천장 전부나 일부를 불연재료 또는 준불연재료가 아닌 재료에 철망을 넣어 만든 건물의 전기설비로부터 누설전류를 탐지하여 경보를 발하는 기기로서, 변류기와 수신부로 구성된 것이다.

(2) **수신부**는 변류기로부터 검출된 신호를 수신하여 누전의 발생을 해당 특정소방대상물의 관계인에게 경보하여 주는 것(차단 기구를 갖는 것을 포함한다)이다.

(3) **변류기**는 경계 전로의 누설전류를 자동으로 검출하여 이를 누전경보기의 수신부에 송신하는 것이다.

(4) **경계전로**는 누전경보기가 누설전류를 검출하는 검출하는 대상 전선로이다.

(5) **과전류차단기**는 「전기설비기술기준의 판단기준」 제38조와 제39조에 따른 것이다.

(6) **분전반**은 배전반으로부터 전력을 공급받아 부하에 전력을 공급해주는 것이다.

(7) **인입선**은 「전기설비기술기준」 제3조 제1항 제9호에 따른 것으로서, 배전선로에서 갈라져서 직접 수용장보의 인입구에 이르는 부분의 전선을 말한다.

(8) **정격전류**는 전기기기의 정격출력 상태에서 흐르는 전류이다.

2) 기술기준

부록 참고

---

1) 이해평, 박영주, 위험물질론, 도서출판 화수목(2015).
2) 이해평, 박영주, 위험물 안전관리, 도서출판 화수목(2015).
3) 법제처 국가법령정보센터, 누전경보기의 화재안전성능기준(NFPC 205)(시행 2022. 12. 1).
4) 법제처 국가법령정보센터, 누전경보기의 화재안전기술기준(NFTC 205)(시행 2022. 12. 1).

8. 가스누설경보기[1)2)3)4)]

1) 정의

(1) **가연성 가스 경보기**는 보일러 등 가스연소기에서 액화석유가스(LPG), 액화천연가스(LNG) 등의 가연성 가스가 새는 것을 탐지하여 관계자나 이용자에게 경보하여 주는 것이다. 다만, 탐지소자 외의 방법에 따라 가스가 새는 것을 탐지하는 것, 점검용으로 만들어진 휴대용탐지기 또는 연동기기에 의하여 경보를 발하는 것은 제외한다.

(2) **일산화탄소 경보기**는 일산화탄소가 새는 것을 탐지하여 관계자나 이용자에게 경보하여 주는 것이다. 다만, 탐지소자 외의 방법에 따라 가스가 새는 것을 탐지하는 것, 점검용으로 만들어진 휴대용탐지기 또는 연동기기에 의하여 경보를 발하는 것은 제외한다.

(3) **탐지부**는 가스누설경보기(이하 경보기라 한다) 중 가스누설을 탐지하여 중계기 또는 수신부에 가스누설의 신호를 발신하는 부분이다.

(4) **수신부**는 경보기 중 탐지부에서 발하여진 가스누설 신호를 직접 또는 중계기를 통하여 수신하고 이를 관계자에게 음향으로서 경보하여 주는 것이다.

(5) **분리형**은 탐지부와 수신부가 분리된 형태의 경보기이다.

(6) **단독형**은 탐지부와 수신부가 일체로 되어 있는 형태의 경보기이다.

(7) **가스연소기**는 가스레인지 또는 가스보일러 등 가연성 가스를 이용하여 불꽃을 발생하는 장치이다.

2) 기술기준

부록 참고

9. 피난 구조 설비[5)6)7)]

1) 피난 구조 설비의 정의

화재가 발생하면 피난하기 위하여 사용하는 기구 또는 설비이다.

1) 이해평, 박영주, 위험물질론, 도서출판 화수목(2015).
2) 이해평, 박영주, 위험물 안전관리, 도서출판 화수목(2015).
3) 법제처 국가법령정보센터, 가스누설경보기의 화재안전성능기준(NFPC 206)(시행 2022. 12. 1).
4) 법제처 국가법령정보센터, 가스누설경보기의 화재안전기술기준(NFTC 206)(시행 2022. 12. 1).
5) 이해평, 박영주, 위험물질론, 도서출판 화수목(2015).
6) 이해평, 박영주, 위험물 안전관리, 도서출판 화수목(2015).
7) 법제처 국가법령정보센터, 소방시설 설치 및 관리에 관한 법률 시행령(시행 2024. 5. 17) 별표 1.

2) 피난 구조 설비의 종류

(1) **피난기구**

① 피난사다리

② 구조대

③ 완강기

④ 간이완강기

⑤ 그 밖에 법 제9조 제1항에 따라 소방청장이 정하여 고시하는 화재 안전기준으로 정하는 것

(2) **인명구조 기구**

① 방열복, 방화복(안전모, 보호 장갑과 안전화를 포함)

② 공기호흡기

③ 인공소생기

(3) **유도등**

① 피난유도선

② 피난구유도등

③ 통로유도등

④ 객석유도등

⑤ 유도 표지

(4) **비상조명등 및 휴대용 비상조명등**

10. 피난기구[1)2)3)4)]

1) 정의

(1) **완강기**는 사용자의 몸무게에 따라 자동으로 내려올 수 있는 기구 중 사용자가 교대하여 연속적으로 사용할 수 있는 것이다.

(2) **간이완강기**는 사용자의 몸무게에 따라 자동으로 내려올 수 있는 기구 중 사용자가 연속적으로 사용할 수 없는 것이다.

---

1) 이해평, 박영주, 위험물질론, 도서출판 화수목(2015).
2) 이해평, 박영주, 위험물 안전관리, 도서출판 화수목(2015).
3) 법제처 국가법령정보센터, 피난기구의 화재안전성능기준(NFPC 301)(시행 2024. 1. 1).
4) 법제처 국가법령정보센터, 피난기구의 화재안전기술기준(NFTC 301)(시행 2024. 1. 1).

(3) **공기 안전 매트**는 화재 발생 시 사람이 건축물 내에서 외부로 긴급히 뛰어내릴 때 충격을 흡수하여 안전하게 지상에 도달할 수 있도록 포지에 공기 등을 주입하는 구조로 되어 있는 것이다.

(4) **구조대**는 포지 등을 사용하여 자루 형태로 만든 것으로서 화재 시 사용자가 그 내부에 들어가서 내려옴으로써 대피할 수 있는 것이다.

(5) **승강식 피난기**는 사용자의 몸무게에 의하여 자동으로 하강하고 내려서면 스스로 상승하여 연속적으로 사용할 수 있는 무동력 승강식 기기이다.

(6) **하향식 피난구용 내림식 사다리**는 하향식 피난구 해치에 격납하여 보관하고 사용 시에는 사다리 등이 소방대상물과 접촉되지 않는 내림식 사다리이다.

(7) **피난사다리**는 화재 시 긴급대피를 위해 사용하는 사다리이다.

(8) **다수인 피난 장비**는 화재 시 2인 이상의 피난자가 동시에 해당 층에서 지상 또는 피난층으로 하강하는 피난기구이다.

(9) **미끄럼대**는 사용자가 미끄럼식으로 신속하게 지상 EH는 피난층으로 이동할 수 있는 피난기구이다.

(10) **피난교**는 인접 건축물 또는 피난층과 연결된 다리 형태의 피난기구이다.

(11) **피난용트랩**은 화재층과 직상층을 연결하는 계단 형태의 피난기구이다.

2) 기술기준

부록 참고

11. 유도등 및 유도 표지[1)2)3)4)]

1) 정의

(1) **유도등**은 화재 시에 피난을 유도하기 위한 등으로서 정상상태에서는 상용전원에 따라 켜지고 상용전원이 정전될 때는 비상 전원으로 자동 전환되어 켜지는 등이다.

(2) **피난구유도등**은 피난구 또는 피난 경로로 사용되는 출입구를 표시하여 피난을 유도하는 등이다.

(3) **통로유도등**은 피난통로를 안내하기 위한 유도등으로 복도통로유도등, 거실통로유도등,

1) 이해평, 박영주, 위험물질론, 도서출판 화수목(2015).
2) 이해평, 박영주, 위험물 안전관리, 도서출판 화수목(2015).
3) 법제처 국가법령정보센터, 유도등 및 유도 표지의 화재안전성능기준(NFPC 303)(시행 2024. 7. 1).
4) 법제처 국가법령정보센터, 유도등 및 유도 표지의 화재안전기술기준(NFTC 303)(시행 2024. 7. 1).

계단통로유도등이다.

(4) **복도통로유도등**은 피난통로가 되는 복도에 설치하는 통로유도등으로서 피난구의 방향을 명시하는 것이다.

(5) **거실통로유도등**은 거주, 집무, 작업, 집회, 오락 그 밖에 이와 유사한 목적을 위하여 계속 사용하는 거실, 주차장 등 개방된 통로에 설치하는 유도등으로 피난의 방향을 명시하는 것이다.

(6) **계단통로유도등**은 피난통로가 되는 계단이나 경사로에 설치하는 통로유도등으로 바닥면 및 디딤 바닥면을 비추는 것이다.

(7) **객석유도등**은 객석의 통로, 바닥 또는 벽에 설치하는 유도등이다.

(8) **피난구유도표지**는 피난구 또는 피난 경로로 사용되는 출입구를 표시하여 피난을 유도하는 표지이다.

(9) **통로유도표지**는 피난통로가 되는 복도, 계단 등에 설치하는 것으로서 피난구의 방향을 표시하는 유도 표지이다.

(10) **피난유도선**은 햇빛이나 전등불에 따라 축광(이하 "축광방식"이라 한다)하거나 전류에 따라 빛을 발하는(이하 "광원점등방식"이라 한다) 유도체로서 어두운 상태에서 피난을 유도할 수 있도록 띠 형태로 설치되는 피난 유도시설이다.

(11) **입체형**은 유도등 표시면을 2면 이상으로 하고 각 면마다 피난 유도표시가 있는 것이다.

(12) **3선식 배선**은 평상시에는 유도등을 소등 상태로 유도등의 비상전원을 충전하고, 화재 등 비상시 점등 신호를 받아 유도등을 자동으로 점등되도록 하는 방식의 배선이다.

2) 기술기준

부록 참고

12. 인명구조 기구[1)2)3)4)]

1) 정의

(1) **방열복**은 고온의 복사열에 가까이 접근하여 소방활동을 수행할 수 있는 내열 피복이다.

(2) **공기호흡기**는 소화 활동 시에 화재로 인하여 발생하는 각종 유독가스 중에서 일정 시간 사

1) 이해평, 박영주, 위험물질론, 도서출판 화수목(2015).
2) 이해평, 박영주, 위험물 안전관리, 도서출판 화수목(2015).
3) 법제처 국가법령정보센터, 인명구조 기구의 화재안전성능기준(NFPC 302)(시행 2022. 12. 1).
4) 법제처 국가법령정보센터, 인명구조 기구의 화재안전기술기준(NFTC 302)(시행 2022. 12. 1).

용할 수 있도록 제조된 압축공기식 개인 호흡 장비(보조마스크를 포함한다)이다.

(3) **인공소생기**는 호흡 부전 상태인 사람에게 인공호흡을 시켜 환자를 보호하거나 구급하는 기구이다.

(4) **방화복**은 화재진압 등의 소방활동을 수행할 수 있는 피복이다.

(5) **인명구조기구**는 화열, 화염, 유해성가스 등으로부터 인명을 보호하거나 구조하는데 사용되는 기구이다.

(6) **축광식표지**는 평상시 햇빛 또는 전등불 등의 빛에너지를 축적하여 화재 등의 비상시 어두운 상황에서도 도안 · 문자 등이 쉽게 식별될 수 있는 표지이다.

2) 기술기준

부록 참고

13. 비상조명등[1)2)3)4)]

1) 정의

(1) **비상조명등**은 화재 발생 등에 따른 정전 시에 안전하고 원활한 피난 활동을 할 수 있도록 거실 및 피난통로 등에 설치되어 자동 점등되는 조명등이다.

(2) **휴대용 비상조명등**은 화재 발생 등으로 정전 시 안전하고 원활한 피난을 위하여 피난자가 휴대할 수 있는 조명등이다.

2) 기술기준

부록 참고

1) 이해평, 박영주, 위험물질론, 도서출판 화수목(2015).
2) 이해평, 박영주, 위험물 안전관리, 도서출판 화수목(2015).
3) 법제처 국가법령정보센터, 비상조명등의 화재안전성능기준(NFPC 304)(시행 2022. 12. 1).
4) 법제처 국가법령정보센터, 비상조명등의 화재안전기술기준(NFTC 304)(시행 2022. 12. 1).

연습문제

01 다음 중 소화 기구의 표지 게시 방법으로 옳지 않은 것은?

㉮ 수동식 소화기-소화기 ㉯ 마른 모래-소화용 모래
㉰ 팽창질석-소화 질석 ㉱ 팽창 진주암-소화 진주암

02 다음 중 수동식 소화기의 설치대상이 아닌 것은?

㉮ 연 면적 $33m^2$ 미만인 곳 ㉯ 지정문화재
㉰ 가스시설 ㉱ 터널

03 소화전과 소화전 함과의 거리는?

㉮ 1m 이내 ㉯ 3m 이내
㉰ 5m 이내 ㉱ 7m 이내

04 물분무소화설비를 설치하여야 할 적응대상물에 해당하지 않는 것은

㉮ 기타공작물 ㉯ 금수성의 위험물 저장·취급소
㉰ 전기설비 ㉱ 건축물

05 스프링클러 설비의 교차 배관의 최소 구경은?

㉮ 15mm 이상 ㉯ 25mm 이상
㉰ 40mm 이상 ㉱ 50mm 이상

06 다음 중 플로팅 루프 탱크의 포 방출구에 해당하는 것은?

㉮ Ⅰ형 방출구 ㉯ Ⅱ형 방출구
㉰ Ⅲ형 방출구 ㉱ 특형 방출구

07 분말 소화설비의 분사 헤드는 소화약제를 몇 초 이내에 방출할 수 있어야 하는가?

㉮ 10초 ㉯ 30초
㉰ 60초 ㉱ 100초

08 전역방출방식의 이산화탄소 소화설비의 소화약제 방사 시간은?

㉮ 10초 이내 ㉯ 30초 이내
㉰ 60초 이내 ㉱ 100초 이내

09 할로젠화합물 소화설비의 가압용 가스용기의 충전가스는?

㉮ 산소 ㉯ 이산화탄소
㉰ 공기 ㉱ 질소

10 제독차에 비치하여야 할 수산화나트륨 및 규조토의 양은 몇 kg 이상인가?

㉮ 50 ㉯ 100
㉰ 150 ㉱ 500

11 다음 중 경보설비의 종류에 해당하지 않는 것은?

㉮ 자동화재탐지설비 ㉯ 자동화재속보설비
㉰ 가스누설 경보기 ㉱ 무선통신 보조 설비

12 소방신호의 종류에 해당하지 않는 것은?

㉮ 훈련신호 ㉯ 경계신호
㉰ 예방신호 ㉱ 발화신호

13 인명구조 기구의 종류에 해당하지 않는 것은?

㉮ 방열복 ㉯ 비상조명등
㉰ 공기호흡기 ㉱ 인공소생기

14 연 면적 얼마나 이상인 곳에 상수도 소화 용수 설비를 설치하여야 하는가?

㉮ $5m^2$ ㉯ $50m^2$
㉰ $500m^2$ ㉱ $5,000m^2$

15 다음 중 소화 활동 설비에 해당하지 않는 것은?

㉮ 비상조명등 ㉯ 제연설비
㉰ 비상 콘센트 설비 ㉱ 연소 방지설비

16 이산화탄소 소화 기구의 설치금지 장소가 아닌 것은?

㉮ 지하층
㉯ 무창층
㉰ 밀폐된 거실이나 사무실로서 바닥면적 $20m^2$ 미만인 곳
㉱ 배기를 위한 유효한 개구부가 있는 장소

17 옥내소화전 설비의 비상 전원은 몇 분 이상 작동해야 하는가?

㉮ 5분 ㉯ 15분
㉰ 30분 ㉱ 45분

18 옥외소화전 설비의 방수압력은 몇 kPa 이상이어야 하는가?

㉮ 150 ㉯ 250
㉰ 350 ㉱ 450

19 일제개방밸브 및 수동식 개방 밸브의 높이는 바닥으로부터 얼마나 이하인가?

㉮ 1m ㉯ 1.5m
㉰ 2m ㉱ 5m

20 펌프와 발포기의 중간에 설치된 벤투리관의 벤투리 작용으로 포 소화약제를 흡입·혼합하는 방식은?

㉮ 라인 프로포셔너방식 ㉯ 프레셔 프로포셔너방식
㉰ 프레셔사이드 프로포셔너방식 ㉱ 펌프 프로포셔너방식

21 분말 소화약제의 가압용 가스용기에 사용하는 기체는?

㉮ 산소
㉯ 이산화탄소
㉰ 공기
㉱ 플루오린

22 다음 중 이산화탄소 소화설비의 설치장소가 아닌 것은?

㉮ 방호구역 외의 장소
㉯ 직사광선 및 빗물이 침투할 우려가 없는 곳
㉰ 온도가 40℃ 이하이고 온도변화가 적은 곳
㉱ 지하층이나 무창층

23 할로젠화합물 소화설비의 가압식 저장 용기에 설치하는 압력 조정기의 조정압력은 얼마나 이하이어야 하는가?

㉮ 1MPa
㉯ 2MPa
㉰ 1kPa
㉱ 2kPa

21 포 트레일러를 설치하여야 할 일반취급소의 포 트레일러 기준에서 조작 인원은 몇 명 이상인가?

㉮ 1명
㉯ 2명
㉰ 3명
㉱ 4명

25 다음 중 통로유도등의 종류에 해당하지 않는 것은?

㉮ 객석 통로유도등
㉯ 복도통로유도등
㉰ 거실통로유도등
㉱ 계단통로유도등

26 통로유도등의 상호거리는 보행거리 몇 m 이하인가?

㉮ 1m
㉯ 2m
㉰ 10m
㉱ 20m

27 제연설비의 제연방식으로 옳지 않은 것은?

㉮ 자연방식 ㉯ 기계방식
㉰ 강제방식 ㉱ 스모크타워 방식

28 하나의 회로에 설치하는 비상 콘센트의 수는?

㉮ 1개 이하 ㉯ 5개 이하
㉰ 10개 이하 ㉱ 20개 이하

29 지하 공동구의 화재 발생 시 지상에서 소방펌프차의 급수를 받아 지하 공동구 내의 소화설비로 물을 보내는 설비는?

㉮ 연소 방지설비 ㉯ 연결송수관 설비
㉰ 연결살수설비 ㉱ 제연설비

30 피난기구를 설치하여야 할 소방대상물은 어느 것인가?

㉮ 지상 1층 ㉯ 지상 2층
㉰ 지상 3층 ㉱ 피난층

P/A/R/T 03

위험물의 성질과 취급

CHAPTER 06 위험물의 종류 및 성질

제1절 위험물의 특성[1)2)]

1. 위험물의 정의

1) 위험물질(hazardous materials)

그 자체가 위험하든가 또는 환경 조건에 따라 쉽게 위험성을 나타내는 물질로서 보통 **위험성 물질**이라고 부르며, 그 용어를 위해 사용되는 많은 정의와 서술적 명칭이 있는데 각각 거론되고 있는 문제의 성질, 주어진 환경적 관점 및 행정규제 분야 등에 의존하고 있다.

2) 위험물(dangerous materials)

위험물질을 포괄하는 개념으로서 즉, 위험성이 있는 화학물질뿐 아니라 그로부터 파생된 제품이나 도구 등을 모두 포괄하는 것으로 인간의 생명, 신체, 재산 그리고 환경에 피해를 줄 수 있는 화학물질로서 특별한 관리나 규제가 필요한 것이며, 특별한 관리나 규제가 필요한 모든 물질을 말한다. 즉, 위험물이란 고유의 성질 혹은 직간접적으로 발생하는 화학반응에 의해 사람이나 다른 생물, 재산, 환경을 해칠 수 있는 물질이다.

2. 위험물의 특성

1) 일반적인 성질

(1) 대부분 화학적·물리적으로 불안정한 물질이다.
(2) 물이나 산소와의 반응성이 좋다.
(3) 반응속도가 매우 빠르며, 반응에 따른 발열량이 매우 높다.
(4) 다른 물질과의 반응성이 좋아서 분해가 잘 일어나며, 가연성 기체인 수소를 발생시킨다.

---

1) 이해평, 박영주, 위험물질론, 도서출판 화수목(2015).
2) 이해평, 박영주, 위험물 안전관리, 도서출판 화수목(2015).

2) 위험물의 위험성

(1) 유해성(hazard)과 위해성(risk)

① 유해성이란 화학물질의 독성 등 사람의 건강이나 환경에 좋지 아니한 영향을 미치는 화학물질 고유의 성질을 말한다.

② 위해성이란 유해한 화학물질이 노출되는 경우 사람의 건강이나 환경에 피해를 줄 수 있는 정도를 말한다.

③ 예를 들어, 벤젠은 발암성이란 고유의 성질(유해성)을 갖고 있는데 벤젠의 발암성이 사람이나 환경에 어느 정도의 피해를 줄 수 있는지(위해성)는 별도로 평가를 해야 알 수 있다. 즉 위해성은 유해성의 크기에 노출량을 고려하여 평가하게 되는데 유해성이 큰 경우 조금의 노출량으로도 사람에게 위해를 줄 수 있으며, 유해성이 작다고 해도 노출량이 많으면 사람에게 위해를 줄 수 있다.

(2) 연소성(combustibility)

① 위험물안전관리법상의 위험물은 대부분 가연성 물질들이므로 연소폭발을 촉진하는 산화성 액체와 산화성 고체가 있다.

② 강산, 강염기, 무기 과산화물류 등이 물과 결합하면 발화원으로 역할을 하므로 매우 위험하다.

(3) 인화성(inflammability)

① 인화점이 낮은 위험한 물질은 연소범위도 넓으므로 인화성을 통해 위험도를 예측할 수 있다.

② 제4류 인화성 액체는 인화점에 따라 특수인화물, 제1석유류에서 제4석유류, 알코올류, 동·식물 유류의 위험성을 구분하는 지표가 되고 있으므로 위험물을 저장·취급 또는 운송 시 안전 수칙을 반드시 준수하고 관리해야 한다.

③ 가연성 액체는 비등점이 낮으면 인화점이 낮고, 같은 족과 같은 계의 화합물은 탄소수에 따라 비등점, 인화점, 연소열이 증가한다.

(4) 발화성(ignitability)

① 산화성 액체 또는 산화성 고체는 공기 중에서 산화반응으로 산화열이 축적되어 자연적으로 발화되는 것으로 제3류 위험물의 자연발화성 물질이 있다.

② 분해열에 의한 자연발화는 제5류 위험물이 해당한다.

(5) 폭발성(explosive)

① 가연성 기체, 증기 및 분진이 폭발음을 수반하는 연소를 **폭발**이라 한다. 일반적으로

폭발범위(폭발한계)가 넓을수록 폭발 위험성이 크다.

② 폭발성 물질은 어느 것이나 가연성 물질임과 동시에 분자 내에 산소를 함유하는 물질이기도 하므로 일단 연소가 시작하면 분자 내의 산소를 소비해서 대단히 급속한 연소가 되며, 폭발 현상을 나타낸다.

③ 이들의 물질을 취급하려면 발화원이 될 우려가 있는 것을 근접시키지 않는 것은 물론이며, 가열하거나, 마찰하거나, 충격을 주지 않는 것이 중요하다.

(6) 유독성(toxicity)

① 화학적인 방법으로 생물체의 생리적인 정상 기능을 훼손해 무능화 또는 치사를 초래하는 독이 나타내는 성질이다.

② 위험물이면서 유독성을 지닌 물질은 화재·저장·취급·운송 시 각별한 주의가 요구되며, 건강상 직접적인 피해를 주기 때문에 해당 물질에 대한 성질 및 위험성 등을 숙지하고 반드시 안전 장구를 착용하고 작업에 임해야 한다.

(7) 방사성(radioactive)

① 방사능에 의해서 방출되는 방사선은 인체에 해로우며, 이것을 다룰 때는 세심한 주의와 엄중한 관리, 완벽한 시설이 요구된다.

② 방사능에 의한 방사선 장애는 인체가 외부로부터 방사선을 쬐는 외부 조사에 의해서도 일어나지만, 입·코·상처 등을 통해서 체내로 들어간 방사성 물질이 방출하는 방사선에 의한 내부 조사에 의해서도 일어난다.

③ 장애의 발생률은 일반적으로 쬔 방사선량이 많을수록 높지만, 유전 효과나 백혈병의 발생 등 같은 경우는 방사선량이 아무리 적어도 발생률이 0이 되지는 않고 최소한의 값을 가질 가능성이 있다.

(8) 이연성(flammability)과 속연성(flame rapidity)

① **이연성은** 발화점이나 인화점이 아주 낮든지, 혹은 분말·섬유·박판상 등과 같이 비표면적이 넓으므로 연소하기 쉬운 성질이다.

② 이연성 물질에는 면, 목면의 넝마, 볏짚, 대팻밥, 종이 등이 있으며, 이연성 물질이 다량으로 존재해서 폭발 또는 화재가 발생할 우려가 있는 장소에서는 불꽃 또는 아크를 발생하거나 고온이 되어서 점화원이 될 우려가 있는 기계 등 또는 화기를 사용하지 못하게 되어 있다.

③ **속연성**은 불에 빨리 타는 성질, 즉 연소가 빨리 일어나는 성질을 말한다.

3) NFPA 704에 따른 위험물 식별체계

(1) NFPA 704에는 응급상황에서 위험물에 대해 신속하게 대응하는 데 필요한 장비, 필요한 처리 절차, 그리고 대책 결정에 도움을 주고자 위험성 여부를 숫자와 색상으로 표시하는 방법을 제시하였다.

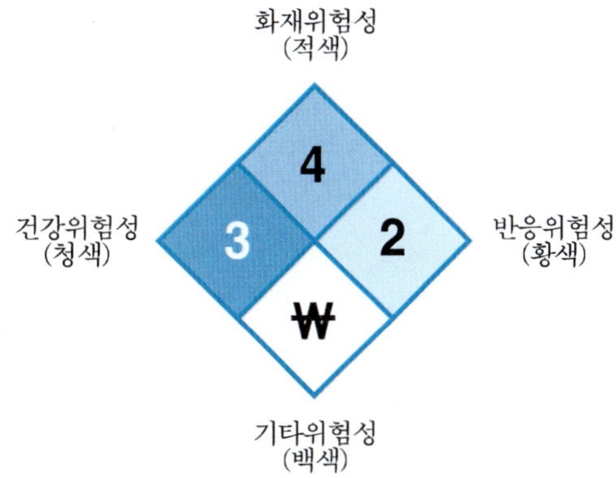

NFPA 704 위험성 표기 방법

(2) 위험물에 대한 정보를 **보건성위험(health hazard)**(청색), **가연성위험(flammability hazard)**(적색), **반응성위험(stability hazard)**(황색), **특수성위험(special hazard)**(백색)으로 표시하며, 위험성이 없으면 0등급으로 표시하고 매우 위험하면 4등급으로 나타낸다. 그리고 0~4등급까지 5개의 등급으로 분류하여 사용자에게 위험성에 대한 정보를 제공함으로써 사고를 예방하거나 효과적으로 대응하도록 해준다.

▶ NFPA 704 위험성 등급

구분	보건성위험	가연성위험	반응성위험
0 (Minimal Hazard)	• OSHA의 hazard communication standard에 따라 독성으로 간주하지 않는 물질 • 비상 상황에서 이 물질은 일반 가연성 물질 이상의 위험은 제공하지 않음	• 물질은 OSHA hazard communication standard에 따라 가연성 또는 인화성으로 간주하지 않음 • 타지 않는 물질	• 일반적으로 물과 반응하지 않는 안정적인 물질 • OSHA의 hazard communication standard에 따라 폭발성으로 간주하지 않는 물질
1 (Slight Hazard)	• OSHA의 hazard communication standard에 따라 독성으로 간주하지 않는 물질 • 비상 상황에서 이 물질은 상당한 자극을 일으킬 수 있음	• OSHA의 hazard communication standard에 따라 가연성 액체로 간주하는 물질	• 보통은 안정적이지만 온도와 압력이 높아지면 불안정해짐 • OSHA hazard communication standard에 따라 폭발물로 간주하는 물질
2 (Moderate Hazard)	• OSHA hazard communication standard에 따라 독성으로 간주하는 물질 • 비상 상황에서 이 물질은 일시적인 무력화 또는 잔여 부상을 일으킬 수 있음	• OSHA의 hazard communication standard에 따라 가연성 액체로 간주하는 물질	• 물질은 보통 높은 온도와 압력에서 격렬한 화학적 변화를 겪음 • OSHA hazard communication standard에 따라 폭발물로 간주하는 물질

구분	보건성위험	가연성위험	반응성위험
3 (Serious Hazard)	• OSHA hazard communication standard에 따라 고독성으로 간주하는 물질 • 비상 상황에서 이 물질은 심각한 또는 영구적인 부상을 초래할 수 있음	• OSHA hazard communication standard에 따라 가연성 액체로 간주하는 물질	• 그 자체로 폭발, 폭발적 분해 또는 폭발 반응이 가능하지만, 강력한 개시제가 필요하거나 개시 전에 가둔 상태에서 가열해야 하는 물질 • OSHA hazard communication standard에 따라 폭발물로 간주하는 물질
4 (Severe Hazard)	• OSHA hazard communication standard에 따라 고독성으로 간주하는 물질 • 비상 상황에서는 이 물질들이 치명적일 수 있음	• OSHA hazard communication standard에 따라 가연성 액체로 간주하는 물질	• 정상 온도와 압력에서 쉽게 폭발하거나 폭발적으로 분해되거나 폭발할 수 있는 물질 • 정상 온도 및 압력에서 국소적인 열 충격 또는 기계적 충격에 민감한 물질이 포함 • OSHA hazard communication standard에 따라 폭발물로 간주하는 물질

▶ **NFPA 704 특수성위험 표기 방법**

구분		영문 표기	국문 표기
NFPA 704 공식 기호	OX 또는 OXY	Oxidizer	산화제
	W̶	Use NO WATER	금수성 물질
	SA	Asphyxiant gas	질식가스
비공식 기호	COR	Corrosive	부식성
	ACID	Acid	산
	ALK	Alkali	염기
	BIO 또는 	Biological hazard	생물학적 위험
	POI	Poisonous	유독성
	RA, RAD 또는 	Radioactive	방사성
	CRY 또는 CRYO	Cryogenic	극저온 또는 초저온

4) GHS(Globally Harmonized System of classification and labeling of chemicals) 그림문자

GHS 그림문자	물리적 위험	GHS 그림문자	보건 및 환경 위험
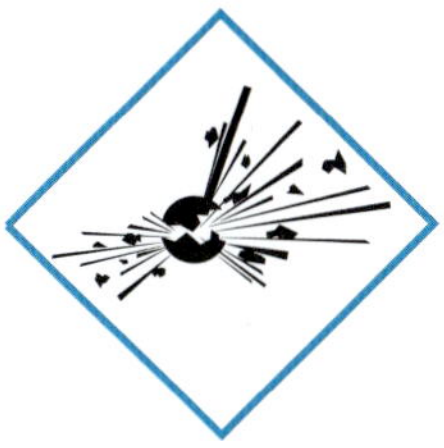	폭발성 물질 자기반응성 물질 유기과산화물		급성독성 (치명 또는 독성)
	인화성 자연 발화성 자기 반응성 유기과산화물 자기 발열성 물 반응성(물과 접촉 시 인화성 가스 방출)		호흡기 과민성 생식세포 변이원성 발암성 생식독성 특정 표적 장기 독성 흡인 유해성
	산화성		수생 환경 유해성
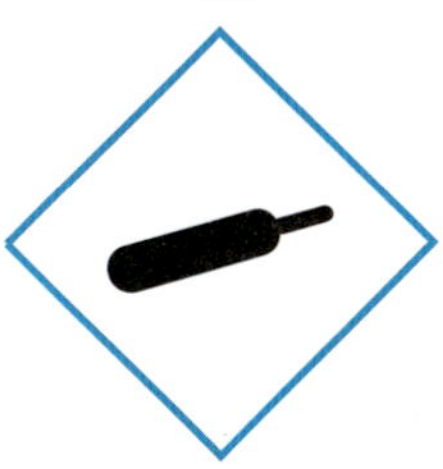	고압가스		경고
	금속 부식성		

제2절 제1류 위험물[1)2)]

1. 정의

1) 제1류 위험물은 **산화성 고체**이다.
2) **산화성 고체(oxidative solid)**는 고체[액체(1기압 및 20℃에서 액상인 것 또는 20℃ 초과 40℃ 이하에서 액상인 것) 또는 기체(1기압 및 20℃에서 기상인 것) 외의 것]로서 산화력의 잠재적인 위험성 또는 충격에 대한 민감성을 판단하기 위하여 소방청장이 정하여 고시하는 시험에서 고시로 정하는 성질과 상태를 나타내는 것이다. 이 경우 액상이란 수직으로 된 시험관(내경 30mm, 높이 120mm의 원통형 유리관을 말한다)에 시료를 55mm까지 채운 다음 당해 시험관을 수평으로 하였을 때 시료 액면의 선단이 30mm를 이동하는 데 걸리는 시간이 90초 이내에 있는 것이다.

2. 성질

1) 백색 분말 또는 무색 결정으로서 비중은 1보다 크고 대부분 수용성이다.
2) 알칼리금속의 과산화물은 물과 접촉하면 산소를 발생하므로 물과의 접촉을 피해야 한다.
3) 산소를 많이 함유하는 강산화제로서 불연성 물질이다.
4) 과열, 충격, 마찰 또는 다른 물질과의 접촉에 따른 분해가 일어나 산소를 방출함으로써 다른 가연물의 연소를 돕는 조연성 물질이므로 가연물과 혼합되어 있으면 폭발의 위험이 있다.
5) 산화성 고체의 용기는 밀전하여 공기가 잘 통하는 냉암소에 저장해야 한다.
6) 분해를 촉진하는 물질의 접근, 과열, 충격, 마찰 또는 가연물과의 접촉이나 혼합을 피해야 한다.

3. 저장 및 취급

1) 가연물 또는 다른 물질과의 접촉을 피한다.
2) 공기 중에 노출된 고체가 수분을 흡수하여 녹는 성질인 **조해성(deliquescence)**이 있으므로 습기는 피하고 밀폐용기에 저장한다.
3) 산, 열원, 산화성 물질이나 화재위험이 있는 곳은 피한다.

---

1) 이해평, 박영주, 위험물질론, 도서출판 화수목(2015).
2) 이해평, 박영주, 위험물 안전관리, 도서출판 화수목(2015).

4) 용기 파손에 의한 누설에 주의한다.

5) 환기가 잘 되는 냉암소에 저장한다.

4. 품명 및 지정수량

<table>
<tr><th>위험등급</th><th colspan="2">품명</th><th>지정수량</th></tr>
<tr><td rowspan="4">I</td><td colspan="2">1. 아염소산염류</td><td>50kg</td></tr>
<tr><td colspan="2">2. 염소산염류</td><td>50kg</td></tr>
<tr><td colspan="2">3. 과염소산염류</td><td>50kg</td></tr>
<tr><td colspan="2">4. 무기 과산화물</td><td>50kg</td></tr>
<tr><td rowspan="3">II</td><td colspan="2">5. 브로민산염류</td><td>300kg</td></tr>
<tr><td colspan="2">6. 아이오딘산염류</td><td>300kg</td></tr>
<tr><td colspan="2">7. 질산염류</td><td>300kg</td></tr>
<tr><td rowspan="2">III</td><td colspan="2">8. 과망가니즈산염류</td><td>1,000kg</td></tr>
<tr><td colspan="2">9. 중 크로뮴산염류</td><td>1,000kg</td></tr>
<tr><td rowspan="9">I ~III</td><td rowspan="8">10. 그 밖에 행정안전부령으로 정하는 것</td><td>차아염소산염류</td><td>50kg</td></tr>
<tr><td>과아이오딘산</td><td>300kg</td></tr>
<tr><td>과아이오딘산염류</td><td>300kg</td></tr>
<tr><td>아질산염류</td><td>300kg</td></tr>
<tr><td>크로뮴, 납 또는 아이오딘의 산화물</td><td>300kg</td></tr>
<tr><td>퍼옥소붕산염류</td><td>300kg</td></tr>
<tr><td>퍼옥소이황산염류</td><td>300kg</td></tr>
<tr><td>염소화아이소시아눌산</td><td>300kg</td></tr>
<tr><td colspan="2">11. 제1호 또는 제10호의 1에 해당하는 어느 하나 이상을 함유한 것</td><td>50kg, 300kg
또는 1,000kg</td></tr>
</table>

5. 아염소산염류

1) 아염소산염류(salt chlorite)

(1) **아염소산($HClO_2$)**의 수소를 금속이나 양이온으로 치환한 형태의 화합물이다.

(2) 아염소산염류는 보통 무색의 고체이며, 물에는 녹지만 Ag, Pb, Hg 등의 염은 물에 잘 녹지 않는다.

(3) 가열이나 충격 등에 의해서 폭발하므로 기폭약류로 사용되거나 표백제로 많이 사용된다.

(4) 중성 수용액은 비교적 안정하지만, 강산을 가하면 분해되기 쉽다.

(5) 이산화염소와 수산화 알칼리의 반응으로 염소산염과 아염소산염을 얻고, 이산화염소와 과산화 알칼리의 반응으로 아염소산염을 얻는다. 아염소산염의 표준액을 사용하는 산화 적정을 **아염소산염 적정**이라고 한다.

2) 아염소산 포타슘(potassium chlorite)

CAS No.	14314-27-3	화학식	$KClO_2$
성상	고체(결정성 분말)	색상	백색
냄새	무취	pH	–
분자량 [g/mol]	106.55	밀도 [g/cm³]	2.40
증기 밀도 (공기=1)	–	비중 (물=1)	–
증기압	–	분해 온도 [℃]	160
비등점 [℃]	–	융해점 [℃]	–
인화점 [℃]	–	인화성	–
자연발화온도 [℃]	–	폭발범위 [vol %]	–
용해도(물)	가용성	용해도(용매)	–
NFPA 위험성 등급		그림문자	
건강위험성 : 1 화재위험성 : 0 반응위험성 : 1	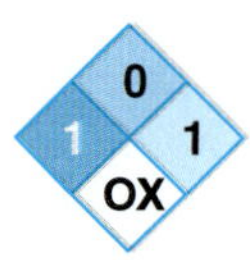		
		신호어	위험

(1) **일반적 성질**

① 백색의 결정성 분말인 산화성 고체이다.
② 조해성이 있으며, 물에 잘 녹는다.
③ 공기 중에 수분을 흡수한다.
④ 포타슘과 이산화염소로 이루어진 무기화합물이다.
⑤ 가열하면 160℃에서 분해하여 염소산포타슘과 염화포타슘으로 된다.
⑥ 차고 어두운 곳에 보존하고 산화하기 쉬우므로 물질에 접촉되지 않도록 한다.

(2) **용도** : 산화제, 의약품, 살균제, 시약 등

3) 아염소산나트륨(sodium chlorite)

CAS No.	7758-19-2	화학식	$NaClO_2$
성상	고체(결정성 분말)	색상	백색
냄새	무취	pH	–

분자량 [g/mol]	90.44	밀도 [g/cm³] (20℃)	1.28
증기 밀도 (공기=1)	3.1	비중 (물=1)	2.47
증기압	무시할만함	분해 온도 [℃]	180~200
비등점 [℃]	-	융해점 [℃]	-
인화점 [℃]	180	인화성	불연성
자연발화온도 [℃]	불연성	폭발범위 [vol %]	~7
용해도(물)	가용성	용해도(용매)	메테인올에 약간 용해/ 산류에 의해 쉽게 분해
NFPA 위험성 등급		그림문자	
건강위험성 : 1 화재위험성 : 0 반응위험성 : 1			
		신호어	위험

(1) **일반적 성질**

① 백색의 판상 결정성 분말로서 38℃ 이하에서는 3 수화 염이 석출되고, 그 이상의 온도에서는 무수염이 된다.

② 수분을 약간 함유하기 때문에 130~140℃에서 분해된다.

③ 무수염은 조해성과 흡습성이 있으며, 물에 녹아 염기성을 보인다.

④ 수용액은 산성인 상태에서 분해하여 이산화염소를 생성하기 때문에 표백작용이 있다.

⑤ 약하지만 단독으로 폭발한다.

⑥ 직사광선에 의해 분해가 촉진되므로 온도가 낮고 어두운 장소에 보관해야 한다.

(2) **용도** : 발염제, 살균제, 의약품 원료, 수처리(정수용 또는 산업용 공정수 살균), 섬유제품, 전분 탈색제, 산화제, 반도체 표면 처리제, 섬유 및 펄프 표백제, 대기환경(NO_x 제거) 등

6. 염소산염류

1) 염소산염류(chlorate)

(1) **염소산($HClO_3$)**의 수소를 금속이나 양이온으로 치환한 형태의 화합물이다.

(2) 화학물질관리법에서 유독물질로 규정된 백색의 결정체로서 가열하면 분해되고, 유기물과 황, 인 등의 가연성 물질이 혼합되면 마찰과 충격으로 인해 폭발하기 쉽다.

(3) 환원제와 혼합하면 폭발성 혼합물이 생성되며 대부분 물에 잘 녹고, 산화력은 차아염소산에 이어 산성 수용액 속에서는 강력하지만, 중성, 염기성에는 매우 약하다.

(4) 직사광선을 장시간 쬐면 분해되어 아염소산염이 발생한다.

(5) 표백제, 화약과 폭탄의 원료 등으로 사용한다.

2) 염소산포타슘(potassium chlorate)

CAS No.	3811-04-9	화학식	$KClO_3$
성상	고체(결정성 분말)	색상	무색 또는 백색
냄새	무취	pH	-
분자량 [g/mol]	122.55	밀도 [g/cm^3]	2.32
증기 밀도 (공기=1)	4.2	비중 (물=1)	2.32
증기압	-	분해 온도 [℃]	400
비등점 [℃]	-	융해점 [℃]	368
인화점 [℃]	400	인화성	불연성
자연발화온도 [℃]	-	폭발범위 [vol %]	-
용해도(물)	가용성	용해도(용매)	글리세롤, 암모니아, 염기에 약간 용해/알코올, 아세톤에 불용성
NFPA 위험성 등급		그림문자	
건강위험성 : 1 화재위험성 : 0 반응위험성 : 1	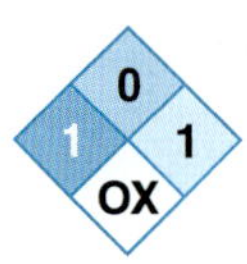		
		신호어	위험

(1) **일반적 성질**

① 광택이 있는 무색의 단사정계 결정으로 가열하면 400℃에서 분해하여 과염소산포타슘과 염화포타슘이 된다.

② 유기물·황·탄소 등이 혼입되면 폭발하므로 주의해야 한다.

③ 흡습성은 없지만, 물에 녹고, 알코올에도 소량 녹는다.

④ 중성 및 염기성 용액에서는 산화작용이 없으나, 산성용액에서는 강한 산화제가 되므로 성냥·연화·폭약 등의 원료가 되고, 표백제·염료·의약품 등의 제조에도 사용된다.

⑤ 장기간 보존한 것은 아염소산 포타슘을 함유하여, 건조 상태에서는 유기물·인·황 등 가연성 물질과 접촉하기만 해도 폭발한다. 마찰·충격 등에 예민하여, 폭발사고를 잘 일으키며, 진한 황산이나 진한 질산과 접촉해도 잘 폭발한다. 혼합 폭약으로 쓰이기도 하며, 극약이다.

⑥ 염산을 가하여 가열하면 염소와 유독한 폭발성의 이산화염소를 발생한다.
⑦ 빛이 차단되는 밀폐된 용기에 보관한다.
⑧ 소화 방법은 주수 소화가 가장 적합하다.

(2) **용도** : 표백제, 소독제, 제초제, 방부제, 염색약, 염료, 분석용 시약, 산소 발생원, 산화방지제, 인쇄잉크, 의약품, 불꽃 · 성냥 · 폭탄 · 폭약 등의 원료

3) 염소산나트륨(sodium chlorate)

CAS No.	7775-09-9	화학식	$NaClO_3$
성상	고체(결정, 과립)	색상	무색/백색
냄새	무취	pH	중성
분자량 [g/mol]	106.46	밀도 [g/cm^3]	2.5
증기 밀도 (공기=1)	3.7	비중 (물=1)	2.5
증기압	실온수준에서 무시할만함	분해 온도 [℃]	300
비등점 [℃]	-	용해점 [℃]	248
인화점 [℃]	-	인화성	불연성
자연발화온도 [℃]	불연성	폭발범위 [vol %]	-
용해도(물)	가용성	용해도(용매)	알코올, 글리세롤에 용해 /에테인올에 약간 용해
NFPA 위험성 등급		그림문자	
건강위험성 : 1 화재위험성 : 0 반응위험성 : 1	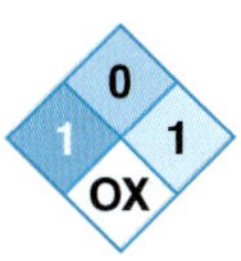		
		신호어	위험

(1) **일반적 성질**
① 300℃ 이상 가열하면 산소를 발생하고 분해한다.
② 무색, 무취의 입방정계 주상결정으로서 약간 흡습성이 있으며, 물과 알코올에는 녹고, 산성 수용액에서는 강한 산화작용을 보인다.
③ 주로 과염소산염 제조에 사용되고, 산화제·성냥·연화·폭약 재료로 사용되며, 또 염색·가죽의 무두질·살충제·표백제·제초제 등으로도 사용된다.
④ 산과 반응하여 유독한 폭발성의 이산화염소를 발생한다.
⑤ 철을 잘 부식시키므로 철제용기에 저장해서는 안 되며, 조해성이 강하므로 섬유, 먼지, 나무 조각에 침투가 쉬워서 취급 시 방습에 주의해야 한다.

(2) **용도** : 표백제, 염색, 산화제, 제초제, 과염소산염 원료, 인쇄잉크, 우라늄 추출, 분석용 시약, 금속 표면 처리제, 폭약, 성냥·불꽃류 제조, 의약품 등

7. 과염소산염류

1) 과염소산염류(perchlorate)

(1) **과염소산**($HClO_4$)의 수소를 금속이나 양이온으로 치환한 형태의 화합물이다.

(2) 대부분 과염소산염은 물에 녹지만, 포타슘·루비듐·세슘의 3염만은 저온에서 물에 잘 녹지 않으며, 특히 알코올의 존재에 의해서 용해도는 뚜렷하게 감소한다.

(3) 양이온이 착색해 있지 않으면 무색이며, 대부분 염 및 그 수용액은 상온, 공기 중에서 화학적으로 안정하지만, 조해성인 것들이 많다.

(4) 열에 대해서도 꽤 안정해서 함수 염을 가열·탈수할 수 있는데, 가열하면 분해한다. 금속염 대부분은 물에 녹기 쉽고, 조해성이나 흡습성으로 함수 염을 만든다. 물에 녹기 쉬우면 산소 원자를 포함하는 유기용매(예 알코올, 케톤, 에스터 등)에도 녹기 쉽다.

(5) 유기물이나 가연물과 혼합하면 폭발성이 된다.

(6) 일반적으로 염소산염류보다 안정하다.

2) 과염소산포타슘(potassium perchlorate)

CAS No.	7778-74-7	화학식	$KClO_4$
성상	고체(결정 또는 결정형 분말)	색상	무색 또는 백색
냄새	무취	pH	–
분자량 [g/mol]	138.55	밀도 [g/cm³]	2.53
증기 밀도 (공기=1)	4.8	비중 (물=1)	2.52
증기압	–	분해 온도 [℃]	400
비등점 [℃]	–	융해점 [℃]	525
인화점 [℃]	–	인화성	불연성
자연발화온도 [℃]	불연성	폭발범위 [vol %]	–
용해도(물)	가용성	용해도(용매)	알코올에 부분적으로 불용성/에테르에 불용성
NFPA 위험성 등급		그림문자	
건강위험성 : 2 화재위험성 : 0 반응위험성 : 2	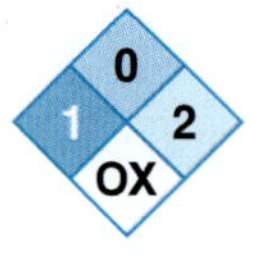		
		신호어	위험

(1) **일반적 성질**

① 무색, 무취의 사방정계 결정 또는 백색 분말로서 물에 잘 녹지 않고, 에틸알코올에 약간 녹는다.

② 400℃ 이상으로 가열하면 산소와 염화포타슘으로 분해되며, 유기물·가연성 물질의 존재 또는 충격에 의해서도 분해되지만, 염소산포타슘보다는 안정하다.

③ 진한 황산과 접촉하거나 인·황·탄소·유기물 등과 혼합되었을 때 가열, 마찰, 충격으로 폭발하지만, 수산화나트륨과는 안정하다.

(2) **용도** : 산화제, 폭약, 로켓 추진제, 폭죽, 분석용 시약, 의약품, 섬광제 등

3) 과염소산나트륨(sodium perchlorate)

CAS No.	7601-89-0	화학식	$NaClO_4$
성상	고체(흡습성 결정 또는 분말)	색상	백색
냄새	무취	pH	6~7
분자량 [g/mol]	122.4	밀도 [g/cm^3]	2.5
증기 밀도 (공기=1)	-	비중 (물=1)	2.02
증기압	-	분해 온도 [℃]	482
비등점 [℃]	-	융해점 [℃]	482
인화점 [℃]	-	인화성	-
자연발화온도 [℃]	-	폭발범위 [vol %]	-
용해도(물)	가용성	용해도(용매)	알코올에 용해
NFPA 위험성 등급		그림문자	
건강위험성 : 2 화재위험성 : 0 반응위험성 : 2	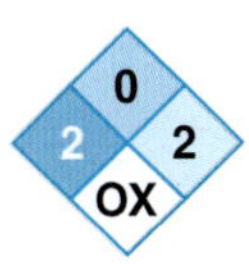		
		신호어	위험

(1) **일반적 성질**

① 무수염은 무색 또는 백색 결정이다.

② 무수염에는 흡습성이 없으나, 물이나 에틸알코올, 아세톤에는 잘 녹으며, 에터에는 녹지 않는다.

③ 유기물이나 가연물과 섞어 충격을 가하거나 진한 황산과 접촉하면 폭발한다.

(2) **용도** : 산화제, 폭죽, 화약, 로켓 추진제 등

8. 무기 과산화물류

1) 무기 과산화물류(peroxide)

(1) **과산화수소(H_2O_2)**의 수소를 금속이나 양이온으로 치환한 형태의 화합물이다.

(2) 알칼리금속의 과산화물은 물과 접촉하여 발열과 함께 산소 기체를 발생하므로 주수소화는 적합하지 않지만 다른 제1류 위험물은 일반적으로 주수 소화를 한다.

2) 과산화 포타슘(potassium peroxide)

CAS No.	17014-71-0	화학식	K_2O_2
성상	고체(분말)	색상	노란색
냄새	무취	pH	–
분자량 [g/mol]	110.2	밀도 [g/cm^3] (20℃)	>1
증기 밀도 (공기=1)	–	비중 (물=1)	2.9
증기압	1.48	분해 온도 [℃]	490
비등점 [℃]	–	융해점 [℃]	490
인화점 [℃]	–	인화성	불연성
자연발화온도 [℃]	–	폭발범위 [vol %]	–
용해도(물)	반응성	용해도(용매)	–
NFPA 위험성 등급		그림문자	
건강위험성 : 3 화재위험성 : 0 반응위험성 : 1	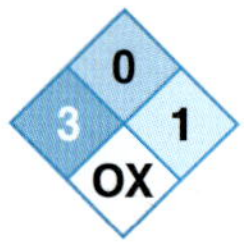		
		신호어	위험

(1) **일반적 성질**

① 오렌지색의 비정계 분말로서 가열로 분해되고 산화 포타슘과 산소가 된다.

② 흡습성으로 물과 반응하여 수산화포타슘과 산소로 분해되고 에테인올에 용해된다.

③ 피부와 접촉하면 피부를 부식시킨다.

④ 공기 중에서 이산화탄소를 흡수하여 탄산염이 된다.

⑤ 용기는 밀전 및 밀봉하여 수분을 들어가지 않도록 한다.

⑥ 양이 많으면 주수에 의한 폭발위험이 있으며, 가연물과 혼합되어 있을 때 마찰이나 약간의 물과의 접촉으로 발화하므로 물과의 접촉은 피해야 한다.

⑦ 마른 모래, 암분, 탄산나트륨, 탄산수소염류 분말 소화약제로 소화한다.

(2) **용도** : 산화제, 발화제, 표백제, 살균제, 소독제, 촉매, 분석용 시약, 염색, 의약품 등

3) 과산화나트륨(sodium peroxide)

CAS No.	1313-60-6	화학식	Na_2O_2
성상	고체(분말)	색상	백색 또는 담황색
냄새	무취	pH	강한 염기성
분자량 [g/mol]	77.98	밀도 [g/cm^3]	2.81
증기 밀도 (공기=1)	–	비중 (물=1)	2.81
증기압	–	분해 온도 [℃]	460
비등점 [℃]	657	융해점 [℃]	460
인화점 [℃]	–	인화성	–
자연발화온도 [℃]	–	폭발범위 [vol %]	–
용해도(물)	가용성	용해도(용매)	산에 용해/염기에 불용성
NFPA 위험성 등급		그림문자	
건강위험성 : 3 화재위험성 : 0 반응위험성 : 1	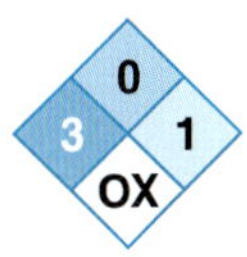		
		신호어	위험

(1) **일반적 성질**

① 순수한 것은 백색의 정방정계에 속하며, 일반적인 것은 황백색 정방정계 분말이다.

② 공기로부터 물과 이산화탄소를 흡수하며, 물과 격렬하게 작용하여 수산화나트륨(NaOH)과 산소를 생성하고 묽은 산 용액에 가하면 과산화수소(H_2O_2)와 수산화나트륨을 생성한다. 또한, 에테인올과 반응하여 과산화수소 나트륨을 생성하는데 에테인올에 잘 녹지 않는다.

③ 강력한 산화제로 이산화탄소와 반응하여 탄산나트륨과 산소를, 일산화탄소와 반응하여 탄산나트륨을 생성하며, 유기물이나 산화성 물질에 닿으면 폭발하므로 위험하다.

④ 동식물의 섬유나 가죽·뼈·상아·나무·왁스·산호·진주·대나무 제품, 밀짚 등의 표백, 과산화물의 제조 원료, 분석 시약 등으로 사용되며, 또한 이산화탄소를 다량으로 함유한 공기나 병실의 공기를 정화하는 데도 사용된다.

⑤ 물과의 접촉은 피해야 한다.

(2) **용도** : 산화제, 표백제, 살균제, 소독제, 탈색제, 흡수제, 염색, 분석용 시약 등

4) 과산화마그네슘(magnesium peroxide)

CAS No.	1335-26-8	화학식	MgO_2
성상	고체(분말)	색상	백색
냄새	무취	pH	11
분자량 [g/mol]	56.3	밀도 [g/cm^3]	3.0
증기 밀도 (공기=1)	–	비중 (물=1)	–
증기압	무시할만함	분해 온도 [℃]	100
비등점 [℃]	–	융해점 [℃]	223
인화점 [℃]	–	인화성	–
자연발화온도 [℃]	–	폭발범위 [vol %]	–
용해도(물)	불용성	용해도(용매)	묽은 산에 용해
NFPA 위험성 등급		그림문자	
건강위험성 : 2 화재위험성 : 0 반응위험성 : 0		 	
		신호어	위험

(1) **일반적 성질**

① 시판품은 15~25%의 MgO_2를 포함하며, 산에 녹고 과산화수소를 생성한다.

② 백색 분말로서 물에 녹지 않지만, 습기나 물과 접촉하면 산소를 발생한다.

③ 공기 중에서 서서히 산소를 잃고 가열하면 산소를 발생하여 분해된다.

④ 마른 모래나 주수 소화를 이용한다.

(2) **용도** : 산화제, 표백제, 소독제, 탈취제, 화장품, 의약품, 분석용 시약, 유기 합성용 등

9. 브로민산염류

1) 브로민산염류(bromate)

(1) **브로민산**($HBrO_3$)의 수소를 금속이나 양이온으로 치환한 형태의 화합물이다.

(2) 일반적으로 무색의 결정으로서 염소산염과 비슷한데, 가열로 과브로민산염을 생성하지 않고 브로민화물과 산소, 또는 산화물과 브로민 및 산소로 분해한다.

(3) 고체와 수용액 모두 강력한 산화제이며, 일반적으로 물에 녹기 쉬운데 바륨, 은, 수은(Ⅱ), 탈륨(Ⅰ)의 염은 잘 안 녹는다.

(4) 의약 및 분석 시약 등으로 사용한다.

2) 브로민산포타슘(potassium bromate)

CAS No.	7758-01-2	화학식	$KBrO_3$
성상	고체(분말)	색상	백색
냄새	무취	pH	-
분자량 [g/mol]	167.01	밀도 [g/cm^3]	3.27
증기 밀도 (공기=1)	5.8	비중 (물=1)	3.22
증기압	-	분해 온도 [℃]	370
비등점 [℃]	370	융해점 [℃]	350
인화점 [℃]	-	인화성	-
자연발화온도 [℃]	-	폭발범위 [vol %]	-
용해도(물)	가용성	용해도(용매)	에테인올에 불용
NFPA 위험성 등급		그림문자	
건강위험성 : 2 화재위험성 : 0 반응위험성 : 2	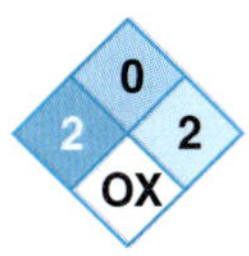		
		신호어	위험

(1) 일반적 성질

① 백색의 결정 또는 덩어리 모양의 물질이다.

② 약 370℃에서 산소를 발생하면서 분해하고 KBr로 변한다.

③ 저온에서는 비교적 물에 잘 녹지 않으나, 고온에서는 상당히 잘 녹으며, 알코올에는 녹지 않는다.

④ 목탄이나 황 같이 산화되기 쉬운 것과 가열하면 폭발한다.

⑤ 밀가루용 탈색제, 브로민산염을 적정하는 분석 시약으로 사용되며 산화제이다.

(2) **용도** : 산화제, 분석용 시약, 식품첨가제, 어류 케이크, 의약품 등

3) 브로민산나트륨(sodium bromate)

CAS No.	7789-38-0	화학식	$NaBrO_3$
성상	고체(분말)	색상	백색
냄새	무취	pH	수용액은 중성
분자량 [g/mol]	150.89	밀도 [g/cm^3]	-
증기 밀도 (공기=1)	5.2	비중 (물=1)	3.34
증기압	-	분해 온도 [℃]	-
비등점 [℃]	1,390	융해점 [℃]	381

인화점 [℃]	381	인화성	–
자연발화온도 [℃]	–	폭발범위 [vol %]	–
용해도(물)	가용성	용해도(용매)	에테인올과 알코올에 불용
NFPA 위험성 등급		그림문자	
건강위험성 : 2 화재위험성 : 0 반응위험성 : 0			
		신호어	위험

(1) **일반적 성질**

① 무색의 결정으로 염소산나트륨과 같이 보통은 등축 결정계이지만, 준 안정성 결정으로 능면체 및 단사 결정계의 것이 존재한다.

② 고온에서는 산소를 방출하면서 분해한다.

③ 물에는 잘 녹지만 에테인올에 녹지 않는다.

④ 분석 시약으로 사용한다.

(2) **용도** : 섬유유연제, 산화제, 의약품, 염색, 염료, 분석용 시약, 식품첨가제 등

10. 아이오딘산염류

1) 아이오딘산염류(iodate)

(1) **아이오딘산(HIO_3)**의 수소를 금속이나 양이온으로 치환한 형태의 화합물이다.

(2) 일반적으로 무색의 결정성 분말로서 염소산염, 브로민산염보다 용해도는 작고, 안정하지만 탄소나 유기물과 섞어 가열하면 폭발한다.

(3) 산화력이 강하며, 수용액은 산성일 때 아이오딘화물을 산화시켜 아이오딘을 유리한다.

2) 아이오딘산 포타슘(potassium iodate)

CAS No.	7758-05-6	화학식	KIO_3
성상	고체(결정성 분말)	색상	백색 또는 무색
냄새	무취	pH	5~8
분자량 [g/mol]	214	밀도 [g/cm^3]	3.93
증기 밀도 (공기=1)	–	비중 (물=1)	3.89
증기압	–	분해 온도 [℃]	560
비등점 [℃]	–	융해점 [℃]	560

인화점 [℃]	–	인화성	–
자연발화온도 [℃]	–	폭발범위 [vol %]	–
용해도(물)	가용성	용해도(용매)	에테인올과 액체 암모니아에 불용
NFPA 위험성 등급		그림문자	
건강위험성 : 1 화재위험성 : 0 반응위험성 : 0			
		신호어	위험

(1) **일반적 성질**

① 광택이 있는 무색 단사 결정성 분말로서 융해점 이상으로 가열하면 산소를 방출한다.

② 염소산염, 브로민산염보다 안정한데 탄소나 유기물과 같은 가연물과 섞어 가열하거나 충격을 가하면 폭발한다.

③ 아이오딘화포타슘 수용액에 녹고 에테인올, 액체 암모니아에는 녹지 않는다.

(2) **용도** : 분석용 시약, 표준액 조제, 분유 첨가제, 식빵 개량제, 용량분석용, 싸이오황산나트륨 적정 등

3) 아이오딘산 나트륨(sodium iodate)

CAS No.	7681–55–2	화학식	$NaIO_3$
성상	고체(결정)	색상	백색
냄새	무취	pH	5.5~8
분자량 [g/mol]	197.89	밀도 [g/cm^3]	4.28
증기 밀도 (공기=1)	6.8	비중 (물=1)	4.28
증기압	–	분해 온도 [℃]	425
비등점 [℃]	–	융해점 [℃]	420~430
인화점 [℃]	–	인화성	–
자연발화온도 [℃]	–	폭발범위 [vol %]	–
용해도(물)	가용성	용해도(용매)	아세톤에 용해/에테인올에 불용
NFPA 위험성 등급		그림문자	
건강위험성 : 2 화재위험성 : 0 반응위험성 : 0	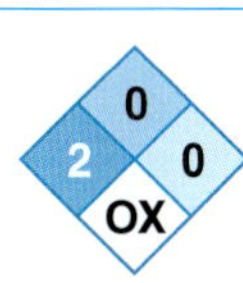	 	
		신호어	위험

(1) **일반적 성질**

① 무수염은 무색의 사방 결정계이다.

② 가열로 분해한다.

③ 아세톤에 녹고 에테인올에는 녹지 않는다.

(2) **용도** : 분석용 시약, 표준액 조제, 침전제, 살균제, 방부제, 동물사료 소독제 등

11. 질산염류

1) 질산염류(nitrates)

(1) **질산(HNO_3)**의 수소를 금속이나 양이온으로 치환한 형태의 화합물이다.

(2) 양이온에 착색의 원인 제공이 없으면 결정은 일반적으로 무색이다.

(3) 일반적으로 수용성의 무색 결정으로서 가열하면 최종적으로 산소나 질소산화물을 방출하면서 분해하므로 강한 산화작용이 있다.

(4) 유기물이나 산화되기 쉬운 금속과 혼합하면 폭발성을 갖는 물질이 된다.

2) 질산 포타슘(potassium nitrate)

CAS No.	7757-79-1	화학식	KNO_3
성상	고체(결정 또는 분말)	색상	백색 또는 무색
냄새	무취	pH	7
분자량 [g/mol]	101.1	밀도 [g/cm^3]	2.11
증기 밀도 (공기=1)	3.5	비중 (물=1)	2.11
증기압	무시할만함	분해 온도 [℃]	400
비등점 [℃]	-	융해점 [℃]	334
인화점 [℃]	-	인화성	불연성
자연발화온도 [℃]	불연성	폭발범위 [vol %]	-
용해도(물)	가용성	용해도(용매)	글리세롤에 용해/순수한 알코올, 에테인올에 불용
NFPA 위험성 등급		그림문자	
건강위험성 : 1 화재위험성 : 0 반응위험성 : 0	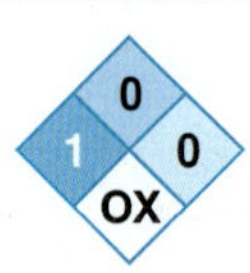		
		신호어	위험

(1) **일반적 성질**

① 무색 또는 백색 결정이거나 분말이며 **초석**이라고도 한다.

② 물과 글리세롤에 잘 녹고, 알코올이나 에터에 녹지 않는다.

③ 질산나트륨과 달리 흡습성이 없다.

④ 강한 산화제이고 짠맛이 있으며, 유기물 등 가연물과 접촉하거나 혼합되면 위험하다.

⑤ 숯가루나 황가루의 혼합물이 흑색 화약이며, 폭죽 등에 사용한다.

⑥ 소화는 주수 소화가 적합하다.

(2) **용도** : 강화유리, 촉매, 청량제, 방부제, 치약, 아이스크림, 산화제, 의약품, 금속 열처리제, 화약, 폭죽, 비료, 분석용 시약 등

3) 질산나트륨(sodium nitrate)

CAS No.	7631-99-4	화학식	$NaNO_3$
성상	고체(결정 또는 분말)	색상	무색 또는 백색
냄새	무취	pH	5.5~8.5
분자량 [g/mol]	85	밀도 [g/cm^3]	2.26
증기 밀도 (공기=1)	2.93	비중 (물=1)	2.26
증기압	0.63	분해 온도 [℃]	380
비등점 [℃]	380	융해점 [℃]	308
인화점 [℃]	–	인화성	불연성
자연발화온도 [℃]	불연성	폭발범위 [vol %]	–
용해도(물)	가용성	용해도(용매)	에테인올, 액체 암모니아에 용해
NFPA 위험성 등급		그림문자	
건강위험성 : 1 화재위험성 : 0 반응위험성 : 0	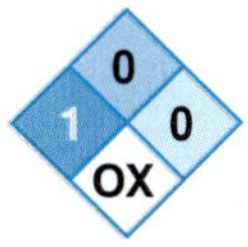		
		신호어	위험

(1) **일반적 성질**

① 무색, 무취의 투명한 결정 또는 분말로서 **칠레초석**이라고도 한다.

② 고온에서 산소를 방출하고 아질산나트륨이 되며 750℃ 이상에서 과산화나트륨이 생성되고 이어서 산화나트륨이 생긴다.

③ 흡습성이 있고 액체 암모니아에 녹지만 글리세롤과 에테인올에는 잘 녹지 않는다.

④ 유기물이나 차아황산나트륨과 혼합하여 가열하면 폭발한다.

(2) **용도** : 의약품, 비료, 시멘트 첨가제, 분석용 시약, 화약, 로켓 추진제, 염료, 열처리제, 유리 발포제, 식품 방부제, 도자기 유약, 산화제 등

12. 과망가니즈산염류

1) 과망가니즈산염류(permanganate)

(1) **과망가니즈산($HMnO_4$)**의 수소를 금속이나 양이온으로 치환한 형태의 화합물이다.

(2) 검은 보라색 결정이고 용액은 농도에 따라 담홍색 또는 짙은 보라색이다.

(3) 포타슘, 루비듐, 세슘 및 은의 과망가니즈산염은 용해도가 비교적 작은데, 다른 것은 일반적으로 물에 잘 녹고, 리튬염 및 나트륨염은 3 수화 염으로 얻어진다.

(4) 공기 중에서는 안정한데 강한 산화제이며 환원제(또는 유기물 등 산화되기 쉬운 물질)와 반응해서 염기성, 중성 또는 약한 산성이면 산화망가니즈(Ⅳ)를 생성하고, 강한 산성에서는 망가니즈(Ⅱ) 이온이 된다.

2) 과망가니즈산 포타슘(potassium permanganate)

CAS No.	7722-64-7	화학식	$KMnO_4$
성상	고체(결정)	색상	진한 보라색
냄새	무취	pH	-
분자량 [g/mol]	158.04	밀도 [g/cm^3]	2.7
증기 밀도 (공기=1)	5.4	비중 (물=1)	2.7
증기압	0.08	분해 온도 [℃]	240
비등점 [℃]	-	융해점 [℃]	240
인화점 [℃]	-	인화성	불연성
자연발화온도 [℃]	불연성	폭발범위 [vol %]	-
용해도(물)	가용성	용해도(용매)	유기용매에 용해
NFPA 위험성 등급		그림문자	
건강위험성 : 3 화재위험성 : 0 반응위험성 : 0	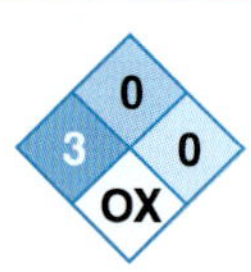		
		신호어	위험

(1) **일반적 성질**

① 녹색 광택이 있는 적자색 기둥 모양의 결정으로서 가열하면 200℃에서 산소를 방출하여 망가니즈산 포타슘과 산화망가니즈(Ⅳ)가 되고, 다시 산화망가니즈(Ⅲ)가 된다.

② 물에 녹아서 진한 보라색을 나타내며, 아세톤, 에테인올, 아세트산에 녹는다.

③ 강한 산화제로 진한 황산에 의해 폭발하고, 염산과 작용하면 염소가 발생한다.

④ 약염기성, 중성 또는 약산성 용액 중에서는 산화망가니즈(Ⅳ)까지 환원된다.
⑤ 강염기성 용액 중에서는 녹색의 망가니즈산염이 되어 산소를 발생한다.
⑥ 강한 산화력과 살균력이 있다.
⑦ 유기물, 산화되기 쉬운 것에 접촉하지 않도록 밀폐하고 빛을 차단해 저장한다.

(2) **용도** : 표백제, 살균제, 소독제, 산화제, 촉매, 염료, 의약품, 유기합성, 페인트, 금속 처리제, 적정용 분석 시약 등

3) 과망가니즈산나트륨(sodium permanganate)

CAS No.	10101-50-5	화학식	$NaMnO_4$
성상	고체(결정 또는 분말)	색상	적색 또는 흑색
냄새	무취	pH	6.6~6.8
분자량 [g/mol]	141.92	밀도 [g/cm^3]	1.97
증기 밀도 (공기=1)	-	비중 (물=1)	2.46
증기압	무시할만함	분해 온도 [℃]	170
비등점 [℃]	100	융해점 [℃]	36
인화점 [℃]	-	인화성	-
자연발화온도 [℃]	-	폭발범위 [vol %]	-
용해도(물)	가용성	용해도(용매)	암모니아에 용해
NFPA 위험성 등급		그림문자	
건강위험성 : 3 화재위험성 : 0 반응위험성 : 0			
		신호어	위험

(1) **일반적 성질**
① 무수염은 얻어지지 않는다.
② 3 수화 염은 붉은 보라색 결정으로 가열하면 산소를 발생하며 170℃에서 분해한다.
③ 조해성이 있으며 물에 잘 녹고 액체 암모니아에 녹는다.
④ 화학적 성질은 과망가니즈산 포타슘과 같다.
⑤ 살균제와 소독제로서 이용된다.
⑥ 과망가니즈산 포타슘의 대용으로 유기합성에 사용된다.

(2) **용도** : 산화방지제, 소독제, 독극물 해독제, 사카린 제조, 살균제 등

13. 중 크로뮴산염류

1) 중 크로뮴산염류(dichromate)

(1) **중 크로뮴산($H_2Cr_2O_7$)**의 수소를 금속이나 양이온으로 치환한 형태의 화합물이다.

(2) 일반적으로 등적색의 결정이며 크로뮴산염보다 용해도가 크기 때문에 결정으로 얻기 어렵다. 단, 포타슘 염은 예외적으로 크로뮴산염보다 용해도가 작으므로 쉽게 얻어지고 잘 알려진 물질이다.

(3) 중 크로뮴산염 수용액의 성질은 크로뮴산염 수용액을 산성으로 만든 경우와 같다. 즉, 강력한 산화제이다.

2) 중 크로뮴산 포타슘(potassium dichromate)

CAS No.	7778-50-9	화학식	$K_2Cr_2O_7$
성상	고체(결정)	색상	적색 또는 주황색
냄새	무취	pH	–
분자량 [g/mol]	294.2	밀도 [g/cm^3]	2.67
증기 밀도 (공기=1)	9.3	비중 (물=1)	2.68
증기압	무시할만함	분해 온도 [℃]	500
비등점 [℃]	–	융해점 [℃]	398
인화점 [℃]	–	인화성	비가연성
자연발화온도 [℃]	–	폭발범위 [vol %]	–
용해도(물)	가용성	용해도(용매)	–
NFPA 위험성 등급		그림문자	
건강위험성 : 4 화재위험성 : 0 반응위험성 : 0	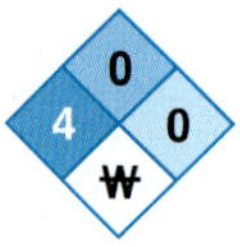		
		신호어	위험

(1) **일반적 성질**

① 등적색, 삼사 결정계의 판모양 결정으로 융해점 398℃, 비중 2.69이고 용융액에서 단사 결정계가 석출된다.

② 500℃ 이상에서는 산소를 발생하여 분해된다.

③ 물에는 녹고 에테인올에 녹지 않는다. 수용액을 염기성으로 하면 황색의 크로뮴산 포타슘으로 변화한다.

④ 크로뮴산염, 중 크로뮴산염, 크로뮴산 혼합액의 제조에 사용된다.

⑤ 강력한 산화제로 중 크로뮴산 적정 등의 분석 시약으로 사용된다.

⑥ 유기합성, 매염제, 크로뮴 도금, 사진 인쇄, 폭발물, 안전성냥의 제조 등에 널리 사용된다.

(2) **용도** : 표백제, 염료, 인쇄잉크, 목재 방부제, 산화제, 화약, 폭죽, 성냥, 의약품, 분석용 시약, 유기합성, 도금, 금속 표면 처리제, 촉매, 화학적 산소요구량 측정 시약, 사진 인화, 전지 등

3) 중 크로뮴산나트륨(sodium dichromate)

CAS No.	10588-01-9	화학식	$Na_2Cr_2O_7$
성상	고체(결정)	색상	적색 또는 오렌지색
냄새	무취	pH	4
분자량 [g/mol]	262	밀도 [g/cm^3]	2.52
증기 밀도 (공기=1)	10	비중 (물=1)	2.52
증기압	–	분해 온도 [℃]	400
비등점 [℃]	–	융해점 [℃]	357
인화점 [℃]	–	인화성	비가연성
자연발화온도 [℃]	–	폭발범위 [vol %]	–
용해도(물)	가용성	용해도(용매)	–
NFPA 위험성 등급		그림문자	
건강위험성 : 3 화재위험성 : 0 반응위험성 : 0	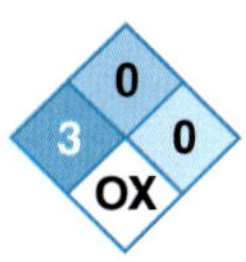		
		신호어	위험

(1) **일반적 성질**

① 무수염은 등적색 삼사 결정계의 고체로서 융해점 356℃, 비중 2.52이다.

② 400℃에서 산소를 방출하면서 분해한다.

③ 흡습성이며, 화학적 성질은 중 크로뮴산 포타슘과 비슷하다.

④ 단독으로 안정하며, 유기물 등 가연물과 혼합되면 가열·마찰로 발화하거나 폭발한다.

(2) **용도** : 가죽 무두질, 황납의 제조, 금속 표면 방청제, 매염, 염색, 염료공업, 유지의 표백, 사진, 목재의 방부제 등

제3절 제2류 위험물[1)2)]

1. 정의

1) 제2류 위험물은 **가연성 고체(flammable solid)**이다.
2) **가연성 고체**는 고체로서 화염에 의한 발화의 위험성 또는 인화의 위험성을 판단하기 위하여 고시로 정하는 시험에서 고시로 정하는 성질과 상태를 나타내는 것이다.
3) **황**은 순도가 60 wt % 이상인 것을 말한다. 이 경우 순도측정에 있어서 불순물은 활석 등 불연성 물질과 수분에 한한다.
4) **철분**은 철의 분말로서 53㎛의 표준체를 통과하는 것이 50 wt % 미만인 것은 제외한다.
5) **금속분**은 알칼리금속·알칼리토류금속·철 및 마그네슘 외의 금속 분말이고, 구리분·니켈분 및 150㎛의 체를 통과하는 것이 50 wt % 미만인 것은 제외한다.
6) **마그네슘** 및 제2류 제8호의 물품 중 **마그네슘을 함유한 것**은 다음 각목의 1에 해당하는 것은 제외한다.
   (1) 2mm의 체를 통과하지 아니하는 덩어리 상태의 것
   (2) 직경 2mm 이상의 막대 모양의 것
7) **황화인·적린·황 및 철분**은 제2호의 규정에 따른 성상이 있는 것으로 본다.
8) **인화성 고체**는 고형알코올 그 밖에 1기압에서 인화점이 40℃ 미만인 고체이다.

2. 성질

1) 가연성 고체로서 비교적 낮은 온도에서 발화하기 쉬운 이연성, 속연성 가연물이다.
2) 대단히 연소속도가 빠르고 연소열이 매우 높다.
3) 대부분 비중은 1보다 크고 물에 녹지 않는다.
4) 인화성 고체를 제외한 모든 물질이 무기화합물이다.
5) 산화제와 혼합 시 충격 등에 의해 폭발할 수 있다.
6) 유독하거나 연소 시 유독성 기체를 발생하는 것도 있다.
7) 산소를 함유하고 있지 않으므로 강한 환원성 물질이다.
8) 마그네슘, 철분, 금속분류는 물이나 산의 접촉으로 수소를 발생하면서 발열한다.

---

1) 이해평, 박영주, 위험물질론, 도서출판 화수목(2015).
2) 이해평, 박영주, 위험물 안전관리, 도서출판 화수목(2015).

3. 저장 및 취급

1) 열, 불꽃, 스파크, 발화원으로부터 멀리하고 가열을 피한다.
2) 직사광선을 피하고 저온의 냉암소에 보관한다.
3) 용기의 파손에 따른 위험물의 누설에 주의한다.
4) 산화제 또는 산화성 물질과의 접촉을 피한다.
5) 황, 철분, 금속분은 분진폭발을 할 수 있으므로 밀폐공간 내에서 취급 시 주의한다.
6) 마그네슘, 철분, 금속분은 산이나 물과의 접촉을 피한다.

4. 품명 및 지정수량

위험등급	품명	지정수량
Ⅱ	1. 황화인	10kg
	2. 적린	100kg
	3. 황	100kg
Ⅲ	4. 철분	500kg
	5. 금속분	500kg
	6. 마그네슘	500kg
Ⅱ~Ⅲ	7. 그 밖에 행정안전부령으로 정하는 것 8. 제1호 또는 제7호의 1에 해당하는 어느 하나 이상을 함유한 것	100kg 또는 500kg
Ⅲ	9. 인화성 고체	1,000kg

5. 황화인(phosphorus sulfide)

CAS No.	1314-85-8	화학식	P_4S_3
성상	고체(긴 바늘 모양 결정)	색상	노란색~초록색
냄새	–	pH	–
분자량 [g/mol]	220.09	밀도 [g/cm^3]	2.03
증기 밀도 (공기=1)	4.75	비중 (물=1)	2.03
증기압	무시할만함	분해 온도 [℃]	–
비등점 [℃]	407~408	융해점 [℃]	172~174
인화점 [℃]	100	인화성	인화성
자연발화온도 [℃]	100	폭발범위 [vol %]	–
용해도(물)	불용성	용해도(용매)	질산, 이황화탄소, 벤젠, 삼염화인에 용해
NFPA 위험성 등급		그림문자	

건강위험성 : 2 화재위험성 : 2 반응위험성 : 2	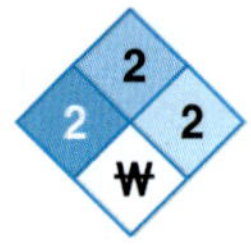		
		신호어	위험

1) 일반적 성질

(1) 노란색의 결정상 고체로 냄새가 나지 않는다.

(2) 이황화탄소, 벤젠, 탄화수소 화합물 등에 잘 녹고, 물이나 강산에는 잘 녹지 않는다.

(3) 백린 및 황린은 포함되어 있지 않다.

(4) 상온에서는 건조 공기 중에서 안정하다.

(5) 산소와 습기가 없으면 700℃에서도 분해하지 않으며, 산소가 존재하면 고온 또는 이황화탄소 중에서 쉽게 산화된다.

(6) 황으로 고차의 황화물이 된다.

(7) 끓는 물에서 천천히 분해하여 황화수소를 발생, 인산을 생성한다.

2) 용도 : 성냥, 유기합성, 탈색제 등

6. 적린(red phosphorus)

CAS No.	7723-14-0	화학식	P
성상	고체(결정 또는 분말)	색상	암적색
냄새	마늘 냄새	pH	9.5 (10% 수용액)
분자량 [g/mol]	123.9(원자량 30.97)	밀도 [g/cm^3]	2.2
증기 밀도 (공기=1)	4.42~4.77	비중 (물=1)	1.83~1.88
증기압	0.03	분해 온도 [℃]	–
비등점 [℃]	280	융해점 [℃]	44.1
인화점 [℃]	30	인화성	–
자연발화온도 [℃]	30	폭발범위 [vol %]	–
용해도(물)	불용성	용해도(용매)	이황화탄소, 알코올, 삼브로민화인에 용해/에테르, 암모니아에 불용
NFPA 위험성 등급		그림문자	
건강위험성 : 3 화재위험성 : 1 반응위험성 : 1		  	
		신호어	위험

1) 일반적 성질

(1) 일반적으로 반응성은 황린보다도 훨씬 비활성이고 무독성이다.

(2) 황린과 흑린의 중간 성질을 지닌다.

(3) 황린의 동소체로서 공기 중에서 안정하며, 인광을 발하지 않는다.

(4) 염소산포타슘과 서로 비비면 쉽게 발화하므로 염소산포타슘 같은 산화제와의 접촉을 피해서 보관한다.

(5) 황린보다도 높은 온도에서 할로젠 및 황 등과도 반응한다.

(6) 염소 기체 속에서 가열하면 연소한다.

2) 용도 : 불꽃, 안전성냥의 제조 원료, 인화합물 합성의 원료 등

7. 황(sulfur)

CAS No.	7704-34-9	화학식	S
성상	고체(결정, 분말)	색상	노란색
냄새	무취	pH	–
분자량 [g/mol]	32.07	밀도 [g/cm^3]	–
증기 밀도 (공기=1)	–	비중 (물=1)	2.07
증기압	1	분해 온도 [℃]	–
비등점 [℃]	445	용해점 [℃]	113
인화점 [℃]	160	인화성	–
자연발화온도 [℃]	232	폭발범위 [vol %]	4~44
용해도(물)	불용성	용해도(용매)	–
NFPA 위험성 등급		그림문자	
건강위험성 : 1 화재위험성 : 1 반응위험성 : 0			
		신호어	위험

1) 일반적 성질

(1) 상온에서는 화합력이 둔하지만, 고온에서는 반응성이 매우 풍부하며 금과 백금을 제외한 거의 모든 금속 및 수소와 화합하여 황화물을 만든다.

(2) 맛과 냄새가 없는 비금속원소인데 황은 대부분의 비금속원소와도 화합한다.

(3) 담황색의 연한 결정 또는 미황색의 분말인 가연성 고체로서 상온, 상압에서 결정형태에 따라 3종류의 동소체를 갖는다.

(4) 자연 상태에서는 순수한 황 또는 황화물이나 황산염의 형태로 존재하며, 모든 황은 방치하면 α 황 상태로 존재한다.

(5) 물에 녹지 않지만, 이황화탄소, 벤젠, 톨루엔에는 잘 녹으며 아세톤, 에터에 약간 녹는다.

(6) 화학적 성질은 산소와 유사하고 활성이 매우 강하며, 황을 녹이면 붉은 액체가 되고 태우면 푸른 불꽃을 낸다.

(7) 순수한 황은 냄새가 없지만, 탄화수소계의 황은 썩은 달걀 냄새를 갖는다.

2) 용도 : 황산, 이황화탄소, 성냥, 흑색 화약, 염료, 고무의 가황, 의약품, 농약, 살균제, 펄프공업, 합성섬유 등

8. 철분(iron powder)

CAS No.	7439-89-6	화학식	Fe
성상	고체(분말)	색상	백색 또는 회색
냄새	무취	pH	–
분자량 [g/mol]	55.85	밀도 [g/cm^3]	7.86
증기 밀도 (공기=1)	–	비중 (물=1)	7.86
증기압	1 mmHg (1,787℃)	분해 온도 [℃]	–
비등점 [℃]	2,750	융해점 [℃]	1,535
인화점 [℃]	–	인화성	–
자연발화온도 [℃]	100	폭발범위 [vol %]	–
용해도(물)	불용성, 반응성	용해도(용매)	염기, 알코올, 에터, 묽은 산에 용해
NFPA 위험성 등급		그림문자	
건강위험성 : 1 화재위험성 : 1 반응위험성 : 0			
		신호어	경고

1) 일반적 성질

(1) 강한 자성체를 가진 물질로 770℃ 정도에서 자성을 잃는다.

(2) 철은 α, β, γ 3종류의 동소체와 7종류의 동위원소가 존재한다.

(3) 물, 알코올, 에터, 염기에는 녹지 않으며, 황산과 질산에는 잘 녹는다.

(4) 산소에 대한 화합력이 크고 옥살산철(Ⅱ)을 수소 기류 중에서 가열하여 얻은 미분 철은 발화성이 있다.

(5) 덩어리 상태의 철은 상온의 건조 공기 중에서는 안정하지만 습한 공기 중에서는 쉽게 반응하여 산화철(Ⅱ) 및 산화철(Ⅲ) 수화물을 주체로 하는 녹이 생긴다.
(6) 염소, 황 및 인과 격렬하게 작용하는데 질소와는 직접 화합하지 않으며, 탄소 및 규소와 화합한다.
(7) 묽은 산에는 수소를 발하며 녹고 철(Ⅱ)염을 생성하고 진한 질산에 의해 부동태가 되며, 수증기와 가열하면 산화철(Ⅲ)이 된다.

2) 용도 : 화약, 폭죽, 환원제, 암모니아 합성용 촉매 등

9. 금속분

1) 개요

(1) **일반적 성질**

① 금속분이 산화성 물질과 혼합하면 가열·마찰·충격에 의해 폭발한다.
② 이온화 경향이 수소보다 큰 금속은 물이나 강산과 발열반응을 하며 수소를 발생한다.
③ 금속분과 산화성이 강한 할로젠 물질이 접촉하면 반응하여 염화철이 생성되고 고온에 이르러 자연 발화한다.
④ 금속분은 황화수소와 발열반응을 하며 수소를 발생한다.
⑤ 밀폐공간 내에 금속분이 존재하면 정전기, 발화에너지 등에 의해 분진폭발의 가능성이 있다.
⑥ 상온에서 은, 백금, 납은 과산화수소와 접촉하면 폭발한다.
⑦ 가연성 고체의 연소속도는 물질의 표면적과 산소 공급량의 영향을 받는다.
⑧ 금속분은 연소할 때 공기 중의 산소가 고체 표면에 확산·반응하여 표면연소가 일어난다.
⑨ 주수 소화를 하면 분해되어 발생하는 수소로 인해 2차 폭발이 일어날 수 있다.
⑩ 타다 남은 금속분은 2,000℃ 정도의 고온이므로 재발화의 위험성을 갖고 있다.
⑪ 금속분의 제외 대상 물질

- 액체로 존재하는 수은
- 구리분, 니켈분, 로듐분, 팔라듐분, 코발트분
- 알칼리금속·알칼리토금속·철 및 마그네슘
- 금속분 중 150μm 의 체를 통과하는 것이 50 wt % 미만인 것

(2) 저장 및 취급

① 금속분이 물과 접촉하면 수소가 발생하여 폭발하므로 강산류나 수분의 접촉을 피한다.

② 가열·충격·마찰을 피하고 화기에 주의한다.

③ 산화제와 혼합되지 않도록 격리하며, 분말이 비산하지 않도록 밀봉하여 저장한다.

(3) 소화 방법

① 주수 소화는 매우 위험하므로 삼가며, 건조된 탄산나트륨이나 칼슘, 규조토, 마른 모래 등의 질식소화가 적합하다.

② 불연성 기체를 사용하면 이산화탄소보다 질소의 소화 효과가 더 크다.

③ 저 산소농도 하에서 연소하는 것과 이산화탄소 상태에서도 연소하는 것을 구분하여 소화한다.

2) 알루미늄분(aluminium powder)

CAS No.	7429-90-5	화학식	Al
성상	고체(분말)	색상	은백색~회색
냄새	무취	pH	–
분자량 [g/mol]	26.98	밀도 [g/cm^3]	2.7
증기 밀도 (공기=1)	>1	비중 (물=1)	2.7
증기압	1 mmHg (1,284℃)	분해 온도 [℃]	–
비등점 [℃]	2,327	융해점 [℃]	660
인화점 [℃]	–	인화성	–
자연발화온도 [℃]	590	폭발범위 [vol %]	1.7~12.0
용해도(물)	불용성, 혼합되지 않고 뜨거운 물에 용해	용해도(용매)	염산, 황산 및 염기류에 용해
NFPA 위험성 등급		그림문자	
건강위험성 : 0 화재위험성 : 3 반응위험성 : 1	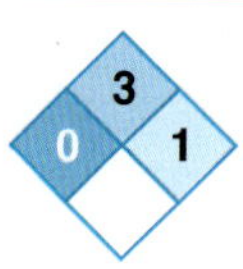		
		신호어	위험

(1) 일반적 성질

① 성질은 순도에 따라 다른데, 전기의 양도체로서 비저항은 구리의 약 1.6배이다. 또한 비중으로 보아 전형적인 경금속이다.

② 공기 중에 방치하면 산화물의 박막을 생성하여 광택을 잃지만, 내부까지 침식되지

는 않는다.

③ 공기 중에서 융해점 가까이 가열하면 흰빛을 내며 연소하여 산화알루미늄이 된다. 이때 높은 온도가 되므로 분말을 써서 금속의 야금이나 용접을 한다. 질소·황·탄소 등과 직접 화합하여 질소화물·황화물·탄화물이 되며, 할로젠과도 작용하여 염화물·브로민화물 등을 만든다.

④ 산에 녹아 염을 만들지만 진한 질산에는 잘 침식되지 않으며, 염기에 녹아 수소를 발생하여 알루미산 염이 된다.

⑤ 가볍고 무른 금속으로 전성·연성이 좋으며, 열전도도와 전기전도도가 크고 강도가 좋다.

(2) **용도** : 가연체, 발연체, 단열재, 알루미나 촉매, 도료, 전선, 피복 포장재, 반도체, 항공기, 전선, 선박재료, 건축자재, 인쇄, 테르밋, 폭약, 신호탄, 알루미늄박 등

3) 아연분(zinc powder)

CAS No.	7440-66-6	화학식	Zn
성상	고체(분말)	색상	회색~파란색
냄새	무취	pH	–
분자량 [g/mol]	65.38	밀도 [g/cm^3]	7.14
증기 밀도 (공기=1)	>1	비중 (물=1)	7.13~7.14
증기압	0.1kPa (487℃)	분해 온도 [℃]	–
비등점 [℃]	907	융해점 [℃]	419
인화점 [℃]	–	인화성	인화성
자연발화온도 [℃]	460	폭발범위 [vol %]	–
용해도(물)	불용성, 반응성	용해도(용매)	산류, 염기에 용해
NFPA 위험 907성 등급		그림문자	
건강위험성 : 1 화재위험성 : 1 반응위험성 : 1	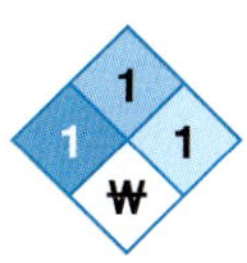		
		신호어	위험

(1) **일반적 성질**

① 탄소, 수소, 질소와는 고온에서도 직접 결합하지 않는다.

② 공기 중에서의 내식성은 순도가 높은 것일수록 좋다. 공기 중에서 고온으로 가열하면 녹색을 띤 흰빛을 내고 연소하여 산화물을 생성한다.

③ 아연분말은 공기의 공존 하에 상온에서도 서서히 물과 반응한다.

④ 상온에서는 취약하지만 100℃ 이상으로 가열하면 연성과 전성이 좋아진다.

⑤ 상온의 습한 공기 중에서는 물과 이산화탄소와의 작용이 가해져 표면만이 산화되고 염기성 탄산아연의 회백색의 치밀하고 얇은 피막을 생성하며 이것에 의해 내부는 보호된다.

⑥ 건조한 할로젠과는 상온에서 반응하지 않지만, 수분이 있으면 쉽게 침해된다.

⑦ 황과는 직접 결합하고 아연분말과 황화인을 혼합·가열하면 황화아연을 생성한다.

⑧ 진한 염기성 용액과 가열하면 수소를 내면서 아연산염을 생성하고, 암모니아수, 사이안화 포타슘 용액에도 수용성 착염을 만들면서 용해된다.

(2) **용도** : 합금 재료, 지붕판, 건전지 케이스, 전극, 인쇄용 판, 침전제, 환원제, 유기합성 등

10. 마그네슘(magnesium)

CAS No.	7439-95-4	화학식	Mg
성상	고체(분말)	색상	회색
냄새	무취	pH	–
분자량 [g/mol]	24.3	밀도 [g/cm^3]	1.74
증기 밀도 (공기=1)	0.84	비중 (물=1)	1.74
증기압	0.98mmHg (621℃)	분해 온도 [℃]	–
비등점 [℃]	1,100	융해점 [℃]	651
인화점 [℃]	500	인화성	–
자연발화온도 [℃]	473	폭발범위 [vol %]	–
용해도(물)	불용성이지만 반응하여 수소 방출/혼합되지 않음	용해도(용매)	–
NFPA 위험성 등급		그림문자	
건강위험성 : 0 화재위험성 : 1 반응위험성 : 2			
		신호어	위험

1) 일반적 성질

(1) 실온에서는 산화가 진행되지 않지만, 습한 공기 중에서는 신속하게 광택을 잃고 희미한 색이 된다.

(2) 공기 중에서 강하게 가열하면 눈이 부신 빛을 발하고 타며 산화마그네슘을 생성하는데 일부는 질화마그네슘이 된다.

(3) 질소와는 고온에서 직접 반응한다.

(4) 플루오린과는 상온에서 격렬하게 반응하며, 습한 염소 중에서는 발화하고 브로민, 아이오딘과는 고온에서 화합하여 할로젠화마그네슘을 생성한다.

(5) 고온에서 황, 셀레늄, 인, 비소, 안티모니와 화합하여 탄소, 규소, 붕소 등과도 직접 화합한다.

(6) 적열 상태에서 일산화탄소, 이산화탄소, 산화질소, 일산화이질소, 이산화황을 환원하며, 대부분의 금속산화물을 환원하여 금속을 유리한다.

(7) 마그네슘 아말감은 찬물과도 격렬하게 반응하고, 마그네슘분말은 뜨거운 물 속에서 수소를 발생하며 수산화마그네슘을 생성한다.

(8) 과산화수소와 반응하여 수산화물을 생성한다.

(9) 묽은 산에는 수소를 발생하며 녹으며, 진한 황산과는 이산화황, 황화수소를 발생하며 반응한다.

(10) 진한 질산과는 산화질소와 소량의 질소, 일산화이질소, 수소를 발생하며 질산암모늄도 생성하고 묽은 질산에서는 수소와 산화질소를 발생하며 녹는다.

(11) 염기성 수용액에는 녹지 않지만, 암모니아가 공존하면 용해되며 액체 암모니아에 녹는다.

(12) 수은과 아말감을 만들며 다른 많은 금속과 합금을 만든다.

2) 용도 : 플래시램프, 게터, 단열재, 순금속 제조용 환원제, 금속·합금의 탈산제 등

11. 인화성 고체(flammable solid)

1) 개요

(1) 고형알코올 그 밖에 1기압에서 인화점이 40℃ 미만인 고체를 말한다.

(2) **종류**

① **고무풀** : 생고무에 인화성 용제를 가공하여 풀과 같은 상태에 있는 것

② **래커퍼티** : 래커에나멜의 기초 도료로서 백색의 진탕 상태이고 공기 중에서 쉽게 고체가 됨

③ **고형알코올** : 등산용 고체알코올과 같이 합성수지에 메틸알코올을 침투시켜 한천상으로 만든 한천 고체

④ 메타알데하이드

⑤ 제3 뷰틸 알코올

⑥ 도데실알코올

2) 메타알데하이드(metaldehyde)

CAS No.	108-62-3	화학식	$(C_2H_4O)_n$
성상	고체(결정)	색상	무색
냄새	자극적인 냄새	pH	-
분자량 [g/mol]	176.24	밀도 [g/cm^3]	1.27
증기 밀도 (공기=1)	6.3	비중 (물=1)	1.27
증기압	0.6mmHg (25℃)	분해 온도 [℃]	-
비등점 [℃]	112~115	융해점 [℃]	246
인화점 [℃]	36	인화성	인화성
자연발화온도 [℃]	-	폭발범위 [vol %]	-
용해도(물)	불용성	용해도(용매)	벤젠, 클로로폼에 용해/ 알코올, 에터에 약간 용해
NFPA 위험성 등급		그림문자	
건강위험성 : 3 화재위험성 : 3 반응위험성 : 1	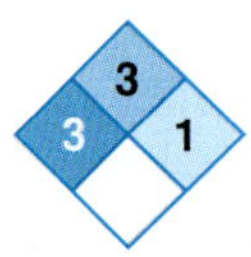		
		신호어	위험

(1) **일반적 성질**

① 뜨거운 클로로폼에 녹지만 에테인올, 에터, 벤젠, 차가운 클로로폼에 잘 안 녹는다.

② 승화성이 있다.

③ 묽은황산에서 아세트알데하이드를 생성하고 염소에서 클로랄을 생성한다.

(2) **용도** : 고형연료, 살충제 등

제4절 제3류 위험물[1)2)]

1. 정의

1) 제3류 위험물은 **자연 발화성 물질**(spontaneous combustible substance) 및 **금수성 물질**(water prohibiting substance)이다.

1) 이해평, 박영주, 위험물질론, 도서출판 화수목(2015).
2) 이해평, 박영주, 위험물 안전관리, 도서출판 화수목(2015).

2) **자연발화성 물질 및 금수성 물질**은 고체 또는 액체로서 공기 중에서 발화의 위험성이 있거나 물과 접촉하여 발화하거나 가연성 기체를 발생하는 위험성이 있는 것이다.
3) **포타슘·나트륨·알킬알루미늄·알킬리튬 및 황린**은 제9호의 규정에 따른 성상이 있는 것으로 본다.

2. 성질

1) 황린처럼 자연 발화성만 가진 물질, 알칼리금속처럼 금수성만을 가진 물질도 있지만 두 가지 성질을 모두 가진 물질도 많다.
2) 공기 중에 노출되거나 물과 접촉하면 직접적인 발화의 위험이 있다.

3. 저장 및 취급

1) 황린은 반드시 물속에 저장하며, 자연발화성 물질은 공기와의 접촉을 피한다.
2) 보호액 속에 위험물을 저장할 경우, 보호액 표면에 위험물이 노출되지 않도록 한다.
3) 물과 접촉하면 가연성 기체를 발생하므로 화기에 주의한다.
4) 금수성 물질은 용기 파손이나 부식을 피하고 물과의 접촉을 방지한다.
5) 많은 양을 저장할 경우, 희석제를 혼합하거나 작게 나누어 냉온 저장소에 저장한다.

4. 품명 및 지정수량

위험등급	품명	지정수량
I	1. 포타슘	1kg
	2. 나트륨	10kg
	3. 알킬알루미늄	10kg
	4. 알킬리튬	10kg
	5. 황린	20kg
II	6. 알칼리금속(포타슘 및 나트륨을 제외한다) 및 알칼리토금속	50kg
	7. 유기금속화합물(알킬알루미늄 및 알킬리튬을 제외한다)	50kg
III	8. 금속의 수소화물	300kg
	9. 금속의 인화물	300kg
	10. 칼슘 또는 알루미늄의 탄화물	300kg
I ~III	11. 그 밖에 행정안전부령으로 정하는 것 12. 제1호 또는 제11호의 1에 해당하는 어느 하나 이상을 함유한 것	10kg, 20kg, 50kg 또는 300kg

5. 포타슘(potassium)

CAS No.	7440-09-7	화학식	K
성상	고체	색상	은백색
냄새	무취	pH	-
분자량 [g/mol]	39.098	밀도 [g/cm³]	0.86
증기 밀도 (공기=1)	1.4	비중 (물=1)	0.86
증기압	99.75mmHg (171℃)	분해 온도 [℃]	-
비등점 [℃]	760	융해점 [℃]	63
인화점 [℃]	-	인화성	가연성
자연발화온도 [℃]	440	폭발범위 [vol %]	-
용해도(물)	물과 격렬하게 반응함	용해도(용매)	암모니아수, 에틸렌다이아민, 아닐린에 용해
NFPA 위험성 등급		그림문자	
건강위험성 : 3 화재위험성 : 3 반응위험성 : 2	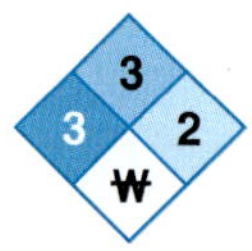		
		신호어	위험

1) 일반적 성질

(1) 전기적 양성이 아주 강한 1가의 원소이고, 성질은 나트륨과 아주 비슷한데 그보다 좀 더 심하다.

(2) 공기 중에서는 산화되어 신속하게 광택을 잃고, 때로 발화하는 때도 있으므로 보존하려면 석유 속에 침지해 두지 않으면 안 된다.

(3) 공기 또는 산소 중에서 가열하면 보라색의 불꽃을 내고 타며, 주로 등황색의 과산화 포타슘을 생성하는데 수소 중에서 가열하면 수소화 포타슘이 된다.

(4) 할로젠과 격렬하게 반응하고 플루오린, 염소 중에서는 자연 발화하며 브로민, 아이오딘과는 백열 하여 화합한다.

(5) 따뜻하게 하면 황, 셀레늄과 반응하며 인, 비소 및 안티모니와는 직접 화합한다. 또한 수은과는 격렬하게 반응하여 아말감을 만든다.

(6) 물과는 −100℃에서도 반응하여 수소를 발생하고, 상온에서는 반응열 때문에 생긴 수소가 발화된다.

(7) 황화수소, 할로젠화수소와는 상온에서 서서히 가열하면 격렬하게 반응한다.

(8) 대부분 유기물에 대해 나트륨보다 강한 환원 작용을 하고 액체 암모니아, 에틸렌다이아민, 아닐린 등에 용해하고, 또한 많은 금속으로 합금을 만들어 용해한다.

2) 용도 : 원자로 등의 냉각제, 고온 온도계, 유기합성, 포타슘 화합물의 원료, 산소마스크, 광전관 등

6. 나트륨(sodium)

CAS No.	7440-23-5	화학식	Na
성상	다양한 형태의 고체	색상	밝은 은백색/희미한 회색
냄새	무취	pH	–
분자량 [g/mol]	22.99	밀도 [g/cm^3]	0.97
증기 밀도 (공기=1)	–	비중 (물=1)	0.97
증기압	0.000185Pa (120℃)	분해 온도 [℃]	–
비등점 [℃]	880	융해점 [℃]	97.4
인화점 [℃]	4	인화성	인화성
자연발화온도 [℃]	120~125	폭발범위 [vol %]	–
용해도(물)	물과 격렬하게 반응/분해됨	용해도(용매)	벤젠, 등유, 나프타에 불용/액체 암모니아에 용해되어 청색 용액 생성/수은에 용해되어 나트륨 아말감 형성
NFPA 위험성 등급		그림문자	
건강위험성 : 3 화재위험성 : 3 반응위험성 : 2	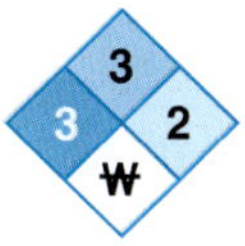		
		신호어	위험

1) 일반적 성질

(1) 전기적 양성이 매우 강한 1가의 금속이온으로서 공기 중에서는 산화되어 신속히 광택을 상실하며, 습기 및 이산화탄소 때문에 탄산나트륨 피막으로 덮인다.

(2) 상온에서 자연발화는 하지 않지만, 융해점 이상으로 가열하면 노란색 불꽃을 내며 타서 과산화나트륨이 된다.

(3) 물과는 −98℃에서도 반응하여 수소를 발생한다.

(4) 상온에서는 반응열 때문에 나트륨은 용융하여 은색의 방울이 되어 수면을 돌아다니며, 수산화나트륨이 되어 물에 녹는다.

(5) 수온이 40℃ 이상인 경우, 또는 운동을 방해하여 한 곳에 고정해 두면 수소는 자연 발화한다.

(6) 에테인올과는 격렬하게 반응하여 나트륨에톡사이드를 생성하는데, −48℃ 이하에서는

작용하지 않으며, 벤젠, 휘발유, 등유에 녹지 않으므로 보존에는 석유계 용매 중에 담가서 저장한다.

(7) 수소 중에서 가열하면 수소화나트륨이 된다.

(8) 수은과 격렬하게 반응하여 나트륨 아말감을 만든다.

(9) 건조한 염소와는 상온에서 반응하지 않지만, 브로민, 아이오딘과는 격렬하게 반응하는데 플루오린과는 상온에서 반응하지 않으며, 플루오린화수소와는 상온에서 거의 반응하지 않는다. 건조한 염화수소와는 융해점까지 반응이 늦으며, 융해점 이상에서는 흑색 또는 보라색의 아염화물이 생기고, 액체 염화수소 중에는 기체를 발생하지 않고 녹지만 염산과는 폭발적으로 반응한다.

(10) 황, 셀레늄과는 격렬하게 반응하며, 황과 함께 톨루엔 중에서 가열하면 삼황화 나트륨을 생성한다. 황화수소와는 상온에서 반응하며, 가열하면 이 기체 중에서 연소한다.

(11) 기체 암모니아와는 상온에서 서서히 반응하며 300~350℃에서 나트륨아마이드를 만들며, 액체 암모니아 중에는 청색 용액이 되어 녹는다.

(12) 이산화황은 나트륨에 일부 흡수되며 일부는 황화물로 환원된다. 진한 황산과는 황화나트륨을 생성하며, 묽은황산과는 폭발적으로 반응한다.

(13) 질소와는 보통의 조건에서는 반응하지 않지만 인, 비소 및 안티모니와는 직접 화합한다. 진한 질산과 접촉하면 자연 발화한다.

(14) 붕소, 규소, 탄소와는 가열로 직접 반응하며, 아세틸렌과는 탄화나트륨을 생성한다.

(15) 많은 금속산화물과 염을 환원하여 금속을 유리한다.

(16) 이황화탄소와는 저온에서도 반응하지만, 규산염, 텅스텐산염 등과 고온에서 반응하며, 이산화규소, 유리나 자기도 또한 고온에서 침해되고 고온에서 수산화나트륨 중에 녹는다.

2) 용도 : 원자로의 냉각제, 유기합성의 환원제, 고온용 온도계, 차량용 베어링, 음이온 중합의 촉매 등

7. 알킬알루미늄(alkyl aluminium)

1) 개요

(1) 알킬기에 알루미늄이 치환된 화합물로 구성되며, 폭발의 위험성이 크므로 유기금속화합물로부터 분리하여 단일 품명의 위험물로 규정하고 있다.

(2) 무색투명한 액체와 고체로 구성되어 있으며 공기나 물과 접촉하여 자연 발화한다.

(3) 자극성 냄새가 나는 유독성 물질이며 탄소수 C_1~C_4까지 자연 발화한다.

(4) 용기는 완전 밀봉하고 공기 및 물과의 접촉을 피하며 용기 상부는 불연성 기체로 봉입한다.

(5) 희석제는 벤젠과 헥세인이며, 소화는 팽창질석이나 팽창 진주암을 이용한다.

2) 트라이메틸알루미늄(trimethyl aluminium, TMA)

CAS No.	75-24-1	화학식	$Al_2(CH_3)_6$
성상	액체	색상	무색투명
냄새	자극성 냄새	pH	–
분자량 [g/mol]	72.1	밀도 [g/cm^3]	0.75
증기 밀도 (공기=1)	>1	비중 (물=1)	0.74
증기압	9mmHg (20℃)	분해 온도 [℃]	–
비등점 [℃]	125	융해점 [℃]	15.4
인화점 [℃]	-18	인화성	인화성/가연성
자연발화온도 [℃]	–	폭발범위 [vol %]	–
용해도(물)	격렬히 반응/분해됨	용해도(용매)	할로젠류, 알코올류, 아민류와 격렬히 반응
NFPA 위험성 등급		그림문자	
건강위험성 : 3 화재위험성 : 4 반응위험성 : 3	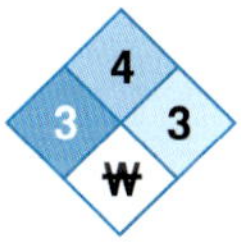		
		신호어	위험

(1) 일반적 성질

① 무색투명한 유동성의 가연성 액체로서 공기 중에서는 순간적으로 발화한다.

② 300℃에서 서서히 분해하여 메테인을 생성한다.

③ 찬물에서도 폭발적으로 가수분해하여 메테인을 생성한다.

④ 부식성이 있으며, 자연계에는 존재하지 않는다.

(2) **용도** : 반도체, 유기화합물 중합용 촉매, 알루미늄 도금, 산화금속막 증착용 전구체 등

3) 트라이에틸알루미늄(triethylaluminium, TEA)

CAS No.	97-93-8	화학식	$(C_2H_5)_3Al$
성상	액체	색상	투명 무색
냄새	자극성 냄새	pH	–
분자량 [g/mol]	114.17	밀도 [g/cm^3]	0.83
증기 밀도 (공기=1)	>1	비중 (물=1)	0.83
증기압	0.0256mmHg (25℃)	분해 온도 [℃]	–

비등점 [℃]	194	융해점 [℃]	-52.5
인화점 [℃]	-53	인화성	인화성
자연발화온도 [℃]	-	폭발범위 [vol %]	-
용해도(물)	격렬하게 반응/분해됨	용해도(용매)	포화탄화수소와 혼합됨/산류, 할로젠류, 알코올류, 아민류와 격렬하게 반응
NFPA 위험성 등급		그림문자	
건강위험성 : 3 화재위험성 : 4 반응위험성 : 3	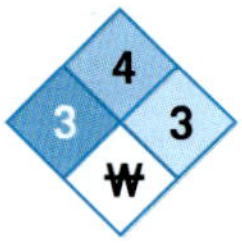		
		신호어	위험

(1) **일반적 성질**

① 물속에 넣으면 곧 분해하고, 공기와 접촉하면 발화한다.

② 에틸렌과 100~120℃에서 반응하여 긴 노말 사슬탄화수소를 생성하며, 중합체인 폴리에틸렌도 합성할 수가 있다.

③ 금수성이면서 자연발화성 물질이다.

④ 인화점과 융해점이 매우 낮고 부식성이 강하다.

(2) **용도** : 유기 합성용 시약, 고급 올레핀 제조, 고성능 제트연료 첨가제, 로켓연료, 환원제, 중합용 촉매제, 알루미늄 도금원료 등

8. 알킬리튬(alkyl lithium)

1) 개요

(1) 알킬기와 리튬금속의 화합물로 구성되며 폭발의 위험이 크므로 유기금속화합물에서 분리해 단일 품명의 위험물로 규정하고 있다.

(2) 무색투명한 가연성 액체로서 금수성 물질이면서 자연발화성 물질이다.

(3) 자극성 냄새가 나는 유독성 물질이다.

(4) 메틸 리튬을 제외하고는 에터, 벤젠, 파라핀과 같은 탄화수소에 녹는다.

(5) 그리냐르 시약보다도 반응성이 풍부하고 그리냐르 시약과 같은 각종 반응을 나타낸다.

(6) 습기, 산소에 대하여 민감하므로 진공 중 또는 불활성 기체 중에서 취급할 필요가 있다.

(7) 공기 중에서는 발열반응이 일어나며 백색 연기가 발생하는데 탄소수가 적을수록 반응의 위험성이 크다.

(8) 물과는 격렬하게 반응하며 수산화리튬과 에테인 기체가 발생한다.

2) 메틸 리튬(methyl lithium)

CAS No.	917-54-4	화학식	CH_3Li
성상	액체	색상	무색투명
냄새	무취	pH	-
분자량 [g/mol]	21.97	밀도 [g/cm^3]	0.732
증기 밀도 (공기=1)	>1	비중 (물=1)	-
증기압	-	분해 온도 [℃]	-
비등점 [℃]	40	융해점 [℃]	-71
인화점 [℃]	-11	인화성	-
자연발화온도 [℃]	226	폭발범위 [vol %]	1.0~9.2
용해도(물)	격렬하게 반응	용해도(용매)	용매와 에터에 가용
NFPA 위험성 등급		그림문자	
건강위험성 : 3 화재위험성 : 4 반응위험성 : 2			
		신호어	위험

(1) **일반적 성질**

① 무색투명한 액체로서 공기 중에서는 바로 연소한다.

② 에터에 녹지만 벤젠, 석유 벤진에는 잘 녹지 않는다.

③ 용액 및 고체 상태에서는 회합체를 형성하는데 끓는 벤젠 중에서는 삼합체이다.

④ 물과 접촉하면 발열반응이 일어난다.

(2) **용도** : 유기합성, 중합용 개시제 등

9. 황린(yellow phosphorus)

CAS No.	7723-14-0	화학식	P_4
성상	고체(입자)	색상	담황색
냄새	마늘 냄새	pH	-
분자량 [g/mol]	123.9	밀도 [g/cm^3]	1.82
증기 밀도 (공기=1)	4.42~4.77	비중 (물=1)	1.83~1.88
증기압	0.026mmHg (20℃)	분해 온도 [℃]	-
비등점 [℃]	280	융해점 [℃]	44.1

인화점 [℃]	30	인화성	가연성
자연발화온도 [℃]	30	폭발범위 [vol %]	–
용해도(물)	불용성	용해도(용매)	대부분의 용매류에 불용/석면 에터, 석면 알코올, 벤젠에 용해
NFPA 위험성 등급		그림문자	
건강위험성 : 3 화재위험성 : 1 반응위험성 : 1	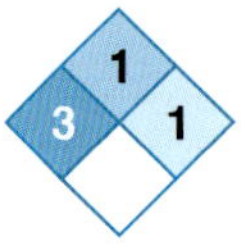		
		신호어	위험

1) 일반적 성질

(1) 인의 동소체의 하나로서 보통 황린이라 하지만 **백린**이라고도 한다.

(2) 물에는 거의 녹지 않고, 벤젠과 이황화탄소에 잘 녹는다.

(3) 습한 공기에 닿으면 서서히 산화하여 온도가 상승하고, 50℃가 되면 발화하여 오산화인이 된다.

(4) 어두운 곳에서는 인광을 발한다.

2) 용도 : 인화합물 원료, 인산, 유기합성 원료, 사료, 햄, 치즈, 베이킹파우더, 치약, 살충제, 반도체, 세제, 연마제, 청량음료 등

10. 알칼리금속(alkali metal)

1) 개요

(1) 알칼리금속은 위험물안전관리법에 따른 주기율표상의 1족 원소 중 수소, 포타슘, 나트륨을 제외한 금속으로서 금속을 제조할 때는 염을 고온에서 용융전기 분해하여 얻는다.

(2) 알칼리금속은 은백색의 무른 금속으로 공기 중에서는 금방 광택을 잃어버리며, 비중, 융해점, 비등점 등이 낮은 것이 특징이다.

(3) 불꽃반응을 나타내고 많은 비금속 원소들과 활발하게 직접 반응하는데, 특히 산소, 할로젠 등과 잘 화합한다.

(4) 수소와 반응하여 수소화물을 만들며 리튬은 질소나 탄소와도 직접 화합한다.

(5) 상온에서 물과 반응하여 수소를 발생하고 강염기인 수산화물을 생성한다.

(6) 리튬을 제외하고 염은 물에 잘 녹는다.

(7) 알칼리금속을 공기 중에 그대로 방치하면 공기 중의 습기와 반응하므로, 석유나 파라핀

속에 넣어 저장한다.

2) 리튬(lithium)

CAS No.	7439-93-2	화학식	Li
성상	고체(말랑한 금속)	색상	은백색/노란색(공기와 습기 노출시)
냄새	무취	pH	>12 (1% 슬러리)
분자량 [g/mol]	6.9	밀도 [g/cm^3]	0.53 (25℃)
증기 밀도 (공기=1)	–	비중 (물=1)	0.53 (20℃)
증기압	133Pa (723℃)	분해 온도 [℃]	–
비등점 [℃]	1,336	융해점 [℃]	180.5
인화점 [℃]	–	인화성	–
자연발화온도 [℃]	179	폭발범위 [vol %]	–
용해도(물)	물과 반응/불용성	용해도(용매)	액체 암모니아에 용해
NFPA 위험성 등급		그림문자	
건강위험성 : 3 화재위험성 : 2 반응위험성 : 2	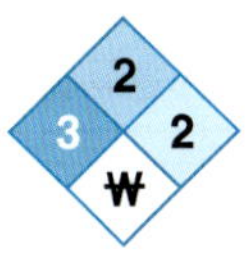		
		신호어	위험

(1) 일반적 성질

① 은백색 연질금속이지만 나트륨보다 단단하며 고체인 홑원소 물질 중에서 가장 가볍다.

② 알칼리금속이지만 성질은 알칼리토금속, 특히 마그네슘과 비슷하다.

③ 실온에서는 산소와 반응하지 않지만, 200℃로 가열하면 강한 백색 불꽃을 내며 연소하여 산화물이 된다.

④ 수소 속에서도 연소하여 수소화리튬(LiH)이 되고, 질소와는 고온에서 화합하여 질소화 리튬(Li_3N)이 된다.

⑤ 실온에서 물과 반응하여 수소를 발생하는데, 이 반응은 포타슘이나 나트륨만큼 격렬하지는 않다.

(2) **용도** : 금속으로서 원자로의 제어봉, 유기합성의 촉매, 환원제, 리튬전지 등

11. 알칼리토금속(alkaline earth metal)

1) 개요

(1) 알칼리토금속은 위험물안전관리법에 따른 주기율표상의 2족 원소 중 마그네슘을 제외한 금속으로서 금속을 제조할 때는 염을 고온에서 녹여 전기분해 하여 얻는다.

(2) 베릴륨 및 방사성 원소인 라듐을 제외하면 비교적 다량으로 존재한다.

(3) 은백색 또는 회색의 금속으로 공기 중에서는 서서히 녹이 슬어 금속광택을 잃어버린다.

(4) 융해점 및 비등점은 모두 알칼리금속보다 높고 비중도 크다.

(5) 라듐을 제외하고 모두 경금속에 속한다.

(6) 알칼리금속 다음으로 양성이 강하며, 2가의 양이온으로서의 화합물을 만들기 쉽고 이온화 경향이 크며, 화학적 성질이 활발하다.

(7) 금속은 보통 수소, 질소, 산소, 염소 등과 직접 화합한다.

2) 칼슘(calcium)

CAS No.	7440-70-2	화학식	Ca
성상	고체(결정형 금속)	색상	광택의 은백색/청회색 (습한 공기 접촉 시)
냄새	무취	pH	14
분자량 [g/mol]	40.08	밀도 [g/cm^3]	1.54
증기 밀도 (공기=1)	1.4	비중 (물=1)	1.54
증기압	10mmHg (983℃)	분해 온도 [℃]	–
비등점 [℃]	1,440	융해점 [℃]	850
인화점 [℃]	–	인화성	–
자연발화온도 [℃]	790	폭발범위 [vol %]	–
용해도(물)	반응성	용해도(용매)	벤젠에 불용/산류, 알코올류와 빠르고 격렬하게 반응
NFPA 위험성 등급		그림문자	
건강위험성 : 3 화재위험성 : 1 반응위험성 : 2	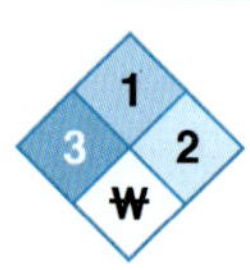		
		신호어	위험

(1) **일반적 성질**

① 은백색의 부드러운 금속으로 납보다는 약간 더 단단하며, 전성·연성이 풍부하다.

② 공기 중에 방치하면 표면에 산화물의 피막을 생성하지만 오래 두면 습기를 흡수하여 서서히 수산화물에서 탄산염이 된다.

③ 산소, 질소, 수소와 300℃ 이상에서 반응하여 각각의 화합물을 만든다.

④ 플루오린과는 상온에서, 다른 할로젠이나 인, 황, 셀레늄 등과는 고온에서 반응하고, 탄소, 규소, 붕소 등과도 반응한다.

⑤ 물과는 상온에서 반응하여 수소를 발생하지만 가열하면 격렬하게 반응한다.

⑥ 산에는 상온에서도 격렬하게 반응하여 녹지만, 암모니아와는 상온에서 반응하지 않는다.

⑦ 수은과는 아말감을 만들며, 많은 유기화합물을 환원시킨다.

(2) **용도** : 금속 및 합금의 탈산제·탈황제, 난환원성 금속의 산화물·할로젠화물 등의 환원제, 아르곤·헬륨 등 희유기체의 정제 등

12. 유기금속화합물(organometallic compound)

1) 개요

(1) 각종 금속을 포함하는 유기화합물의 총칭으로서 일반적으로 유기금속화합물이라고 할 때는 탄소-금속결합을 갖는 화합물을 말한다.

(2) 알콕사이드 등과 같이 금속이 산소, 황, 질소 등과 결합하는 종류의 유기화합물은 포함되지 않는다.

(3) 유기산의 염과 같이 금속이 이온결합을 하는 화합물도 유기금속화합물이라고 하지 않는다.

(4) 금속-탄소결합은 일반적으로 불안정하고 반응성이 풍부하므로 물·산에 의하여 분해하는 것이 많으며, 또한 유기합성의 중간물질이나 촉매로 잘 알려져 있다.

(5) 유기마그네슘화합물의 일종인 그리냐르 시약은 유기합성에 널리 이용되고 치글러 촉매로서 알려진 트라이에틸알루미늄은 에틸렌으로부터 폴리에틸렌을 제조하는 촉매로 공업적으로 매우 중요하다.

(6) 유기수은화합물로서는 아세트산 페닐수은과 같이 의약·농약으로 사용되는 것도 있으나 독성이 강한 것이 많아서 특히 알킬수은 화합물의 중독은 최근 공해 문제로 크게 주목된다.

(7) 탄소와 규소의 결합을 가지는 유기규소화합물도 유기금속화합물에 포함되어 있는데 이들은 안정하며, 규소 등의 합성수지도 이 분류에 속한다.

2) 다이에틸 아연(diethylzinc, DEZ)

CAS No.	557-20-0	화학식	$(C_2H_5)_2Zn$
성상	유동성 액체	색상	무색
냄새	마늘 냄새	pH	–
분자량 [g/mol]	123.51	밀도 [g/cm^3]	1.21
증기 밀도 (공기=1)	1.21	비중 (물=1)	1.2065
증기압	20.8mmHg (25℃)	분해 온도 [℃]	–
비등점 [℃]	118	융해점 [℃]	-28
인화점 [℃]	-40	인화성	–
자연발화온도 [℃]	18	폭발범위 [vol %]	–
용해도(물)	격렬하게 반응	용해도(용매)	에터, 석유 에터, 벤젠, 탄화수소류에 혼합됨
NFPA 위험성 등급		그림문자	
건강위험성 : 1 화재위험성 : 4 반응위험성 : 3	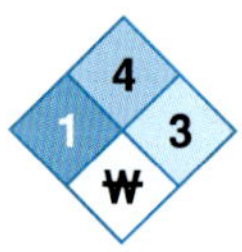		
		신호어	위험

(1) **일반적 성질**

① 석유 에터 용액에 공기를 통하면 과산화물 $C_2H_5ZnOOC_2H_5$를 생성한다.

② 가열하면 폭발한다.

③ 무색투명한 자연발화성 물질로서 불쾌한 냄새를 지닌 독성이 있는 가연성 액체이다.

④ 에터 용액에 건조 암모니아를 통하면 아연 아마이드인 $Zn(NH_2)_2$를 얻을 수 있다.

(2) **용도** : 반도체, 로켓연료 발화방지제 등

13. 금속의 수소화물(metal hydride)

1) 개요

(1) 금속수소화물은 금속과 수소가 직접 결합해 있는 화합물로서 주기율표의 왼쪽에 있는 금속의 것일수록 염에 가깝고, 오른쪽에 있는 금속의 것일수록 그 결합이 공유결합에 가깝다.

(2) 일반적으로 금속수소화물은 금속알킬과 비슷한 성질을 지니는데, 환원력과 탈수력을

지니고 있다.

(3) $LiAlH_4$, $NaBH_4$와 같은 금속 착수소화물은 환원제로서 중요하다.

(4) 전이 금속수소화물 중에서 적당한 리간드를 가진 화합물은 불포화화합물의 수소화를 촉진하는 촉매가 되는 경우가 많다.

2) 수소화 포타슘(potassium hydride)

CAS No.	7693-26-7	화학식	KH
성상	고체(정육면체 결정)	색상	백색, 회색
냄새	무취	pH	–
분자량 [g/mol]	40.11	밀도 [g/cm^3]	1.44~1.5 (21℃)
증기 밀도 (공기=1)	–	비중 (물=1)	1.465
증기압	무시할만함	분해 온도 [℃]	–
비등점 [℃]	316	융해점 [℃]	420
인화점 [℃]	160	인화성	–
자연발화온도 [℃]	–	폭발범위 [vol %]	–
용해도(물)	격렬하게 반응	용해도(용매)	–
NFPA 위험성 등급		그림문자	
건강위험성 : 3 화재위험성 : 3 반응위험성 : 2	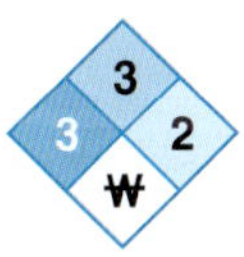		
		신호어	위험

(1) **일반적 성질**

① 회백색 등축 결정계의 결정성 분말로 상온에서는 포타슘과 수소로 분해된다.

② 화학적 활성은 수소화나트륨보다도 강하고, 공기 중에서는 상온에서 연소하여 물과 격렬하게 반응해서 수산화포타슘과 수소를 생성한다.

③ 암모니아와 고온에서 반응하여 포타슘 아마이드를 생성하고, 할로젠 및 산과 반응해서 포타슘 염을 만든다.

④ 이산화탄소와는 탄소 및 탄산 포타슘을 생성하고, 이산화황과는 저온에서 아이티온산 포타슘을 생성한다.

⑤ 고온에서는 황산염과 아황산염의 혼합물을 생성하고 환원 작용이 강하여 금속 염화물에서 금속을 유리한다.

(2) **용도** : 유기화학 양성자 제거용 등

14. 금속의 인화물(metal phosphide)

1) 개요

(1) 인보다 양성인 원소와 인의 화합물의 총칭으로서 일반적으로 금속 간 화합물과 비슷한 구조 및 성질을 보인다.

(2) 이 경향은 양성이 약한 금속의 인화물일 때 특히 두드러지는데, 알칼리금속의 인화물인 경우에도 전형적인 이온결합이 아니라 상당히 공유결합성이 있다고 생각된다.

(3) 일반적으로 원소 간의 직접 반응으로 생성되는데, 포스핀과 금속 또는 금속산화물과의 반응, 인산염과 금속산화물 혼합물의 탄소에 의한 환원으로 생기는 것도 있다.

(4) 대부분은 융해하기 어렵고 귀금속 인화물 이외는 열에 대하여 안정하다.

(5) 건조한 공기 중에서는 변화하지 않으며, 산소는 고온에서 작용하여 탄소와 전기로 속에서 가열하면 탄화물이 되고 염소와는 약간 고온에서 작용한다.

(6) 중금속 인화물은 다른 금속 또는 합금과 잘 혼합되고 그 물리적 성질에 영향을 준다. 좋은 영향으로서는 인청동에서와 같이 경도가 증대하며, 나쁜 영향으로서는 철을 무르게 한다.

2) 인화 칼슘(calcium phosphide)

CAS No.	1305-99-3	화학식	Ca_3P_2
성상	흡습성 고체(결정형 분말 또는 덩어리)	색상	적갈색(분말)/회색(덩어리)
냄새	아세틸렌 비슷한 독특한 냄새	pH	–
분자량 [g/mol]	182.2	밀도 [g/cm^3]	2.51 (15℃)
증기 밀도 (공기=1)	–	비중 (물=1)	2.5
증기압	–	분해 온도 [℃]	–
비등점 [℃]	–	융해점 [℃]	1,600
인화점 [℃]	–	인화성	–
자연발화온도 [℃]	–	폭발범위 [vol %]	–
용해도(물)	반응성/분해성	용해도(용매)	알코올, 에테르에 불용
NFPA 위험성 등급		그림문자	
건강위험성 : 1 화재위험성 : 3 반응위험성 : 2	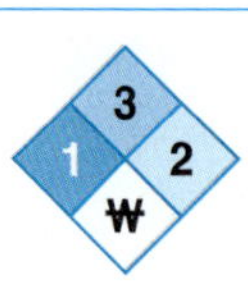 		
		신호어	위험

(1) **일반적 성질**

① 암적색의 결정상 고체로서 건조한 공기 중에서 안정하다.

② 물에서 분해되어 수산화칼슘과 인화수소를 만든다.

③ 할로젠과 가열하면 반응하고 산소, 황과는 300℃ 이상에서 반응한다.

④ 적열 상태에서 산화제로 분해된다.

⑤ 진한 황산과는 저온에서 반응하지 않지만 묽은 산에서 분해된다.

⑥ 에테인올, 에터 및 액체 이산화황에 녹지 않는다.

(2) **용도** : 수중 조명등

15. 칼슘 또는 알루미늄의 탄화물(carbide of calcium and aluminium)

1) 개요

(1) 칼슘이나 알루미늄이 탄소와 결합한 화합물로서 탄화칼슘을 **카바이드**라고 한다.

(2) 탄화규소나 탄화붕소 등은 공유결합의 결정을 이루고 있으므로 경도가 높다.

2) 탄화칼슘(calcium carbide)

CAS No.	75-20-7	화학식	CaC_2
성상	고체(덩어리 또는 사방정계 결정)	색상	회색~검은색
냄새	마늘 냄새	pH	-
분자량 [g/mol]	64.1	밀도 [g/cm^3]	2.22
증기 밀도 (공기=1)	2.2	비중 (물=1)	2.22
증기압	-	분해 온도 [℃]	-
비등점 [℃]	2,300	융해점 [℃]	2,300
인화점 [℃]	-	인화성	-
자연발화온도 [℃]	325	폭발범위 [vol %]	-
용해도(물)	반응성	용해도(용매)	-
NFPA 위험성 등급		그림문자	
건강위험성 : 3 화재위험성 : 3 반응위험성 : 2	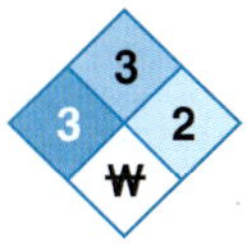		
		신호어	위험

(1) **일반적 성질**

① 건조한 공기 중에서는 상온에서 안정하지만, 350℃ 이상으로 가열하면 산화되고, 질소와는 약 600℃ 이상에서 반응하여 사이안아마이드화칼슘이 생긴다.

② 물과 작용해서 아세틸렌을 발생하며 그때 발열한다.

③ 공업용 카바이드는 불순물로 황, 인, 질소, 규소 등을 함유하므로 동시에 황화수소, 인화수소, 암모니아 등을 발생해서 아세틸렌을 불순하게 한다.

④ 고온에서는 강한 환원성이 있고, 많은 산화물을 환원하며 특히 이산화규소에서 탄화규소를, 산화마그네슘에서 마그네슘을 생성한다.

(2) **용도** : 아세틸렌의 원료, 제강의 탈황·탈산제, 금속 마그네슘의 환원제 등

제5절 제4류 위험물[1)2)]

1. 정의

1) 제4류 위험물은 **인화성 액체(combustible liquid)**이다.
2) **인화성 액체**는 액체(제3석유류, 제4석유류 및 동식물 유류에 있어서는 1기압과 20℃에서 액상인 것에 한한다)로서 인화의 위험성이 있는 것이다.
3) **특수인화물**은 이황화탄소, 다이에틸 에터 그 밖에 1기압에서 발화점이 100℃ 이하인 것 또는 인화점이 -20℃ 이하이고 비등점이 40℃ 이하이다.
4) **제1석유류**는 아세톤, 휘발유 그 밖에 1기압에서 인화점이 21℃ 미만이다.
5) **알코올류**는 1분자를 구성하는 탄소 원자의 수가 1개부터 3개까지인 포화 1가 알코올(변성알코올을 포함한다)이다. 다만, 다음 각목의 1에 해당하는 것은 제외한다.
   (1) 1분자를 구성하는 탄소 원자의 수가 1개 또는 3개의 포화 1가 알코올의 함유량이 60 wt % 미만인 수용액
   (2) 가연성 액체량이 60 wt % 미만이고 인화점 및 연소점(태그 개방식 인화점측정기에 의한 연소점을 말한다)이 에틸알코올 60 wt % 수용액의 인화점 및 연소점을 초과하는 것
6) **제2석유류**는 등유, 경유 그 밖에 1기압에서 인화점이 21℃ 이상 70℃ 미만이다. 다만, 도료

1) 이해평, 박영주, 위험물질론, 도서출판 화수목(2015).
2) 이해평, 박영주, 위험물 안전관리, 도서출판 화수목(2015).

류 그 밖의 물품에 있어서 가연성 액체량이 40 wt % 이하이면서 인화점이 40℃ 이상인 동시에 연소점이 60℃ 이상인 것은 제외한다.

7) **제3석유류**는 중유, 크레오소트유 그 밖에 1기압에서 인화점이 70℃ 이상 200℃ 미만이다. 다만, 도료류 그 밖의 물품은 가연성 액체량이 40 wt % 이하인 것은 제외한다.

8) **제4석유류**는 기어유, 실린더유 그 밖에 1기압에서 인화점이 200℃ 이상 250℃ 미만의 것이다. 다만, 도료류 그 밖의 물품은 가연성 액체량이 40 wt % 이하인 것은 제외한다.

9) **동식물 유류**는 동물의 지육 등 또는 식물의 종자나 과육으로부터 추출한 것으로서 1기압에서 인화점이 250℃ 미만이다. 다만, 법 제20조 제1항의 규정에 따라 행정안전부령으로 정하는 용기 기준과 수납·저장기준에 따라 수납되어 저장·보관되고 용기의 외부에 물품의 통칭 명, 수량 및 화기엄금(화기엄금과 동일한 의미를 갖는 표시를 포함한다)의 표시가 있는 경우를 제외한다.

2. 성질

1) 인화가 쉽게 일어나므로 화기에 의한 인화 및 폭발의 위험성이 높다.
2) 대체로 액체 비중은 1보다 작아서 물보다 가볍고 대부분 물에 녹지 않는 것이 많다.
3) 발화온도가 낮은 것은 위험하다.
4) 증기 비중은 1보다 커서 공기보다 무거워서 낮은 곳에 체류하고 확산 속도는 빠르다.
5) 액체는 유동성이 있으며 화재의 확대 위험성이 크다.
6) 전기부도체이므로 정전기가 축적되기 쉬워 불꽃에 의해 인화하는 때도 있다.
7) 증기는 공기와 약간만 혼합되어도 연소가 일어날 수 있다.

3. 저장 및 취급

1) 직사광선을 피하고 통풍이 잘되는 냉암소에 저장한다.
2) 용기는 밀전·밀봉하고 액체나 증기의 누설을 방지한다.
3) 제3석유류, 제4석유류의 중질유는 인화점이 높지만, 인화점 이상 가열할 경우, 제1석유류와 같은 위험성이 있으므로 저장·취급 시 인화점 이하로 유지·관리한다.
4) 화기나 기타 발화원으로부터 안전한 거리에서 저장·취급한다.
5) 정전기 발생에 주의하고 정전기에 대한 재해예방 조치를 한다.
6) 상수원, 강, 하수구 등에 유출되지 않도록 주의한다.
7) 증기는 높은 곳으로 배출한다.

4. 품명 및 지정수량

위험등급	품명		지정수량
Ⅰ	1. 특수인화물		50ℓ
Ⅱ	2. 제1석유류	비수용성 액체	200ℓ
		수용성 액체	400ℓ
	3. 알코올류		400ℓ
Ⅲ	4. 제2석유류	비수용성 액체	1,000ℓ
		수용성 액체	2,000ℓ
	5. 제3석유류	비수용성 액체	2,000ℓ
		수용성 액체	4,000ℓ
	6. 제4석유류		6,000ℓ
	7. 동식물 유류		10,000ℓ

5. 특수인화물

1) 개요

(1) 인화성 액체로서 가연성과 휘발성이 강하며, 비등점·인화점·발화점이 매우 낮으므로 발화나 폭발의 위험성이 매우 높은 위험물이다.

(2) 기준은 1기압에서 발화점이 100℃ 이하인 것과 1기압에서 인화점이 −20℃ 이하이고 비등점이 40℃ 이하인 것이 해당한다.

(3) 대표적인 특수인화물로는 다이에틸 에터와 이황화탄소가 있다.

2) 이황화탄소(carbon disulfide)

CAS No.	75-15-0	화학식	CS_2
성상	유동성 액체	색상	무색~노란색
냄새	특유의 냄새	pH	–
분자량 [g/mol]	76.13	밀도 [g/cm^3]	1.26
증기 밀도 (공기=1)	2.63	비중 (물=1)	1.26
증기압	359mmHg (25℃)	분해 온도 [℃]	–
비등점 [℃]	46	융해점 [℃]	−111
인화점 [℃]	−30	인화성	ⅠB 또는 ⅠA 인화성 액체
자연발화온도 [℃]	90	폭발범위 [vol %]	1~50

<table>
<tr><td>용해도(물)</td><td>불용성/혼합되지 않음</td><td>용해도(용매)</td><td>무수 메테인올, 에테인올, 에터, 벤젠, 클로로폼, 사염화탄소, 오일과 혼합</td></tr>
<tr><td colspan="2">NFPA 위험성 등급</td><td colspan="2">그림문자</td></tr>
<tr><td rowspan="2">건강위험성 : 3
화재위험성 : 4
반응위험성 : 0</td><td rowspan="2">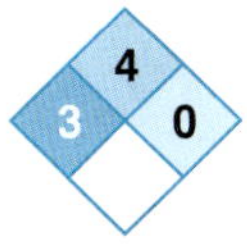
</td><td colspan="2"></td></tr>
<tr><td>신호어</td><td>위험</td></tr>
</table>

(1) **일반적 성질**

① 무색투명한 액체로서 햇볕을 쬐면 황색으로 변색한다.

② 매우 인화성이 강하며 유독하고 소독, 살충의 작용을 한다.

③ 황, 인, 아이오딘, 브로민 및 많은 유기화합물의 좋은 용매가 된다.

④ 극약이므로 어두운 곳에 두며 기밀 용기를 이용해 화기를 피하고 가능한 한 25℃ 이하에서 저장하여야 한다.

⑤ 물보다 무거우며 에테인올, 에터, 벤젠에 임의의 비율로 섞인다.

⑥ 연소할 때 유독한 아황산가스를 발생하며 연한 파란색의 불꽃을 띤다.

⑦ 물에 녹지 않고 물보다 무거우므로 수조에 저장한다.

⑧ 소화 방법은 질식소화가 적절하다.

(2) **용도** : 살충제, 유기화합물의 용매, 인견·수프·셀로판 등의 제조, 사염화탄소 원료, 고무 황화 촉진제의 제조·용제, 분석용 시약 등

3) 아세트알데하이드(acetaldehyde)

CAS No.	75-07-0	화학식	CH_3CHO
성상	액체	색상	무색
냄새	자극적인 특유의 과일 냄새	pH	5
분자량 [g/mol]	44.06	밀도 [g/cm^3]	0.78
증기 밀도 (공기=1)	1.52	비중 (물=1)	0.79
증기압	740.31mmHg (20℃)	분해 온도 [℃]	-
비등점 [℃]	21	융해점 [℃]	−123.5
인화점 [℃]	−37.78	인화성	ⅠA 인화성 액체
자연발화온도 [℃]	175	폭발범위 [vol %]	4~60

<table>
<tr><td>용해도(물)</td><td>가용성/혼합됨</td><td>용해도(용매)</td><td>에테인올, 에터, 벤젠, 휘발유, 솔벤트 나프타, 톨루엔, 자일렌, 터펜틴, 아세톤, 알코올과 혼합됨/클로로폼에 약간 용해</td></tr>
<tr><td colspan="2">NFPA 위험성 등급</td><td colspan="2">그림문자</td></tr>
<tr><td rowspan="2">건강위험성 : 3
화재위험성 : 4
반응위험성 : 2</td><td rowspan="2">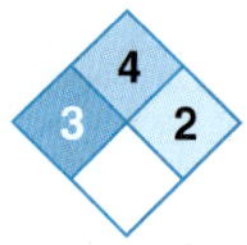</td><td colspan="2"></td></tr>
<tr><td>신호어</td><td>위험</td></tr>
</table>

(1) **일반적 성질**

① 물에 잘 녹고 휘발성이 강한 무색투명한 액체로, 자극적인 과일 향 냄새가 난다.

② 산화되어 아세트산이 되기 쉬우므로 환원성이 강하여 은거울반응, 펠링용액의 환원반응 등을 보인다.

③ 중합을 잘 일으키며, 저온에서 할로젠화 염기가 존재하면 메타알데하이드가 되고, 황산을 작용시키면 파라알데하이드를 생성한다.

④ 감에서 떫은맛이 제거되는 것은 무기 호흡으로 과일 속에 아세트산 알데하이드가 생성되어, 이것이 타닌과 중합을 일으키기 때문이다.

⑤ 약간의 압력만 가하면 과산화물을 생성한다.

⑥ 증기 및 액체는 피부 점막에 자극을 준다.

⑦ 구리, 마그네슘, 은, 수은 또는 이의 합금으로 된 용기는 중합반응이 일어날 수 있으므로 사용하지 말아야 한다.

⑧ 용기 내부에는 질소와 같은 불연성 기체나 수증기를 봉입시킨다.

⑨ 소화 방법으로는 무상주수, CO_2, 분말 소화약제 사용 또는 질식소화가 적절하다.

(2) **용도** : 아세트산, 뷰테인올, 옥테인올 등의 제조 원료

6. 제1석유류

1) 개요

(1) 아세톤, 휘발유 그 밖에 1기압에서 인화점이 21℃ 미만인 것으로서 비수용성과 수용성으로 구분한다.

(2) 20℃, 1기압에서 증류수와 석유류를 1 : 1로 혼합하여 정치시켰을 때 외관이 균일한 상태로 유지되면 수용성이고, 증류수와 석유류 층이 뚜렷하게 나타나면 비수용성이다.

2) 아세톤(acetone)

CAS No.	67-64-1	화학식	CH_3COCH_3
성상	고 휘발성, 고인화성 액체	색상	무색투명
냄새	과일 향/독특하고 달콤한 냄새	pH	–
분자량 [g/mol]	58.08	밀도 [g/cm^3]	0.79
증기 밀도 (공기=1)	2	비중 (물=1)	0.79
증기압	180.01mmHg (20℃)	분해 온도 [℃]	–
비등점 [℃]	56	융해점 [℃]	–95.4
인화점 [℃]	–17.78	인화성	IB(가연성 액체)
자연발화온도 [℃]	465	폭발범위 [vol %]	2.5~12.8
용해도(물)	가용성/물에서 혼합됨	용해도(용매)	알코올, 다이메틸폼아마이드, 에터, 벤젠, 클로로폼, 대부분 오일류, 대부분의 탄화수소류에서 혼합됨
NFPA 위험성 등급		그림문자	
건강위험성 : 1 화재위험성 : 3 반응위험성 : 0			
		신호어	위험

(1) 일반적 성질

① 무색의 휘발성이 있는 에터 냄새가 나는 액체로서 물, 알코올, 에터 등에 잘 녹고 클로로폼에 조금 녹는다.

② 전형적인 케톤으로 아황산수소나트륨과 반응하여 결정성의 화합물을 만든다.

③ 환원제에 의해 아이소프로필알코올 또는 피나콜로 변화된다.

④ 산화제에는 잘 침해되지 않으나 강하게 산화하면 아세트산과 폼산으로 된다.

⑤ 700℃로 가열한 비철 금속관 속을 통과시키면 케텐과 메테인으로 분해된다.

⑥ 인화성과 폭발성이 높으므로 화기에 주의하고 피부에 닿으면 탈지 작용이 있다.

⑦ 햇볕에 쬐면 분해하므로 보관 중에 황색으로 변색한다.

⑧ 소화 방법은 수용성이므로 무상주수가 가장 좋으며, 질식 소화법을 사용하고, 포소화약제를 사용할 때 화학 포는 소포 되므로 알코올 포를 사용한다.

(2) **용도** : 아세트산의 무수물 제조, 아세틸셀룰로스·나이트로셀룰로스·아세틸렌 등의 용제, 지방·수지·캠퍼·고무 등의 용제, 아세톤계 용제의 합성 원료 등

3) 휘발유(gasoline)

CAS No.	8006-61-9	화학식	C_5H_{12}~C_9H_{20}
성상	유동성 액체	색상	노란색
냄새	독특한 탄화수소 냄새	pH	-
분자량 [g/mol]	72.15~128.26	밀도 [g/cm^3]	0.69~0.74
증기 밀도 (공기=1)	3~4	비중 (물=1)	0.71~0.75
증기압	399.98mmHg (20℃)	분해 온도 [℃]	-
비등점 [℃]	60~199	융해점 [℃]	-95.4~-90.5
인화점 [℃]	-46	인화성	IB(인화성 액체)
자연발화온도 [℃]	456	폭발범위 [vol %]	1.4~7.6
용해도(물)	불용성/혼합되지 않음	용해도(용매)	알코올, 에터, 클로로폼, 벤젠에서 용해됨
NFPA 위험성 등급		그림문자	
건강위험성 : 1 화재위험성 : 3 반응위험성 : 0		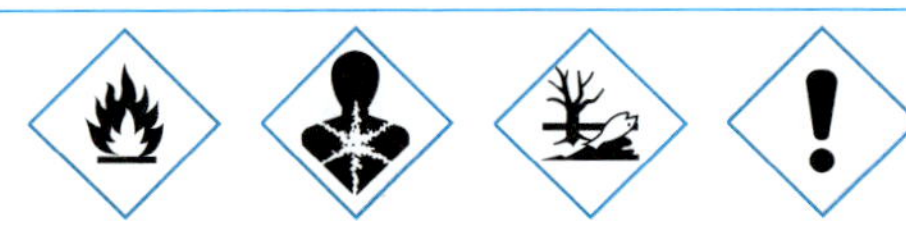	
		신호어	위험

(1) **일반적 성질**

① 상온·상압에서 휘발하기 쉬운 인화성 물질로서 포화탄화수소와 불포화탄화수소의 혼합물이다.

② 특이한 냄새를 지닌 노란색의 투명한 액체로서 물에 녹지 않고 벤젠, 에터, 알코올에는 녹는다.

③ 무연휘발유의 옥테인가 향상을 위해 승인된 물질은 MTBE(메틸터셔리뷰틸에터), 메테인올, 에테인올 등이다.

④ 대량일 경우에는 포 소화약제가 가장 좋으며 일반적으로 CO_2나 분말 소화약제를 이용한 질식 소화법이 적절하다.

(2) **용도** : 공업용 용제, 희석제, 세척제, 도료, 자동차 및 항공용 연료 등

4) 벤젠(benzene)

CAS No.	71-43-2	화학식	C_6H_6
성상	액체	색상	무색에서 밝은 노란색
냄새	휘발유 비슷한 냄새/다소 좋은 방향성 냄새	pH	-

분자량 [g/mol]	78.12	밀도 [g/cm³]	0.88
증기 밀도 (공기=1)	2.77	비중 (물=1)	0.88
증기압	74.63mmHg (20℃)	분해 온도 [℃]	–
비등점 [℃]	80	융해점 [℃]	5.5
인화점 [℃]	−11.11	인화성	IB(인화성 액체)
자연발화온도 [℃]	497.78	폭발범위 [vol %]	1.2~7.8
용해도(물)	불용성/혼합되지 않음	용해도(용매)	알코올, 클로로폼, 에터, 이황화탄소, 아세톤, 오일류, 사염화탄소, 아세트산, 대부분의 유기 용매류와 혼합됨
NFPA 위험성 등급		그림문자	
건강위험성 : 2 화재위험성 : 3 반응위험성 : 0			
		신호어	위험

(1) **일반적 성질**

① 휘발성이 있는 무색의 액체로서 방향족 특유의 방향이 있으며 인화성이 높다.

② 에테인올 및 에터와는 모든 비율로 혼합하며 대부분의 유기용매에 녹지만 물에 잘 안 녹는다.

③ 마취 작용이 있으며, 8시간 노동자의 공기 중 최대허용농도는 100ppm이다.

④ 불을 붙이면 그을음이 다량 발생하고 불꽃을 내며 탄다.

⑤ 증기는 공기보다 무겁고 불포화결합을 이루고 있다.

⑥ 유기물, 고무, 수지 등을 녹이는 성질을 가진다.

(2) **용도** : 합성수지, 합성섬유, 가소제, 염료, 합성세제, 합성고무, 살충제, 폭약, 의약품, 분석용 시약 등

7. 알코올류

1) 개요

(1) 친유성기인 알킬기와 친수성기인 수산기로 결합하여 있으며, 수소결합을 하므로 탄소수가 같은 알케인에 비해 비등점이 높다.

(2) 용해도는 탄소수가 많을수록 물에 대한 용해도가 작아지며, 용액은 수산기가 있지만, 물에 녹아 이온화되지 않으므로 중성이다.

(3) 기준은 1분자를 구성하는 탄소 원자의 수가 1개부터 3개까지만 포화1가 알코올(변성알코올 포함)이다. 변성알코올은 에틸알코올에 메틸알코올을 소량 첨가하여 음료로 사용하지 못 하게 한 것이다.

(4) **알코올류의 필수조건**

① 1분자를 구성하는 탄소 원자의 수가 1~3개까지 포화1가 알코올과 변성알코올인 것
② 20℃, 1기압에서 액체 상태인 것
③ 알코올의 함유량이 60 wt % 이상인 수용액인 것

(5) **알코올류에서 제외되는 경우**

① 알코올의 함량이 60 wt % 미만인 수용액
② 가연성 액체량이 60 wt % 미만이고 인화점 및 연소점이 에틸알코올 60 wt % 수용액의 인화점(22.2℃) 및 연소점을 초과하는 것

(6) **탄소수가 증가할 때 알코올의 일반적 성질**

① 인화점과 비등점이 상승한다.
② 증기 비중이 증가한다.
③ 분자량이 증가한다.
④ 연소범위가 낮아진다.
⑤ 발화점이 낮아진다.

2) 메틸알코올(methyl alcohol)

CAS No.	67-56-1	화학식	CH_3OH
성상	액체	색상	무색
냄새	알코올성 냄새/ 천연적일 때 자극적 냄새/ 순수할 때 특유의 알코올 냄새	pH	7.2
분자량 [g/mol]	32.04	밀도 [g/cm^3]	0.79
증기 밀도 (공기=1)	1.11	비중 (물=1)	0.81
증기압	127mmHg (25℃)	분해 온도 [℃]	-
비등점 [℃]	64.6	용해점 [℃]	-98
인화점 [℃]	11.11	인화성	IB(인화성 액체)
자연발화온도 [℃]	463.89	폭발범위 [vol %]	6~36.5
용해도(물)	20℃일 때 물에서 완전히 용해됨/혼합됨	용해도(용매)	에테인올, 에터, 벤젠, 대부분의 유기용매류, 케톤류와 혼합됨/아세톤, 클로로폼에 용해됨

<table>
<tr><th colspan="2">NFPA 위험성 등급</th><th colspan="2">그림문자</th></tr>
<tr><td rowspan="2">건강위험성 : 3
화재위험성 : 3
반응위험성 : 1</td><td rowspan="2">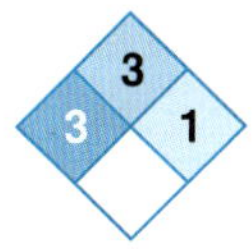</td><td colspan="2"></td></tr>
<tr><td>신호어</td><td>위험</td></tr>
</table>

(1) **일반적 성질**

① 무색투명한 유동성이 있는 휘발성, 가연성 및 자극이 있는 냄새의 액체로 독성이 있다.

② 물, 에테인올, 에터에 녹는다.

③ 에테인올과 메테인올은 알코올이라는 같은 부류의 물질이며, 성질이 비슷하다. 단지, 메테인올이 에테인올보다 탄소와 수소를 적게 포함하고 있어서 메테인올의 비등점이 에테인올보다 낮다.

④ 메테인올은 인체 내에 흡수 시, 간에서 폼알데하이드라는 물질로 변환되어 인체에 치명적이지만, 에테인올은 인체 내에 흡수되어 아세트알데하이드라는 독성이 상대적으로 적은 물질로 변화하여 음용할 수 있다.

⑤ 산화되면 폼알데하이드를 거쳐 최종적으로 폼산이 된다.

⑥ 소화 방법으로 포 소화약제를 사용할 경우, 화학포 및 기계포는 소포 되므로 알코올포를 사용한다.

(2) **용도** : 유기합성 원료, 자동차 내한 연료, 폼알데하이드의 제조, 에틸알코올의 변성제, 일반 용제, 기타 무연화약, 페인트, 바니시, 페인트 제거제, 광택제, 세탁제, 투명 비누, 소독 비누, 드라이클리닝, 가열용 및 조명용 연료의 성분, 향료, 에틸알코올의 일부 대용, 분석용 시약 등

3) 에틸알코올(ethyl alcohol)

CAS No.	64-17-5	화학식	C_2H_5OH
성상	매우 유동성 액체/ 휘발성 액체	색상	투명, 무색
냄새	달콤한, 순하고 다소 좋으며 포도주 혹은 위스키 비슷한 냄새	pH	-
분자량 [g/mol]	46.07	밀도 [g/cm^3]	0.79
증기 밀도 (공기=1)	1.59	비중 (물=1)	0.79

증기압	60mmHg (25℃)	분해 온도 [℃]	–
비등점 [℃]	78.3	융해점 [℃]	−117
인화점 [℃]	12.78	인화성	IB(가연성 액체)
자연발화온도 [℃]	363	폭발범위 [vol %]	3.3~19
용해도(물)	가용성/혼합됨	용해도(용매)	에터, 아세톤, 벤젠, 아세트산, 대부분의 유기용매류에서 혼합됨
NFPA 위험성 등급		그림문자	
건강위험성 : 1 화재위험성 : 3 반응위험성 : 0	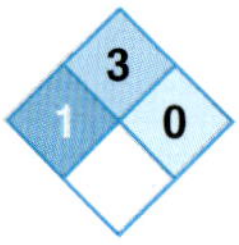		
		신호어	위험

(1) **일반적 성질**

① 특유의 냄새와 맛이 있는 무색의 액체로서 물, 그 밖의 알코올, 에터, 케톤, 클로로폼, 기타의 유기화합물에 녹는다.

② 탄화수소유 특히 휘발유와는 무수 상태에서는 완전히 녹아 합쳐지는데 물이 존재하면 두 개의 층으로 분리된다.

③ 단백질을 응고시키므로 소독, 살균 작용이 있다.

④ 알코올을 복용하면 초기에 흥분 상태로 되고 이어서 중추신경의 억제를 초래한다. 초기의 흥분은 대뇌의 저지 기능이 억제되는 것에 의해 생긴다. 알코올성 음료를 상용하면 습관성이 생기고 만성 중독이 된다.

(2) **용도** : 합성 음료, 용제, 연료, 부동액, 의약 외용 방부·살균약, 팅크제, 주정제, 주사제, 분석용 시약이나 용매 등

8. 제2석유류

1) 개요

(1) 등유, 경유 그 밖에 1기압에서 인화점이 21℃ 이상 70℃ 미만인 것을 말하며, 도료류 그 밖의 물품에 있어서 가연성 액체량이 40 wt % 이하이면서 인화점이 40℃ 이상인 동시에 연소점이 60℃ 이상인 것은 제외한다.

(2) 기준은 1기압에서 인화점이 21℃ 이상 70℃ 미만이다.

2) 등유(kerosene)

CAS No.	64742-81-0	화학식	$C_{10}H_{22}$~$C_{16}H_{34}$
성상	액체	색상	무색, 자주색
냄새	석유 냄새	pH	-
분자량 [g/mol]	142.1~226.16	밀도 [g/cm^3]	-
증기 밀도 (공기=1)	5.5	비중 (물=1)	0.79~0.82
증기압	2mmHg (20℃)	분해 온도 [℃]	-
비등점 [℃]	160~290	융해점 [℃]	> -45
인화점 [℃]	65~85	인화성	-
자연발화온도 [℃]	230	폭발범위 [vol %]	0.7~5
용해도(물)	불용성	용해도(용매)	-
NFPA 위험성 등급		그림문자	
건강위험성 : 1 화재위험성 : 3 반응위험성 : 0			
		신호어	위험

(1) 일반적 성질

① 비중 0.8 내외의 조금 휘발하기 어려운 탄화수소유로 소위 석유와 같은 특이한 냄새가 있다.

② 정제한 직류 제품은 무색이지만 불순한 것, 분해 제품 특히 시일이 지난 것 등은 담황색이나 다갈색이다.

③ 탄화수소 조성은 원유의 성질과 제조법에 따라 다르며 또 일반적으로 비등점 150~250℃의 성분이 주체이기는 하나 용도에 따라 비등점 범위가 다소 다르므로 이에 따라 성분이나 성질도 다르게 된다.

④ 황분의 함량은 0.1 wt % 이하로 규정하고 있다.

⑤ 상온·상압에서 안정한 인화성 액체이다.

(2) **용도** : 난방용, 동력용, 석유난로용 연료, 제트연료, 기계 세척용, 석유유제 원료, 페인트 용제 등

3) 경유(diesel)

CAS No.	68476-30-2	화학식	$C_{15}H_{32}$~$C_{20}H_{42}$
성상	액체	색상	연한 녹색
냄새	석유 냄새	pH	–
분자량 [g/mol]	212.15~282.2	밀도 [g/cm^3]	–
증기 밀도 (공기=1)	4~5	비중 (물=1)	0.82~0.85
증기압	2.5mmHg (50℃)	분해 온도 [℃]	–
비등점 [℃]	150~385	융해점 [℃]	−6
인화점 [℃]	50~70	인화성	–
자연발화온도 [℃]	252	폭발범위 [vol %]	1~6
용해도(물)	불용성	용해도(용매)	–
NFPA 위험성 등급		그림문자	
건강위험성 : 1 화재위험성 : 3 반응위험성 : 0			
		신호어	위험

(1) 일반적 성질

① 원유의 증류 때 등유와 중유 사이에서 유출하는 부분을 말한다.

② 비등점 범위는 거의 250~400℃로서 파라핀(메테인계탄화수소), 사이클로파라핀, 방향족 등의 각종 탄화수소 혼합물이며, 담황색이나 적갈색으로 착색하고 있는 것이 많다.

③ 분해 제품의 경우에는 올레핀(에틸렌 계열 탄화수소)도 포함하고 보통 세정 처리 또는 탈황을 하고 있지 않으므로 황의 홀원소 물질로서 1% 내외의 황화합물을 포함한다.

④ 물에 녹지 않으며, 석유계 용제에는 잘 녹는다.

(2) **용도** : 세정제, 경유 연료, 베너 연료, 흡수유, 오일가스 제조용, 열 또는 접촉분해 휘발유 제조용 등

9. 제3석유류

1) 개요

(1) 중유, 크레오소트유 그 밖에 1기압에서 인화점이 70℃ 이상 200℃ 미만인 것을 말하며, 도료류 그 밖의 물품은 가연성 액체량이 40 wt % 이하인 것은 제외한다.

(2) 기준은 1기압에서 인화점이 70℃ 이상 200℃ 미만이다.

2) 크레오소트유(creosote oil)

CAS No.	8001-58-9	화학식	–
성상	오일류 액체	색상	검은색에서 갈색/옅은 노란색에서 어두운 초록 갈색
냄새	나프텐 냄새/ 강한 타르 냄새	pH	–
분자량 [g/mol]	–	밀도 [g/cm^3]	1.03~1.1
증기 밀도 (공기=1)	>1	비중 (물=1)	1.07~1.08
증기압	42mmHg (20℃)	분해 온도 [℃]	–
비등점 [℃]	>180	용해점 [℃]	20
인화점 [℃]	74	인화성	Ⅱ와 ⅢA(가연성 액체)
자연발화온도 [℃]	336	폭발범위 [vol %]	
용해도(물)	불용성	용해도(용매)	알코올, 에터, 고정유, 휘발성 오일류, 탄화수소 용매류, 벤젠, 톨루엔에 혼합됨/글리세롤, 다이메틸설페이트, 염기성 수산화물 고정유류에 용해됨
NFPA 위험성 등급		그림문자	
건강위험성 : 2 화재위험성 : 2 반응위험성 : 0			
		신호어	위험

(1) 일반적 성질

① 미황색인 투명한 유액으로서 인화성 액체이다.

② 신맛과 탄 맛이 나는 점성 물질이다.

③ 금속에 대한 부식성이 강하고 살균 작용을 한다.

④ 빛에 강하게 굴절하고 연기 냄새가 나며 에터·클로로폼·식물유에 녹고 물에는 잘 녹지 않는다.

⑤ 타르산과 타르염기를 갖는 액상과 고형의 방향성 탄화수소로 구성되며, 물보다 무겁고 125~200°C 범위의 연속적 비등점을 갖는다.

⑥ 살균제로서는 페놀보다 약하고 독성이나 자극성도 약하다.

(2) 용도 : 목재 방부제, 어망 염료, 연료, 도료 등

3) 나이트로벤젠(nitrobenzene)

CAS No.	98-95-3	화학식	$C_6H_5NO_2$
성상	오일류 액체	색상	녹황색 결정(고체) 또는 노란색
냄새	휘발성 오일 아몬드 냄새/ 나이트로벤젠은 날카로운 구두약 냄새/ 구두약 같은 매운 냄새	pH	8.1
분자량 [g/mol]	123.11	밀도 [g/cm^3]	1.2
증기 밀도 (공기=1)	4.25	비중 (물=1)	1.2
증기압	0.15mmHg (20℃)	분해 온도 [℃]	-
비등점 [℃]	210.8	융해점 [℃]	5.7
인화점 [℃]	88	인화성	ⅢA(가연성 액체)
자연발화온도 [℃]	495.56	폭발범위 [vol %]	1.8~40
용해도(물)	불용성	용해도(용매)	알코올, 아세톤, 벤젠, 에터, 오일에 자유롭게 용해됨
NFPA 위험성 등급		그림문자	
건강위험성 : 3 화재위험성 : 2 반응위험성 : 1	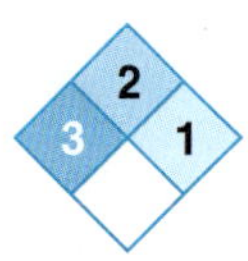		
		신호어	위험

(1) **일반적 성질**

① 특이한 향기가 있는 무색 흡습성의 액체이다.

② 대부분의 유기용제와 섞이며 물에는 잘 녹지 않는다.

③ 수용액은 달며 수증기와 함께 증발한다.

④ 환원으로 나이트로소 벤젠, N-페닐하이드록실아민을 거쳐 아닐린이 된다.

⑤ 전해 환원으로 약산중에서는 아닐린으로, 강산 중에서는 p-아미노페놀이 된다.

⑥ 독성이 강하고 티아노제를 일으키기 때문에 증기의 흡입, 액체에 접촉되는 것을 피한다.

(2) **용도** : 아닐린의 제조 원료, 염료 중간체의 원료, 염료 합성의 용제, 석유 공업에 있어서 선택 용제, 온화한 산화제 등

10. 제4석유류

1) 개요

(1) 기어유, 실린더유 그 밖에 1기압에서 인화점이 200℃ 이상 250℃ 미만의 것을 말하며, 도료류 그 밖의 물품은 가연성 액체량이 40 wt % 이하인 것은 제외한다.

(2) 기준은 1기압에서 인화점이 200℃ 이상 250℃ 미만의 것이다.

(3) **윤활유(lubricating oil)**

① 기계 부분 가운데 마찰을 많이 받는 부분의 마찰을 줄이기 위해 사용하는 기름

② **종류** : 석유계 윤활유, 합성윤활유, 혼성윤활유, 지방성 윤활유 등

③ **석유계 윤활유** : 기어유, 실린더유, 터빈유, 머신유(기계유), 모터유, 스핀들유(선반의 주축에 사용하며 윤활유 가운데 인화점이 가장 낮음) 등

(4) **가소제(plasticizer)**

① 소성이 가능하게 만드는 물질로서 인화점 200℃ 이상 250℃ 미만에 해당한다.

② **소성(plasticity)**은 물질에 힘이 작용하면 상태가 변하며 힘이 제거되면 변한 상태로 유지되는 성질인데 **탄성(elasticity)**은 그 반대 현상이다. **가소성**은 소성 가능한 성질을 말한다.

③ 가소제는 합성수지, 합성고무 등에 가소성을 주는 기름으로서 DOP(프탈산다이옥틸), DIDP(프탈산 다이아이소데실), TCP(프탈산 트라이크레실) 등이 있다.

(5) **기타 제4석유류**

① **방청유(rust preventive oil)** : 수분의 침투를 방지하여 철제의 부식을 막아주는 기름

② **담금질유(quenching oil)** : 인화점 200℃ 이상 250℃ 미만의 것이며, 인화점 70℃ 이상 200℃ 미만의 것은 제3석유류이다.

③ **전기절연유(insulating oil)** : 변압기 등에 쓰이는 광물유

④ **절삭유(cutting oil)** : 금속재료를 절삭가공할 때 공구와 재료와의 마찰열을 흡수하는 기름

2) 실린더유(cylinder oil)

CAS No.	64742-53-6	화학식	–
성상	액체	색상	진한 갈색
냄새	특이한 냄새	pH	–

분자량 [g/mol]	–	밀도 [g/cm^3]	0.92
증기 밀도 (공기=1)	–	비중 (물=1)	0.92
증기압	–	분해 온도 [℃]	–
비등점 [℃]	240~424	융해점 [℃]	-63
인화점 [℃]	124	인화성	–
자연발화온도 [℃]	–	폭발범위 [vol %]	–
용해도(물)	불용성	용해도(용매)	–
NFPA 위험성 등급		그림문자	
건강위험성 : 1 화재위험성 : 1 반응위험성 : 0			
		신호어	경고

(1) **일반적 성질**

① 고온의 과열 증기에 대해 사용되는 과열 실린더유는 인화점이 높고 온도에 의한 점성도 변화가 적으며 증발성이 적어야 하는 등의 조건이 필요하다.

② 실린더유 규격에서는 98.9℃의 점성도에 의해 1호(90 실린더유), 2호(120 실린더유) 및 3호(과열 실린더유)의 3종류를 규정하고 있다.

③ 대표적인 고점성도유로서 진한 갈색의 투명한 인화성 액체이다.

④ 물에 녹지 않으며, 나프타, 벤젠, 톨루엔, 유기용제에는 잘 녹는다.

(2) **용도** : 고 하중·고온부용 윤활유, 각종 기어유 등

3) 윤활기유(base oil)

CAS No.	64742-54-7	화학식	–
성상	액체	색상	무색
냄새	탄화수소 냄새	pH	–
분자량 [g/mol]	–	밀도 [g/cm^3]	0.84~0.94
증기 밀도 (공기=1)	–	비중 (물=1)	0.84~0.94
증기압	–	분해 온도 [℃]	–
비등점 [℃]	150~160	융해점 [℃]	–
인화점 [℃]	>124	인화성	–
자연발화온도 [℃]	–	폭발범위 [vol %]	0.9~7
용해도(물)	불용성	용해도(용매)	–

NFPA 위험성 등급		그림문자	
건강위험성 : 1 화재위험성 : 1 반응위험성 : 0			
		신호어	경고

(1) **일반적 성질**

① 무색투명한 인화성 액체로서 탄화수소 냄새가 난다.

② 종류는 방향족계, 나프텐계, 파라핀계 등으로 구분한다.

③ 물에 녹지 않으며, 나프타, 벤젠, 톨루엔, 유기용제에는 잘 녹는다.

④ 상온·상압에서 안정한 물질이다.

⑤ 강산화제와 접촉하면 발화할 수 있다.

(2) **용도** : 산업유, 자동차용 엔진유, 선박 엔진유, 화이트 오일 제조 등

11. 동식물 유류

1) 개요

(1) 동물의 지육 또는 식물의 종자나 과육으로부터 추출한 것으로서 1기압에서 인화점이 250℃ 미만인 것을 말한다. 단, 규정에 따라 행정안전부령이 정하는 용기 기준과 수납·저장기준에 따라 수납되어 저장·보관되고 용기의 외부에 물품의 통칭 명, 수량 및 화기엄금의 표시가 있는 경우를 제외한다.

(2) 기준은 동물의 지육 등 또는 식물의 종자나 과육으로부터 추출한 것이다.

(3) **제외대상** : 행정안전부령으로 정하는 용기 기준과 수납·저장기준에 따라 수납되어 저장·보관되고 용기의 외부에 물품의 통칭 명, 수량 및 화기엄금(화기엄금과 동일한 의미를 갖는 표시를 포함한다)의 표시가 있는 경우(위험물안전관리법 시행령 별표1)

(4) **일반성질**

① 물보다 대체로 가볍다.

② 무색·무취의 인화성 액체이다.

③ 장기간 저장하면 악취가 난다.

④ 불순물이 함유된 동식물 유는 황색이나 적갈색으로 착색된다.

⑤ 물에 녹지 않고 벤젠, 톨루엔, 이황화탄소, 에터에는 잘 녹는다.

⑥ 동식물 유의 **아이오딘값**(또는 **옥소값**)은 불포화결합의 정도를 나타내는 척도로 사용하는데 유지 100g에 부가되는 아이오딘의 g 수로서 단위는 없고 숫자로만 표시한다. 일반적으로 아이오딘값이 크다는 것은 탄소 간에 이중결합이 많고 불포화도가 크다는 것을 의미한다.

구분	건성유	반건성유	불건성유
아이오딘값	130 이상	100~130	100 이하

⑦ 상온에서 인화의 위험성은 없지만 가열하면 연소한다.
⑧ 자연발화의 위험성이 크다.
⑨ 공기 중에서 불포화유는 산화반응이 일어나기 때문에 위험하다.
⑩ 300℃ 이상 가열하면 열분해가 일어난다.
⑪ 일반적으로 인화점은 200~280℃ 정도이다.

2) 바이오 경유(biodiesel oil)

CAS No.	67762-38-3	화학식	-
성상	액체	색상	황갈색
냄새	탄화수소 냄새	pH	-
분자량 [g/mol]	>290	밀도 [g/cm^3]	0.875~0.855 (20℃)
증기 밀도 (공기=1)	-	비중 (물=1)	0.875~0.855 (20℃)
증기압	17.98Pa (125.6℃)	분해 온도 [℃]	-
비등점 [℃]	200	융해점 [℃]	-6
인화점 [℃]	170	인화성	-
자연발화온도 [℃]	250	폭발범위 [vol %]	-
용해도(물)	불용성	용해도(용매)	-
NFPA 위험성 등급		그림문자	
건강위험성 : 1 화재위험성 : 1 반응위험성 : 0			
		신호어	경고

(1) 일반적 성질

① 탄화수소 냄새를 지닌 투명한 인화성 액체이다.
② 물에 녹지 않으며, 나프타, 벤젠, 톨루엔, 유기용제에는 잘 녹는다.
③ 저온 점도가 우수하여 한냉지의 경유 엔진유로 적합하다.
④ 분해 시 질소화합물, 일산화탄소가 생성된다.

⑤ 강산화제와 접촉하면 발화할 수 있다.
⑥ 증기와 공기가 혼합하면 인화점 이상에서 폭발할 수 있다.
⑦ 물과 반응하지 않으며 물과 기름층이 비중 차이에 따라 분리된다.

(2) **용도** : 자동차 연료용, 난방 연료용 등

3) 건성유

구분	품명	원료	아이오딘값	인화점(℃)	용도
식물유	해바라기유	해바라기 씨	125~136	235	식용
	동유	오동 종자	145~176	289	도료
	아마인유	아마의 씨	170~204	222.2	도료
	들기름	들깨	192~208	279	식용·도료
동물유	정어리기름	정어리	154~196	224	경화유

(1) 아이오딘값 130 이상으로서 공기 중에서 단단한 피막을 만들며, 헝겊, 종이에 베어 공기 중에서 자연 발화한다.
(2) 건성유 가운데 들기름의 아이오딘값이 192~208로서 가장 크다.
(3) 동물유에는 정어리유, 대구유, 상어유 등이 있으며, 식물유에는 해바라기유, 동유, 아마인유, 들기름 등이 있다.

4) 반건성유

(1) 아이오딘값이 100~130 정도로서 건성유보다는 공기 중에서 만드는 피막이 얇다.
(2) 채종유 중에서 개자유의 인화점은 46℃ 정도이며, 동물유에는 청어유가 있고 식물유에는 쌀겨기름, 면실유, 채종유, 옥수수기름, 참기름, 콩기름 등이 있다.

구분	품명	원료	아이오딘값	인화점(℃)	용도
동물유	청어유	청어	123~146	224	경화유
식물유	쌀겨기름	쌀겨	92~115	234	식용·비누
	면실유	목화씨	99~113	252	식용
	채종유	채소 씨	97~107	163	식용·담금질유·윤활유
	옥수수기름	옥수수	109~133	254	식용
	참기름	참깨	104~116	255	식용·약품
	콩기름	콩	117~141	282	식용

5) 불건성유

(1) 아이오딘값이 100 이하로서 공기 중에서 건성유, 반건성유처럼 피막을 만들지 않고 안정된 기름이다.

(2) 불건성유 가운데 야자유의 아이오딘값이 7~10 정도로 가장 작으며, 동물유에는 쇠기름, 돼지기름, 고래기름 등이 있고 식물유에는 피마자유, 올리브유, 팜유, 땅콩기름, 야자유 등이 있다.

구분	품명	원료	아이오딘값	인화점(℃)	용도
식물유	피마자유	아주까리의 씨	81~86	229	브레이크유·약용·화장품·도료
	올리브유	올리브 열매	79~90	225	약용·화장품
	팜유	팜의 열매	51~57	162	식용·비누
	낙화생기름	땅콩	84~102	282	식용·약용
	야자유	야자	7~10	216	비누·고급 알코올의 원료·라우린산
동물유	어유	바닷고기 어체	92~150	220	경화유

제6절 제5류 위험물[1)2)]

1. 정의

1) 제5류 위험물은 **자기 반응성 물질(self-reactive substance)**이다.

2) **자기 반응성 물질**은 고체 또는 액체로서 폭발의 위험성 또는 가열 분해의 격렬함을 판단하기 위하여 고시로 정하는 시험에서 고시로 정하는 성질과 상태를 나타내는 것이다.

3) 제5류 제11호의 물품에 있어서는 유기과산화물을 함유하는 것 중에서 불활성 고체를 함유하는 것으로서 다음 각목의 1에 해당하는 것은 제외한다.

(1) 과산화벤조일의 함유량이 35.5 wt % 미만인 것으로서 전분, 황산칼슘2수화물 또는 인산1수소칼슘2수화물과의 혼합물

(2) 비스(4클로로벤조일)퍼옥사이드의 함유량이 30 wt % 미만인 것으로서 불활성 고체와의 혼합물

1) 이해평, 박영주, 위험물질론, 도서출판 화수목(2015).
2) 이해평, 박영주, 위험물 안전관리, 도서출판 화수목(2015).

(3) 과산화지크밀의 함유량이 40 wt % 미만인 것으로서 불활성 고체와의 혼합물
(4) 1·4비스(2-터셔리뷰틸퍼옥시아이소프로필)벤젠의 함유량이 40 wt % 미만인 것으로서 불활성 고체와의 혼합물
(5) 사이클로헥세인올퍼옥사이드의 함유량이 30 wt % 미만인 것으로서 불활성 고체와의 혼합물

2. 성질

1) 분자 내에 산소를 함유하고 있으므로 자기 스스로 연소한다.
2) 가연성 고체 또는 액체로서 비중이 1보다 크다.
3) 공기 중에 저장하면 시간이 지남에 따라 분해하여 자연발화의 위험성이 높다.
4) 대부분 유기 질화물이므로 직사광선, 가열, 충격, 마찰, 타격 등에 의해 발화되거나 폭발할 수 있다.
5) 연소속도가 매우 빠르고 폭발성이 강하다.
6) 대부분 물에 녹지 않으며, 물과의 반응성이 약하다.
7) 유기과산화물을 제외하고 대부분 유기 질소 산화물로서 연소하기 쉬운 물질이다.

3. 저장 및 취급

1) 유기과산화물이 누출되면 팽창질석이나 팽창 진주암과 같은 불연성 물질을 이용하여 흡수하거나 혼합해서 제거한다.
2) 저장 용기의 파손 및 균열에 주의하고 누출을 방지한다.
3) 유기과산화물을 흡수한 흡수제를 수거할 경우, 강철제의 공구를 사용하면 안 된다.
4) 직사광선을 피하고 적정한 온도와 습도를 유지하며 통풍이 잘되는 장소에 저장한다.
5) 용기는 밀전·밀봉하고 포장 외부에 '화기엄금', '충격주의' 등의 주의사항 표시를 한다.
6) 화재 발생 시 소화가 곤란하므로 안전을 위해서 저장·취급 시 작은 양으로 분리·저장한다.
7) 다른 위험물과 같은 장소에 저장하지 않는다.
8) 발화원, 열기 또는 분해 촉진물질로부터 멀리한다.
9) 가연물, 산화제, 환원제, 강산 등과 혼합을 금지한다.
10) 눈이나 피부에 접촉 시 중성세제나 다량의 물로 씻는다.

4. 품명 및 지정수량

위험등급	품명	지정수량
I	1. 유기과산화물	10kg
	2. 질산에스터류	10kg
II	3. 나이트로화합물	200kg
	4. 나이트로소화합물	200kg
	5. 아조화합물	200kg
	6. 다이아조화합물	200kg
	7. 하이드라진 유도체	200kg
	8. 하이드록실아민	100kg
	9. 하이드록실아민염류	100kg
I, II	10. 그 밖에 행정안전부령으로 정하는 것 11. 제1호 또는 제10호의 1에 해당하는 어느 하나 이상을 함유한 것	10kg, 100kg 또는 200kg

5. 유기과산화물(organic peroxide)

1) 개요

(1) 2가의 -O-O-기를 갖는 유기 산화물로서 과산화수소의 1개 또는 2개의 수소 원자가 유기 라디칼에 의해 치환된 과산화수소의 유도체이다.

(2) 대부분 불안정한 자기반응성 물질이며 반응성이 매우 크다.

(3) 쉽게 분해되며 활성산소를 발생한다.

(4) 자기발열 분해를 일으킬 수 있으며, 급격한 연소가 진행되면 어떤 조건에서도 폭발적으로 분해가 일어난다.

(5) 열역학적으로 불안정한 화합물로서 다른 물질과 반응을 하면 매우 위험하다.

(6) 직사광선을 피하고 통풍이 잘되는 냉암소에 보관하며 불티, 불꽃, 기타 발화원의 접근을 피한다.

(7) 저장 용기는 충격, 마찰, 타격, 낙하에 주의하며, 저장소로부터 충분한 이격거리를 확보해서 폭발사고를 예방한다.

(8) 가소제, 물, 불활성 유기용매 등으로 희석하여 농도를 낮춰 취급한다.

(9) 누설되면 팽창질석이나 팽창 진주암으로 액체를 흡수하고 고체는 혼합해서 처리한다.

(10) 유기과산화물의 등급

등급	제제
Ⅰ등급	폭연은 발생할 수 있지만, 폭굉은 발생하지 않는 유기과산화물 및 그 제제로 된 물질
Ⅱ등급	인화점이 38℃ 미만인 인화성 물질과 같이 급격하게 연소하는 유기과산화물 및 그 제제로 된 물질
Ⅲ등급	인화점이 38℃ 이상 60℃ 미만인 인화성 물질과 같은 연소 특성이 있는 유기과산화물 및 그 제제로 된 물질
Ⅳ등급	진화하기 쉽고 반응성이 화재에 영향을 미치지 않는 유기과산화물 및 그 제제로 된 물질
Ⅴ등급	일반 가연물보다 연소가 잘 안 되는 유기과산화물 및 그 제제로 된 물질

2) 과산화벤조일 또는 벤조일퍼옥사이드(benzoyl peroxide, BPO)

CAS No.	94-36-0	화학식	$(C_6H_5CO)_2O_2$
성상	고체(결정 또는 분말)	색상	무색에서 백색
냄새	약한 벤즈알데하이드 비슷한 냄새	pH	–
분자량 [g/mol]	242.24	밀도 [g/cm^3]	1.334
증기 밀도 (공기=1)	8.4	비중 (물=1)	1.334
증기압	＜0.00005mmHg (25℃)	분해 온도 [℃]	–
비등점 [℃]	350	융해점 [℃]	103~105
인화점 [℃]	80	인화성	–
자연발화온도 [℃]	80	폭발범위 [vol %]	–
용해도(물)	불용성	용해도(용매)	에틸 에터, 에테인올, 아세톤, 거의 모든 유기용매류에 용해/알코올에 드물게 용해/벤젠, 클로로폼, 에터에 용해/식물성 기름에 약간 용해
NFPA 위험성 등급		그림문자	
건강위험성 : 1 화재위험성 : 4 반응위험성 : 4	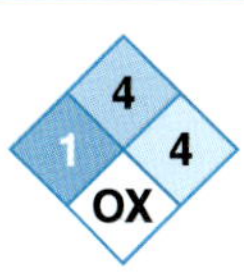		
		신호어	위험

(1) 일반적 성질

① 물에는 녹지 않지만, 에터 등의 유기용제에는 잘 녹는다.

② 백색 결정으로서 무취의 자기반응성 물질이다.

③ 순도가 높은 것은 딱딱한 분말상 결정이다.

④ 가열하면 분해하여 폭발하므로 위험하지만, 용액 속에서는 열분해로 페닐 라디칼과 벤조에이트 라디칼을 생성한다.

(2) **용도** : 중합 개시제, 표백제, 소맥분의 개량제 등

6. 질산에스터류(nitric ester)

1) 개요

(1) 일반식 $RONO_2$로 표시되는 화합물로서 알코올, 탄수화물과 같이 수산기를 갖는 화합물과 질산에서 물을 분리하여 생성하는 화합물이다.

(2) 가열 또는 충격으로 폭발하기 쉬운 것이 많다.

(3) 가수분해가 일어나면 원래의 알코올류와 질산이 된다.

(4) 자연 분해되어 산화질소를 발생하는 경향이 있으므로 무연화약과 같이 질산에스터를 주로 하는 화약 및 다이너마이트와 같은 폭약은 저장 중에 그 안정성에 대해 충분히 주의할 필요가 있다.

(5) 저장할 때는 열이나 충격을 피해야 한다.

2) 나이트로 글리세롤(nitroglycerol, NG)

CAS No.	55-63-0	화학식	$C_3H_5(NO_3)_3$
성상	액체 혹은 고체	색상	무색~노란색
냄새	무취	pH	–
분자량 [g/mol]	227.09	밀도 [g/cm^3]	1.59
증기 밀도 (공기=1)	7.8	비중 (물=1)	1.6
증기압	2.0×10^{-4}mmHg (20℃)	분해 온도 [℃]	–
비등점 [℃]	218	융해점 [℃]	13
인화점 [℃]	–	인화성	–
자연발화온도 [℃]	270	폭발범위 [vol %]	–
용해도(물)	불용성	용해도(용매)	포타슘 에터, 포타슘 용액, 글리세롤에서 조금씩 용해됨/아세트산, 나이트로벤젠, 피리딘, 에틸렌 브로민화물, 다이클로로에틸렌, 에틸아세트산과 함께 혼합됨/알코올, 에터에 용해됨

NFPA 위험성 등급		그림문자	
건강위험성 : 2 화재위험성 : 3 반응위험성 : 4	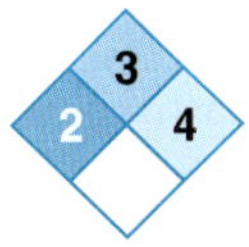		
		신호어	위험

(1) **일반적 성질**

① 나이트로 글리세롤은 다량으로 취급되는 폭발성 물질 중에서 가장 폭발하기 쉬운 위험한 것이기 때문에 그 제조, 사용에는 충분한 주의가 필요하다.

② 일반적으로 그대로의 운반이나 수송은 금지되어 있다.

③ 나이트로 글리세롤은 피부나 점막에서 체내로 흡수되어 혈관을 확장하는 작용을 하므로 그 취급 중에 두통을 일으키거나 심할 때는 발열이나 현기증을 일으킨다.

④ 아세톤, 메테인올, 에터, 벤젠이나 기타의 유기용제에 잘 녹는다.

⑤ 질산에 녹고 황산에서는 분해하여 질산을 생성하며, 수산화 알칼리에서도 가수분해된다.

⑥ 소량의 산이 있으면 분해하기 쉽지만 순수한 것은 50℃ 이하에서는 안정하다.

⑦ 개방 상태에서 그 소량에 불을 붙였을 때는 연소할 뿐이며 양이 많아지고 또 밀폐 상태에서는 폭발한다.

⑧ 충격이나 마찰에 의해서는 매우 폭발하기 쉽다. 동결한 것은 액상의 것보다도 둔감하지만, 양자가 섞여 있는 것은 마찰 등에 대해서 위험하다.

(2) **용도** : 다이너마이트, 무연화약, 의약품 등

3) 나이트로글라이콜(nitroglycol)

CAS No.	628-96-6	화학식	$C_2H_4(ONO_2)_2$
성상	유성 액체	색상	무색에서 노란색
냄새	무취	pH	–
분자량 [g/mol]	152.06	밀도 [g/cm^3]	1.49
증기 밀도 (공기=1)	5.2	비중 (물=1)	1.49
증기압	7Pa (20℃)	분해 온도 [℃]	–
비등점 [℃]	114	융해점 [℃]	–22
인화점 [℃]	215	인화성	–
자연발화온도 [℃]	257	폭발범위 [vol %]	–

<table>
<tr><td>용해도(물)</td><td>불용성</td><td>용해도(용매)</td><td>알코올, 에테르, 사염화탄소, 벤젠, 톨루엔, 아세톤, 희석된 염기에서 용해됨/대부분의 유기용매와 혼합됨</td></tr>
<tr><td colspan="2">NFPA 위험성 등급</td><td colspan="2">그림문자</td></tr>
<tr><td rowspan="2">건강위험성 : 2
화재위험성 : 1
반응위험성 : 4</td><td rowspan="2"></td><td colspan="2"></td></tr>
<tr><td>신호어</td><td>위험</td></tr>
</table>

(1) **일반적 성질**

① 많은 유기용제에 잘 녹는다.

② 증기에 발화하면 연소하는데 급격히 가열하거나 가압 하에 가열하면 폭발한다.

③ 완전 산화되기 때문에 폭발열은 나이트로 글리세롤보다도 크고, 1,750kcal/kg 정도로서 매우 강력한 폭약이다.

④ 염기에 의하여 가수분해된다.

⑤ 취급하는 사람에게 심한 두통을 일으키게 한다.

(2) **원료** : 에틸렌글라이콜

(3) **제법** : 나이트로 글리세롤의 제법에 따라 거의 물을 포함하지 않는 혼합산 중에 에틸렌글라이콜을 분무상으로 하여 주입하고 나이트로화한다.

(4) **용도** : 다이너마이트 제조 등

7. 나이트로화합물(nitro compound)

1) 개요

(1) 알킬기와 페닐기 등의 탄소 원자에 $-NO_2$가 직접 결합한 유기화합물을 나이트로화합물이라고 한다.

(2) 나이트로화합물은 지방족에도 있지만, 화약류로서 중요한 것은 방향족의 나이트로화합물이고 나이트로기가 한 개 결합한 것을 모노 나이트로화합물, 2개의 나이트로기가 결합한 것은 다이나이트로화합물, 3개의 나이트로기가 결합한 것은 트라이나이트로화합물이라 한다.

(3) 한 개 또는 두 개의 나이트로기가 있는 것은 폭발성이 극히 적거나 약간의 폭발성을 띠고 있으므로 폭약의 용도에 사용할 수 없지만 3개의 나이트로기가 결합한 트라이나이트로화합물은 강한 폭발성을 가지고 있어서, 구조상 화학적으로 안전한 까닭으로 보존에

유리하다.

(4) 지방족 나이트로화합물은 일반적으로 향기가 나는 무색 액체로, 물에 잘 녹지 않으나 보통의 유기용매에는 녹는다. 비중이 1보다 큰 것, 독성을 가진 것이 많다.

(5) 3개 이상의 나이트로기를 가진 방향족 나이트로화합물은 일반적으로 노란색 또는 붉은색 물질이며, 방향족 탄화수소에 진한 질산 또는 혼산(진한 질산과 진한 황산)을 반응시키면 얻어진다.

2) 트라이나이트로톨루엔(trinitrotoluene, TNT)

CAS No.	118–96–7	화학식	$C_6H_2CH_3(NO_2)_3$
성상	분할된 고체	색상	무색부터 노란색
냄새	무취	pH	–
분자량 [g/mol]	227.13	밀도 [g/cm^3]	1.65
증기 밀도 (공기=1)	7.85	비중 (물=1)	1.7
증기압	8.02×10^{-6}mmHg (25℃)	분해 온도 [℃]	–
비등점 [℃]	240	융해점 [℃]	80.1
인화점 [℃]	2	인화성	가연성
자연발화온도 [℃]	475	폭발범위 [vol %]	–
용해도(물)	불용성	용해도(용매)	에테인올에 약간 용해됨/에틸 에터에 용해됨/벤젠, 톨루엔, 피리딘에 매우 잘 용해됨/뜨거운 빙하 아세틱벤젠과 아세톤에 용해됨
NFPA 위험성 등급		그림문자	
건강위험성 : 2 화재위험성 : 4 반응위험성 : 4	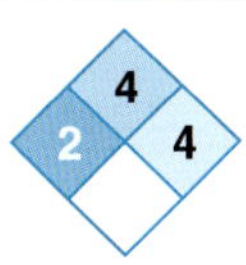		
		신호어	위험

(1) **일반적 성질**

① 벤젠에 쉽게 녹으며 에테인올에 상당히 잘 녹는다.

② 가열, 충격, 마찰 등에 의해 폭발한다.

③ 발화점은 약 230℃이지만 염기가 더해지면 낮아진다.

④ 햇빛에 의해 다갈색으로 변한다. 이것은 분자 내 전이로 퀴논옥심 유도체를 생성하기 때문이라고 하는데, 폭약으로서의 성질에는 거의 변화가 확인되지 않는다.

(2) **용도** : 군용 폭약, 아마톨로, 공업 폭약 등

8. 나이트로소화합물(nitroso compound)

1) 개요

(1) 나이트로소기 −NO를 가지는 화합물로 일반식 RNO(R은 알킬기 또는 아릴기)로 나타낸다.

(2) 백색 또는 담황색의 결정이고 특유의 강한 냄새가 있다. 결정 상태의 나이트로소화합물은 이합체이고 용융하거나 증기나 용액은 단위체로 분리하여 녹색이나 청색이 된다.

(3) 주석, 아연, 철, 염화주석(Ⅱ) 등에서 환원하거나 접촉 환원하면 아민이 된다.

(4) 염기성에서 환원하면 조건에 따라 아족시화합물, 아조화합물 혹은 하이드라조 화합물이 된다.

(5) 질산, 과산화수소, 과망가니즈산 포타슘 등에서 산화하면 나이트로화합물이 된다.

(6) 1차 아민, 방향족 하이드록실아민, 활성 메틸렌기를 가진 화합물과 축합하여 각각 아조화합물, 아족시화합물, 시프염기형의 화합물을 생성한다.

2) 파라다이나이트로소벤젠(p-dinitrosobenzene)

CAS No.	105-12-4	화학식	$C_6H_4(NO)_2$
성상	고체(분말)	색상	황갈색
냄새	–	pH	–
분자량 [g/mol]	136.11	밀도 [g/cm^3]	–
증기 밀도 (공기=1)	–	비중 (물=1)	1.31
증기압	2.04mmHg (25℃)	분해 온도 [℃]	–
비등점 [℃]	164.37	융해점 [℃]	64.11
인화점 [℃]	–	인화성	–
자연발화온도 [℃]	–	폭발범위 [vol %]	–
용해도(물)	불용성	용해도(용매)	에터, 벤젠, 에틸알코올에 용해
NFPA 위험성 등급		그림문자	
건강위험성 : 1 화재위험성 : 3 반응위험성 : 3	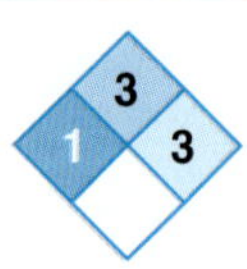		
		신호어	경고

(1) **일반적 성질**

① 물에는 녹지 않지만, 에터, 벤젠, 에틸알코올에는 잘 녹는다.

② 황갈색 분말인 자기 연소성 고체이다.

③ 분진이 공기와 혼합하면 발화·폭발의 위험이 크다.
④ 연소속도가 매우 빠르고 폭발성이 강하다.
⑤ 가열, 충격, 마찰 등에 의해 발화·폭발의 가능성이 있다.

(2) **용도** : 합성고무 개량제, 다이옥시움 제조, 고무가황제의 촉매 등

9. 아조화합물(azo compound)

1) 개요

(1) 아조기 −N=N−를 가지는 유기화합물의 총칭으로서 노란색, 오렌지색, 적색 계통의 색상을 띤다.
(2) 아조기는 발색단으로서 뛰어나기 때문에 염료로서 중요한 것이 많다. 염료색소로서 중요한 아조화합물도 아조기가 2개의 방향족 고리와 결합해 있으나, 아조메테인과 같이 아조기가 알킬기와 결합해 있는 것도 알려져 있다.
(3) 아조기의 질소는 120°에 가까운 결합각을 가지고 있어서 *cis*형과 *trans*형의 2종의 기하 이성질체가 가능한데, 대부분 안정한 *trans*형으로서 존재한다.
(4) 아조화합물에 이름을 붙일 때는, 양쪽 치환기가 같은 대칭인 화합물은 탄화수소명 앞에 아조를 붙여서 아조벤젠·아조메테인 등으로 하고, 양쪽 치환기가 다른 경우에는 벤젠아조메테인과 같이 두 탄화수소명 사이에 아조를 넣어 명명한다.
(5) 빛과 열의 작용으로 인해 이성화 반응을 일으킨다.

2) 아조벤젠(azobenzene)

CAS No.	103-33-3	화학식	$C_6H_5N=NC_6H_5$
성상	고체(결정)	색상	노란색에서 주황색까지
냄새	무취	pH	–
분자량 [g/mol]	182.22	밀도 [g/cm^3]	–
증기 밀도 (공기=1)	6.3	비중 (물=1)	1.203 (20℃)
증기압	0.000361mmHg (25℃)	분해 온도 [℃]	–
비등점 [℃]	293	융해점 [℃]	68
인화점 [℃]	123	인화성	–
자연발화온도 [℃]	–	폭발범위 [vol %]	–
용해도(물)	불용성	용해도(용매)	알코올, 에터, 아세트산, 리그로인에 용해

NFPA 위험성 등급		그림문자	
건강위험성 : 1 화재위험성 : 0 반응위험성 : 0	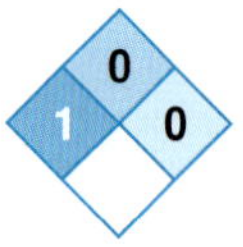		
		신호어	위험

(1) **일반적 성질**

① 알코올, 에터, 아세트산, 리그로인에 녹고 물에 잘 안 녹는다.

② 진한 황산에서 설폰화하고 염기성 환원으로 하이드라조 벤젠으로, 아연과 아세트산으로 환원하면 아닐린으로 된다.

③ 주석, 염산에서 벤지딘을 생성하고 아세트산 중 산화크로뮴(Ⅳ)에서 아족시벤젠으로 된다.

④ *trans*형과 *cis*형 2종의 기하이성질체가 있는데 *trans*형은 오렌지색 결정으로, 나이트로벤젠을 아연과 수산화나트륨에 의해 환원시키면 생긴다. *cis*형도 *trans*형과 마찬가지로 오렌지색 결정이나, 불안정하여 상온에서 점차 *trans*형으로 된다. *trans*형에 빛을 쬐면 *cis*형이 생긴다.

(2) **용도** : 염료, 광학재료, 광이성화, 액정의 광스위치 등

10. 다이아조화합물(diazo compound)

1) 개요

(1) 질소 2개가 연결된 다이아조기를 가지는 화합물이고 방향족 다이아조화합물은 다이아조늄염과 다이아조산염을 총칭한다.

(2) 다이아조화합물에는 폭발성을 가진 것이 많고, 특히 고체인 것은 위험하다.

(3) 보통 다이아조화반응은 다량의 액체 속에서 행해지므로 문제가 없지만, 고체가 석출되는 경우가 있으면 매우 위험하다.

(4) 다이아조늄염은 빛에 의해 분해되기 쉬우며, 또 가열이나 충격으로 격렬하게 폭발한다.

(5) 다이아조늄염의 수용액에 염기를 첨가하면 다이아조산염을 생성하며, 산을 첨가하면 다이아조늄염으로 환원된다.

(6) 각종 아니오노이드 시약과 반응하여 방향족 치환체를 생성한다.

2) 다이아조메테인(diazomethane)

CAS No.	334-88-3	화학식	CH_2N_2
성상	기체	색상	노란색
냄새	퀴퀴한 냄새	pH	–
분자량 [g/mol]	42.04	밀도 [g/cm^3]	1.45
증기 밀도 (공기=1)	1.4	비중 (물=1)	1.45
증기압	3,940mmHg (25℃)	분해 온도 [℃]	–
비등점 [℃]	–23	융해점 [℃]	–145
인화점 [℃]	–	인화성	인화성
자연발화온도 [℃]	100	폭발범위 [vol %]	–
용해도(물)	반응성	용해도(용매)	에틸알코올, 에틸 에터에 약간 용해/에터, 벤젠, 다이옥세인, 알코올에 용해
NFPA 위험성 등급		그림문자	
건강위험성 : 3 화재위험성 : – 반응위험성 : –	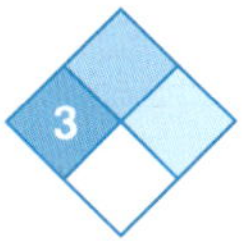		
		신호어	위험

(1) 일반적 성질

① 유독한 황색 기체로서 액화한 것 및 진한 용액은 폭발하기 쉽고, 기체 상태인 것도 100℃에서 폭발한다.

② 유리의 거친 면은 폭발을 일으키기 쉬우므로 돌려 끼우는 유리 기구는 피해야 한다.

③ 에터, 다이옥세인에 녹지만, 물, 에테인올이 혼재하면 급속하게 분해한다.

④ 보통, 에터 용액으로 사용하고, 저온에서는 비교적 안정하다.

⑤ 산, 페놀, 에놀 등의 산성 수소와 반응하여 메틸에스터, 에터 등이 된다.

⑥ 150℃로 가열하면 폭발하고, 불순한 경우에는 훨씬 낮은 온도에서도 폭발한다.

(2) **용도** : 메틸화 시제 등

11. 하이드라진 유도체(hydrazine derivatives)

1) 개요

(1) 하이드라진은 질소와 수소의 화합물로서 공기 중에서 발연하는 무색의 액체로 암모니아와 비슷한 냄새가 난다.

(2) 금·은·구리·백금 등의 금속이온을 금속 상태까지 환원시키는 특징이 있다.

(3) 밀폐하여 냉암소에 두면 몇 년 동안은 안정하나 180℃ 정도로 가열하면 질소와 암모니아로 분해한다. 또 350℃ 이상으로 가열하거나 자외선을 조사하면 질소와 수소로 분해한다. 공기 속에서는 보라색 불꽃을 내며 탄다.

(4) 공기 중에서 가열하면 약 180℃에서 암모니아, 질소를 만들고 분해한다.

(5) 백금, 텅스텐 선의 존재 하에서 가열하든가, 또는 자외선을 쪼임으로써 암모니아, 질소 및 수소가 생긴다.

(6) 환원성이 대단히 강하고 할로젠, 질산, 과망가니즈산 포타슘, 크로뮴산 포타슘과 격렬하게 반응하며, 황, 인은 녹아서 반응한다.

(7) 니켈(Ⅱ), 백금(Ⅱ), 아연, 카드뮴 등과 착물을 만든다.

(8) 피부, 점막, 효소계, 호흡 기관 등에 작용이 심해서 매우 유독하다.

2) 페닐하이드라진(phenylhydrazine)

CAS No.	100-63-0	화학식	$C_6H_5NHNH_2$
성상	유성 액체 또는 고체(결정)	색상	무색에서 옅은 노란색
냄새	약한 방향성 냄새	pH	10.5
분자량 [g/mol]	108.1	밀도 [g/cm^3]	1.1
증기 밀도 (공기=1)	3.7	비중 (물=1)	1.1
증기압	0.03mmHg (25℃)	분해 온도 [℃]	-
비등점 [℃]	243.5	융해점 [℃]	19.5
인화점 [℃]	88	인화성	ⅢA 인화성 액체
자연발화온도 [℃]	174	폭발범위 [vol %]	1.1~
용해도(물)	가용성	용해도(용매)	석유 에테르에 아주 미량 용해/희석된 산, 알코올, 에테르, 클로로폼, 벤젠, 산소화 용매류, 염소화 용매류, 방향성 용매류에 혼합/아세톤에 매우 잘 용해
NFPA 위험성 등급		그림문자	
건강위험성 : 3 화재위험성 : 2 반응위험성 : 0	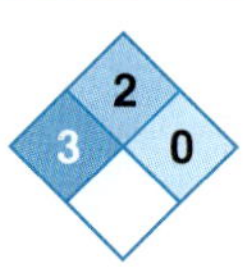		
		신호어	위험

(1) **일반적 성질**

① 순수한 것은 상온에서 무색의 액체인데 보통은 담갈색을 띠고 있다.

② 냉각하면 판모양 또는 기둥 모양 결정이 된다.

③ 에테인올, 에터, 클로로폼, 벤젠에 녹지만 물, 리그로인에 잘 안 녹는다.

④ 약한 염기성을 띠며, 강한 독성이 있다.

(2) **용도** : 합성 원료, 화합물 검출용, 인의 정량 시약, 안티피린의 원료, 알데하이드 등에 대한 시약, 염산염 등

12. 하이드록실아민(hydroxylamine)

CAS No.	7803-49-8	화학식	NH_2OH
성상	고체(고흡습성 바늘 또는 박편)	색상	무색 또는 백색
냄새	무취	pH	-
분자량 [g/mol]	33.04	밀도 [g/cm^3]	1.23
증기 밀도 (공기=1)	1.1	비중 (물=1)	1.2
증기압	1.3kPa (47℃)	분해 온도 [℃]	-
비등점 [℃]	58	융해점 [℃]	33
인화점 [℃]	129.44	인화성	-
자연발화온도 [℃]	265	폭발범위 [vol %]	-
용해도(물)	가용성	용해도(용매)	암모니아, 메테인올에 잘 용해/에터, 벤젠, 카본 다이설파이드, 클로로폼에 약간 용해/알코올, 산류에 용해/액체 암모니아, 메테인올에 혼합
NFPA 위험성 등급		그림문자	
건강위험성 : 2 화재위험성 : 0 반응위험성 : 3	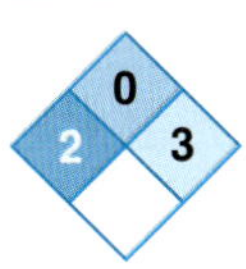		
		신호어	위험

1) **일반적 성질**

(1) 과냉각 현상을 일으키기 쉽고 천천히 냉각하면 약 0℃까지 고화하지 않는다.

(2) 조해성이 매우 강하다.

(3) 물, 에테인올과는 어떠한 비율에서도 혼합하며 에터, 클로로폼, 벤젠, 이황화탄소에 잘 안 녹는다.

(4) 불안정하지만 공기에 접촉하지 않도록 하면 장시간 보존할 수 있다.

(5) 가열하면 15℃부터 분해가 시작되고, 질소, 암모니아, 물 등을 만든다.
(6) 강하게 가열하면 강하게 폭발하며 자외선에 의해서도 폭발한다.
(7) 수용액도 가열로 분해된다.

2) 용도 : 로켓 추진체 연료, 산화방지제, 사진 현상액, 환원제 등

13. 하이드록실아민염류(hydroxylamine salts)

1) 개요

(1) 하이드록실아민과 산 또는 염기의 중화로 생성되는 화합물들은 불안정한 결정성 고체로서 흡습성을 지닌다.
(2) 대부분 백색 결정의 가연성 고체이다.
(3) 불안정하고 산소를 함유하므로 자기 연소성을 지닌 물질이다.
(4) 열, 불꽃, 기타 발화원 등에 의해 발화·폭발할 수 있다.

2) 황산 하이드록실아민(hydroxylamine sulfate)

CAS No.	10039-54-0	화학식	$(NH_3OH)_2SO_4$
성상	고체(결정 또는 분말)	색상	백색 또는 무색
냄새	무취	pH	3.6
분자량 [g/mol]	164.14	밀도 [g/cm³]	1.88
증기 밀도 (공기=1)	-	비중 (물=1)	1.7~1.9
증기압	<9.75mmHg (20℃)	분해 온도 [℃]	120
비등점 [℃]	56.5	융해점 [℃]	170
인화점 [℃]	-	인화성	-
자연발화온도 [℃]	-	폭발범위 [vol %]	-
용해도(물)	가용성	용해도(용매)	알코올에 약간 용해
NFPA 위험성 등급		그림문자	
건강위험성 : 3 화재위험성 : 0 반응위험성 : 3	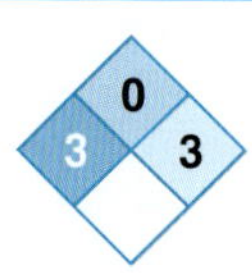		
		신호어	위험

(1) **일반적 성질**

① 물에 매우 잘 녹으며, 알코올에는 약간 용해된다.

② 가연성 고체로서 연소하기 쉬우며, 열, 화염, 불꽃, 기타 발화원 등에 의해 발화·폭

발할 수 있다.

③ 금속과 접촉하면 수소를 발생하므로 위험하다.

(2) **용도** : 분석용 시약 등

14. 금속의 아자이드 화합물(azide compound of metal)

1) 개요

(1) 아자이드화수소 HN_3의 수소가 금속·할로젠·유기 치환기 등으로 치환된 것으로서 금속의 수산화물을 아자이드화 수소산으로 중화하거나 아자이드화 나트륨과 염화물(또는 산염화물)을 반응시켜 합성하는데, 뇌관·신관 등의 기폭제로 사용된다.

(2) 아자이화물 또는 유기화합물일 때는 **아자이드**라고 한다.

(3) 일반적으로 불안정하며 폭발성이 있는데, 은·수은·납·구리 등의 염은 특히 격렬하다.

(4) 알칼리금속 및 알칼리토금속의 염은 폭발성이 없고, 가열하면 온화하게 분해하여 질소와 금속이 된다.

(5) 할로젠·유기산의 아자이드화물도 폭발하기 쉬우며, 할로젠화합물과 화학적 성질이 비슷하다.

(6) 금속의 수산화물을 아자이드화 수소산으로 중화하거나 아자이드화 나트륨과 염화물(또는 산염화물)을 반응시켜 합성한다.

2) 아자이드화 나트륨(sodium azide)

CAS No.	26628-22-8	화학식	NaN_3
성상	고체(육각 결정)	색상	무색에서 백색
냄새	무취	pH	–
분자량 [g/mol]	65.01	밀도 [g/cm^3]	1.85
증기 밀도 (공기=1)	2.2	비중 (물=1)	1.846
증기압	7.5×10^{-3}mmHg (20℃)	분해 온도 [℃]	>275
비등점 [℃]	–	융해점 [℃]	275
인화점 [℃]	300	인화성	–
자연발화온도 [℃]	–	폭발범위 [vol %]	–
용해도(물)	가용성	용해도(용매)	에테인올과 알코올에 약간 용해/에틸에터, 에터에 불용

NFPA 위험성 등급		그림문자	
건강위험성 : 4 화재위험성 : 0 반응위험성 : 1			
		신호어	위험

(1) **일반적 성질**

① 순수한 것은 흡습성이 없다.

② 타격에 의해서도 폭발하지 않고 서서히 가열하면 용융되어 약 300℃에서 분해되고, 질소를 발생하면서 순수한 금속 나트륨을 생성한다.

③ 에테인올에 잘 녹지 않고 에터에 녹지 않는다.

④ 자체로는 폭발성을 갖지 않지만, 산에 의해서 독이 생기고 폭발성의 아자이드화 수소산을 발생하며, 또 물의 존재에서 중금속과 작용하여 매우 예민한 염을 만들므로 취급할 때는 충분한 주의가 필요하다.

(2) **용도** : 금속 아자이드화물과 아자이드화 수소산 에스터의 제조 원료, 순수한 질소 및 나트륨의 제조, 분석 시약용, 약품 합성, 자동 혈구 계산기, 방부, 살균, 자동차안전기낭 및 농업용 살충, 살균제 등

15. 질산 구아니딘(guanidine nitrate)

CAS No.	506-93-4	화학식	$C(NH_2)_3NO_3$
성상	고체	색상	백색
냄새	–	pH	7
분자량 [g/mol]	122.11	밀도 [g/cm^3]	1.44
증기 밀도 (공기=1)	–	비중 (물=1)	1.436
증기압	1.25×10^{-7}mmHg (25℃)	분해 온도 [℃]	–
비등점 [℃]	–	융해점 [℃]	217
인화점 [℃]	–	인화성	–
자연발화온도 [℃]	<360	폭발범위 [vol %]	–
용해도(물)	가용성	용해도(용매)	–
NFPA 위험성 등급		그림문자	
건강위험성 : 2 화재위험성 : 1 반응위험성 : 4	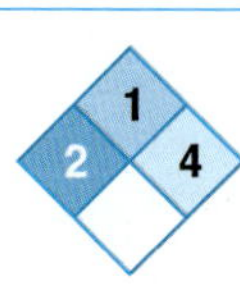		
		신호어	경고

1) 일반적 성질

(1) 백색 판 모양 결정으로서 알코올과 물에 녹는다.

(2) 급격한 가열 및 충격으로 폭발한다.

(3) 강산화제이며 독성과 부식성을 지니며, 산성 기체를 포함한 질소산화물이다.

(4) 연소생성물로 질산과 질소산화물 등 독성 및 부식성 기체를 방출한다.

(5) 열, 화염, 충격, 마찰, 기타 발화원 등에 의해 발화·폭발할 수 있으며, 급격한 가열이나 충격을 주면 폭발한다.

2) 용도 : 혼합 폭약의 성분, 나이트로구아니딘의 원료, 고급 질소 비료 등

제7절 제6류 위험물[1)2)]

1. 정의

1) 제6류 위험물은 **산화성 액체**(oxidative liquid)이다.

2) **산화성 액체**는 액체로서 산화력의 잠재적인 위험성을 판단하기 위하여 고시로 정하는 시험에서 고시로 정하는 성질과 상태를 나타내는 것이다.

3) **과산화수소**는 그 농도가 36 wt % 이상인 것에 한하며, 산화성 액체의 성상이 있는 것으로 본다.

4) **질산**은 그 비중이 1.49 이상인 것에 한하며, 산화성 액체의 성상이 있는 것으로 본다.

2. 성질

1) 산소를 많이 포함하고 있으므로 다른 물질의 연소를 도와주는 조연성을 갖는다.

2) 비중이 1보다 크며, 물에 잘 녹지만 물과 접촉하면 발열한다.

3) 모두 무기화합물로서 불연성이지만 과산화수소를 제외하고 강한 산화성 물질이다.

4) 제1류 위험물과 혼합하면 폭발할 수 있으며, 탄소화합물과 혼합하면 산화반응을 한다.

5) 증기는 매우 유독하며, 부식성이 강하고 피부를 훼손해 화상을 유발한다.

6) 가연물이나 탄소화합물과 혼합하면 발화한다.

---

1) 이해평, 박영주, 위험물질론, 도서출판 화수목(2015).

2) 이해평, 박영주, 위험물 안전관리, 도서출판 화수목(2015).

3. 저장 및 취급

1) 강산류, 강산화제, 가연물, 물, 유기물, 고체의 산화제, 분해 촉진제와 접촉되지 않도록 한다.
2) 증기는 유독하므로 취급 시 안전 보호구를 착용하며, 피부에 접촉되면 즉시 세척한다.
3) 직사광선이나 화기를 피하고 저장 시 흡습성이 강하므로 내산성 용기에 보관한다.
4) 용기는 밀전·밀봉하여 파손되거나 액체가 누설되지 않도록 한다.
5) 유출 시에는 마른 모래 및 중화제를 사용한다.

4. 품명 및 지정수량

위험등급	품명	지정수량
I	1. 과염소산	300kg
	2. 과산화수소	300kg
	3. 질산	300kg
	4. 그 밖에 행정안전부령으로 정하는 것	300kg
	5. 제1호 또는 제4호의 1에 해당하는 어느 하나 이상을 함유한 것	300kg

5. 과염소산(perchloric acid)

CAS No.	7601-90-3	화학식	$HClO_4$
성상	흡습성 오일류 액체	색상	투명, 무색에서 약간 노란색
냄새	무취/자극적인 냄새	pH	-
분자량 [g/mol]	100.46	밀도 [g/cm^3]	1.77 (22℃)
증기 밀도 (공기=1)	3.46	비중 (물=1)	1.764
증기압	6.8mmHg (25℃)	분해 온도 [℃]	-
비등점 [℃]	9	융해점 [℃]	-4
인화점 [℃]	40	인화성	-
자연발화온도 [℃]	-	폭발범위 [vol %]	-
용해도(물)	가용성/차가운 물에서 혼합/격렬히 반응	용해도(용매)	-
NFPA 위험성 등급		그림문자	
건강위험성 : 3 화재위험성 : 0 반응위험성 : 3	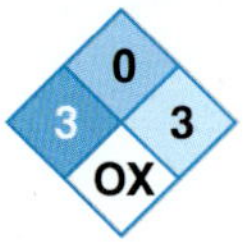		
		신호어	위험

1) 일반적 성질

(1) 대기압 하에서 증류하면 분해하고 때로는 폭발하기도 한다.

(2) 물과 혼합하면 다량의 열을 발생한다.

(3) 무수물은 자연 분해하여 폭발하므로 60~70%의 수용액(비중 1.5~1.6)으로 시판된다.

(4) 수용액도 부식성이 강하고, 유기물 등과 접촉하면 폭발하는 경우가 있다.

(5) 산 중에서도 가장 강한 산이다.

(6) 염류는 폭약으로 쓰이며, 피부·점막 등을 강하게 침식하므로 위험하다.

2) 용도 : 분석화학의 산화제, 포타슘 분리 정량용 시약, 구리분말의 전착용 음극 처리제, 전해연마용, 에스터화 촉매, 단백질 분별 침전제 등

6. 과산화수소(hydrogen peroxide)

CAS No.	7722-84-1	화학식	H_2O_2
성상	액체/저온에서는 결정형 고체	색상	무색투명
냄새	무취 또는 오존과 유사한 냄새/약간 자극적인 냄새	pH	5.1 (90 wt %)
분자량 [g/mol]	34.01	밀도 [g/cm³]	1.463
증기 밀도 (공기=1)	1.17	비중 (물=1)	1.44
증기압	1.97mmHg (25℃)	분해 온도 [℃]	–
비등점 [℃]	150.2	융해점 [℃]	-0.43
인화점 [℃]	–	인화성	비인화성
자연발화온도 [℃]	–	폭발범위 [vol %]	–
용해도(물)	가용성	용해도(용매)	에터, 알코올, 석유 에터에 용해
NFPA 위험성 등급		그림문자	
건강위험성 : 3 화재위험성 : 0 반응위험성 : 3	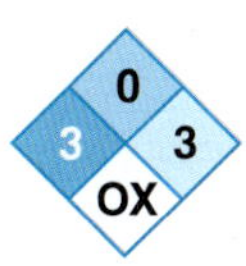	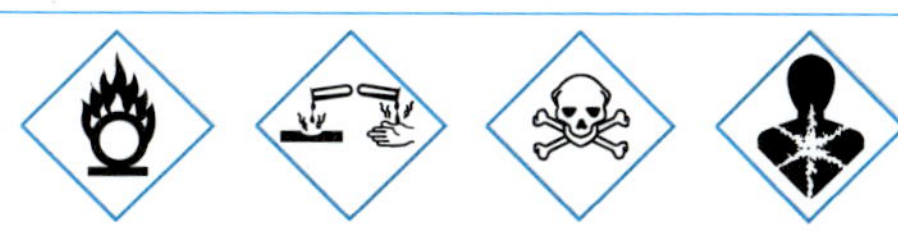	
		신호어	위험

1) 일반적 성질

(1) 과산화수소는 물, 에테인올, 에터에 잘 녹으며 수용액에서 수소이온이 일부 해리되어 약한 산성을 띤다.

(2) 진한 과산화수소는 독성이 있으며 강한 자극성이 있으므로 매우 조심스럽게 다루어야 한다.

(3) 시판용은 30~35%의 수용액이며 강한 산화력을 가진다.

(4) 촉매반응으로서 알칼리금속, 중금속 및 이산화망가니즈와 같은 무기물에 의해 산소와 물로 쉽게 분해된다.

(5) 과산화수소의 분해반응은 염기성에서는 쉽게 분해되나 산성에서는 비교적 안정하여 인산과 요산은 오히려 과산화수소의 분해를 억제한다.

2) 용도 : 분석 시약, 표백제, 소독제, 살균제, 바이닐 화합물의 중합용 촉매, 폭약, 연료 등

7. 질산(nitric acid)

CAS No.	7697-37-2	화학식	HNO_3
성상	액체	색상	무색, 노란색, 적색
냄새	자극적인 강한 냄새	pH	–
분자량 [g/mol]	63.01	밀도 [g/cm^3]	1.55
증기 밀도 (공기=1)	2.2	비중 (물=1)	1.502
증기압	6.4kPa (20℃)	분해 온도 [℃]	–
비등점 [℃]	86	융해점 [℃]	–41.6
인화점 [℃]	–	인화성	불연성
자연발화온도 [℃]	–	폭발범위 [vol %]	–
용해도(물)	가용성/혼합됨	용해도(용매)	–
NFPA 위험성 등급		그림문자	
건강위험성 : 4 화재위험성 : 0 반응위험성 : 0	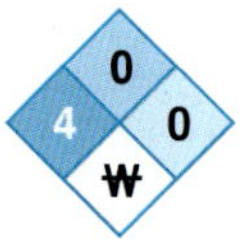		
		신호어	위험

1) 일반적 성질

(1) 농도 98% 이상의 질산은 무색의 액체이다.

(2) 흡습성이 강하고 발연하며, 빛을 쬐면 일부는 분해한다.

(3) 금·백금·로듐·이리듐 등의 귀금속 이외의 금속과 격렬히 반응하고 이들을 녹이지만, 철·크로뮴·알루미늄·칼슘 등은 부동 상태를 만들므로 침식되지 않는다.

(4) 진한 질산 1, 진한 염산 3의 비율로 혼합한 것을 **왕수**라고 하며 금·백금 등을 녹인다.

(5) 강한 1염기산이지만 진한 질산은 산으로서의 세기가 같은 농도의 염산보다는 떨어진다.

(6) 진한 질산을 냉암소 이외의 곳에 방치하면 햇빛 등의 작용으로 서서히 분해되어 황갈색으로 변한다.

(7) 강한 산화제이며 황·인 등과 가열하면 각각 황산과 인산을 생성한다.

2) **용도** : 질산에스터 또는 나이트로화합물의 합성, 비료, 화약, 액체 로켓 연료의 산화제, 수렴제, 사마귀 제거제 등

8. 할로젠간화합물

1) 개요

구분	플루오린화물	염화물	브로민화물
Cl(I)	ClF	–	–
Cl(Ⅲ)	ClF_3	–	–
Br(I)	BrF	BrCl	–
Br(Ⅲ)	BrF_3	–	–
Br(Ⅴ)	BrF_5	–	–
I(I)	–	ICl	IBr
I(Ⅲ)	–	ICl_3	–
I(Ⅴ)	IF_5	–	–
I(Ⅶ)	IF_7	–	–

(1) 두 가지 할로젠 X와 Y에서 이루어진 2성분 화합물로서 보통 상호 성분을 직접 작용시키면 생긴다. 세 종류 이상인 할로젠을 포함하지 않고 X를 Y보다 무거운 할로젠으로 할 때, 할로젠간화합물은 XY_n(n=1, 3, 5, 7)인 형식을 취한다. X와 Y의 원자번호의 차가 클수록 안정도가 작아서, BrF는 ClF보다 불안정하다.

(2) 일반적으로 할로젠과 비슷한 성질을 갖는다. 플루오린화물 대부분은 무색, 그 외는 적갈색 혹은 이것에 가까운 색의 기체 또는 휘발성의 액체(혹은 고체)이다.

(3) XY형 화합물은 특히 할로젠과 비슷한 물리적, 화학적 성질을 갖고, 많은 금속, 비금속을 산화해서 할로젠화물을 생성하며 물과 반응해서 가수분해한다(전기음성도가 큰 쪽을 Y라고 한다).

(4) 할로젠화 알칼리의 고체 혹은 수용액에 흡수되어 폴리 할로젠화물을 생성하고, 에틸렌 결합에 참여한다.

(5) ClF_3, BrF_5, IF_7처럼 다수의 플루오린 원자를 포함한 것은 특히 반응성이 풍부해서 거의 모든 금속 및 많은 비금속과 반응하여 플루오린화물을 만든다.

2) 오플루오린화아이오딘(iodine pentafluoride)

CAS No.	7783-66-6	화학식	IF_5
성상	발연성 액체	색상	무채색에서 노란색까지
냄새	자극적인 냄새	pH	–
분자량 [g/mol]	221.89	밀도 [g/cm^3]	3.19
증기 밀도 (공기=1)	>1	비중 (물=1)	3.19
증기압	21.98mmHg (22℃)	분해 온도 [℃]	–
비등점 [℃]	104.5	융해점 [℃]	9.43
인화점 [℃]	–	인화성	–
자연발화온도 [℃]	–	폭발범위 [vol %]	–
용해도(물)	격렬히 반응/분해됨	용해도(용매)	–
NFPA 위험성 등급		그림문자	
건강위험성 : 3 화재위험성 : 0 반응위험성 : 2	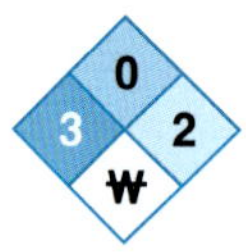		
		신호어	위험

(1) **일반적 성질**

① 상온에서 무색의 액체, 기체는 무색, 고체는 백색이다.

② 칠플루오린화물에 비교하면 반응성은 약간 뒤떨어지지만, 다른 플루오린화 할로젠화합물과 마찬가지로 금속 및 비금속원소와 쉽게 반응하여 플루오린화물을 생성한다.

③ 물과는 격렬하게 반응하여 플루오린화수소 및 아이오딘산을 생성한다.

④ 브로민과 가열하면 브로민화 아이오딘 IBr와 삼플루오린화브로민 BrF_3를 만든다.

(2) **용도** : 유기화합물의 부분적 플루오린화 반응

연습문제

01 다음 중 제1류 위험물의 지정수량을 잘못 연결한 것은?

㉮ 아이오딘산염류-300kg
㉯ 중 크로뮴산염류-1,000kg
㉰ 질산염류-300kg
㉱ 브로민산염류-1,000kg

02 제1류 위험물 중 위험등급이 II가 아닌 것은?

㉮ 무기 과산화물
㉯ 브로민산염류
㉰ 아이오딘산염류
㉱ 질산염류

03 제1류 위험물의 공통 특징에 해당하는 것은?

㉮ 가연성 고체
㉯ 산화성 고체
㉰ 인화성 액체
㉱ 산화성 액체

04 제1류 위험물의 일반적인 성질에 해당하지 않는 것은?

㉮ 비중이 1보다 크고 수용성인 것이 많다.
㉯ 조해성이 있다.
㉰ 환원성이 강하며 가연성이다.
㉱ 분해 시 산소를 방출한다.

05 제1류 위험물에 가열·타격 및 충격 등을 가했을 때 방출되는 기체는 어느 것인가?

㉮ 질소
㉯ 수소
㉰ 염소
㉱ 산소

06 제1류 위험물 중 염소산염류에 해당하는 것은?

㉮ $NaClO_4$
㉯ $NaClO_3$
㉰ $NaClO_2$
㉱ $NaClO$

07 제1류 위험물의 저장 및 취급 방법으로 옳은 것은?

㉮ 환기가 잘 되는 더운 곳에 저장한다.
㉯ 다른 약품류 및 가연물과의 접촉을 피한다.
㉰ 습기가 많은 곳에 보관해야 한다.
㉱ 밀폐용기는 고압의 위험성이 있으므로 개방 용기에 보관한다.

08 제1류 위험물의 화재 예방대책으로 잘못된 것은?

㉮ 인화점 이상 유지하도록 주의한다.
㉯ 분해를 일으킬 수 있는 조건을 제거해 준다.
㉰ 조해성 물질은 방습에 주의한다.
㉱ 산화되기 쉬운 물질은 격리하여 저장한다.

09 염소산염류의 지정수량은 얼마인가?

㉮ 20kg ㉯ 30kg
㉰ 40kg ㉱ 50kg

10 염소산나트륨이 산과 반응하면 발생하는 유독하고 폭발성이 있는 기체는?

㉮ 이산화염소 ㉯ 이산화탄소
㉰ 산소 ㉱ 수소

11 물과 접촉하면 발열하는 물질은?

㉮ 과산화수소 ㉯ 과산화나트륨
㉰ 과망가니즈산 포타슘 ㉱ 과염소산나트륨

12 과산화 칼슘에 대한 설명으로 옳지 않은 것은?

㉮ 물에는 녹기 힘들며, 더운물에서는 분해한다.
㉯ 산과 반응하여 과산화수소를 발생한다.
㉰ 알코올과 에터에 잘 녹는다.
㉱ 화재 시 마른 모래나 주수 소화를 이용한다.

13 아이오딘산 나트륨의 지정수량은 얼마인가?

㉮ 100kg ㉯ 200kg
㉰ 300kg ㉱ 500kg

14 질산 포타슘의 성질이 아닌 것은?

㉮ 비중은 1보다 작다. ㉯ 단독으로 타지 않는다.
㉰ 분해하면 산소를 발생한다. ㉱ 물에 잘 녹는다.

15 질산암모늄의 성질이 아닌 것은?

㉮ 조해성이 크다. ㉯ 물에 녹을 때에는 흡열한다.
㉰ 무색, 무취의 결정이다. ㉱ 알코올에 잘 녹지 않는다.

16 화약을 만드는 데 사용되는 물질은?

㉮ KOH ㉯ KCN
㉰ KNO_3 ㉱ $KClO_3$

17 다음 중 강산화제로 작용하는 것은?

㉮ CO_2 ㉯ H_2S
㉰ $KMnO_4$ ㉱ H_2

18 과망가니즈산나트륨은 외관상 무슨 색을 띠고 있는가?

㉮ 황색
㉯ 청색
㉰ 백색
㉱ 적자색

19 삼산화크로뮴의 지정수량은 얼마인가?

㉮ 100kg
㉯ 200kg
㉰ 300kg
㉱ 500kg

20 다음 중 융해점이 가장 낮은 물질은?

㉮ $NaClO_3$
㉯ $KClO_4$
㉰ Na_2O_2
㉱ $NaClO_4$

21 제2류 위험물의 종류 및 지정수량이 잘못된 것은?

㉮ 황화인-100kg
㉯ 적린-100kg
㉰ 황-100kg
㉱ 마그네슘-100kg

22 제2류 위험물의 일반성질이 아닌 것은?

㉮ 비교적 낮은 온도에서 발화되기 어려운 가연물이다.
㉯ 대단히 연소속도가 빠른 고체이다.
㉰ 유독하거나 연소 시 유독 기체를 발생하는 것도 있다.
㉱ 마그네슘, 철분, 금속분류는 물과 산의 접촉으로 발열한다.

23 제2류 위험물의 저장 및 취급법으로 옳지 않은 것은?

㉮ 발화원으로부터 멀리하고 가열은 피한다.
㉯ 환원제와의 접촉을 피한다.
㉰ 용기의 파손으로 위험물의 누설에 주의한다.
㉱ 마그네슘, 철분, 금속분은 산이나 물과의 접촉을 피한다.

24 다음 중 제2류 위험물에 해당하지 않는 것은?

㉮ 인화성 고체 ㉯ 인화성 액체
㉰ 황화인 ㉱ 적린

25 제2류 위험물의 공통적 성질이다. 다음 중 잘못된 것은?

㉮ 가연성 고체이다.
㉯ 산화제와 접촉하거나 가열하면 위험하다.
㉰ 산화제이다.
㉱ 물에 불용성이며, 산화하기 쉬운 물질이다.

26 황화인의 저장 시 멀리해야 할 것에 해당하지 않는 것은?

㉮ 물 ㉯ 금속분
㉰ 과산화물 ㉱ 과망가니즈산염

27 적린의 성상으로 틀린 것은?

㉮ 물과 알코올에 녹지 않는다.
㉯ 어두운 곳에서 인광을 발하지 않는다.
㉰ 발화온도는 260℃ 정도이다.
㉱ 산화할 때 인광을 발하며 연소한다.

28 황과 혼합되었을 때 폭발위험이 있는 것은?

㉮ 촉매 ㉯ 환원제
㉰ 산화제 ㉱ 가연물

29 황의 성질로 옳은 것은?

㉮ 전기의 불량도체이다. ㉯ 조해성이 있다.
㉰ 풍해성이 있다. ㉱ 습기가 없으면 타지 않는다.

30 마찰이나 충격 등에 의해 발화나 폭발의 위험성이 없는 것은?

㉮ 염소산염 ㉯ 알루미늄분
㉰ 마그네슘분 ㉱ 적린

31 마그네슘분과 혼합했을 때 발열반응 하여 자연발화의 위험이 있는 것은 어느 것인가?

㉮ Ar ㉯ Cl
㉰ He ㉱ CO_2

32 안티모니분의 설명으로 옳지 않은 것은?

㉮ 염소와 반응하여 염화안티모니가 된다.
㉯ 충격이나 가열로 발화한다.
㉰ 공기 중에서 산화가 쉽다.
㉱ 융해점 300℃ 이하에서 발화한다.

33 분진폭발의 위험이 없는 것은?

㉮ 마그네슘분 ㉯ 아연분
㉰ 철분 ㉱ 황산알루미늄 포타슘

34 다음 중 마그네슘분의 성질로 잘못된 것은?

㉮ 은백색의 광택이 나는 가벼운 금속
㉯ 산 및 더운물과 반응하여 수소를 발생
㉰ 산화제 및 할로젠 원소에 대해 안정
㉱ 알루미늄보다 열전도도 및 전기전도도가 낮음

35 알루미늄분의 성질로 옳은 것은?

㉮ 할로젠 원소와 접촉하면 자연발화의 위험이 있다.
㉯ 습기나 수분에 대해서 안정적이다.
㉰ 산 또는 염기성 수용액에서 이산화탄소를 발생시킨다.
㉱ 전성과 연성이 부족하며 열전도도 및 전기전도도가 낮다.

36 제2류 위험물인 인화성 고체에 해당하지 않는 것은?

㉮ 고형알코올 ㉯ 메타알데하이드
㉰ 제3 뷰틸 알코올 ㉱ 에틸알코올

37 인화성 고체는 1기압에서 인화점이 몇 ℃ 미만인 고체를 말하는가?

㉮ 0℃ ㉯ 20℃
㉰ 40℃ ㉱ 100℃

38 합성수지에 메틸알코올을 침투시켜 한천상으로 만든 한천 고체로서 등산용 고체알코올에 해당하는 것은?

㉮ 고형알코올 ㉯ 메타알데하이드
㉰ 제3 뷰틸 알코올 ㉱ 에틸알코올

19 제2류 위험물인 인화성 고체의 지정수량은?

㉮ 100kg ㉯ 500kg
㉰ 1,000kg ㉱ 5,000kg

40 다음 중 황의 종류에 해당하지 않는 것은?

㉮ 사방정계 ㉯ 단사정계
㉰ 비정계 ㉱ 정방정계

41 다음 중 지정수량이 300kg이 아닌 것은?

㉮ 금속의 인화물 ㉯ 유기금속화합물
㉰ 금속의 수소화물 ㉱ 칼슘의 탄화물

42 제3류 위험물에 물을 가했을 때 일어나는 반응은?

㉮ 환원반응 ㉯ 발열반응
㉰ 촉매반응 ㉱ 흡열반응

43 제3류 위험물의 취급에 대한 주의사항으로 옳지 않은 것은?

㉮ 공기 또는 수분의 접촉을 피할 것
㉯ 가연성 기체가 발생하는 위험물은 화기에 주의할 것
㉰ 다량을 저장할 경우는 희석제를 혼합하거나 소분하여 저장할 것
㉱ 보호액 속에 위험물을 저장할 때 위험물이 보호액 표면에 노출되도록 할 것

44 다음 제3류 위험물이 물과 반응할 때 반응열이 가장 작은 것은?

㉮ 생석회
㉯ 탄화칼슘
㉰ 포타슘
㉱ 나트륨

45 포타슘의 저장 보호액으로 적당하지 않은 것은?

㉮ 석유
㉯ 벤젠
㉰ 아세톤
㉱ 유동성 파라핀

46 다음 중 불꽃반응에서 노란 불꽃을 나타내는 것은?

㉮ Na
㉯ Ca
㉰ Li
㉱ K

47 금속 나트륨 및 포타슘의 공통적인 성질은?

㉮ 은백색의 단단한 금속이다.
㉯ 물보다 가벼운 금속이다.
㉰ 불연성이다.
㉱ 물과 반응해서 산소를 발생한다.

48 알킬알루미늄이 공기 중에서 자연 발화할 때의 탄소수는 얼마인가?

㉮ C_1~C_3
㉯ C_1~C_4
㉰ C_1~C_5
㉱ C_1~C_6

49 올레핀, 다이올레핀의 중합 촉매, 제트미사일의 연료로 사용되는 것은?

㉮ 에터
㉯ 아세트알데하이드
㉰ 산화프로필렌
㉱ 트라이에틸알루미늄

50 다음 중 황린의 보호액은?

㉮ 석유
㉯ 벤젠
㉰ 물
㉱ 유동성 파라핀

51 다음 중 발화온도가 가장 높은 것은?

㉮ 휘발유
㉯ 황린
㉰ 이황화탄소
㉱ 에터

52 황린을 공기를 차단하고 250℃로 가열하면 생성되는 물질은?

㉮ 삼황화인
㉯ 오산화인
㉰ 적린
㉱ 인화수소

53 황린이 자연 발화하기 쉬운 이유는?

㉮ 산소와 친화력이 크고 발화온도가 낮으므로
㉯ 산소를 함유하고 있어서
㉰ 수소와의 반응성이 높아서
㉱ 인화점이 낮고 환원성 물질이기 때문에

54 황린을 잘 녹이는 액체가 아닌 것은?

㉮ 이황화탄소
㉯ 염화황
㉰ 알코올
㉱ 삼염화인

55 다음 위험물 중 가장 가벼운 금속은?

㉮ 리튬
㉯ 포타슘
㉰ 칼슘
㉱ 나트륨

56 탄화칼슘이 물과 작용하여 발생하는 기체는?

㉮ 산소 ㉯ 수소
㉰ 아세틸렌 기체 ㉱ 이산화탄소

57 다음 중 물과 반응했을 때 가연성 기체를 발생하지 않는 것은?

㉮ 산화칼슘 ㉯ 탄화칼슘
㉰ 금석포타슘 ㉱ 금속 나트륨

58 다음 중 카바이드를 오래 저장할 용기에 충전용으로 사용되는 가스는?

㉮ 포스젠 ㉯ 인화수소
㉰ 아황산가스 ㉱ 질소 기체

59 다음 중 제3류 위험물이 아닌 것은?

㉮ CaC_2 ㉯ CaO
㉰ Ca ㉱ Li

60 물과 반응하여 가연성 기체를 발생하지 않는 것은?

㉮ 나트륨 ㉯ 포타슘
㉰ 탄화칼슘 ㉱ 산화칼슘

61 다음 제4류 위험물 가운데 위험등급이 Ⅲ등급에 해당하지 않는 것은?

㉮ 제1석유류 ㉯ 제2석유류
㉰ 제3석유류 ㉱ 제4석유류

62 제4류 위험물 가운데 동·식물 유류의 지정수량은?

㉮ 50ℓ ㉯ 400ℓ
㉰ 4,000ℓ ㉱ 10,000ℓ

63 다음 중 제4류 위험물의 성질로 옳지 않은 것은?

㉮ 인화되기 매우 쉽다.
㉯ 발화온도가 낮은 것은 위험하다.
㉰ 물보다 무거우며 물에 잘 녹는다.
㉱ 증기는 공기보다 무겁다.

64 다음 중 특수인화물의 성질로 옳지 않은 것은?

㉮ 무색투명한 액체이며 증기는 마취성을 갖는다.
㉯ 액체는 물에는 잘 녹지만 알코올에는 안 녹는다.
㉰ 동식물성 섬유로 여과할 때 정전기 불꽃에 의하여 발화할 수 있다.
㉱ 갈색 병에 저장하고 부피팽창이 크므로 용기의 공간부피를 2% 이상으로 한다.

65 다음 중 특수인화물에 해당하지 않는 것은?

㉮ 산화프로필렌 ㉯ 아세트알데하이드
㉰ 아이소프렌 ㉱ 아세톤

66 다음 중 제1석유류에 해당하지 않는 것은?

㉮ 사이안화수소 ㉯ 피리딘
㉰ 메틸알코올 ㉱ 메틸에틸케톤

67 알코올 발효 시에 에틸알코올과 같이 생기는 부산물은?

㉮ 퓨젤유 ㉯ 콜로디온
㉰ 펜타 보레인 ㉱ 피리딘

68 다음 중 제2석유류에 해당하지 않는 것은?

㉮ 장뇌유 ㉯ 클로로벤젠
㉰ 테레빈유 ㉱ 메타 크레졸

69 다음 중 제3석유류에 해당하는 것은?

㉮ 하이드라진 ㉯ 중유
㉰ 등유 ㉱ 휘발유

70 다음 중 제4석유류에 해당하지 않는 것은?

㉮ 윤활유 ㉯ 방청유
㉰ 가소제 ㉱ 아마인유

71 다음 중 불건성유에 해당하지 않는 것은?

㉮ 올리브유 ㉯ 팜유
㉰ 해바라기유 ㉱ 야자유

72 다음 중 동·식물 유류에 해당하지 않는 것은?

㉮ 건성유 ㉯ 반건성유
㉰ 습성유 ㉱ 불건성유

73 동·식물 유류 중에서 인화점이 가장 높은 것은?

㉮ 개자유 ㉯ 아마인유
㉰ 피마자유 ㉱ 올리브유

74 다음 중 제4석유류의 종류에 해당하지 않는 것은?

㉮ DOP ㉯ DIDP
㉰ TCP ㉱ DDT

75 다음 중 3가 알코올인 것은?

㉮ 메테인올 ㉯ 에테인올
㉰ 에틸렌글라이콜 ㉱ 글리세롤

76 장뇌유의 종류가 아닌 것은?

㉮ 청색유 ㉯ 감색유
㉰ 백색유 ㉱ 적색유

77 다음 중 발화온도가 가장 높은 것은?

㉮ 등유 ㉯ 톨루엔
㉰ 휘발유 ㉱ 아세톤

78 다음 중 인화점이 가장 높은 알코올은?

㉮ 프로필알코올 ㉯ 메틸알코올
㉰ 아이소프로필알코올 ㉱ 에틸알코올

79 다음 중 인화점이 가장 높은 것은?

㉮ 아세트산아밀 ㉯ 아세트산뷰틸
㉰ 아세트산메틸 ㉱ 아세트산에틸

80 아세트산프로필의 지정수량은?

㉮ 100ℓ ㉯ 200ℓ
㉰ 400ℓ ㉱ 1,000ℓ

81 다음 중 지정수량이 같지 않은 것은?

㉮ 유기과산화물 ㉯ 나이트로화합물
㉰ 아조화합물 ㉱ 하이드라진 유도체

82 다음 중 제5류 위험물 중 행정안전부령으로 정하는 것이 아닌 것은?

㉮ 아자이드화 나트륨 ㉯ 아자이드화 납
㉰ 하이드록실아민 ㉱ 질산 구아니딘

83 제5류 위험물 중 위험등급이 II등급에 해당하지 않는 것은?

㉮ 나이트로화합물 ㉯ 질산에스터류
㉰ 다이아조화합물 ㉱ 하이드록실아민

84 제5류 위험물의 성질로서 옳지 않은 것은?

㉮ 자기연소를 일으킨다.
㉯ 연소속도가 매우 빠르고 폭발적이다.
㉰ 시간 경과에 따라 자연발화의 위험성을 갖는다.
㉱ 대부분 무기 질화물이다.

85 질산에틸의 성질 중 잘못된 것은?

㉮ 감미로운 액체이다.
㉯ 물에 녹지 않는다.
㉰ 무색투명한 액체로 방향을 갖는다.
㉱ 증기는 공기보다 가볍다.

86 다음 중 질산에스터류에 해당하지 않는 것은?

㉮ 발연질산 ㉯ 질산에틸
㉰ 질산메틸 ㉱ 나이트로 글리세롤

87 다음 중 질산에스터류에 해당하지 않는 것은?

㉮ 나이트로 글리세롤 ㉯ 나이트로셀룰로스
㉰ 나이트로메테인 ㉱ 나이트로글라이콜

88 유기과산화물의 희석제로 널리 사용되는 것은?

㉮ 프탈산 다이메틸 ㉯ 질소
㉰ 에터 ㉱ 벤젠

89 나이트로셀룰로스의 저장 및 취급 방법으로 옳은 것은?

㉮ 물에 잘 녹으므로 물에 넣어 보관한다.
㉯ 저장 중에는 함수 알코올로 습면시킨다.
㉰ 직사일광 및 산의 존재 하에서는 자연 발화하지 않는다.
㉱ 알코올에 녹지 않으므로 알코올에 저장한다.

90 과산화벤조일의 성질 중 맞는 것은?

㉮ 상온에서는 불안정하다.
㉯ 무색·무취의 백색 분말 또는 결정이다.
㉰ 물에 잘 녹으며 에터 등 유기용제에는 녹지 않는다.
㉱ 건조 상태에서는 마찰·충격에 의한 폭발의 위험이 적다.

91 제5류 위험물 중 나이트로화합물에 해당하는 것은?

㉮ 나이트로셀룰로스 ㉯ 나이트로벤젠
㉰ 나이트로글라이콜 ㉱ 트라이나이트로톨루엔

92 다음 중 나이트로소화합물에 해당하는 것은?

㉮ 파라다이나이트로소벤젠 ㉯ 나이트로 에테인
㉰ 다이나이트로톨루엔 ㉱ 트라이나이트로벤젠

93 제5류 위험물 중 아조화합물과 다이아조화합물의 지정수량을 옳게 짝지은 것은?

㉮ 200kg-100kg ㉯ 100kg-200kg
㉰ 100kg-100kg ㉱ 200kg-200kg

94 다음 중 제5류 위험물이 아닌 것은?

㉮ 아조벤젠 ㉯ 나이트로벤젠
㉰ 하이드라조 벤젠 ㉱ 다이아조 벤젠

95 다음 중 하이드록실아민염류에 해당하지 않는 것은?

㉮ 황산 하이드록실아민 ㉯ 하이드록실아민
㉰ 염산 하이드록실아민 ㉱ 질산 하이드록실아민

96 다음 중 아조화합물에 해당하지 않는 것은?

㉮ 아족시벤젠 ㉯ 아미노 아조벤젠
㉰ 하이드라조 벤젠 ㉱ 하이드록시아조벤젠

97 다음 중 나이트로소화합물에 대한 설명 중 옳지 않은 것은?

㉮ 반드시 벤젠핵을 갖는다. ㉯ 지정수량은 200kg이다.
㉰ NO가 1개 이상 반드시 있어야 한다. ㉱ 고상 물질이다.

98 피크르산의 용도에 해당하지 않는 것은?

㉮ 농약 ㉯ 폭죽 화약
㉰ 무연화약의 원료 ㉱ 염료

99 화약을 만드는 반응은?

㉮ 할로젠화반응 ㉯ 연소반응
㉰ 환원반응 ㉱ 나이트로화반응

100 아조벤젠을 환원하면 생성되는 제5류 위험물은?

㉮ 다이아조 ㉯ 하이드라조 벤젠
㉰ 나이트로벤젠 ㉱ 아족시벤젠

101 다음 중 지정수량이 다른 것은?

㉮ 질산 ㉯ 과산화수소
㉰ 과염소산 ㉱ 과염소산염류

102 다음 중 할로젠간화합물에 해당하지 않는 것은?

㉮ HCl ㉯ ICl
㉰ IBr ㉱ ClF

103 다음 중 제6류 위험물의 성질로서 잘못된 것은?

㉮ 물과 만나면 발열한다.
㉯ 비중이 1보다 크며 물에 잘 녹는다.
㉰ 모두 유기화합물이다.
㉱ 부식성과 유독성이 강한 강산화제다.

104 다음 중 제6류 위험물의 저장 및 취급 방법으로서 잘못된 것은?

㉮ 저장 용기는 내산성일 것
㉯ 유출 사고 시 마른 모래 및 중화제를 사용할 것
㉰ 용기는 밀전·밀봉하고 파손과 위험물의 누설에 주의할 것
㉱ 반드시 보호액은 물만 사용해야 한다.

105 진한 질산에 이산화질소를 과잉으로 녹인 무색의 발연성 액체를 무엇이라고 하는가?

㉮ 농연 질산 ㉯ 발연 질산
㉰ 묽은 질산 ㉱ 발화 질산

106 다음 중 과산화수소의 성질로서 잘못된 것은?

㉮ 강산화제이지만 환원제로도 사용한다.
㉯ 물, 에터, 알코올에 용해된다.
㉰ 용기는 밀전하고 통풍을 막는다.
㉱ 석유와 벤젠에 녹지 않는다.

107 다음 중 질산의 성질로서 옳지 않은 것은?

㉮ 부식성이 강한 강산이다.
㉯ 금, 백금, 이리듐, 로듐을 부식시킨다.
㉰ 물과 반응하여 발열한다.
㉱ 단백질과 크산토프로테인반응을 한다.

108 진한 질산이 철이나 코발트 등의 표면에 산화물의 얇은 막을 만드는 현상은?

㉮ 부동태화 ㉯ 산화
㉰ 표면화 ㉱ 피막화

109 다음 중 과염소산의 고체 수화물에 해당하지 않는 것은?

㉮ $HClO_4 \cdot H_2O$ ㉯ $HClO_4 \cdot 1.5H_2O$
㉰ $HClO_4 \cdot 2.5H_2O$ ㉱ $HClO_4 \cdot 3.5H_2O$

110 다음 중 제6류 위험물 중 행정안전부령으로 정하는 것은?

㉮ 아질산염류 ㉯ 염소화 규소 화합물
㉰ 금속의 아자이드 화합물 ㉱ 할로젠간화합물

111 제6류 위험물의 공통된 특징은?

㉮ 강산화제 ㉯ 유기화합물
㉰ 강중화제 ㉱ 강환원제

112 공기 중에서 적갈색의 기체를 발생하는 위험물에 해당하는 것은?

㉮ 진한 염산 ㉯ 진한 플루오린화 수소산
㉰ 진한 황산 ㉱ 진한 질산

113 다음 중 진한 질산이 부식시키지 못하는 물질이 아닌 것은?

㉮ 금 ㉯ 백금
㉰ 은 ㉱ 이리듐

114 진한 질산이 단백질과 크산토프로테인반응을 일으키면 어떤 색으로 변하는가?

㉮ 노란색 ㉯ 무색
㉰ 붉은색 ㉱ 파란색

115 다음 중 과산화수소가 용해되지 않는 용매는?

㉮ 알코올 ㉯ 벤젠
㉰ 물 ㉱ 에터

116 다음 중 과산화수소의 안정제로 이용되는 것은?

㉮ 황산 ㉯ 인산
㉰ 질산 ㉱ 염산

117 다음 중 과산화수소가 분해하여 발생하는 기체는?

㉮ 수소 ㉯ 질소
㉰ 염소 ㉱ 산소

118 다음 중 할로젠간화합물의 성질로 옳지 않은 것은?

㉮ 2가지 할로젠 원소로 구성된 2성분 화합물이다.
㉯ BrF는 ClF보다 매우 안정되다.
㉰ 비금속을 산화해서 할로젠화물을 생성한다.
㉱ 물과 반응해서 가수분해한다.

119 과염소산이 물과 접촉할 때 일어나는 반응은?

㉮ 흡열반응 ㉯ 크산토프로테인반응
㉰ 발열반응 ㉱ 부동태화

120 발연질산에 대한 설명으로 잘못된 것은?

㉮ 진한 질산보다 산화력이 약하다.
㉯ 공기 중에서 부식성, 질식성으로 인체에 유독한 이산화질소를 발생한다.
㉰ 무색 또는 적갈색의 발연성 액체이다.
㉱ 진한 질산에 이산화질소를 과잉으로 녹인 것이다.

CHAPTER 07

위험물 안전

제1절 위험물의 저장·취급 방법[1][2][3][4][5]

1. 위험물의 저장 · 취급

1) 지정수량에 따른 저장·취급의 제한

(1) **지정수량 이상의 위험물 : 저장소**에 저장하거나 **제조소 등**에서 취급하며 **제조소 등의 위치 · 구조 및 설비의 기술기준**은 **행정안전부령**으로 정함

(2) **지정수량 미만의 위험물 : 특별시 · 광역시 · 특별자치시 · 도 및 특별자치도**(이하 "시 · 도"라 한다)**의 조례**에 따라 취급

(3) **지정수량 이상의 위험물을 임시로 저장 또는 취급할 때 :** 다음에 해당할 때는 **저장 또는 취급의 기준**과 **임시로 저장 또는 취급하는 장소의 위치 · 구조 및 설비의 기준**은 **시 · 도의 조례**로 정함

① 시 · 도의 조례가 정하는 바에 따라 담당소방서장의 승인을 받아 지정수량 이상의 위험물을 90일 이내의 기간 동안 임시로 저장 또는 취급하는 경우

② 군부대가 지정수량 이상의 위험물을 군사 목적으로 임시로 저장 또는 취급하는 경우

(4) **둘 이상의 위험물을 같은 장소에서 저장 또는 취급할 때** 당해 장소에서 저장 또는 취급하는 **각 위험물의 수량을 그 위험물의 지정수량으로 각각 나누어 얻은 수의 합계가 1 이상**이면 당해 위험물은 지정수량 이상의 위험물로 간주

2) 제조소 등에서 위험물의 저장 또는 취급에 관한 기준

(1) **중요기준 :** 화재 등 위해의 예방과 응급조치에 있어서 큰 영향을 미치거나 그 기준을 위반하는 경우 직접적으로 화재를 일으킬 가능성이 큰 기준으로서 **행정안전부령**이 정하는 기준

1) 이해평, 박영주, 위험물질론, 도서출판 화수목(2015).
2) 이해평, 박영주, 위험물 안전관리, 도서출판 화수목(2015).
3) 법제처 국가법령정보센터, 위험물안전관리법(시행 2024. 7. 31).
4) 법제처 국가법령정보센터, 위험물안전관리법 시행령(시행 2024. 7. 31).
5) 법제처 국가법령정보센터, 위험물안전관리법 시행규칙(시행 2024. 8. 21).

(2) **세부기준** : 화재 등 위해의 예방과 응급조치에 있어서 중요기준보다 상대적으로 적은 영향을 미치거나 그 기준을 위반하는 경우 간접적으로 화재를 일으킬 수 있는 기준 및 위험물의 안전관리에 필요한 표시와 서류·기구 등의 비치에 관한 기준으로서 **행정안전부령**이 정하는 기준

3) 저장 및 취급 위반

(1) 저장소 또는 제조소 등이 아닌 장소에서 지정수량 이상의 위험물을 저장 또는 취급한 자 : **3년 이하 징역** 또는 **3,000만 원 이하**의 벌금

(2) **지정수량 이상의 위험물을 임시로 저장 또는 취급할 때** 시·도의 조례가 정하는 바에 따라 담당소방서장의 **승인을 받지 아니하거나** 위험물의 저장 또는 취급에 관한 세부기준을 위반한 자 : **500만 원 이하**의 과태료

4) 제조소 등

(1) **제조소** : **위험물을 제조할 목적으로 지정수량 이상의 위험물을 취급**하기 위하여 「위험물안전관리법」 제6조 제1항의 규정에 따른 허가(동조 제3항의 규정에 따라 허가가 면제된 경우나 제7조 제2항의 규정에 따라 협의로써 허가를 받은 것으로 보는 경우를 포함한다)를 받은 장소

(2) **저장소** : **지정수량 이상의 위험물을 저장**하기 위한 **대통령령**이 정하는 장소로서 「위험물안전관리법」 제6조 제1항의 규정에 따른 허가를 받은 장소이며, 「위험물안전관리법 시행령」 별표 2와 같음

▶ **[별표 2] 지정수량 이상의 위험물을 저장하기 위한 장소와 그에 따른 저장소의 구분**

지정수량 이상의 위험물을 저장하기 위한 장소	저장소의 구분
1. 옥내(지붕과 기둥 또는 벽 등에 의하여 둘러싸인 곳을 말한다)에 저장(위험물을 저장하는 데 따르는 취급을 포함한다)하는 장소. 다만, 제3호의 장소를 제외한다.	옥내저장소
2. 옥외에 있는 탱크(제4호 또는 제6호 및 제8호에 규정된 탱크를 제외한다. 이하 제3호에서 같다)에 위험물을 저장하는 장소	옥외 탱크저장소
3. 옥내에 있는 탱크에 위험물을 저장하는 장소	옥내 탱크저장소
4. 지하에 매설한 탱크에 위험물을 저장하는 장소	지하 탱크저장소
5. 간이탱크에 위험물을 저장하는 장소	간이탱크저장소
6. 차량(피견인자동차에 있어서는 앞차축을 갖지 아니하는 것으로서 당해 피견인자동차의 일부가 견인자동차에 적재되고 당해 피견인자동차와 그 적재물의 중량의 상당 부분이 견인자동차에 의하여 지탱되는 구조의 것에	이동 탱크저장소

지정수량 이상의 위험물을 저장하기 위한 장소	저장소의 구분
한한다)에 고정된 탱크에 위험물을 저장하는 장소	
7. 옥외에 다음 각목의 1에 해당하는 위험물을 저장하는 장소. 다만, 제2호의 장소를 제외한다. 가. 제2류 위험물 중 황 또는 인화성 고체(인화점이 섭씨 0도 이상인 것에 한한다) 나. 제4류 위험물 중 제1석유류(인화점이 섭씨 0도 이상인 것에 한한다)·알코올류·제2석유류·제3석유류·제4석유류 및 동식물 유류 다. 제6류 위험물 라. 제2류 위험물 및 제4류 위험물 중 특별시·광역시·특별자치시·도 또는 특별자치도의 조례로 정하는 위험물(「관세법」 제154조에 따른 보세구역 안에 저장하는 경우로 한정한다.) 마. 「국제해사기구에 관한 협약」에 의하여 설치된 국제해사기구가 채택한 「국제 해상위험물 규칙」(IMDG Code)에 적합한 용기에 수납된 위험물	옥외저장소
8. 암반 내의 공간을 이용한 탱크에 액체의 위험물을 저장하는 장소	암반 탱크저장소

(3) **취급소** : 지정수량 이상의 위험물을 제조 외의 목적으로 취급하기 위한 **대통령령**이 정하는 장소로서 「위험물안전관리법」 제6조 제1항의 규정에 따른 허가를 받은 장소이며, 「위험물안전관리법 시행령」 별표 3과 같음

▶ **[별표 3] 위험물을 제조 외의 목적으로 취급하기 위한 장소와 그에 따른 취급소의 구분**

위험물을 제조 외의 목적으로 취급하기 위한 장소	취급소의 구분
1. 고정된 주유 설비(항공기에 주유할 때는 차량에 설치된 주유 설비를 포함)로 자동차·항공기 또는 선박 등의 연료탱크에 직접 주유하기 위하여 위험물(「석유 및 석유대체연료 사업법」 제29조의 규정에 따른 가짜 석유제품에 해당하는 물품을 제외한다. 이하 제2호에서 같다)을 취급하는 장소(위험물을 용기에 옮겨 담거나 차량에 고정된 5천ℓ 이하의 탱크에 주입하기 위하여 고정된 급유설비를 병설한 장소를 포함한다)	주유취급소
2. 점포에서 위험물을 용기에 담아 판매하기 위하여 지정수량의 40배 이하의 위험물을 취급하는 장소	판매취급소
3. 배관 및 이에 부속된 설비로 위험물을 이송하는 장소. 다만, 다음 각목의 1에 해당하는 경우의 장소를 제외한다. 가. 「송유관 안전관리법」에 의한 송유관에 의하여 위험물을 이송하는 경우 나. 제조소 등에 관계된 시설(배관을 제외) 및 그 부지가 같은 사업소 안에 있고 당해 사업소 안에서만 위험물을 이송하는 경우 다. 사업소와 사업소의 사이에 도로(폭 2m 이상의 일반교통에 이용되는 도로로서 자동차의 통행이 가능한 것을 말한다)만 있고 사업소와 사업소 사이의 이송 배관이 그 도로를 횡단하는 경우 라. 사업소와 사업소 사이의 이송 배관이 제3자(당해 사업소와 관련이 있	이송취급소

위험물을 제조 외의 목적으로 취급하기 위한 장소	취급소의 구분
거나 유사한 사업을 하는 자에 한한다)의 토지만을 통과하는 경우로서 당해 배관의 길이가 100m 이하인 경우 마. 해상구조물에 설치된 배관(이송되는 위험물이 별표 1의 제4류 위험물 중 제1석유류인 경우는 배관의 안지름이 30cm 미만인 것에 한한다)으로서 해당 해상구조물에 설치된 배관이 길이가 30m 이하인 경우 바. 사업소와 사업소 사이의 이송 배관이 다목이나 마목의 규정에 따랐을 때 중 2 이상에 해당할 때 사. 「농어촌 전기공급사업 촉진법」에 따라 설치된 자가 발전시설에 사용되는 위험물을 이송하는 경우	
4. 제1호 또는 제3호 외의 장소(「석유 및 석유대체연료 사업법」 제29조의 규정에 따른 가짜 석유제품에 해당하는 위험물을 취급하는 경우의 장소를 제외한다)	일반취급소

2. 위험물의 저장 · 취급 기준

「위험물안전관리법」 제5조 제3항의 규정에 따른 제조소 등에서 위험물의 저장 및 취급에 관한 기준은 「위험물안전관리법 시행규칙」 별표 18과 같다. (부록 참고)

제2절 위험물의 운반·운송 방법[1)2)3)4)5)]

1. 위험물의 운반기준

「위험물안전관리법」 제20조 제1항의 규정에 따른 위험물의 운반에 관한 기준은 「위험물안전관리법 시행규칙」 별표 19와 같다. (부록 참고)

2. 위험물의 운송기준

「위험물안전관리법」 제21조 제2항의 규정에 따른 위험물 운송책임자의 감독 또는 지원의 방법과 법 제21조 제3항의 규정에 따른 위험물의 운송 시에 준수하여야 하는 사항은 「위험물안전관리법 시행규칙」 별표 21과 같다. (부록 참고)

1) 이해평, 박영주, 위험물질론, 도서출판 화수목(2015).
2) 이해평, 박영주, 위험물 안전관리, 도서출판 화수목(2015).
3) 법제처 국가법령정보센터, 위험물안전관리법(시행 2024. 7. 31).
4) 법제처 국가법령정보센터, 위험물안전관리법 시행령(시행 2024. 7. 31).
5) 법제처 국가법령정보센터, 위험물안전관리법 시행규칙(시행 2024. 8. 21).

연습문제

01 화학 소방자동차가 갖춰야 하는 소화능력 기준으로 옳지 않은 것은?

㉮ 50kg/s 이상의 할로젠화합물 방사 능력
㉯ 40kg/s 이상의 이산화탄소 방사 능력
㉰ 35kg/s 이상의 분말 방사 능력
㉱ 2,000ℓ/min의 포수용액 방사 능력

02 제4류 위험물을 취급하는 제조소에서 지정수량의 몇 배 이상을 취급할 때 자체 소방대를 설치하는가?

㉮ 30배 ㉯ 300배
㉰ 3,000배 ㉱ 30,000배

03 지정수량에 따른 제4류 위험물 옥외 탱크저장소 주위의 보유 공지 너비의 기준으로 잘못된 것은?

㉮ 지정수량의 500배 이하–3m 이상
㉯ 지정수량의 500배 초과 1,000배 이하–5m 이상
㉰ 지정수량의 1,000배 초과 2,000배 이하–9m 이상
㉱ 지정수량의 2,000배 초과 3,000배 이하–15m 이상

04 다음 위험물 중 혼재가 가능한 위험물은?

㉮ 마그네슘–알킬알루미늄
㉯ 과염소산포타슘–황린
㉰ 탄화칼슘–나이트로 글리세롤
㉱ 질산메틸–경유

05 2가지 위험물이 섞여 있을 때 발화나 폭발 위험성이 가장 낮은 것은?

㉮ 질산–나무 조각
㉯ 과망가니즈산 포타슘–글리세롤
㉰ 적린–염소산포타슘
㉱ 나이트로셀룰로스–알코올

06 위험물 주유취급소의 주유 및 급유 공지의 바닥에 대한 기준으로 잘못된 것은?

㉮ 유분리장치를 할 것
㉯ 주변 지면보다 낮게 할 것
㉰ 배수구, 집유 설비를 할 것
㉱ 표면을 적당히 경사지게 할 것

07 위험물안전관리법의 소화설비 적응성에서 이산화탄소 소화기가 적응성이 있는 위험물은?

㉮ 제1류 위험물 ㉯ 제2류 위험물
㉰ 제3류 위험물 ㉱ 제4류 위험물

08 옥내 저장탱크와 탱크 전용실의 벽과의 사이 및 옥내 저장탱크의 상호 간에는 몇 m 이상의 간격을 유지해야 하는가?

㉮ 0.3 ㉯ 0.5
㉰ 1.0 ㉱ 1.5

09 위험물안전관리법에 따른 지하 탱크저장소에 관한 설명으로 틀린 것은?

㉮ 10m 내에 2기 이상을 인접하여 설치할 수 없다.
㉯ 설치용량의 제한이 없다.
㉰ 보유 공지 확보 대상이 아니다.
㉱ 안전거리 적용대상이 아니다.

10 위험물 제조소 표지의 크기 규격으로 옳은 것은?

㉮ 0.2m × 0.4m ㉯ 0.3m × 0.3m
㉰ 0.3m × 0.6m ㉱ 0.6m × 0.2m

11 위험물안전관리법상 전기설비에 적응성이 없는 소화설비는?

㉮ 포 소화설비 ㉯ 물 분무 소화설비
㉰ 불활성 기체 소화설비 ㉱ 할로젠화합물 소화설비

12 산화프로필렌 300ℓ, 메테인올 400ℓ, 벤젠 200ℓ를 저장하는 경우, 각각 지정수량 배수의 총합은 얼마인가?

㉮ 5 ㉯ 6 ㉰ 7 ㉱ 8

13 화재 예방과 화재 시, 비상조치 계획 등 예방 규정을 정하여야 할 옥외 저장시설에는 지정수량 몇 배 이상을 저장 · 취급하는가?

㉮ 50배 이상 ㉯ 100배 이상
㉰ 150배 이상 ㉱ 200배 이상

14 과산화나트륨과 혼재 가능한 위험물은? (단, 지정수량 이상인 경우이다.)

㉮ 과염소산 ㉯ 탄화칼슘
㉰ 에터 ㉱ 마그네슘분

15 지정수량 10배를 초과하는 위험물을 취급하는 제조소에 확보하여야 하는 보유 공지의 너비는?

㉮ 1m 이상 ㉯ 3m 이상
㉰ 5m 이상 ㉱ 7m 이상

16 다음 중 물 분무 소화설비가 적응성이 있는 위험물은?

㉮ 금수성 물질 ㉯ 인화성 고체
㉰ 금속분 · 마그네슘 ㉱ 알칼리금속과산화물

17 위험물안전관리법에서 정한 위험물 취급소의 구분에 해당하지 않는 것은?

㉮ 주유취급소 ㉯ 제조취급소
㉰ 판매취급소 ㉱ 일반취급소

18 옥외 탱크저장소의 압력탱크 수압시험의 조건으로 옳은 것은?

㉮ 최대 상용압력 1.5배의 압력으로 5분간 수압시험을 한다.
㉯ 최대 상용압력 1.5배의 압력으로 10분간 수압시험을 한다.
㉰ 사용압력에서 15분간 수압시험을 한다.
㉱ 사용압력에서 20분간 수압시험을 한다.

19 위험물 저장기준으로 틀린 것은?

㉮ 이동 탱크저장소에는 설치허가증을 비치하여야 한다.
㉯ 지하 저장탱크의 주된 밸브는 위험물을 넣거나 빼낼 때 외에는 폐쇄하여야 한다.
㉰ 아세트알데하이드를 저장하는 이동 저장탱크에는 탱크 안에 불활성 기체를 봉입하여야 한다.
㉱ 옥외 저장탱크 주위에 설치된 방유제의 내부에 물이나 유류가 고였을 경우는 즉시 배출하여야 한다.

20 위험물에 따른 소화설비를 설명한 내용을 잘못된 것은?

㉮ 제1류 위험물 중 알칼리금속과산화물은 포 소화설비가 적응성이 없다.
㉯ 제2류 위험물 중 금속분은 스프링클러 설비가 적응성이 없다.
㉰ 제3류 위험물 중 금수성 물질은 포 소화설비가 적응성이 있다.
㉱ 제5류 위험물은 스프링클러 설비가 적응성이 있다.

CHAPTER 08 기술기준

제1절 제조소 등의 위치·구조·설비 기준[1)2)3)4)5)]

1. 제조소의 위치 · 구조 · 설비 기준

지정수량 이상의 위험물을 저장소가 아닌 장소에서 저장하거나 제조소 등이 아닌 장소에서 취급하여서는 아니 된다는 규정에 따른 제조소 등의 위치・구조 및 설비의 기술기준은 행정안전부령으로 정한다. 제조소 등의 위치・구조 및 설비의 기준 중 제조소에 관한 것은 「위험물안전관리법 시행규칙」 별표 4와 같다. (부록 참고)

2. 옥내저장소의 위치 · 구조 · 설비 기준

「위험물안전관리법」 제5조 제4항의 규정에 따른 제조소 등의 위치・구조 및 설비의 기준 중 옥내저장소에 관한 것은 별표 5와 같다. (부록 참고)

3. 옥외 탱크저장소의 위치 · 구조 · 설비 기준

「위험물안전관리법」 제5조 제4항의 규정에 따른 제조소 등의 위치・구조 및 설비의 기준 중 옥외 탱크저장소에 관한 것은 「위험물안전관리법 시행규칙」 별표 6과 같다. (부록 참고)

4. 옥내 탱크저장소의 위치 · 구조 · 설비 기준

「위험물안전관리법」 제5조 제4항의 규정에 따른 제조소 등의 위치・구조 및 설비의 기준 중 옥내 탱크저장소에 관한 것은 「위험물안전관리법 시행규칙」 별표 11과 같다. (부록 참고)

---

1) 이해평, 박영주, 위험물질론, 도서출판 화수목(2015).
2) 이해평, 박영주, 위험물 안전관리, 도서출판 화수목(2015).
3) 법제처 국가법령정보센터, 위험물안전관리법(시행 2024. 7. 31).
4) 법제처 국가법령정보센터, 위험물안전관리법 시행령(시행 2024. 7. 31).
5) 법제처 국가법령정보센터, 위험물안전관리법 시행규칙(시행 2024. 8. 21).

5. 지하 탱크저장소의 위치 · 구조 · 설비 기준

위험물안전관리법」 제5조 제4항의 규정에 따른 제조소 등의 위치 · 구조 및 설비의 기준 중 지하 탱크저장소에 관한 것은 「위험물안전관리법 시행규칙」 별표 8과 같다. (부록 참고)

6. 간이 탱크저장소의 위치 · 구조 · 설비 기준

「위험물안전관리법」 제5조 제4항의 규정에 따른 제조소 등의 위치 · 구조 및 설비의 기준 중 간이 탱크저장소에 관한 것은 「위험물안전관리법 시행규칙」 별표 9와 같다. (부록 참고)

7. 이동 탱크저장소의 위치 · 구조 · 설비 기준

「위험물안전관리법」 제5조 제4항의 규정에 따른 제조소 등의 위치 · 구조 및 설비의 기준 중 이동 탱크저장소에 관한 것은 「위험물안전관리법 시행규칙」 별표 10과 같다. (부록 참고)

8. 옥외저장소의 위치 · 구조 · 설비 기준

「위험물안전관리법」 제5조 제4항의 규정에 따른 제조소 등의 위치 · 구조 및 설비의 기준 중 옥외저장소에 관한 것은「위험물안전관리법 시행규칙」 별표 11과 같다. (부록 참고)

9. 암반 탱크저장소의 위치 · 구조 · 설비 기준

「위험물안전관리법」 제5조 제4항의 규정에 따른 제조소 등의 위치 · 구조 및 설비의 기준 중 암반 탱크저장소에 관한 것은 「위험물안전관리법 시행규칙」 별표 12와 같다. (부록 참고)

10. 주유취급소의 위치 · 구조 · 설비 기준

「위험물안전관리법」 제5조 제4항의 규정에 따른 제조소 등의 위치 · 구조 및 설비의 기준 중 주유취급소에 관한 것은「위험물안전관리법 시행규칙」 별표 13과 같다. (부록 참고)

11. 판매취급소의 위치 · 구조 · 설비 기준

「위험물안전관리법」 제5조 제4항의 규정에 따른 제조소 등의 위치 · 구조 및 설비의 기준 중 판매취급소에 관한 것은 「위험물안전관리법 시행규칙」 별표 14와 같다. (부록 참고)

12. 이송취급소의 위치 · 구조 · 설비 기준

「위험물안전관리법」 제5조 제4항의 규정에 따른 제조소 등의 위치 · 구조 및 설비의 기준 중 이송취급소에 관한 것은 「위험물안전관리법 시행규칙」 별표 15와 같다. (부록 참고)

13. 일반취급소의 위치 · 구조 · 설비 기준

「위험물안전관리법」 제5조 제4항의 규정에 따른 제조소 등의 위치 · 구조 및 설비의 기준 중 일반취급소에 관한 것은 「위험물안전관리법 시행규칙」 별표 16과 같다. (부록 참고)

제2절 제조소 등의 소화·경비·피난 설비 기준[1)2)3)4)5)]

1. 제조소 등의 소화 난이도 등급 및 그에 따른 소화설비

1) 소화설비의 기준

(1) 제조소 등의 위치 · 구조 및 설비의 기술기준은 행정안전부령으로 정한다는 「위험물안전관리법」 제5조 제4항의 규정에 따른 제조소 등에는 화재 발생 시 소화가 곤란한 정도에 따라 그 소화에 적응성이 있는 소화설비를 설치하여야 한다.

(2) 제(1)항의 규정에 따른 소화가 곤란한 정도에 따른 소화 난이도는 소화 난이도 등급Ⅰ, 소화 난이도 등급Ⅱ 및 소화 난이도 등급Ⅲ으로 구분하되, 각 소화 난이도 등급에 해당하는 제조소 등의 규모, 저장 또는 취급하는 위험물의 품명 및 최대수량 등과 그에 따라 제조소 등별로 설치하여야 하는 소화설비의 종류, 각 소화설비의 적응성 및 소화설비의 설치기준은 「위험물안전관리법 시행규칙」 별표 17과 같다.

1) 이해평, 박영주, 위험물질론, 도서출판 화수목(2015).
2) 이해평, 박영주, 위험물 안전관리, 도서출판 화수목(2015).
3) 법제처 국가법령정보센터, 위험물안전관리법(시행 2024. 7. 31).
4) 법제처 국가법령정보센터, 위험물안전관리법 시행령(시행 2024. 7. 31).
5) 법제처 국가법령정보센터, 위험물안전관리법 시행규칙(시행 2024. 8. 21).

2) 소화설비

(1) 소화 난이도 등급 Ⅰ의 제조소 등 및 소화설비

① 소화 난이도 등급 Ⅰ에 해당하는 제조소 등

제조소 등의 구분	제조소 등의 규모, 저장 또는 취급하는 위험물의 품명 및 최대수량 등
제조소 일반취급소	연 면적 1,000m^2 이상인 것
	지정수량의 100배 이상인 것(고 인화점 위험물만을 100℃ 미만의 온도에서 취급하는 것 및 제48조의 위험물을 취급하는 것은 제외)
	지반면으로부터 6m 이상의 높이에 위험물 취급설비가 있는 것(고 인화점 위험물만을 100℃ 미만의 온도에서 취급하는 것은 제외)
	일반취급소로 사용되는 부분 외의 부분을 갖는 건축물에 설치된 것(내화구조로 개구부 없이 구획된 것, 고 인화점 위험물만을 100℃ 미만의 온도에서 취급하는 것 및 별표 16 Ⅹ의 2의 화학실험의 일반취급소는 제외)
주유취급소	별표 13 Ⅴ제2호에 따른 면적의 합이 500m^{2}를 초과하는 것
옥내 저장소	지정수량의 150배 이상인 것(고 인화점 위험물만을 저장하는 것 및 제48조의 위험물을 저장하는 것은 제외)
	연 면적 150m^{2}를 초과하는 것(150m^2 이내마다 불연재료로 개구부 없이 구획된 것 및 인화성 고체 외의 제2류 위험물 또는 인화점 70℃ 이상의 제4류 위험물만을 저장하는 것은 제외)
	처마높이가 6m 이상인 단층 건물의 것
	옥내저장소로 사용되는 부분 외의 부분이 있는 건축물에 설치된 것(내화구조로 개구부 없이 구획된 것 및 인화성 고체 외의 제2류 위험물 또는 인화점 70℃ 이상의 제4류 위험물만을 저장하는 것은 제외)
옥외 탱크 저장소	액표면적이 40m^2 이상인 것(제6류 위험물을 저장하는 것 및 고 인화점 위험물만을 100℃ 미만의 온도에서 저장하는 것은 제외)
	지반면으로부터 탱크 옆 판의 상단까지 높이가 6m 이상인 것(제6류 위험물을 저장하는 것 및 고 인화점 위험물만을 100℃ 미만의 온도에서 저장하는 것은 제외)
	지중탱크 또는 해상탱크로서 지정수량의 100배 이상인 것(제6류 위험물을 저장하는 것 및 고 인화점 위험물만을 100℃ 미만의 온도에서 저장하는 것은 제외)
	고체 위험물을 저장하는 것으로서 지정수량의 100배 이상인 것
옥내 탱크 저장소	액표면적이 40m^2 이상인 것(제6류 위험물을 저장하는 것 및 고 인화점 위험물만을 100℃ 미만의 온도에서 저장하는 것은 제외)
	바닥 면으로부터 탱크 옆 판의 상단까지 높이가 6m 이상인 것(제6류 위험물을 저장하는 것 및 고 인화점 위험물만을 100℃ 미만의 온도에서 저장하는 것은 제외)
	탱크 전용실이 단층 건물 외의 건축물에 있는 것으로서 인화점 38℃ 이상 70℃ 미만의 위험물을 지정수량의 5배 이상 저장하는 것(내화구조로 개구부 없이 구획된 것은 제외한다)

제조소 등의 구분	제조소 등의 규모, 저장 또는 취급하는 위험물의 품명 및 최대수량 등
옥외 저장소	덩어리 상태의 황을 저장하는 것으로서 경계 표시 내부의 면적(2 이상의 경계 표시가 있는 경우에는 각 경계 표시의 내부의 면적을 합한 면적)이 $100m^2$ 이상인 것
	별표 11 Ⅲ의 위험물을 저장하는 것으로서 지정수량의 100배 이상인 것
암반 탱크 저장소	액표면적이 $40m^2$ 이상인 것(제6류 위험물을 저장하는 것 및 고 인화점 위험물만을 100℃ 미만의 온도에서 저장하는 것은 제외)
	고체 위험물만을 저장하는 것으로서 지정수량의 100배 이상인 것
이송 취급소	모든 대상

비고 : 제조소 등의 구분별로 오른쪽란에 정한 제조소 등의 규모, 저장 또는 취급하는 위험물의 수량 및 최대수량 등의 어느 하나에 해당하는 제조소 등은 소화 난이도 등급 Ⅰ에 해당하는 것으로 한다.

② 소화 난이도 등급 Ⅰ의 제조소 등에 설치하여야 하는 소화설비

<table>
<tr><th colspan="3">제조소 등의 구분</th><th>소화설비</th></tr>
<tr><td colspan="3">제조소 및 일반취급소</td><td>옥내소화전 설비, 옥외소화전 설비, 스프링클러 설비 또는 물 분무 등 소화설비(화재 발생 시 연기가 충만하여질 우려가 있는 장소에는 스프링클러 설비 또는 이동식 외의 물 분무 등 소화설비에 한한다)</td></tr>
<tr><td colspan="3">주유취급소</td><td>스프링클러 설비(건축물에 한정한다), 소형수동식소화기 등(능력 단위의 수치가 건축물 그 밖의 공작물 및 위험물의 소요단위의 수치에 이르도록 설치할 것)</td></tr>
<tr><td rowspan="2">옥내 저장소</td><td colspan="2">처마높이가 6m 이상인 단층 건물 또는 다른 용도의 부분이 있는 건축물에 설치한 옥내저장소</td><td>스프링클러 설비 또는 이동식 외의 물 분무 등 소화설비</td></tr>
<tr><td colspan="2">그 밖의 것</td><td>옥외소화전 설비, 스프링클러 설비, 이동식 외의 물 분무 등 소화설비 또는 이동식 포 소화설비(포 소화전을 옥외에 설치하는 것에 한한다)</td></tr>
<tr><td rowspan="3"></td><td rowspan="3">지중탱크 또는 해상 탱크 외의 것</td><td>황만을 저장 취급하는 것</td><td>물 분무 소화설비</td></tr>
<tr><td>옥외 탱크저장소</td><td>물 분무 소화설비 또는 고정식 포 소화설비</td></tr>
<tr><td>그 밖의 것</td><td>고정식 포 소화설비(포 소화설비가 적응성이 없는 경우에는 분말 소화설비)</td></tr>
</table>

<table>
<tr><th colspan="2">제조소 등의 구분</th><th>소화설비</th></tr>
<tr><td rowspan="2"></td><td>지중탱크</td><td>고정식 포 소화설비, 이동식 이외의 불활성 기체 소화설비 또는 이동식 이외의 할로젠화합물 소화설비</td></tr>
<tr><td>해상탱크</td><td>고정식 포 소화설비, 물 분무 소화설비, 이동식 이외의 불활성 기체 소화설비 또는 이동식 이외의 할로젠화합물 소화설비</td></tr>
<tr><td rowspan="3">옥내 탱크 저장소</td><td>황만을 저장·취급하는 것</td><td>물 분무 소화설비</td></tr>
<tr><td>인화점 70℃ 이상의 제4류 위험물만을 저장·취급하는 것</td><td>물 분무 소화설비, 고정식 포 소화설비, 이동식 이외의 불활성 기체 소화설비, 이동식 이외의 할로젠화합물 소화설비 또는 이동식 이외의 분말 소화설비</td></tr>
<tr><td>그 밖의 것</td><td>고정식 포 소화설비, 이동식 이외의 불활성 기체 소화설비, 이동식 이외의 할로젠화합물 소화설비 또는 이동식 이외의 분말 소화설비</td></tr>
<tr><td colspan="2">옥외저장소 또는 이송취급소</td><td>옥내소화전 설비, 옥외소화전 설비, 스프링클러 설비 또는 물 분무 등 소화설비(화재 발생 시 연기가 충만하여질 우려가 있는 장소에는 스프링클러 설비 또는 이동식 이외의 물 분무 등 소화설비에 한한다)</td></tr>
<tr><td rowspan="3">암반 탱크 저장소</td><td>황만을 저장·취급하는 것</td><td>물 분무 소화설비</td></tr>
<tr><td>인화점 70℃ 이상의 제4류 위험물만을 저장·취급하는 것</td><td>물 분무 소화설비 또는 고정식 포 소화설비</td></tr>
<tr><td>그 밖의 것</td><td>고정식 포 소화설비(포 소화설비가 적응성이 없는 경우에는 분말 소화설비)</td></tr>
</table>

비고

1. 위 표 오른쪽란의 소화설비를 설치함에 있어서는 당해 소화설비의 방사 범위가 당해 제조소, 일반취급소, 옥내저장소, 옥외 탱크저장소, 옥내 탱크저장소, 옥외저장소, 암반 탱크저장소(암반 탱크에 관계되는 부분을 제외한다) 또는 이송취급소(이송기지 내에 한한다)의 건축물, 그 밖의 공작물 및 위험물을 포함하도록 하여야 한다. 다만, 고 인화점 위험물만을 100℃ 미만의 온도에서 취급하는 제조소 또는 일반취급소의 경우에는 당해 제조소 또는 일반취급소의 건축물 및 그 밖의 공작물만 포함하도록 할 수 있다.
2. 고 인화점 위험물만을 100℃ 미만의 온도에서 취급하는 제조소 또는 일반취급소의 위험물에 대해서는 대형수동식소화기 1개 이상과 당해 위험물의 소요단위에 해당하는 능력 단위의 소형수동식소화기를 설치하여야 한다. 다만, 당해 제조소 또는 일반취급소에 옥내·외 소화전 설비, 스프링클러 설비 또는 물 분무 등 소화설비를 설치한 경우는 당해 소화설비의 방사 능력 범위 내에는 대형수동식소화기를 설치하지 아니할 수 있다.
3. 가연성증기 또는 가연성 미분이 체류할 우려가 있는 건축물 또는 실내에는 대형수동식소화기 1개 이상과 당해 건축물, 그 밖의 공작물 및 위험물의 소요단위에 해당하는 능력 단위의 소형수동식소화기 등을 추가로 설치하여야 한다.
4. 제4류 위험물을 저장 또는 취급하는 옥외 탱크저장소 또는 옥내 탱크저장소에는 소형수동식소

화기 등을 2개 이상 설치하여야 한다.

5. 제조소, 옥내 탱크저장소, 이송취급소, 또는 일반취급소의 작업공정 상 소화설비의 방사 능력 범위 내에 당해 제조소 등에서 저장 또는 취급하는 위험물 전부가 포함되지 아니하는 경우는 당해 위험물에 대하여 대형수동식소화기 1개 이상과 당해 위험물의 소요단위에 해당하는 능력 단위의 소형수동식소화기 등을 추가로 설치하여야 한다.
6. 별표 16 Ⅰ 제2호카목에 따른 반도체 제조공정의 일반취급소에 설치하는 소화설비의 방사범위 내에 있는 위험물 취급설비에 소방청장이 정하여 고시하는 기준에 적합한 소화장치가 내장 또는 부착된 경우 해당 방사범위는 제1호에 따른 소화설비를 설치한 것으로 본다.

(2) **소화 난이도 등급**Ⅱ의 제조소 등 및 소화설비

① 소화 난이도 등급Ⅱ에 해당하는 제조소 등

제조소 등의 구분	제조소 등의 규모, 저장 또는 취급하는 위험물의 품명 및 최대수량 등
제조소 일반취급소	연 면적 $600m^2$ 이상인 것
	지정수량의 10배 이상인 것(고 인화점 위험물만을 100℃ 미만의 온도에서 취급하는 것 및 제48조의 위험물을 취급하는 것은 제외)
	별표 16 Ⅱ·Ⅲ·Ⅳ·Ⅴ·Ⅷ·Ⅸ·Ⅹ 또는 Ⅹ의 2의 일반취급소로서 소화 난이도 등급Ⅰ의 제조소 등에 해당하지 아니하는 것(고 인화점 위험물만을 100℃ 미만의 온도에서 취급하는 것은 제외)
옥내저장소	단층 건물 이외의 것
	별표 5 Ⅱ 또는 Ⅳ제1호의 옥내저장소
	지정수량의 10배 이상인 것(고 인화점 위험물만을 저장하는 것 및 제48조의 위험물을 저장하는 것은 제외)
	연 면적 $150m^2$ 초과인 것
	별표 5 Ⅲ의 옥내저장소로서 소화 난이도 등급Ⅰ의 제조소 등에 해당하지 아니하는 것
	소화 난이도 등급Ⅰ의 제조소 등 외의 것(고 인화점 위험물만을 100℃ 미만의 온도로 저장하는 것 및 제6류 위험물만을 저장하는 것은 제외)
옥외 탱크저장소 옥내 탱크저장소	덩어리 상태의 황을 저장하는 것으로서 경계 표시 내부의 면적(2 이상의 경계 표시가 있는 경우에는 각 경계 표시의 내부의 면적을 합한 면적)이 $5m^2$ 이상 $100m^2$ 미만인 것
	별표 11 Ⅲ의 위험물을 저장하는 것으로서 지정수량의 10배 이상 100배 미만인 것
	지정수량의 100배 이상인 것(덩어리 상태의 황 또는 고 인화점 위험물을 저장하는 것은 제외)
옥외저장소	옥내주유취급소로서 소화 난이도 등급 Ⅰ의 제조소 등에 해당하지 아니하는 것
주유취급소	제2종 판매취급소

비고 : 제조소 등의 구분별로 오른쪽란에 정한 제조소 등의 규모, 저장 또는 취급하는 위험물의 수량 및 최대수량 등의 어느 하나에 해당하는 제조소 등은 소화 난이도 등급Ⅱ에 해당하는 것으로 한다.

② 소화 난이도 등급Ⅱ의 제조소 등에 설치하여야 하는 소화설비

제조소 등의 구분	소화설비
제조소 옥내저장소 옥외저장소 주유취급소 판매취급소 일반취급소	방사 능력 범위 내에 당해 건축물, 그 밖의 공작물 및 위험물이 포함되도록 대형수동식소화기를 설치하고, 당해 위험물의 소요단위의 1/5 이상에 해당하는 능력 단위의 소형수동식소화기 등을 설치할 것
옥외 탱크저장소 옥내 탱크저장소	대형수동식소화기 및 소형수동식소화기 등을 각각 1개 이상 설치할 것

비고
1. 옥내소화전 설비, 옥외소화전 설비, 스프링클러 설비 또는 물 분무 등 소화설비를 설치한 경우는 당해 소화설비의 방사 능력 범위 내의 부분에 대해서는 대형수동식소화기를 설치하지 아니할 수 있다.
2. 소형 수동식 소화기 등이란 제4호의 규정에 따른 소형수동식소화기 또는 기타 소화설비를 말한다.

(3) **소화 난이도 등급**Ⅲ의 제조소 등 및 소화설비

① 소화 난이도 등급Ⅲ에 해당하는 제조소 등

제조소 등의 구분	제조소 등의 규모, 저장 또는 취급하는 위험물의 품명 및 최대수량 등
제조소 일반취급소	제48조의 위험물을 취급하는 것
	제48조의 위험물 외의 것을 취급하는 것으로서 소화 난이도 등급Ⅰ 또는 소화 난이도 등급Ⅱ의 제조소 등에 해당하지 아니하는 것
옥내저장소	제48조의 위험물을 취급하는 것
	제48조의 위험물 외의 것을 취급하는 것으로서 소화 난이도 등급Ⅰ 또는 소화 난이도 등급Ⅱ의 제조소 등에 해당하지 아니하는 것
지하 탱크저장소 간이 탱크저장소 이동 탱크저장소	모든 대상
옥외저장소	덩어리 상태의 황을 저장하는 것으로서 경계 표시 내부의 면적(2 이상의 경계 표시가 있는 경우에는 각 경계 표시의 내부의 면적을 합한 면적)이 $5m^2$ 미만인 것
	덩어리 상태의 황 외의 것을 저장하는 것으로서 소화 난이도 등급Ⅰ 또는 소화 난이도 등급Ⅱ의 제조소 등에 해당하지 아니하는 것
주유취급소	옥내주유취급소 외의 것으로서 소화 난이도 등급 Ⅰ의 제조소 등에 해당하지 아니하는 것
제1종 판매취급소	모든 대상

비고 : 제조소 등의 구분별로 오른쪽란에 정한 제조소 등의 규모, 저장 또는 취급하는 위험물의 수량 및 최대수량 등의 어느 하나에 해당하는 제조소 등은 소화 난이도 등급Ⅲ에 해당하는 것으로 한다.

② 소화 난이도 등급Ⅲ의 제조소 등에 설치하여야 하는 소화설비

<table>
<tr><th>제조소 등의
구분</th><th>소화설비</th><th colspan="2">설치기준</th></tr>
<tr><td>지하
탱크저장소</td><td>소형수동식소화기 등</td><td>능력 단위의 수치가 3 이상</td><td>2개 이상</td></tr>
<tr><td rowspan="8">이동
탱크저장소</td><td rowspan="6">자동차용 소화기</td><td>무상의 강화액 8ℓ 이상</td><td rowspan="6">2개 이상</td></tr>
<tr><td>이산화탄소 3.2kg 이상</td></tr>
<tr><td>일브로민화일염화이플루오린화메테인
(CF_2ClBr) 2ℓ 이상</td></tr>
<tr><td>일브로민화삼플루오린화메테인
(CF_3Br) 2ℓ 이상</td></tr>
<tr><td>이브로민화사플루오린화에테인
($C_2F_4Br_2$) 1ℓ 이상</td></tr>
<tr><td>소화 분말 3.3kg 이상</td></tr>
<tr><td rowspan="2">마른 모래 및 팽창질석 또는 팽창 진주암</td><td colspan="2">마른 모래 150ℓ 이상</td></tr>
<tr><td colspan="2">팽창질석 또는 팽창 진주암 640ℓ 이상</td></tr>
<tr><td>그 밖의
제조소 등</td><td>소형수동식소화기 등</td><td colspan="2">능력 단위의 수치가 건축물 그 밖의 공작물 및 위험물의 소요단위의 수치에 이르도록 설치할 것. 다만, 옥내소화전 설비, 옥외소화전 설비, 스프링클러 설비, 물 분무 등 소화설비 또는 대형수동식소화기를 설치한 경우는 당해 소화설비의 방사 능력 범위 내의 부분에 대하여는 수동식 소화기 등을 그 능력 단위의 수치가 당해 소요단위의 수치의 1/5 이상이 되도록 하는 것으로 충분하다.</td></tr>
</table>

비고 : 알킬알루미늄 등을 저장 또는 취급하는 이동 탱크저장소에 있어서는 자동차용 소화기를 설치하는 외에 마른 모래나 팽창질석 또는 팽창 진주암을 추가로 설치하여야 한다.

2. 위험물의 성질에 따른 소화설비의 적응성

소화설비의 구분			건축물·그 밖의 공작물	전기설비	제1류 위험물: 알칼리금속과산화물등	제1류 위험물: 그 밖의 것	제2류 위험물: 철분·금속분·마그네슘등	제2류 위험물: 인화성고체	제2류 위험물: 그 밖의 것	제3류 위험물: 금수성물품	제3류 위험물: 그 밖의 것	제4류 위험물	제5류 위험물	제6류 위험물
옥내소화전 또는 옥외소화전 설비			○			○		○	○		○		○	○
스프링클러 설비			○			○		○	○		○	△	○	○
물 분무 등 소화설비	물 분무 소화설비		○	○		○		○	○		○	○	○	○
	포 소화설비		○			○		○	○		○	○	○	○
	불활성 기체 소화설비			○				○				○		
	할로젠화합물 소화설비			○				○				○		
	분말 소화설비	인산염류 등	○	○		○		○	○			○		○
		탄산수소염류 등		○	○		○	○		○		○		
		그 밖의 것			○		○			○				
대형·소형수동식 소화기	봉상수 소화기		○			○		○	○		○		○	○
	무상수 소화기		○	○		○		○	○		○		○	○
	봉상 강화액 소화기		○			○		○	○		○		○	○
	무상 강화액 소화기		○	○		○		○	○		○	○	○	○
	포 소화기		○			○		○	○		○	○	○	○
	이산화탄소 소화기			○				○				○		△
	할로젠화합물 소화기			○				○				○		
	분말 소화기	인산염류 소화기	○	○		○		○	○			○		○
		탄산수소염류 소화기		○	○		○	○		○		○		
		그 밖의 것			○		○			○				
기타	물통 또는 수조		○			○		○	○		○		○	○
	마른 모래				○	○	○	○	○	○	○	○	○	○
	팽창질석 또는 팽창 진주암				○	○	○	○	○	○	○	○	○	○

비고

1. "○"표시는 당해 소방대상물 및 위험물에 대하여 소화설비가 적응성이 있음을 표시하고, "△"표시는 제4류 위험물을 저장 또는 취급하는 장소의 살수 기준면적에 따라 스프링클러 설비의 살수 밀도가 다음 표에 정하

는 기준 이상일 경우는 당해 스프링클러 설비가 제4류 위험물에 대하여 적응성이 있음을, 제6류 위험물을 저장 또는 취급하는 장소로서 폭발의 위험이 없는 장소에만 이산화탄소 소화기가 제6류 위험물에 대하여 적응성이 있음을 각각 표시한다.

살수 기준 면적(m^2)	방사 밀도(ℓ/m^2분)		비고
	인화점 38℃ 미만	인화점 38℃ 이상	
279 미만	16.3 이상	12.2 이상	살수 기준면적은 내화구조의 벽 및 바닥으로 구획된 하나의 실의 바닥면적을 말하고, 하나의 실의 바닥면적이 $465m^2$ 이상인 경우의 살수 기준면적은 $465m^2$로 한다. 다만, 위험물의 취급을 주된 작업내용으로 하지 아니하고 소량의 위험물을 취급하는 설비 또는 부분이 넓게 분산되었을 때 방사 밀도는 $8.2\ell/m^2$분 이상, 살수 기준면적은 $279m^2$ 이상으로 할 수 있다.
279 이상 372 미만	15.5 이상	11.8 이상	
372 이상 465 미만	13.9 이상	9.8 이상	
465 이상	12.2 이상	8.1 이상	

2. 인산염류 등은 인산염류, 황산염류 그 밖에 방염성이 있는 약제를 말한다.
3. 탄산수소염류 등은 탄산수소염류 및 탄산수소염류와 요소의 반응생성물을 말한다.
4. 알칼리금속과산화물 등은 알칼리금속의 과산화물 및 알칼리금속의 과산화물을 함유한 것을 말한다.
5. 철분·금속분·마그네슘 등은 철분·금속분·마그네슘과 철분·금속분 또는 마그네슘을 함유한 것을 말한다.

3. 소요 단위 및 능력 단위 산정법

1) 전기설비의 소화설비

제조소 등에 전기설비(전기 배선, 조명기구 등은 제외한다)가 설치된 경우는 당해 장소의 면적 $100m^2$마다 소형수동식소화기를 1개 이상 설치할 것

2) 소요단위 및 능력 단위

(1) **소요단위** : 소화설비의 설치대상이 되는 건축물 그 밖의 공작물의 규모 또는 위험물의 양의 기준단위

(2) **능력 단위** : (1)의 소요단위에 대응하는 소화설비의 소화능력의 기준단위

3) 소요단위의 계산 방법

건축물 그 밖의 공작물 또는 위험물의 소요 단위의 계산 방법은 다음의 기준에 의할 것

(1) 제조소 또는 취급소의 건축물은 외벽이 내화구조인 것은 연 면적(제조소 등의 용도로 사용되는 부분 외의 부분이 있는 건축물에 설치된 제조소 등에 있어서는 당해 건축물 중 제조소 등에 사용되는 부분의 바닥면적 합계를 말한다) $100m^2$를 1 소요단위로 하며, 외벽이 내화구조가 아닌 것은 연 면적 $50m^2$를 1 소요단위로 할 것

(2) 저장소의 건축물은 외벽이 내화구조인 것은 연 면적 $150m^2$를 1 소요단위로 하고, 외벽

이 내화구조가 아닌 것은 연 면적 $75m^2$를 1 소요단위로 할 것

(3) 제조소 등의 옥외에 설치된 공작물은 외벽이 내화구조인 것으로 간주하고 공작물의 최대 수평 투영면적을 연 면적으로 간주하여 1) 및 2)의 규정에 따라 소요단위를 산정할 것

(4) 위험물은 지정수량의 10배를 1 소요단위로 할 것

4) 소화설비의 능력 단위

(1) **수동식 소화기의** 능력 단위는 수동식 소화기의 형식승인 및 검정기술 기준에 의하여 형식승인 받은 수치로 할 것

(2) 기타 소화설비의 능력 단위는 다음의 표에 의할 것

소화설비	용량	능력 단위
소화전용 물통	8ℓ	0.3
수조(소화전용 물통 3개 포함)	80ℓ	1.5
수조(소화전용 물통 6개 포함)	190ℓ	2.5
마른 모래(삽 1개 포함)	50ℓ	0.5
팽창질석 또는 팽창 진주암(삽 1개 포함)	160ℓ	1.0

4. 옥내소화전 설비의 설치기준

1) 옥내소화전은 제조소 등의 건축물의 층마다 당해 층의 각 부분에서 하나의 호스 접속구까지의 수평거리가 25m 이하가 되도록 설치할 것. 이 경우 옥내소화전은 각층의 출입구 부근에 1개 이상 설치하여야 한다.

2) 수원의 수량은 옥내소화전이 가장 많이 설치된 층의 옥내소화전 설치개수(설치개수가 5개 이상일 경우는 5개)에 $7.8m^3$를 곱한 양 이상이 되도록 설치할 것

3) **옥내소화전 설비**는 각층을 기준으로 하여 당해 층의 모든 옥내소화전(설치개수가 5개 이상일 경우는 5개의 옥내소화전)을 동시에 사용할 때 각 노즐 끝부분의 방수압력이 350kPa 이상이고 방수량이 1분당 260ℓ 이상의 성능이 되도록 할 것

4) **옥내소화전 설비**에는 비상 전원을 설치할 것

5. 옥외소화전 설비의 설치기준

1) 옥외소화전은 방호대상물(당해 소화설비에 의하여 소화하여야 할 제조소 등의 건축물, 그 밖의 공작물 및 위험물을 말한다)의 각 부분(건축물의 경우에는 당해 건축물의 1층 및 2층의 부분에 한한다)에서 하나의 호스 접속구까지의 수평거리가 40m 이하가 되도록 설치할

것. 이 경우 그 설치개수가 1개일 때는 2개로 하여야 한다.

2) 수원의 수량은 옥외소화전의 설치개수(설치개수가 4개 이상일 경우는 4개의 옥외소화전)에 $13.5m^3$를 곱한 양 이상이 되도록 설치할 것

3) **옥외소화전 설비**는 모든 옥외소화전(설치개수가 4개 이상일 경우는 4개의 옥외소화전)을 동시에 사용할 때 각 노즐 끝부분의 방수압력이 350kPa 이상이고, 방수량이 1분당 450ℓ 이상의 성능이 되도록 할 것

4) **옥외소화전 설비**에는 비상 전원을 설치할 것

6. 스프링클러 설비의 설치기준

1) **스프링클러 헤드**는 방호대상물의 천장 또는 건축물의 최상부 부근(천장이 설치되지 아니한 경우)에 설치하되, 방호대상물의 각 부분에서 하나의 스프링클러 헤드까지의 수평거리가 1.7m(제4호 비고 제1호의 표에 정한 살수 밀도의 기준을 충족하는 경우는 2.6m) 이하가 되도록 설치할 것

2) 개방형 스프링클러 헤드를 이용한 스프링클러 설비의 방사 구역(하나의 일제개방밸브에 의하여 동시에 방사되는 구역을 말한다)은 $150m^2$ 이상(방호대상물의 바닥면적이 $150m^2$ 미만일 경우에는 당해 바닥면적)으로 할 것

3) 수원의 수량은 폐쇄형 스프링클러 헤드를 사용하는 것은 30(헤드의 설치개수가 30 미만인 방호대상물인 경우는 당해 설치개수), 개방형 스프링클러 헤드를 사용하는 것은 스프링클러 헤드가 가장 많이 설치된 방사 구역의 스프링클러 헤드 설치개수에 $2.4m^3$를 곱한 양 이상이 되도록 설치할 것

4) **스프링클러 설비**는 (3)의 규정에 따른 개수의 스프링클러 헤드를 동시에 사용할 때 각 끝부분의 방사압력이 100kPa(제4호 비고 제1호의 표에 정한 살수 밀도의 기준을 충족하는 경우는 50kPa) 이상이고, 방수량이 1분당 80ℓ(제4호 비고 제1호의 표에 정한 살수 밀도의 기준을 충족하는 경우는 56ℓ) 이상의 성능이 되도록 할 것

5) **스프링클러 설비**에는 비상 전원을 설치할 것

7. 물 분무 설비의 설치기준

1) 분무 헤드의 개수 및 배치는 다음 각목에 의할 것

   (1) 분무 헤드로부터 방사되는 물 분무로 방호대상물의 모든 표면을 유효하게 소화할 수 있도록 설치할 것

(2) 방호대상물의 표면적(건축물에 있어서는 바닥면적. 이하 이 목에서 같다) $1m^2$당 3)의 규정에 따른 양의 비율로 계산한 수량을 표준 방사량(당해 소화설비의 헤드의 설계압력에 의한 방사량을 말한다)으로 방사할 수 있도록 설치할 것

2) 물분무소화설비의 방사 구역은 $150m^2$ 이상(방호대상물의 표면적이 $150m^2$ 미만일 경우에는 당해 표면적)으로 할 것
3) 수원의 수량은 분무 헤드가 가장 많이 설치된 방사 구역의 모든 분무 헤드를 동시에 사용할 때 당해 방사 구역의 표면적 $1m^2$당 1분당 20ℓ의 비율로 계산한 양으로 30분간 방사할 수 있는 양 이상이 되도록 설치할 것
4) 물분무소화설비는 3)의 규정에 따른 분무 헤드를 동시에 사용할 때 각 끝부분의 방사압력이 350kPa 이상으로 표준 방사량을 방사할 수 있는 성능이 되도록 할 것
5) 물분무소화설비에는 비상 전원을 설치할 것

8. 포 소화설비의 설치기준

1) 고정식 포 소화설비의 포 방출구 등은 방호대상물의 형상, 구조, 성질, 수량 또는 취급 방법에 따라 표준 방사량으로 당해 방호대상물의 화재를 유효하게 소화할 수 있도록 필요한 개수를 적당한 위치에 설치할 것
2) 이동식 포 소화설비(포 소화전 등 고정된 포수용액 공급장치로부터 호스를 통하여 포수용액을 공급받아 이동식 노즐에 의하여 방사하는 소화설비를 말한다)의 포 소화전은 옥내에 설치하는 것은 마목 1), 옥외에 설치하는 것은 바목 1)의 규정을 준용할 것
3) 수원의 수량 및 포 소화약제의 저장량은 방호대상물의 화재를 유효하게 소화할 수 있는 양 이상이 되도록 할 것
4) **포 소화설비**에는 비상 전원을 설치할 것

9. 불활성 기체 소화설비의 설치기준

1) 전역방출방식 불활성 기체 소화설비의 분사 헤드는 불연재료의 벽·기둥·바닥·보 및 지붕(천장이 있는 경우에는 천장)으로 구획되고 개구부에 자동 폐쇄 장치(60분+방화문, 30분 방화문 또는 불연재료의 문으로 불활성 기체 소화약제가 방사되기 직전에 개구부를 자동으로 폐쇄하는 장치를 말한다)가 설치되어 있는 부분(이하 "방호구역"이라 한다)에 해당 부분의 용적 및 방호대상물의 성질에 따라 표준 방사량으로 방호대상물의 화재를 유효하게 소화할 수 있도록 필요한 개수를 적당한 위치에 설치할 것. 다만, 해당 부분에서 외부로 누설

되는 양 이상의 불활성 기체 소화약제를 유효하게 추가하여 방출할 수 있는 설비가 있는 경우는 해당 개구부의 자동 폐쇄 장치를 설치하지 아니할 수 있다.

2) 국소 방출방식 불활성 기체 소화설비의 분사 헤드는 방호대상물의 형상, 구조, 성질, 수량 또는 취급 방법에 따라 방호대상물에 이산화탄소 소화약제를 직접 방사하여 표준 방사량으로 방호대상물의 화재를 유효하게 소화할 수 있도록 필요한 개수를 적당한 위치에 설치할 것
3) 이동식 불활성 기체 소화설비(고정된 이산화탄소 소화약제 공급장치로부터 호스를 통하여 이산화탄소 소화약제를 공급받아 이동식 노즐에 의하여 방사하는 소화설비를 말한다)의 호스 접속구는 모든 방호대상물에 대하여 당해 방호대상물의 각 부분으로부터 하나의 호스 접속구까지의 수평거리가 15m 이하가 되도록 설치할 것
4) 불활성 기체 소화약제 용기에 저장하는 불활성 기체 소화약제의 양은 방호대상물의 화재를 유효하게 소화할 수 있는 양 이상이 되도록 할 것
5) 전역방출방식 또는 국소 방출방식의 불활성 기체 소화설비에는 비상 전원을 설치할 것

10. 할로젠화합물 소화설비의 설치기준

할로젠화합물 소화설비의 설치기준은 불활성 기체 소화설비의 기준을 준용할 것

11. 분말 소화설비의 설치기준

분말 소화설비의 설치기준은 불활성 기체 소화설비의 기준을 준용할 것

12. 수동식 소화기의 설치기준

1) 대형수동식소화기의 설치기준은 방호대상물의 각 부분으로부터 하나의 대형수동식소화기까지의 보행거리가 30m 이하가 되도록 설치할 것. 다만, 옥내소화전 설비, 옥외소화전 설비, 스프링클러 설비 또는 물 분무 등 소화설비와 함께 설치하는 경우는 그러하지 아니하다.
2) 소형수동식소화기 등의 설치기준은 소형수동식소화기 또는 그 밖의 소화설비는 지하 탱크저장소, 간이 탱크저장소, 이동 탱크저장소, 주유취급소 또는 판매취급소에서는 유효하게 소화할 수 있는 위치에 설치하여야 하며, 그 밖의 제조소 등에서는 방호대상물의 각 부분으로부터 하나의 소형수동식소화기까지의 보행거리가 20m 이하가 되도록 설치할 것. 다만, 옥내소화전 설비, 옥외소화전 설비, 스프링클러 설비, 물 분무 등 소화설비 또는 대형수동식소화기와 함께 설치하는 경우는 그러하지 아니하다.

13. 경보설비의 설치기준

1) 경보설비의 기준

(1) 제조소 등의 위치 · 구조 및 설비의 기술기준은 행정안전부령으로 정한다는 「위험물안전관리법」 제5조 제4항의 규정에 따라 「위험물안전관리법 시행령」 별표 1의 규정에 따른 지정수량의 10배 이상의 위험물을 저장 또는 취급하는 제조소 등(이동 탱크저장소를 제외한다)에는 화재 발생 시 이를 알릴 수 있는 경보설비를 설치하여야 한다.

(2) 제(1)항에 따른 경보설비는 자동화재탐지설비 · 자동화재속보설비 · 비상 경보설비(비상벨 장치 또는 경종을 포함한다) · 확성장치(휴대용 확성기를 포함한다) 및 비상 방송설비로 구분하되, 제조소 등별로 설치하여야 하는 경보설비의 종류 및 설치기준은 「위험물안전관리법 시행규칙」 별표 17과 같다.

(3) 자동 신호장치를 갖춘 스프링클러 설비 또는 물 분무 등 소화설비를 설치한 제조소 등에 있어서는 제(2)항의 규정에 따른 자동화재탐지설비를 설치한 것으로 본다.

2) 경보설비

(1) 제조소 등별로 설치해야 하는 경보설비의 종류

제조소 등의 구분	제조소 등의 규모, 저장 또는 취급하는 위험물의 종류 및 최대수량 등	경보설비
가. 제조소 및 일반취급소	• 연면적이 500m² 이상인 것 • 옥내에서 지정수량의 100배 이상을 취급하는 것(고 인화점 위험물만을 100℃ 미만의 온도에서 취급하는 것은 제외한다) • 일반취급소로 사용되는 부분 외의 부분이 있는 건축물에 설치된 일반취급소(일반취급소와 일반취급소 외의 부분이 내화구조의 바닥 또는 벽으로 개구부 없이 구획된 것은 제외한다)	자동화재탐지설비
나. 옥내저장소	• 지정수량의 100배 이상을 저장 또는 취급하는 것(고 인화점 위험물만을 저장 또는 취급하는 것은 제외한다) • 저장창고의 연면적이 150m²를 초과하는 것[연 면적 150m² 이내마다 불연재료의 격벽으로 개구부 없이 완전히 구획된 저장창고와 제2류 위험물(인화성 고체는 제외한다) 또는 제4류 위험물(인화점이 70℃ 미만인 것은 제외한다)만을 저장 또는 취급하는 저장창고는 그 연면적이 500m² 이상인 것을 말한다] • 처마높이가 6m 이상인 단층 건물의 것 • 옥내저장소로 사용되는 부분 외의 부분이 있는 건축물에 설치된 옥내저장소[옥내저장소와 옥내저장소 외의 부분이 내화구조의 바닥 또는 벽으로 개구부 없이 구획된 것과 제2류(인화성 고체는 제외한다) 또는 제4류의 위험물(인화점이 70℃ 미만인 것은 제외한다)만을 저장 또는 취급하는 것은 제외한다]	자동화재탐지설비

제조소 등의 구분	제조소 등의 규모, 저장 또는 취급하는 위험물의 종류 및 최대수량 등	경보설비
다. 옥내 탱크저장소	단층 건물 외의 건축물에 설치된 옥내 탱크저장소로서 제41조 제2항에 따른 소화 난이도 등급 I 에 해당하는 것	자동화재탐지설비
라. 주유취급소	옥내주유취급소	자동화재탐지설비
마. 옥외 탱크저장소	특수인화물, 제1석유류 및 알코올류를 저장 또는 취급하는 탱크의 용량이 1,000만ℓ 이상인 것	· 자동화재탐지설비 · 자동화재속보설비
바. 가목부터 마목까지의 규정에 따른 자동화재탐지설비 설치대상 제조소 등에 해당하지 않는 제조소 등(이송취급소는 제외한다)	지정수량의 10배 이상을 저장 또는 취급하는 것	자동화재탐지설비, 비상 경보설비, 확성장치 또는 비상 방송설비 중 1종 이상

비고 : 이송취급소에 설치하는 경보설비는 별표 15 Ⅳ 제14호에 따른다.

(2) 자동화재탐지설비의 설치기준

① 자동화재탐지설비의 경계구역(화재가 발생한 구역을 다른 구역과 구분하여 식별할 수 있는 최소단위의 구역을 말한다)은 건축물 그 밖의 공작물의 2 이상의 층에 걸치지 아니하도록 할 것. 다만, 하나의 경계구역의 면적이 500m^2 이하이면서 당해 경계구역이 두 개의 층에 걸치는 경우이거나 계단·경사로·승강기의 승강로 그 밖에 이와 유사한 장소에 연기감지기를 설치하는 경우는 그러하지 아니하다.

② 하나의 경계구역의 면적은 600m^2 이하로 하고 그 한 변의 길이는 50m(광전식 분리형 감지기를 설치할 경우는 100m) 이하로 할 것. 다만, 당해 건축물 그 밖의 공작물의 주요한 출입구에서 그 내부의 전체를 볼 수 있는 경우는 그 면적을 1,000m^2 이하로 할 수 있다.

③ 자동화재탐지설비의 감지기(옥외 탱크저장소에 설치하는 자동화재탐지설비의 감지기는 제외한다)는 지붕(상층이 있는 경우에는 상층의 바닥) 또는 벽의 옥내에 면한 부분(천장이 있는 경우에는 천장 또는 벽의 옥내에 면한 부분 및 천장의 뒷부분)에

유효하게 화재의 발생을 감지할 수 있도록 설치할 것

④ 옥외 탱크저장소에 설치하는 자동화재탐지설비의 감지기 설치기준

ⓐ 불꽃 감지기를 설치할 것. 다만, 불꽃을 감지하는 기능이 있는 지능형 폐쇄회로 텔레비전(CCTV)을 설치했을 때 불꽃 감지기를 설치한 것으로 본다.

ⓑ 옥외 저장탱크 바깥쪽과 별표 6 Ⅱ에 따른 보유 공지 내에서 발생하는 화재를 유효하게 감지할 수 있는 위치에 설치할 것

ⓒ 지지대를 설치하고 그곳에 감지기를 설치하는 경우 지지대는 벼락에 영향을 받지 않도록 설치할 것

⑤ 자동화재탐지설비에는 비상 전원을 설치할 것

⑥ 옥외 탱크저장소가 다음의 어느 하나에 해당하는 경우는 자동화재탐지설비를 설치하지 않을 수 있다.

ⓐ 옥외 탱크저장소의 방유제와 옥외 저장탱크 사이의 지표면을 불연성 및 불 침윤성(수분에 젖지 않는 성질)이 있는 철근콘크리트 구조 등으로 한 경우

ⓑ 「화학물질관리법 시행규칙」 별표 5 제6호의 화학물질안전원장이 정하는 고시에 따라 가스 감지기를 설치한 경우

(3) 옥외 탱크저장소가 다음 각 목의 어느 하나에 해당하는 경우는 자동화재속보설비를 설치하지 않을 수 있다.

① 제(2)호 ⑥목 ⓐ 또는 ⓑ에 해당하는 경우

② 법 제19조에 따른 자체 소방대를 설치한 경우

③ 안전관리자가 해당 사업소에 24시간 상주하는 경우

14. 피난 설비의 설치기준

1) 피난 설비의 기준

(1) 제조소 등의 위치 · 구조 및 설비의 기술기준은 행정안전부령으로 정한다는 「위험물안전관리법」 제5조 제4항의 규정에 따라 주유취급소 중 건축물의 2층 이상의 부분을 점포 · 휴게음식점 또는 전시장의 용도로 사용하는 것과 옥내주유취급소에는 피난 설비를 설치하여야 한다.

(2) 제(1)항의 규정에 따른 피난 설비의 설치기준은 「위험물안전관리법 시행규칙」 별표 17과 같다.

2) 피난 설비

(1) 주유취급소 중 건축물의 2층 이상의 부분을 점포·휴게음식점 또는 전시장의 용도로 사용하는 것에 있어서는 당해 건축물의 2층 이상으로부터 주유취급소의 부지 밖으로 통하는 출입구와 당해 출입구로 통하는 통로 · 계단 및 출입구에 유도등을 설치하여야 한다.

(2) 옥내주유취급소에 있어서는 당해 사무소 등의 출입구 및 피난구와 당해 피난구로 통하는 통로·계단 및 출입구에 유도등을 설치하여야 한다.

(3) 유도등에는 비상 전원을 설치하여야 한다.

연습문제

01 위험물을 적재, 운반할 때 방수성 덮개를 하지 않아도 되는 것은?

㉮ 나이트로 화합물 ㉯ 탄화칼슘
㉰ 알칼리금속의 과산화물 ㉱ 마그네슘

02 위험물의 운반에 관한 기준에서 위험물의 적재 시 혼재가 가능한 위험물은? (단, 지정수량의 5배인 경우이다.)

㉮ 탄화칼슘－나이트로 글리세롤 ㉯ 마그네슘－알킬알루미늄
㉰ 과염소산포타슘－황린 ㉱ 질산메틸－경유

03 위험물의 운반 용기 외부에 표시하여야 하는 주의사항을 틀리게 연결한 것은?

㉮ 아세틸퍼옥사이드－화기엄금 및 충격주의
㉯ 염소산암모늄－화기・충격 주의 및 가연물 접촉 주의
㉰ 과염소산－물기 엄금 및 가연물 접촉 주의
㉱ 철분－화기 주의 및 물기 엄금

04 고체 위험물은 운반 용기 내용적의 몇 % 이하의 수납률로 수납하여야 하는가?

㉮ 80% ㉯ 85% ㉰ 90% ㉱ 95%

05 지정수량 10배의 위험물을 운반할 때 혼재가 가능한 것은?

㉮ 제1류 위험물과 제2류 위험물 ㉯ 제4류 위험물과 제5류 위험물
㉰ 제3류 위험물과 제5류 위험물 ㉱ 제2류 위험물과 제3류 위험물

06 지정수량 이상의 위험물을 차량으로 운반할 때의 설명으로 틀린 것은?

㉮ 운반하는 위험물에 적응성이 있는 소형 수동식 소화기를 갖춘다.
㉯ 위험물이나 위험물을 수납한 용기가 현저하게 마찰이나 동요되지 않도록 운반한다.
㉰ 위험물이 현저하게 새어 재난 발생 우려가 있을 때 응급조치를 한 후 목적지로 이동하고 목적지 관계기관에 통보한다.
㉱ 휴식, 고장 등으로 차량을 일시 정차할 때는 안전 장소를 택하고 위험물의 안전 확보에 주의한다.

07 위험물을 적재, 운반할 때 방수성 덮개를 하지 않아도 되는 것은?

㉮ 나이트로 화합물
㉯ 탄화칼슘
㉰ 알칼리금속의 과산화물
㉱ 마그네슘

08 지정수량 이상의 위험물을 차량으로 운반할 때 당해 차량에 설치하는 직사각형 표지 규격으로 옳은 것은?

㉮ 장변 0.6m 이상, 단변 0.3m 이상
㉯ 장변 0.4m 이상, 단변 0.3m 이상
㉰ 가로, 세로 모두 0.3m 이상
㉱ 가로, 세로 모두 0.4m 이상

09 위험물의 운반 용기 외부에 수납하는 위험물의 종류에 따라 표시하는 주의사항을 옳게 연결한 것은?

㉮ 아세톤-화기엄금
㉯ 질산-화기엄금
㉰ 염소산포타슘-물기 주의
㉱ 철분-물기 주의

10 A 업체에서 제조한 위험물을 B 업체로 운반할 때 규정에 따른 운반 용기에 수납하지 않아도 되는 위험물은? (단, 지정수량의 2배 이상인 경우이다.)

㉮ 금속분
㉯ 덩어리 상태의 황
㉰ 염소산나트륨
㉱ 삼산화크로뮴

11 2가지 물질을 혼합하였을 때 위험성이 증가하는 경우가 아닌 것은?

㉮ 과망가니즈산 포타슘+황산
㉯ 나이트로셀룰로스+알코올 수용액
㉰ 질산나트륨+유기물
㉱ 질산+에틸알코올

12 위험물안전관리법상 위험물의 운반 용기 외부에 표시해야 하는 사항이 아닌 것은? (단, 기계에 의하여 하역하는 구조로 된 운반 용기는 제외한다.)

㉮ 위험물의 품명
㉯ 위험물의 수량
㉰ 위험물의 화학명
㉱ 위험물의 제조연월일

13 위험물의 운반 용기 외부에 표시하여야 하는 주의사항에 "화기엄금"이 포함되지 않은 것은 어느 것인가?

㉮ 제1류 위험물 중 알칼리금속의 과산화물 ㉯ 제2류 위험물 중 인화성 고체
㉰ 제3류 위험물 중 자연발화성 물질 ㉱ 제5류 위험물

14 고체 위험물의 운반 시 내장 용기가 금속재인 경우, 내장 용기의 최대용적은 몇 ℓ인가?

㉮ 10 ㉯ 20 ㉰ 30 ㉱ 100

15 운반할 때 빗물의 침투를 방지하기 위하여 방수성이 있는 피복으로 덮어야 하는 위험물은?

㉮ TNT ㉯ 이황화탄소 ㉰ 과염소산 ㉱ 마그네슘

16 다음 중 과망가니즈산 포타슘과 혼촉하였을 때 위험성이 가장 낮은 물질은?

㉮ 염산 ㉯ 물 ㉰ 다이에틸 에터 ㉱ 글리세롤

17 제3류 위험물의 운반 시 혼재할 수 있는 위험물은 제 몇 류 위험물인가? (단, 각각 지정수량의 10배인 경우이다.)

㉮ 제1류 ㉯ 제2류 ㉰ 제4류 ㉱ 제5류

18 위험물의 운반 용기 재질 중 액체 위험물의 외장용기로 사용할 수 없는 것은?

㉮ 나무 ㉯ 파이버판 ㉰ 유리 ㉱ 플라스틱

19 55℃ 이하의 온도에서 분해될 우려가 있는 것은 보랭 컨테이너에 수납하는 등 적정한 온도관리를 해야 할 위험물은?

㉮ 제1류 위험물 ㉯ 제3류 위험물
㉰ 제5류 위험물 ㉱ 제6류 위험물

20 위험물안전관리법상 위험물 운반 시에 혼재가 금지된 위험물로 이루어진 것은? (단, 지정수량의 1/10 초과이다.)

㉮ 황과 과산화벤조일 ㉯ 과산화나트륨과 황
㉰ 과염소산과 과산화나트륨 ㉱ 황린과 휘발유

CHAPTER 09 위험물안전관리법 규제의 구도

제1절 제조소 등 설치 및 후속 절차[1][2][3][4][5]

1. 제조소 등 허가

1) 위험물 시설의 설치 및 변경 등

(1) 제조소 등을 설치하고자 하는 자는 대통령령이 정하는 바에 따라 그 설치장소를 담당하는 특별시장 · 광역시장 · 특별자치 시장 · 도지사 또는 특별자치도지사의 허가를 받아야 한다. 제조소 등의 위치 · 구조 또는 설비 가운데 행정안전부령이 정하는 사항을 변경하고자 하는 때에도 또한 같다.

(2) 제조소 등의 위치 · 구조 또는 설비의 변경 없이 당해 제조소 등에서 저장하거나 취급하는 위험물의 품명 · 수량 또는 지정수량의 배수를 변경하고자 하는 자는 변경하고자 하는 날의 1일 전까지 행정안전부령이 정하는 바에 따라 시 · 도지사에게 신고하여야 한다.

(3) 제(1)항 및 제(2)항의 규정에도 불구하고 다음 각호의 어느 하나에 해당하는 제조소 등의 경우에는 허가를 받지 아니하고 당해 제조소 등을 설치하거나 그 위치 · 구조 또는 설비를 변경할 수 있으며, 신고하지 아니하고 위험물의 품명 · 수량 또는 지정수량의 배수를 변경할 수 있다.

① 주택의 난방시설(공동주택의 중앙난방시설을 제외)을 위한 저장소 또는 취급소

② 농예용 · 축산용 또는 수산용으로 필요한 난방시설 또는 건조시설을 위한 지정수량 20배 이하의 저장소

---

1) 이해평, 박영주, 위험물질론, 도서출판 화수목(2015).

2) 이해평, 박영주, 위험물 안전관리, 도서출판 화수목(2015).

3) 법제처 국가법령정보센터, 위험물안전관리법(시행 2024. 7. 31).

4) 법제처 국가법령정보센터, 위험물안전관리법 시행령(시행 2024. 7. 31).

5) 법제처 국가법령정보센터, 위험물안전관리법 시행규칙(시행 2024. 8. 21).

2) 제조소 등의 설치 허가의 신청

「위험물안전관리법」 제6조 제1항 전단 및 영 제6조 제1항에 따라 제조소 등의 설치 허가를 받으려는 자는 별지 제1호서식 또는 별지 제2호서식의 신청서(전자문서로 된 신청서를 포함한다)에 다음 각호의 서류(전자문서를 포함)를 첨부하여 특별시장・광역시장・특별자치시장・도지사 또는 특별자치도지사나 소방서장에게 제출하여야 한다. 다만, 「전자정부법」 제36조 제1항에 따른 행정정보의 공동이용을 통하여 첨부 서류에 대한 정보를 확인할 수 있는 경우에는 그 확인으로 첨부 서류에 갈음할 수 있다.

(1) 다음 각목의 사항을 기재한 제조소 등의 위치・구조 및 설비에 관한 도면
  ① 당해 제조소 등을 포함하는 사업소 안 및 주위의 주요 건축물과 공작물의 배치
  ② 당해 제조소 등이 설치된 건축물 안에 제조소 등의 용도로 사용되지 아니하는 부분이 있는 경우 그 부분의 배치 및 구조
  ③ 당해 제조소 등을 구성하는 건축물, 공작물 및 기계・기구 그 밖의 설비 배치(제조소 또는 일반취급소의 경우에는 공정의 개요를 포함)
  ④ 당해 제조소 등에서 위험물을 저장 또는 취급하는 건축물, 공작물 및 기계・기구 그 밖 설비의 구조(주유취급소의 경우에는 별표 13 Ⅴ 제1호 각 목의 규정에 따른 건축물 및 공작물의 구조를 포함)
  ⑤ 당해 제조소 등에 설치하는 전기설비, 피뢰설비, 소화설비, 경보설비 및 피난 설비의 개요
  ⑥ 압력 안전장치・누설점검 장치 및 긴급차단밸브 등 긴급대책에 관계된 설비를 설치하는 제조소 등의 경우에는 당해 설비의 개요

(2) 당해 제조소 등에 해당하는 별지 제3호서식 내지 별지 제15호서식에 의한 구조설비명세표

(3) 소화설비(소화 기구를 제외)를 설치하는 제조소 등의 경우에는 당해 설비의 설계도서

(4) 화재탐지설비를 설치하는 제조소 등의 경우에는 당해 설비의 설계도서

(5) 50만ℓ 이상의 옥외 탱크저장소의 경우에는 당해 옥외 탱크저장소 탱크의 기초・지반 및 탱크 본체의 설계도서, 공사계획서, 공사공정표, 지질조사자료 등 기초・지반에 관하여 필요한 자료와 용접부에 관한 설명서 등 탱크에 관한 자료

(6) 암반 탱크저장소의 경우에는 당해 암반 탱크의 탱크 본체・갱도 및 배관 그 밖의 설비 설계도서, 공사계획서, 공사공정표 및 지질・수리 조사서

(7) 옥외 저장탱크가 지중탱크(저부가 지반면 아래에 있고 상부가 지반면 이상에 있으며 탱크 내 위험물의 최고액면이 지반면 아래에 있는 원통 종 형식의 위험물 탱크)인 경우는 당해 지중탱크의 지반 및 탱크 본체의 설계도서, 공사계획서, 공사공정표 및 지질조사

자료 등 지반에 관한 자료

(8) 옥외 저장탱크가 해상탱크[해상의 동일 장소에 정치되어 육상에 설치된 설비와 배관 등에 의하여 접속된 위험물 탱크]인 경우는 당해 해상탱크의 탱크 본체 · 정치 설비(해상탱크를 동일 장소에 정치하기 위한 설비) 그 밖의 설비 설계도서, 공사계획서 및 공사공정표

(9) 이송취급소의 경우에는 공사계획서, 공사공정표 및 별표 1의 규정에 따른 서류

(10) 「소방산업의 진흥에 관한 법률」 제14조에 따른 한국소방산업기술원이 발급한 기술검토서(영 제6조 제3항의 규정에 따라 기술원의 기술검토를 미리 받았을 때 한함)

3) 제조소 등의 변경 허가의 신청

법 제6조 제1항 후단 및 영 제6조 제1항에 따라 제조소 등의 위치 · 구조 또는 설비의 변경 허가를 받으려는 자는 별지 제16호서식 또는 별지 제17호서식의 신청서(전자문서로 된 신청서를 포함한다)에 다음 각호의 서류(전자문서를 포함한다)를 첨부하여 설치 허가를 한 시 · 도지사 또는 소방서장에게 제출해야 한다. 다만, 「전자정부법」 제36조 제1항에 따른 행정정보의 공동이용을 통하여 첨부 서류에 대한 정보를 확인할 수 있는 경우에는 그 확인으로 첨부 서류에 갈음할 수 있다.

(1) 제조소 등의 완공검사합격확인증

(2) 제6조 제(1)호의 규정에 따른 서류(④목 내지 ⑥목의 서류는 변경에 관계된 것에 한한다)

(3) 제6조 제(2)호 또는 제(10)호의 규정에 따른 서류 중 변경에 관계된 서류

(4) 법 제9조 제1항 단서의 규정에 따른 화재 예방에 관한 조치사항을 기재한 서류(변경공사와 관계가 없는 부분을 완공검사 전에 사용하고자 할 때 한함)

2. 제조소 등 완공검사

1) 완공검사

(1) 제6조 제1항의 규정에 따른 허가를 받은 자가 제조소 등의 설치를 마쳤거나 그 위치 · 구조 또는 설비의 변경을 마친 때에는 당해 제조소 등마다 시 · 도지사가 행하는 완공검사를 받아 제5조 제4항의 규정에 따른 기술기준에 적합하다고 인정받은 후가 아니면 이를 사용하여서는 아니 된다. 다만, 제조소 등의 위치 · 구조 또는 설비를 변경하면서 제6조 제1항 후단의 규정에 따른 변경 허가를 신청하는 때에 화재 예방에 관한 조치사항을

기재한 서류를 제출하는 경우는 당해 변경공사와 관계가 없는 부분은 완공검사를 받기 전에 미리 사용할 수 있다.

(2) 제(1)항 본문의 규정에 따른 완공검사를 받고자 하는 자가 제조소 등의 일부에 대한 설치 또는 변경을 마친 후 그 일부를 미리 사용하고자 하는 경우는 당해 제조소 등의 일부에 대하여 완공검사를 받을 수 있다.

2) 완공검사의 신청 등

(1) 법 제9조에 따라 제조소 등에 대한 완공검사를 받으려는 자는 별지 제22호서식 또는 별지 제23호서식의 신청서(전자문서로 된 신청서를 포함)에 다음 각 호의 서류(전자문서를 포함)를 첨부하여 시・도지사 또는 소방서장(영 제22조 제1항 제2호에 따라 완공검사를 기술원에 위탁하는 제조소 등의 경우에는 기술원)에게 제출해야 한다. 다만, 첨부서류는 완공검사를 실시할 때까지 제출할 수 있되, 「전자정부법」 제36조 제1항에 따른 행정정보의 공동이용을 통하여 첨부 서류에 대한 정보를 확인할 수 있는 경우에는 그 확인으로 첨부 서류를 갈음할 수 있다.

① 배관에 관한 내압시험, 비파괴시험 등에 합격하였음을 증명하는 서류(내압시험 등을 하여야 하는 배관이 있는 경우에 한함)

② 소방서장, 기술원 또는 탱크 시험자가 교부한 탱크 검사합격확인증 또는 탱크 시험합격확인증(해당 위험물 탱크의 완공검사를 하는 소방서장 또는 기술원이 그 위험물 탱크의 탱크 안전 성능검사를 실시한 경우는 제외)

③ 재료의 성능을 증명하는 서류(이중벽 탱크에 한한다)

(2) 기술원은 영 제22조 제2항 제2호의 규정에 따라 완공검사를 실시한 경우에는 완공 검사결과서를 소방서장에게 송부하고, 검사대상명・접수일시・검사일・검사번호・검사자・검사결과 및 검사결과서 발송일 등을 기재한 완공검사업무 대장을 작성하여 10년간 보관하여야 한다.

(3) 영 제10조 제2항의 완공검사합격확인증은 별지 제24호서식 또는 별지 제25호서식에 따른다.

(4) 영 제10조 제3항에 따른 완공검사합격확인증의 재교부신청은 별지 제26호서식의 신청서에 따른다.

3) 완공검사의 신청 시기

법 제9조 제1항에 따른 제조소 등의 완공검사 신청 시기는 다음 각호의 구분에 따른다.

(1) 지하 탱크가 있는 제조소 등의 경우 : 당해 지하 탱크를 매설하기 전
(2) 이동 탱크저장소의 경우 : 이동 저장탱크를 완공하고 상시 설치장소를 확보한 후
(3) 이송취급소의 경우 : 이송 배관 공사의 전체 또는 일부를 완료한 후. 다만, 지하·하천 등에 매설하는 이송 배관의 공사의 경우에는 이송 배관을 매설하기 전
(4) 전체 공사가 완료된 후에는 완공검사를 하기 곤란한 경우 : 다음 각목에서 정하는 시기
① 위험물 설비 또는 배관의 설치가 완료되어 기밀시험 또는 내압시험을 실시하는 시기
② 배관을 지하에 설치하는 경우는 시·도지사, 소방서장 또는 기술원이 지정하는 부분을 매몰하기 직전
③ 기술원이 지정하는 부분의 비파괴시험을 시행하는 시기
(5) **제1호 또는 제4호**에 해당하지 아니하는 제조소 등의 경우 : 제조소 등의 공사를 완료한 후

3. 탱크 안전 성능검사

1) 위험물을 저장 또는 취급하는 탱크로서 대통령령이 정하는 탱크(이하 "위험물 탱크"라 한다)가 있는 제조소 등의 설치 또는 그 위치·구조 또는 설비의 변경에 관하여 제6조 제1항의 규정에 따른 허가를 받은 자가 위험물 탱크의 설치 또는 그 위치·구조 또는 설비의 변경 공사를 하는 때에는 제9조 제1항의 규정에 따른 완공검사를 받기 전에 제5조 제4항의 규정에 따른 기술기준에 적합한지를 확인하기 위하여 시·도지사가 실시하는 탱크 안전 성능검사를 받아야 한다. 이 경우 시·도지사는 제6조 제1항의 규정에 따른 허가를 받은 자가 제16조 제1항의 규정에 따른 탱크 안전 성능시험자 또는 「소방산업의 진흥에 관한 법률」 제14조에 따른 한국소방산업기술원으로부터 탱크 안전 성능시험을 받았으면 대통령령이 정하는 바에 따라 당해 탱크 안전 성능검사의 전부 또는 일부를 면제할 수 있다.
2) 제1항의 규정에 따른 탱크 안전 성능검사의 내용은 대통령령으로 정하고, 탱크 안전 성능검사의 실시 등에 관하여 필요한 사항은 행정안전부령으로 정한다.
3) 법 제8조 제1항에 따라 탱크 안전 성능검사를 받아야 하는 자는 별지 제20호서식의 신청서(전자문서로 된 신청서를 포함한다)를 해당 위험물 탱크의 설치장소를 담당하는 소방서장 또는 기술원에 제출하여야 한다. 다만, 설치장소에서 제작하지 아니하는 위험물 탱크에 대한 탱크 안전 성능검사(충수·수압 검사에 한한다)의 경우에는 별지 제20호서식의 신청서(전자문서로 된 신청서를 포함한다)에 해당 위험물 탱크의 구조명세서 1부를 첨부하여 해당 위험물 탱크의 제작지를 담당하는 소방서장에게 신청할 수 있다.

4) 법 제8조 제1항 후단에 따른 탱크 안전 성능시험을 받고자 하는 자는 별지 제20호서식의 신청서에 해당 위험물 탱크의 구조명세서 1부를 첨부하여 기술원 또는 탱크 시험자에게 신청할 수 있다.
5) 영 제9조 제2항에 따라 충수・수압 검사를 면제받으려는 자는 별지 제21호서식의 탱크 시험합격확인증에 탱크 시험성적서를 첨부하여 소방서장에게 제출해야 한다.
6) 제3)항의 규정에 따른 탱크 안전 성능검사의 신청 시기는 다음 각호의 구분에 의한다.
   (1) 기초・지반 검사 : 위험물 탱크의 기초 및 지반에 관한 공사의 개시 전
   (2) 충수・수압 검사 : 위험물을 저장 또는 취급하는 탱크에 배관 그 밖의 부속 설비를 부착하기 전
   (3) 용접부 검사 : 탱크 본체에 관한 공사의 개시 전
   (4) 암반 탱크 검사 : 암반 탱크의 본체에 관한 공사의 개시 전
7) 소방서장 또는 기술원은 탱크 안전 성능검사를 실시한 결과 제12조 제1항・제4항, 제13조 제1항, 제14조 제1항 및 제15조 제1항에 따른 기준에 적합하다고 인정되는 때에는 해당 탱크 안전 성능검사를 신청한 자에게 별지 제21호서식의 탱크 검사합격확인증을 교부하고, 적합하지 않다고 인정되는 때에는 신청인에게 서면으로 그 사유를 통보해야 한다.
8) 영 제22조 제2항 제1호 다목에서 "행정안전부령이 정하는 액체 위험물 탱크"라 함은 별표 8 Ⅱ의 규정에 따른 이중벽 탱크를 말한다.

4. 제조소 등 지위 승계

1) 제조소 등의 설치자(제6조 제1항의 규정에 따라 허가를 받아 제조소 등을 설치한 자)가 사망하거나 그 제조소 등을 양도・인도한 때 또는 법인인 제조소 등의 설치자 합병이 있는 때에는 그 상속인, 제조소 등을 양수・인수한 자 또는 합병 후 존속하는 법인이나 합병으로 설립되는 법인은 그 설치자의 지위를 승계한다.
2) **민사집행법**에 따른 경매, 「채무자 회생 및 파산에 관한 법률」에 의한 환가, 국세징수법・관세법 또는 「지방세 징수법」에 따른 압류재산의 매각과 그 밖에 이에 따르는 절차에 따라 제조소 등 시설의 전부를 인수한 자는 그 설치자의 지위를 승계한다.
3) 제1항 또는 제2항의 규정에 따라 제조소 등 설치자의 지위를 승계한 자는 행정안전부령이 정하는 바에 따라 승계한 날부터 30일 이내에 시・도지사에게 그 사실을 신고하여야 한다.
4) 제조소 등 설치자의 지위를 승계한 자는 행정안전부령이 정하는 바에 따라 승계한 날부터 30일 이내에 시・도지사에게 그 사실을 신고하여야 한다는 법 제10조 제3항에 따라 제조소

등의 설치자의 지위 승계를 신고하려는 자는 별지 제28호서식의 신고서(전자문서로 된 신고서를 포함한다)에 제조소 등의 완공검사합격확인증과 지위 승계를 증명하는 서류(전자문서를 포함한다)를 첨부하여 시・도지사 또는 소방서장에게 제출해야 한다.

5. 제조소 등 용도폐지

1) 제조소 등의 관계인(소유자・점유자 또는 관리자를 말한다. 이하 같다)은 당해 제조소 등의 용도를 폐지(장래에 대하여 위험물 시설의 기능을 완전히 상실시키는 것) 한때는 행정안전부령이 정하는 바에 따라 제조소 등의 용도를 폐지한 날부터 14일 이내에 시・도지사에게 신고하여야 한다.
2) 법 제11조에 따라 제조소 등의 용도폐지 신고를 하려는 자는 별지 제29호서식의 신고서(전자문서로 된 신고서를 포함한다)에 제조소 등의 완공검사합격확인증을 첨부하여 시・도지사 또는 소방서장에게 제출해야 한다.
3) 제1항의 규정에 따른 신고서를 접수한 시・도지사 또는 소방서장은 당해 제조소 등을 확인하여 위험물시설의 철거 등 용도폐지에 필요한 안전조치를 한 것으로 인정하는 경우는 당해 신고서의 사본에 수리 사실을 표시하여 용도폐지 신고를 한 자에게 통보하여야 한다.

제2절 행정처분1)2)3)4)5)

1. 제조소 등 사용정지, 허가취소

1) 제조소 등의 사용 중지 등

(1) **제조소 등의** 관계인은 제조소 등의 사용을 중지(경영상 형편, 대규모 공사 등의 사유로 3개월 이상 위험물을 저장하지 아니하거나 취급하지 아니하는 것을 말한다. 이하 같다) 하려는 경우에는 위험물의 제거 및 제조소 등에의 출입 통제 등 행정안전부령으로 정하는 안전조치를 하여야 한다. 다만, 제조소 등의 사용을 중지하는 기간에도 제15조 제1항

1) 이해평, 박영주, 위험물질론, 도서출판 화수목(2015).
2) 이해평, 박영주, 위험물 안전관리, 도서출판 화수목(2015).
3) 법제처 국가법령정보센터, 위험물안전관리법(시행 2024. 7. 31).
4) 법제처 국가법령정보센터, 위험물안전관리법 시행령(시행 2024. 7. 31).
5) 법제처 국가법령정보센터, 위험물안전관리법 시행규칙(시행 2024. 8. 21).

본문에 따른 위험물안전관리자가 계속하여 직무를 수행할 때는 안전조치를 아니 할 수 있다.

(2) **제조소 등의** 관계인은 제조소 등의 사용을 중지하거나 중지한 제조소 등의 사용을 재개하려는 경우에는 해당 제조소 등의 사용을 중지하려는 날 또는 재개하려는 날의 14일 전까지 행정안전부령으로 정하는 바에 따라 제조소 등의 사용 중지 또는 재개를 시・도지사에게 신고하여야 한다.

(3) 시・도지사는 제2항에 따라 신고를 받으면 제조소 등의 관계인이 제1항 본문에 따른 안전조치를 적합하게 하였는지 또는 제15조 제1항 본문에 따른 위험물안전관리자가 직무를 적합하게 수행하는지를 확인하고 위해 방지를 위하여 필요한 안전조치의 이행을 명할 수 있다.

(4) **제조소 등의** 관계인은 제2항의 사용 중지 신고에 따라 제조소 등의 사용을 중지하는 기간에는 제15조 제1항 본문에도 불구하고 위험물안전관리자를 선임하지 아니할 수 있다.

2) 제조소 등 설치 허가의 취소와 사용정지 등

시・도지사는 제조소 등의 관계인이 다음 각호의 어느 하나에 해당하는 때에는 행정안전부령이 정하는 바에 따라 제6조 제1항에 따른 허가를 취소하거나 6개월 이내의 기간을 정하여 제조소 등의 전부 또는 일부의 사용정지를 명할 수 있다.

(1) 제6조 제1항 후단의 규정에 따른 변경 허가를 받지 아니하고 제조소 등의 위치・구조 또는 설비를 변경한 때

(2) 제9조의 규정에 따른 완공검사를 받지 아니하고 제조소 등을 사용한 때

(2)의 2 제11조의 2 제3항에 따른 안전조치 이행 명령을 따르지 아니한 때

(3) 제14조 제2항의 규정에 따른 수리・개조 또는 이전의 명령을 위반한 때

(4) 제15조 제1항 및 제2항의 규정에 따른 위험물안전관리자를 선임하지 아니한 때

(5) 제15조 제5항을 위반하여 대리자를 지정하지 아니한 때

(6) 제18조 제1항의 규정에 따른 정기 점검을 하지 아니한 때

(7) 제18조 제3항에 따른 정기 검사를 받지 아니한 때

(8) 제26조의 규정에 따른 저장・취급기준 준수 명령을 위반한 때

(9) 법 제12조의 규정에 따른 제조소 등에 대한 허가취소 및 사용정지의 처분기준은 별표 2와 같다.

▶ **별표 2 행정처분기준**

1. 일반기준

가. 위반행위가 2 이상인 때에는 그 중 중한 처분기준(중한 처분기준이 동일한 때에는 그 중 하나의 처분기준을 말한다. 이하 이 호에서 같다)에 의하되, 2 이상의 처분기준이 동일한 사용정지이거나 업무정지인 경우는 중한 처분의 2분의 1까지 가중 처분할 수 있다.

나. 사용정지 또는 업무정지의 처분 기간에 사용정지 또는 업무정지에 해당하는 새로운 위반행위가 있는 때에는 종전의 처분 기간 만료일의 다음 날부터 새로운 위반행위에 따른 사용정지 또는 업무정지의 행정처분을 한다.

다. 위반행위의 횟수에 따른 행정처분기준은 최근 2년간 같은 위반행위로 행정처분을 받은 경우에 적용한다. 이 경우 기간의 계산은 위반행위에 대하여 행정처분을 받은 날과 그 처분 후 다시 같은 위반행위를 하여 적발된 날을 기준으로 한다.

라. 다목에 따라 가중된 행정처분을 하는 경우 가중처분의 적용 차수는 그 위반행위 전 행정처분 차수(다목에 따른 기간 내에 행정처분이 둘 이상 있었던 경우에는 높은 차수를 말한다)의 다음 차수로 한다.

마. 사용정지 또는 업무정지의 처분 기간이 완료될 때까지 위반행위가 계속될 때는 사용정지 또는 업무정지의 행정처분을 다시 한다.

바. 처분권자는 다음의 사항을 고려하여 제2호의 개별기준에 따른 처분을 감경할 수 있다. 이 경우 그 처분이 사용정지 또는 업무정지인 경우에는 그 처분기준의 2분의 1범위에 처분기간을 감경할 수 있고, 그 처분이 지정취소(제58조 제1항 제1호부터 제3호까지에 해당하는 경우는 제외한다) 또는 등록취소(법 제16조 제5항 제1호부터 제3호까지에 해당하는 경우는 제외한다)인 경우에는 6개월의 업무정지 처분으로 감경할 수 있다.

1) 위반행위의 동기・내용・횟수 또는 그 결과 등을 고려할 때 제2호 각 목의 기준을 적용하는 것이 불합리하다고 인정되는 경우

2) 고의 또는 중과실이 없는 위반행위자가 「소상공인기본법」 제2조에 따른 소상공인인 경우로서 해당 행정처분으로 위반행위자가 더 이상 영업을 영위하기 어렵다고 객관적으로 인정되는지 여부, 경제위기 등으로 위반행위자가 속한 시장・산업 여건이 현저하게 변동되거나 지속적으로 악화된 상태인지 여부 등을 종합적으로 고려할 때 행정처분을 감격할 필요가 있다고 인정되는 경우

2. 개별기준

가. 제조소 등에 대한 행정처분기준

위반사항	근거 법조문	행정처분기준		
		1차	2차	3차
(1) 법 제6조 제1항의 후단의 규정에 따른 변경 허가를 받지 아니하고, 제조소 등의 위치·구조 또는 설비를 변경한 경우	법 제12조 제1호	경고 또는 사용정지 15일	사용정지 60일	허가취소
(2) 법 제9조의 규정에 따른 완공검사를 받지 아니하고 제조소 등을 사용한 경우	법 제12조 제2호	사용정지 15일	사용정지 60일	허가취소
(3) 법 11조의2 제3항에 따른 안전조치 이행명령을 따르지 않은 경우	법 제12조 제2호2	경고	허가취소	-
(4) 법 제14조 제2항의 규정에 따른 수리·개조 또는 이전의 명령을 위반한 경우	법 제12조 제3호	사용정지 30일	사용정지 90일	허가취소
(5) 법 제15조 제1항 및 제2항의 규정에 따른 위험물안전관리자를 선임하지 않은 경우	법 제12조 제4호	사용정지 15일	사용정지 60일	허가취소
(6) 법 제15조 제5항을 위반하여 대리자를 지정하지 않은 경우	법 제12조 제5호	사용정지 10일	사용정지 30일	허가취소
(7) 법 제18조 제1항의 규정에 따른 정기 점검을 하지 않은 경우	법 제12조 제6호	사용정지 10일	사용정지 30일	허가취소
(8) 법 제18조 제3항의 규정에 따른 정기 검사를 받지 않은 경우	법 제12조 제7호	사용정지 10일	사용정지 30일	허가취소
(8) 법 제26조의 규정에 따른 저장·취급기준 준수 명령을 위반한 경우	법 제12조 제8호	사용정지 30일	사용정지 60일	허가취소

나. 안전관리 대행 기관에 대한 행정처분기준

위반사항	근거 법규	행정처분기준		
		1차	2차	3차
(1) 허위 그 밖의 부정한 방법으로 등록했을 때	제58조	지정취소		
(2) 탱크 시험자의 등록 또는 다른 법령에 따른 안전관리 업무 대행 기관의 지정·승인 등이 취소된 때	제58조	지정취소		
(3) 다른 사람에게 지정서를 대여한 때	제58조	지정취소		
(4) 별표 22의 규정에 따른 안전관리 대행 기관의 지정기준에 미달하는 때	제58조	업무정지 30일	업무정지 60일	지정취소
(5) 제57조 제4항의 규정에 따른 소방청장의 지도·감독에 정당한 이유 없이 따르지 아니한 때	제58조	업무정지 30일	업무정지 60일	지정취소

위반사항	근거 법규	행정처분기준		
		1차	2차	3차
(6) 제57조 제5항의 규정에 따른 변경 등의 신고를 연간 2회 이상하지 아니한 때	제58조	경고 또는 업무정지 30일	업무정지 90일	지정취소
(7) 제57조 제5항에 따른 휴업 또는 재개업 신고를 연간 2회 이상 하지 아니한 때	제58조	경고 또는 업무정지 30일	업무정지 90일	지정취소
(8) 안전관리 대행 기관의 기술인력이 제59조의 규정에 따른 안전관리 업무를 성실하게 수행하지 아니한 때	제58조	경고	업무정지 90일	지정취소

다. 탱크 시험자에 대한 행정처분기준

위반사항	근거 법규	행정처분기준		
		1차	2차	3차
(1) 허위 그 밖의 부정한 방법으로 등록을 한 때	제58조	지정취소		
(2) 탱크시험자의 등록 또는 다른 법령에 의한 안전관리 업무 대행 기관의 지정・승인 등이 취소된 때	제58조	지정취소		
(3) 다른 사람에게 지정서를 대여한 때	제58조	지정취소		
(4) 별표 22의 규정에 의한 안전관리 업무 대행 기관의 지정기준에 미달되는 때	제58조	업무정지 30일	업무정지 60일	지정취소
(5) 제57조 제4항의 규정에 의한 소방청장의 지도・감독에 정당한 이유없이 따르지 아니한 때	제58조	업무정지 30일	업무정지 60일	지정취소

2. 과징금 처분

1) 시・도지사는 제12조 각호의 어느 하나에 해당하는 경우로서 제조소 등에 대한 사용의 정지가 그 이용자에게 심한 불편을 주거나 그 밖에 공익을 해칠 우려가 있는 때에는 사용정지 처분에 갈음하여 2억 원 이하의 과징금을 부과할 수 있다.
2) 제1)항의 규정에 따른 과징금을 부과하는 위반행위의 종별・정도 등에 따른 과징금의 액수 그 밖의 필요한 사항은 행정안전부령으로 정한다.
3) 시・도지사는 제1)항의 규정에 따른 과징금을 내야 하는 자가 납부 기한까지 이를 내지 아니한 때에는 「지방행정 제재・부과금의 징수 등에 관한 법률」에 따라 징수한다.

4) 법 제13조 제1항에 따라 과징금을 부과하는 위반행위의 종류와 위반 정도 등에 따른 과징금의 액수는 다음 각호의 구분에 따른 기준에 따라 산정한다.

(1) 2016년 2월 1일부터 2018년 12월 31일까지의 기간에 위반행위를 한 경우 : 별표 3

▶ **별표 3 과징금의 액수**

1. 일반기준

가. 과징금을 부과하는 위반행위의 종별에 따른 과징금의 액수는 제25조 및 별표 2의 규정에 따른 사용정지의 기간에 나목 또는 다목에 의하여 산정한 1일당 과징금의 액수를 곱하여 얻은 금액으로 한다.

나. 1일당 과징금의 액수는 당해 제조소 등의 연간 매출액을 기준으로 하여 제2호 가목의 기준에 의하여 산정한다. 이 경우 연간 매출액은 전년도의 1년간의 총매출액을 기준으로 하되, 신규사업·휴업 등으로 인하여 1년간의 총매출액을 산출할 수 없는 경우에는 분기별·월별 또는 일별 매출액을 기준으로 하여 연간 매출액을 환산한다.

다. 연간 매출액이 없거나 연간 매출액의 산출이 곤란한 제조소 등의 경우에는 당해 제조소 등에서 저장 또는 취급하는 위험물의 허가 수량(지정수량의 배수)을 기준으로 하여 제2호 나목의 기준에 의하여 산정한다.

2. 과징금 산정기준

가. 연간 매출액을 기준으로 한 과징금 산정기준

등급	연간 매출액	1일당 과징금 액수 (단위 : 원)
1	5천만 원 이하	7,000
2	5천만 원 초과~1억 원 이하	20,000
3	1억 원 초과~2억 원 이하	41,000
4	2억 원 초과~3억 원 이하	68,000
5	3억 원 초과~5억 원 이하	110,000
6	5억 원 초과~7억 원 이하	160,000
7	7억 원 초과~10억 원 이하	200,000
8	10억 원 초과~13억 원 이하	240,000
9	13억 원 초과~16억 원 이하	280,000
10	16억 원 초과~20억 원 이하	320,000
11	20억 원 초과~25억 원 이하	360,000
12	25억 원 초과~30억 원 이하	400,000
13	30억 원 초과~40억 원 이하	440,000
14	40억 원 초과~50억 원 이하	480,000

등급	연간 매출액	1일당 과징금 액수 (단위 : 원)
15	50억 원 초과~70억 원 이하	520,000
16	70억 원 초과~100억 원 이하	560,000
17	100억 원 초과~150억 원 이하	737,000
18	150억 원 초과~200억 원 이하	1,031,000
19	200억 원 초과~300억 원 이하	1,473,000
20	300억 원 초과~400억 원 이하	2,062,000
21	400억 원 초과~500억 원 이하	2,115,000
22	500억 원 초과~600억 원 이하	2,168,000
23	600억 원 초과	2,222,000

나. 저장 또는 취급하는 위험물의 허가 수량을 기준으로 한 과징금 산정기준

등급	저장 또는 취급하는 위험물의 허가 수량(지정수량의 배수)		1일당 과징금 액수 (단위 : 천 원)
	저장량	취급량	
1	50배 이하	30배 이하	30
2	50배 초과~100배 이하	30배 초과~100배 이하	100
3	100배 초과~1,000배 이하	100배 초과~500배 이하	400
4	1,000배 초과~10,000배 이하	500배 초과~1,000배 이하	600
5	10,000배 초과~100,000배 이하	1,000배 초과~2,000배 이하	800
6	100,000배 초과	2,000배 초과	1,000

비고

1. 저장량과 취급량이 다른 경우에는 둘 중 많은 수량을 기준으로 한다.
2. 자가 발전, 자가 난방 그 밖의 이와 유사한 목적의 제조소 등에 있어서는 이 표에 의한 금액의 2분의 1을 과징금의 액수로 한다.

(2) 2019년 1월 1일 이후에 위반행위를 한 경우 : 별표 3의 2

▶ **별표 3의 2 과징금의 액수**

1. 일반기준

가. 위반행위의 종류에 따른 과징금의 액수는 제25조 및 별표 2에 따른 해당 위반행위에 대한 사용정지의 기간에 따라 나목 또는 다목의 기준에 따라 산정한다.

나. 과징금 액수는 해당 제조소 등의 1일 평균 매출액을 기준으로 하여 제2호 가목의 기준에 따라 산정한다. 이 경우 1일 평균 매출액은 전년도의 1년간의 총매출액의 1일 평균 매출액을 기준으로 하되, 신규사업・휴업 등으로 인하여 1년간의 총매

출액을 산출할 수 없는 경우에는 분기별·월별 또는 일별 매출액을 기준으로 하여 1년간의 총매출액을 환산한다.

다. 1년간의 총매출액이 없거나 산출하기 곤란한 제조소 등의 경우에는 해당 제조소 등에서 저장 또는 취급하는 위험물의 허가 수량(지정수량의 배수)을 기준으로 하여 제2호 나목의 기준에 따라 산정한다.

2. 과징금 산정기준

가. 1일 평균 매출액을 기준으로 한 과징금 산정기준

과징금 액수 = 1일 평균 매출액 × 사용정지 일수 × 0.0574

나. 저장 또는 취급하는 위험물의 허가 수량을 기준으로 한 과징금 산정기준

등급	저장 또는 취급하는 위험물의 허가 수량(지정수량의 배수)		1일당 과징금 액수 (단위 : 원)
	저장량	취급량	
1	50배 이하	30배 이하	30,000
2	50배 초과~100배 이하	30배 초과~100배 이하	100,000
3	100배 초과~1,000배 이하	100배 초과~500배 이하	400,000
4	1,000배 초과~10,000배 이하	500배 초과~1,000배 이하	600,000
5	10,000배 초과~100,000배 이하	1,000배 초과~2,000배 이하	800,000
6	100,000배 초과	2,000배 초과	1,000,000

비고

1. 저장량과 취급량이 다른 경우에는 둘 중 많은 수량을 기준으로 한다.
2. 자가 발전, 자가 난방 그 밖의 이와 유사한 목적의 제조소 등에 있어서는 이 목에 따른 금액의 2분의 1을 과징금 액수로 한다.

5) 법 제13조 제2항에 따른 과징금의 징수 절차에 관하여는 「국고금 관리법 시행규칙」을 준용한다.

제3절 정기 점검 및 정기 검사[1)2)3)4)5)]

1. 정기 점검 및 정기 검사

1) 대통령령이 정하는 제조소 등의 관계인은 그 제조소 등에 대하여 행정안전부령이 정하는 바에 따라 제5조 제4항의 규정에 따른 기술기준에 적합한지를 정기적으로 점검하고 점검 결과를 기록하여 보존하여야 한다.
2) 제1)항에 따라 정기 점검을 한 제조소 등의 관계인은 점검을 한 날부터 30일 이내에 점검 결과를 시・도지사에게 제출하여야 한다.
3) 제1)항에 따른 정기 점검의 대상이 되는 제조소 등의 관계인 가운데 대통령령으로 정하는 제조소 등의 관계인은 행정안전부령으로 정하는 바에 따라 소방본부장 또는 소방서장으로부터 해당 제조소 등이 제5조 제4항에 따른 기술기준에 적합하게 유지되고 있는지에 대하여 정기적으로 검사를 받아야 한다.

2. 정기 점검

1) 정기 점검의 대상인 제조소 등

법 제18조 제1항에서 "대통령령이 정하는 제조소 등"이란 다음 각호의 1에 해당하는 제조소 등을 말한다.

(1) 제15조 각호의 어느 하나에 해당하는 제조소 등
(2) 지하 탱크저장소
(3) 이동 탱크저장소
(4) 위험물을 취급하는 탱크로서 지하에 매설된 탱크가 있는 제조소・주유취급소 또는 일반취급소

2) 정기 점검의 횟수

법 제18조 제1항의 규정에 따라 제조소 등의 관계인은 당해 제조소 등에 대하여 연 1회 이상

1) 이해평, 박영주, 위험물질론, 도서출판 화수목(2015).
2) 이해평, 박영주, 위험물 안전관리, 도서출판 화수목(2015).
3) 법제처 국가법령정보센터, 위험물안전관리법(시행 2024. 7. 31).
4) 법제처 국가법령정보센터, 위험물안전관리법 시행령(시행 2024. 7. 31).
5) 법제처 국가법령정보센터, 위험물안전관리법 시행규칙(시행 2024. 8. 21).

정기 점검을 하여야 한다.

3) 특정 · 준 특정 옥외 탱크저장소의 정기 점검

(1) 법 제18조 제1항에 따라 옥외 탱크저장소 중 저장 또는 취급하는 액체 위험물의 최대수량이 50만ℓ 이상인 것에 대해서는 제64조에 따른 정기 점검 외에 다음 각호의 어느 하나에 해당하는 기간 이내에 1회 이상 특정 · 준 특정 옥외 저장탱크(특정 · 준 특정 옥외 탱크저장소의 탱크)의 구조 등에 관한 안전 점검을 해야 한다. 다만, 해당 기간 이내에 특정 · 준 특정 옥외 저장탱크의 사용중단 등으로 구조 안전 점검을 하기가 곤란한 경우에는 별지 제39호의 2서식에 따라 담당소방서장에게 구조 안전 점검의 실시기간 연장 신청(전자문서에 의한 신청을 포함한다)을 할 수 있으며, 그 신청을 받은 소방서장은 1년(특정 · 준 특정 옥외 저장탱크의 사용을 중지하였을 때 사용 중지 기간)의 범위에서 실시기간을 연장할 수 있다.

① 특정 · 준 특정 옥외 탱크저장소의 설치 허가에 따른 완공검사합격확인증을 발급받은 날부터 12년

② 제70조 제1항 제1호에 따른 최근의 정밀 정기 검사를 받은 날부터 11년

③ 제2항에 따라 특정 · 준 특정 옥외 저장탱크에 안전조치를 한 후 제71조 제2항에 따라 구조 안전 점검 시기 연장신청을 하여 해당 안전조치가 적정한 것으로 인정받았을 때 제70조 제1항 제1호에 따른 최근의 정밀 정기 검사를 받은 날부터 13년

(2) **제1항 제3호에** 따른 특정 · 준 특정 옥외 저장탱크의 안전조치는 특정 · 준 특정 옥외 저장탱크의 부식 등에 대한 안전성을 확보하는 데 필요한 다음 각호의 어느 하나의 조치로 한다.

① 특정 · 준 특정 옥외 저장탱크의 부식 방지 등을 위한 다음 각 목의 조치

ⓐ 특정 · 준 특정 옥외 저장탱크 내부의 부식을 방지하기 위한 코팅[유리 입자(글라스 플레이크) 코팅 또는 유리섬유강화플라스틱 라이닝(lining: 침식 및 부식 방지를 위해 재료의 접촉면에 약품재 등을 대는 일)에 한한다] 또는 이와 동등 이상의 조치

ⓑ 특정 · 준 특정 옥외 저장탱크의 애뉼러 판(annular plate) 및 밑판 외면의 부식을 방지하는 조치

ⓒ 특정 · 준 특정 옥외 저장탱크의 애뉼러 판 및 밑판의 두께가 적정하게 유지되도록 하는 조치

ⓓ 특정 · 준 특정 옥외 저장탱크에 구조상의 영향을 줄 우려가 있는 보수를 하지 아

니하거나 변형이 없도록 하는 조치

ⓔ 구조물이 현저히 불균형하게 가라앉는 현상(이하 "부등침하"라 한다)이 없도록 하는 조치

ⓕ 지반이 충분한 지지력을 확보하는 동시에 침하에 대하여 충분한 안전성을 확보하는 조치

ⓖ 특정·준 특정 옥외 저장탱크의 유지관리체제의 적정 유지

② 위험물의 저장관리 등에 관한 다음 각 목의 조치

ⓐ 부식의 발생에 영향을 주는 물 등의 성분의 적절한 관리

ⓑ 특정·준 특정 옥외 저장탱크에 대하여 현저한 부식성이 있는 위험물을 저장하지 아니하도록 하는 조치

ⓒ 부식의 발생에 현저한 영향을 미치는 저장조건의 변경을 하지 아니하도록 하는 조치

ⓓ 특정·준 특정 옥외 저장탱크의 애뉼러 판 및 밑판의 부식률(애뉼러 판 및 밑판이 부식으로 감소한 값을 판의 경과 연수로 나누어 얻은 값)이 연간 0.05mm 이하일 것

ⓔ 특정·준 특정 옥외 저장탱크의 애뉼러 판 및 밑판 외면의 부식을 방지하는 조치

ⓕ 특정·준 특정 옥외 저장탱크의 애뉼러 판 및 밑판의 두께가 적정하게 유지되도록 하는 조치

ⓖ 특정·준 특정 옥외 저장탱크에 구조상의 영향을 줄 우려가 있는 보수를 하지 아니하거나 변형이 없도록 하는 조치

ⓗ 현저한 부등침하가 없도록 하는 조치

ⓘ 지반이 충분한 지지력을 확보하는 동시에 침하에 대하여 충분한 안전성을 확보하는 조치

ⓙ 특정·준 특정 옥외 저장탱크의 유지관리체제의 적정 유지

(3) 제1항 제3호의 규정에 따른 신청은 별지 제40호서식 또는 별지 제41호서식의 신청서에 의한다.

4) 정기 점검의 내용 등

제조소 등의 위치·구조 및 설비가 법 제5조 제4항의 기술기준에 적합한지를 점검하는 데 필요한 정기 점검의 내용·방법 등에 관한 기술상의 기준과 그 밖의 점검에 관하여 필요한 사항은 소방청장이 정하여 고시한다.

5) 정기 점검의 실시자

(1) **제조소 등의** 관계인은 법 제18조 제1항의 규정에 따라 당해 제조소 등의 정기 점검을 안전관리자(제65조의 규정에 따른 정기 점검에 있어서는 제66조의 규정에 따라 소방청장이 정하여 고시하는 점검 방법에 관한 지식 및 기능이 있는 자에 한함) 또는 위험물 운송자(이동 탱크저장소의 경우에 한함)가 실시하도록 하여야 한다. 이 경우 옥외 탱크저장소에 대한 구조 안전 점검을 위험물안전관리자가 직접 실시할 때는 점검에 필요한 영 별표 7의 인력 및 장비를 갖춘 후 이를 실시하여야 한다.

(2) 제1항에도 불구하고 제조소 등의 관계인은 안전관리 대행 기관(제65조에 따른 특정 · 준 특정 옥외 탱크저장소의 정기 점검은 제외) 또는 탱크 시험자에게 정기 점검을 의뢰하여 실시할 수 있다. 이 경우 해당 제조소 등의 안전관리자는 안전관리 대행 기관 또는 탱크 시험자의 점검 현장에 참관해야 한다.

6) 정기 점검의 기록 · 유지

(1) 법 제18조 제1항에 따라 제조소 등의 관계인은 정기 점검 후 다음 각호의 사항을 기록해야 한다.
   ① 점검을 한 제조소 등의 명칭
   ② 점검의 방법 및 결과
   ③ 점검연월일
   ④ 점검한 안전관리자 또는 점검한 탱크 시험자와 점검에 참관한 안전관리자의 성명

(2) 제1항의 규정에 따른 정기 점검기록은 다음 각호의 구분에 의한 기간 동안 이를 보존하여야 한다.
   ① 제65조 제1항의 규정에 따른 옥외 저장탱크의 구조 안전 점검에 관한 기록 : 25년 (동항 제3호에 규정한 기간의 적용을 받을 때는 30년)
   ② 제1호에 해당하지 아니하는 정기 점검의 기록 : 3년

7) 정기 점검의 의뢰 등

(1) **제조소 등의** 관계인은 법 제18조 제1항의 정기 점검을 제67조 제2항의 규정에 따라 탱크 시험자에게 실시하게 할 때는 별지 제42호서식의 정기 점검의뢰서를 탱크 시험자에게 제출하여야 한다.

(2) **탱크 시험자**는 정기 점검을 한 결과 그 탱크 등의 유지관리상황이 적합하다고 인정되는 때에는 점검을 완료한 날부터 10일 이내에 별지 제43호서식의 정기 점검 결과서에 위험

물 탱크 안전 성능시험자등록증 사본 및 시험성적서를 첨부하여 제조소 등의 관계인에게 교부하고, 적합하지 아니한 경우에는 개선하여야 하는 사항을 통보하여야 한다.

(3) 제2항의 규정에 따라 개선하여야 하는 사항을 통보받은 제조소 등의 관계인은 이를 개선한 후 다시 점검을 의뢰하여야 한다. 이 경우 탱크 시험자는 정기 점검 결과서에 개선하게 한 사항(탱크 시험자가 직접 보수하였을 때 그 보수한 사항을 포함)을 기재하여야 한다.

(4) **탱크 시험자**는 제2항의 규정에 따른 정기 점검 결과서를 교부한 때에는 그 내용을 정기 점검 대장에 기록하고 이를 제68조 제2항 각호의 규정에 따른 기간 동안 보관하여야 한다.

3. 정기 검사

1) 정기 검사의 대상인 제조소 등

법 제18조 제2항에서 “대통령령이 정하는 제조소 등”이란 액체 위험물을 저장 또는 취급하는 50만ℓ 이상의 옥외 탱크저장소를 말한다.

2) 정기 검사의 시기

(1) 법 제18조 제2항에 따른 정기 검사를 받아야 하는 특정 · 준 특정 옥외 탱크저장소의 관계인은 다음 각호의 구분에 따라 정밀 정기 검사 및 중간 정기 검사를 받아야 한다. 다만, 재난 그 밖의 비상사태 발생, 안전 유지상의 필요 또는 사용상황 등의 변경으로 해당 시기에 정기 검사를 하는 것이 적당하지 않다고 인정되는 때에는 소방서장의 직권 또는 관계인의 신청에 따라 소방서장이 따로 지정하는 시기에 정기 검사를 받을 수 있다.

① 정밀 정기 검사 : 다음 각 목의 어느 하나에 해당하는 기간 내에 1회

ⓐ 특정 · 준 특정 옥외 탱크저장소의 설치 허가에 따른 완공검사합격확인증을 발급받은 날부터 12년

ⓑ 최근의 정밀 정기 검사를 받은 날부터 11년

② 중간 정기 검사 : 다음 각 목의 어느 하나에 해당하는 기간 내에 1회

ⓐ 특정 · 준 특정 옥외 탱크저장소의 설치 허가에 따른 완공검사합격확인증을 발급받은 날부터 4년

ⓑ 최근의 정밀 정기 검사 또는 중간 정기 검사를 받은 날부터 4년

(2) **제1항 제1호에** 따른 정밀 정기 검사를 받아야 하는 특정 · 준 특정 옥외 탱크저장소의 관계인은 제1항에도 불구하고 정밀 정기 검사를 제65조 제1항에 따른 구조 안전 점검을

하는 때에 함께 받을 수 있다.

3) 정기 검사의 신청 등

(1) **정기 검사를** 받아야 하는 특정・준 특정 옥외 탱크저장소의 관계인은 별지 제44호서식의 신청서(전자문서로 된 신청서를 포함한다)에 다음 각호의 서류(전자문서를 포함한다)를 첨부하여 기술원에 제출하고 별표 25 제8호에 따른 수수료를 기술원에 내야 한다. 다만, 제2호 및 제4호의 서류는 정기 검사를 하는 때에 제출할 수 있다.
① 별지 제5호서식의 구조설비명세표
② 제조소 등의 위치・구조 및 설비에 관한 도면
③ 완공검사합격확인증
④ 밑판, 옆 판, 지붕판 및 개구부의 보수 이력에 관한 서류

(2) 제65조 제1항 제3호에 따른 기간 이내에 구조 안전 점검을 받으려는 자는 별지 제40호서식 또는 별지 제41호서식의 신청서(전자문서로 된 신청서를 포함한다)를 제1항 각호 외의 부분 본문에 따라 정기 검사를 신청하는 때에 함께 기술원에 제출해야 한다.

(3) **제70조 제1항** 각호 외의 부분 단서에 따라 정기 검사 시기를 변경하려는 자는 별지 제45호서식의 신청서(전자문서로 된 신청서를 포함한다)에 정기 검사 시기의 변경을 해야 하는 사유를 기재한 서류(전자문서를 포함한다)를 첨부하여 소방서장에게 제출해야 한다.

(4) 기술원은 제72조 제4항의 소방청장이 정하여 고시하는 기준에 따라 정기 검사를 한 결과 다음 각호의 구분에 따른 사항이 적합하다고 인정되면 검사종료일부터 10일 이내에 별지 제46호서식의 정기 검사합격확인증을 관계인에게 발급하고, 그 결과보고서를 작성하여 소방서장에게 제출해야 한다.
① 정밀 정기 검사 대상인 경우: 특정・준 특정 옥외 저장탱크에 대한 다음 각 목의 사항
　ⓐ 수직도・수평도에 관한 사항(지중탱크에 대한 것은 제외한다)
　ⓑ 밑판(지중탱크의 경우에는 누액 방지판을 말한다)의 두께에 관한 사항
　ⓒ 용접부에 관한 사항
　ⓓ 구조・설비의 외관에 관한 사항
② 제70조 제1항 제2호에 따른 중간 정기 검사 대상인 경우: 특정・준 특정 옥외 저장탱크의 구조・설비의 외관에 관한 사항

(5) 기술원은 정기 검사를 한 결과 부적합한 경우에는 개선해야 하는 사항을 신청자 및 소방서장에게 통보하고 개선할 사항을 통보받은 관계인은 개선을 완료한 후 별지 제44호

서식의 신청서를 기술원에 다시 제출해야 한다.

(6) **정기 검사**를 받은 제조소 등의 관계인과 정기 검사를 한 기술원은 정기 검사합격확인증 등 정기 검사에 관한 서류를 해당 제조소 등에 대한 차기 정기 검사 시까지 보관해야 한다.

4) 정기 검사의 방법 등

(1) **정기 검사**는 특정 · 준 특정 옥외 탱크저장소의 위치 · 구조 및 설비의 특성을 고려하여 안전성 확인에 적합한 검사방법으로 실시해야 한다.

(2) 특정 · 준 특정 옥외 탱크저장소의 관계인이 제65조 제1항에 따른 구조 안전 점검 시에 제71조 제4항 제1호 각 목에 따른 사항을 미리 점검한 후에 정밀 정기 검사를 신청하는 때에는 그 사항에 대한 정밀 정기 검사는 전체의 검사범위 중 임의의 부위를 발췌하여 검사하는 방법으로 실시한다.

(3) **특정 옥외 탱크저장소**의 변경 허가에 따른 탱크 안전 성능검사를 하는 때에 정밀 정기 검사를 같이하는 경우 검사범위가 중복되면 해당 검사범위에 대한 어느 하나의 검사를 생략한다.

(4) 제1항부터 제3항까지의 규정에 따른 검사방법과 판정 기준 그 밖의 정기 검사의 실시에 관하여 필요한 사항은 소방청장이 정하여 고시한다.

제4절 행정감독[1)2)3)4)5)]

1. 출입 검사

1) 소방청장(중앙119구조본부장과 그 소속 기관의 장을 포함한다. 이하 제22조의2에서 같다), 시 · 도지사, 소방본부장 또는 소방서장은 위험물의 저장 또는 취급에 따른 화재의 예방 또는 진압대책을 위하여 필요한 때에는 위험물을 저장 또는 취급하고 있다고 인정되는 장소의 관계인에 대하여 필요한 보고 또는 자료 제출을 명할 수 있으며, 관계 공무원이 당해 장

1) 이해평, 박영주, 위험물질론, 도서출판 화수목(2015).
2) 이해평, 박영주, 위험물 안전관리, 도서출판 화수목(2015).
3) 법제처 국가법령정보센터, 위험물안전관리법(시행 2024. 7. 31).
4) 법제처 국가법령정보센터, 위험물안전관리법 시행령(시행 2024. 7. 31).
5) 법제처 국가법령정보센터, 위험물안전관리법 시행규칙(시행 2024. 8. 21).

소에 출입하여 그 장소의 위치 · 구조 · 설비 및 위험물의 저장 · 취급상황에 대하여 검사하게 하거나 관계인에게 질문하게 하고 시험에 필요한 최소한의 위험물 또는 위험물로 의심되는 물품을 수거하게 할 수 있다. 다만, 개인의 주거는 관계인의 승낙을 얻었을 때 또는 화재 발생의 우려가 커서 긴급하게 필요가 있는 경우가 아니면 출입할 수 없다.

2) 소방공무원 또는 경찰공무원은 위험물 운반자 또는 위험물 운송자의 요건을 확인하기 위하여 필요하다고 인정하는 경우에는 주행 중인 위험물 운반 차량 또는 이동 탱크저장소를 정지시켜 해당 위험물 운반자 또는 위험물 운송자에게 그 자격을 증명할 수 있는 국가 기술자격증 또는 교육수료증의 제시를 요구할 수 있으며, 이를 제시하지 아니한 경우에는 주민등록증(모바일 주민등록증을 포함한다), 여권, 운전면허증 등 신원확인을 위한 증명서를 제시할 것을 요구하거나 신원확인을 위한 질문을 할 수 있다. 이 직무를 수행하는 경우에 있어서 소방공무원과 경찰공무원은 긴밀히 협력하여야 한다.

3) 제1항의 규정에 따른 출입 · 검사 등은 그 장소의 공개 시간이나 근무시간 내 또는 해가 뜬 후부터 해가 지기 전까지의 시간 내에 행하여야 한다. 다만, 건축물 그 밖의 공작물 관계인의 승낙을 얻었을 때 또는 화재 발생의 우려가 커서 긴급하게 필요할 때는 그러하지 아니하다.

4) 제1항 및 제2항의 규정에 따라 출입 · 검사 등을 행하는 관계 공무원은 관계인의 정당한 업무를 방해하거나 출입 · 검사 등을 수행하면서 알게 된 비밀을 다른 자에게 누설하여서는 아니 된다.

5) 시 · 도지사, 소방본부장 또는 소방서장은 탱크 시험자에게 탱크 시험자의 등록 또는 그 업무에 관하여 필요한 보고 또는 자료 제출을 명하거나 관계 공무원이 당해 사무소에 출입하여 업무의 상황 · 시험기구 · 장부 · 서류와 그 밖의 물건을 검사하게 하거나 관계인에게 질문하게 할 수 있다.

6) 제1항 · 제2항 및 제5항의 규정에 따라 출입 · 검사 등을 하는 관계 공무원은 그 권한을 표시하는 증표를 지니고 관계인에게 이를 내보여야 한다.

2. 각종 행정명령

1) 위험물 누출 등의 사고 조사

(1) 소방청장, 소방본부장 또는 소방서장은 위험물의 누출 · 화재 · 폭발 등의 사고가 발생하였을 때 사고의 원인 및 피해 등을 조사하여야 한다.

(2) 제1항에 따른 조사에 관하여는 제22조 제1항 · 제3항 · 제4항 및 제6항을 준용한다.

(3) 소방청장, 소방본부장 또는 소방서장은 제1항에 따른 사고 조사에 필요한 경우 자문을

하기 위하여 관련 분야에 전문지식이 있는 사람으로 구성된 사고조사위원회를 둘 수 있다.

(4) 제3항에 따른 사고조사위원회의 구성과 운영 등에 필요한 사항은 대통령령으로 정한다.

2) 탱크 시험자에 대한 명령

시・도지사, 소방본부장 또는 소방서장은 탱크 시험자에 대하여 당해 업무를 적정하게 실시하게 하는 데 필요하다고 인정하는 때에는 감독상 필요한 명령을 할 수 있다.

3) 무허가장소의 위험물에 대한 조치명령

시・도지사, 소방본부장 또는 소방서장은 위험물에 의한 재해를 방지하기 위하여 제6조 제1항의 규정에 따른 허가를 받지 아니하고 지정수량 이상의 위험물을 저장 또는 취급하는 자(제6조 제3항의 규정에 따라 허가를 받지 아니하는 자를 제외한다)에 대하여 그 위험물 및 시설의 제거 등 필요한 조치를 명할 수 있다.

4) 제조소 등에 대한 긴급 사용정지 명령 등

시・도지사, 소방본부장 또는 소방서장은 공공의 안전을 유지하거나 재해의 발생을 방지하기 위하여 긴급하게 필요하다고 인정할 때는 제조소 등의 관계인에 대하여 당해 제조소 등의 사용을 일시 정지하거나 그 사용을 제한할 것을 명할 수 있다.

5) 저장・취급기준 준수 명령 등

(1) 시・도지사, 소방본부장 또는 소방서장은 제조소 등에서의 위험물의 저장 또는 취급이 제5조 제3항의 규정에 위반된다고 인정하는 때에는 당해 제조소 등의 관계인에 대하여 동항의 기준에 따라 위험물을 저장 또는 취급하도록 명할 수 있다.

(2) 시・도지사, 소방본부장 또는 소방서장은 담당하는 구역에 있는 이동 탱크저장소에서의 위험물의 저장 또는 취급이 제5조 제3항의 규정에 위반된다고 인정하는 때에는 당해 이동 탱크저장소의 관계인에 대하여 동항의 기준에 따라 위험물을 저장 또는 취급하도록 명할 수 있다.

(3) 시・도지사, 소방본부장 또는 소방서장은 제2항의 규정에 따라 이동 탱크저장소의 관계인에 대하여 명령을 한 경우에는 행정안전부령이 정하는 바에 따라 제6조 제1항의 규정에 따라 당해 이동 탱크저장소의 허가를 한 시・도지사, 소방본부장 또는 소방서장에게 신속히 그 취지를 통지하여야 한다.

6) 응급조치 · 통보 및 조치명령

(1) 즉시 그리고 지속해서 위험물의 유출 및 확산의 방지, 유출된 위험물의 제거 그 밖에 재해의 발생 방지를 위한 응급조치를 마련하여야 한다.

(2) 제1항의 사태를 발견한 자는 즉시 그 사실을 소방서, 경찰서 또는 그 밖의 관계기관에 통보하여야 한다.

(3) 소방본부장 또는 소방서장은 제조소 등의 관계인이 제1항의 응급조치를 마련하지 아니하였다고 인정하는 때에는 제1항의 응급조치를 마련하도록 명할 수 있다.

(4) 소방본부장 또는 소방서장은 그 담당하는 구역에 있는 이동 탱크저장소의 관계인에 대하여 제3항의 규정의 예에 따라 제1항의 응급조치를 마련하도록 명할 수 있다.

3. 벌칙

1) 벌칙

(1) 제조소 등 또는 제6조 제1항에 따른 허가를 받지 않고 지정수량 이상의 위험물을 저장 또는 취급하는 장소에서 위험물을 유출 · 방출 또는 확산시켜 사람의 생명 · 신체 또는 재산에 대하여 위험을 발생시킨 자는 1년 이상 10년 이하의 징역에 처하고, 죄를 범하여 사람을 상해에 이르게 한때에는 무기 또는 3년 이상의 징역에 처하며, 사망에 이르게 한 때에는 무기 또는 5년 이상의 징역에 처한다.

(2) 업무상 과실로 제33조 제1항의 죄를 범한 자는 7년 이하의 금고 또는 7천만 원 이하의 벌금에 처하고, 죄를 범하여 사람을 사상에 이르게 한 자는 10년 이하의 징역 또는 금고나 1억 원 이하의 벌금에 처한다.

(3) 제조소 등의 설치 허가를 받지 아니하고 제조소 등을 설치한 자는 5년 이하의 징역 또는 1억 원 이하의 벌금에 처한다.

(4) 저장소 또는 제조소 등이 아닌 장소에서 지정수량 이상의 위험물을 저장 또는 취급한 자는 3년 이하의 징역 또는 3천만 원 이하의 벌금에 처한다.

(5) 다음 각호의 어느 하나에 해당하는 자는 1년 이하의 징역 또는 1천만 원 이하의 벌금에 처한다.

① 탱크 시험자로 등록하지 아니하고 탱크 시험자의 업무를 한 자

② 정기 점검을 하지 아니하거나 점검기록을 허위로 작성한 관계인으로서 제6조 제1항의 규정에 따른 허가(제6조 제3항의 규정에 따라 허가가 면제되었을 때 및 제7조 제2항의 규정에 따라 협의로써 허가를 받은 것으로 보는 경우를 포함한다. 이하 제③

호・제④호, 법 제36조 제6호・제7호・제10호 및 법 제37조 제3호에서 같음)를 받은 자

③ 정기 검사를 받지 아니한 관계인으로서 법 제6조 제1항에 따른 허가를 받은 자

④ 자체 소방대를 두지 아니한 관계인으로서 법 제6조 제1항의 규정에 따른 허가를 받은 자

⑤ 운반 용기에 대한 검사를 받지 아니하고 운반 용기를 사용하거나 유통한 자

⑥ 보고 또는 자료 제출을 하지 아니하거나 허위의 보고 또는 자료 제출을 한 자 또는 관계 공무원의 출입・검사 또는 수거를 거부・방해 또는 기피한 자

⑦ 제조소 등에 대한 긴급 사용정지・제한 명령을 위반한 자

(6) 다음 각호의 어느 하나에 해당하는 자는 1천500만 원 이하의 벌금에 처한다.

① 위험물의 저장 또는 취급에 관한 중요기준에 따르지 아니한 자

② 변경 허가를 받지 아니하고 제조소 등을 변경한 자

③ 제조소 등의 완공검사를 받지 아니하고 위험물을 저장・취급한 자

③의 2. 안전조치 이행 명령을 따르지 아니한 자

④ 제조소 등의 사용정지 명령을 위반한 자

⑤ 수리・개조 또는 이전의 명령에 따르지 아니한 자

⑥ 안전관리자를 선임하지 아니한 관계인으로서 제6조 제1항의 규정에 따른 허가를 받은 자

⑦ 대리자를 지정하지 아니한 관계인으로서 제6조 제1항의 규정에 따른 허가를 받은 자

⑧ 업무정지 명령을 위반한 자

⑨ 탱크 안전 성능시험 또는 점검에 관한 업무를 허위로 하거나 그 결과를 증명하는 서류를 허위로 교부한 자

⑩ 예방 규정을 제출하지 아니하거나 변경 명령을 위반한 관계인으로서 제6조 제1항의 규정에 따른 허가를 받은 자

⑪ 정지지시를 거부하거나 국가 기술 자격증, 교육수료증・신원확인을 위한 증명서의 제시 요구 또는 신원확인을 위한 질문에 응하지 아니한 사람

⑫ 명령을 위반하여 보고 또는 자료 제출을 하지 아니하거나 허위의 보고 또는 자료 제출을 한 자 및 관계 공무원의 출입 또는 조사・검사를 거부・방해 또는 기피한 자

⑬ 탱크 시험자에 대한 감독상 명령에 따르지 아니한 자

⑭ 무허가장소의 위험물에 대한 조치명령에 따르지 아니한 자

⑮ 저장・취급기준 준수 명령 또는 응급조치 명령을 위반한 자

(7) 다음 각호의 어느 하나에 해당하는 자는 1천만 원 이하의 벌금에 처한다.
① 위험물의 취급에 관한 안전관리와 감독을 하지 아니한 자
② 안전관리자 또는 그 대리자가 참여하지 아니한 상태에서 위험물을 취급한 자
③ 변경한 예방 규정을 제출하지 아니한 관계인으로서 제6조 제1항의 규정에 따른 허가를 받은 자
④ 위험물의 운반에 관한 중요기준에 따르지 아니한 자
④의 2. 요건을 갖추지 아니한 위험물 운반자
⑤ 법 제21조 제1항 또는 제2항의 규정을 위반한 위험물 운송자
⑥ 관계인의 정당한 업무를 방해하거나 출입·검사 등을 수행하면서 알게 된 비밀을 누설한 자

2) 양벌규정

(1) 법인의 대표자나 법인 또는 개인의 대리인, 사용인, 그 밖의 종업원이 그 법인 또는 개인의 업무에 관하여 제33조 제1항의 위반행위를 하면 그 행위자를 벌하는 외에 그 법인 또는 개인을 5천만 원 이하의 벌금에 처하고, 같은 조 제2항의 위반행위를 하면 그 행위자를 벌하는 외에 그 법인 또는 개인을 1억 원 이하의 벌금에 처한다. 다만, 법인 또는 개인이 그 위반행위를 방지하기 위하여 해당 업무에 관하여 상당한 주의와 감독을 게을리하지 아니한 경우에는 그러하지 아니하다.

(2) 법인의 대표자나 법인 또는 개인의 대리인, 사용인, 그 밖의 종업원이 그 법인 또는 개인의 업무에 관하여 제34조부터 제37조까지의 어느 하나에 해당하는 위반행위를 하면 그 행위자를 벌하는 외에 그 법인 또는 개인에게도 해당 조문의 벌금형을 과한다. 다만, 법인 또는 개인이 그 위반행위를 방지하기 위하여 해당 업무에 관하여 상당한 주의와 감독을 게을리하지 아니한 경우에는 그러하지 아니하다.

3) 과태료

(1) 다음 각 호의 어느 하나에 해당하는 자에게는 500만 원 이하의 과태료를 부과한다.
① 제5조 제2항 제1호의 규정에 따른 승인을 받지 아니한 자
② 제5조 제3항 제2호의 규정에 따른 위험물의 저장 또는 취급에 관한 세부기준을 위반한 자
③ 제6조 제2항의 규정에 따른 품명 등의 변경 신고를 기간 이내에 하지 아니하거나 허위로 한 자
④ 제10조 제3항의 규정에 따른 지위 승계 신고를 기간 이내에 하지 아니하거나 허위

로 한 자

⑤ 제11조의 규정에 따른 제조소 등의 폐지 신고 또는 제15조 제3항의 규정에 따른 안전관리자의 선임 신고를 기간 이내에 하지 아니하거나 허위로 한 자

⑤의 2. 제11조의 2 제2항을 위반하여 사용 중지 신고 또는 재개 신고를 기간 이내에 하지 아니하거나 거짓으로 한 자

⑥ 제16조 제3항의 규정을 위반하여 등록사항의 변경 신고를 기간 이내에 하지 아니하거나 허위로 한 자

⑦ 제18조 제1항의 규정을 위반하여 점검 결과를 기록 · 보존하지 아니한 자

⑦의 2. 제18조 제2항을 위반하여 기간 이내에 점검 결과를 제출하지 아니한 자

⑧ 제20조 제1항 제2호의 규정에 따른 위험물의 운반에 관한 세부기준을 위반한 자

⑨ 제21조 제3항의 규정을 위반하여 위험물의 운송에 관한 기준을 따르지 아니한 자

(2) 제1항의 규정에 따른 과태료는 대통령령이 정하는 바에 따라 시 · 도지사, 소방본부장 또는 소방서장(이하 "부과권자"라 한다)이 부과 · 징수한다.

(3) 제4조 및 제5조 제2항 각호 외의 부분 후단의 규정에 따른 조례에는 200만 원 이하의 과태료를 정할 수 있다. 이 경우 과태료는 부과권자가 부과 · 징수한다.

(4) 법 제39조 제1항에 따른 과태료의 부과기준은 별표 9와 같다.

▶ **별표 9 과태료의 부과기준**

1. 일반기준

가. 과태료 부과권자는 다음의 어느 하나에 해당하는 경우에는 제2호의 개별기준에 따른 과태료 액수의 2분의 1까지 그 금액을 줄일 수 있다. 다만, 과태료를 체납하고 있는 위반행위자에 대해서는 그러하지 아니하다.

1) 위반행위자가 「질서위반행위규제법 시행령」 제2조의 2 제1항 각호의 어느 하나에 해당하는 경우

2) 위반행위자가 처음 위반행위를 한 경우로서 3년 이상 해당 업종을 모범적으로 경영한 사실이 인정되는 경우

3) 위반행위가 사소한 부주의나 오류 등 과실로 인한 것으로 인정되는 경우

4) 위반행위자가 같은 위반행위로 다른 법률에 따라 과태료 · 벌금 · 영업정지 등의 처분을 받은 경우

5) 위반행위자가 위법행위로 인한 결과를 시정하거나 해소한 경우

6) 그 밖에 위반행위의 정도, 위반행위의 동기와 그 결과 등을 고려하여 과태료를 줄일 필요가 있다고 인정되는 경우

나. 부과권자는 고의 또는 중과실이 없는 위반행위자가 「소상공인기본법」 제2조에 따른 소상공인에 해당하고, 과태료를 체납하고 있지 않는 경우에는 다음의 사항을 고려하여 제2호의 개별기준에 따른 과태료의 100분의 70 범위에서 그 금액을 줄여 부과할 수 있다. 다만, 가목에 따른 감경과 중복하여 적용하지 않는다.
   1) 위반행위자의 현실적인 부담능력
   2) 경제위기 등으로 위반행위자가 속한 시장 · 산업 여건이 현저하게 변동되거나 지속적으로 악화된 상태인지 여부

다. 위반행위의 횟수에 따른 과태료의 부과기준은 최근 1년간 같은 위반행위로 과태료 부과처분을 받았을 때 적용한다. 이 경우 기간의 계산은 위반행위에 대하여 과태료 부과처분을 받은 날과 그 처분 후 다시 같은 위반행위를 하여 적발된 날을 기준으로 한다.

라. 다목에 따라 가중된 부과처분을 하는 경우 가중처분의 적용 차수는 그 위반행위 전 부과처분 차수(다목에 따른 기간 내에 과태료 부과처분이 둘 이상 있었던 경우에는 높은 차수를 말한다)의 다음 차수로 한다.

2. 개별기준

(단위 : 만 원)

위반행위	근거 법조문	과태료 금액
가. 법 제5조 제2항 제1호의 규정에 따른 승인을 받지 않은 경우	법 제39조 제1항 제1호	
(1) 승인기한(임시저장 또는 취급개시일의 전날)의 다음 날을 기산일로 하여 30일 이내에 승인을 신청한 경우		250
(2) 승인기한(임시저장 또는 취급개시일의 전날)의 다음 날을 기산일로 하여 31일 이후에 승인을 신청한 경우		400
(3) 승인을 받지 않은 경우		500
나. 법 제5조 제3항 제2호에 따른 위험물의 저장 또는 취급에 관한 세부기준을 위반한 경우	법 제39조 제1항 제2호	
(1) 1차 위반 시		250
(2) 2차 위반 시		400
(3) 3차 이상 위반 시		500

위반행위	근거 법조문	과태료 금액
다. 법 제6조 제2항에 따른 품명 등의 변경 신고를 기간 이내에 하지 않거나 허위로 한 경우	법 제39조 제1항 제3호	
1) 신고 기한(변경하려는 날의 1일 전날)의 다음 날을 기산일로 하여 30일 이내에 신고한 경우		250
2) 신고 기한(변경하려는 날의 1일 전날)의 다음 날을 기산일로 하여 31일 이후에 신고한 경우		350
3) 허위로 신고한 경우		500
4) 신고를 하지 아니한 경우		500
라. 법 제10조 제3항에 따른 지위 승계 신고를 기간 이내에 하지 않거나 허위로 한 경우	법 제39조 제1항 제4호	
1) 신고기한(지위 승계일의 다음 날을 기산일로 하여 30일이 되는 날)의 다음 날을 기산일로 하여 30일 이내에 신고한 경우		250
2) 신고기한(지위 승계일의 다음 날을 기산일로 하여 30일이 되는 날)의 다음 날을 기산일로 하여 31일 이후에 신고한 경우		350
3) 허위로 신고한 경우		500
4) 신고를 하지 아니한 경우		500
마. 법 제11조에 따른 제조소등의 폐지 신고를 기간 이내에 하지 않거나 허위로 한 경우	법 제39조 제1항 제5호	
(1) 신고기한(폐지일의 다음 날을 기산일로 하여 14일이 되는 날)의 다음 날을 기산일로 하여 30일 이내에 신고한 경우		250
(2) 신고기한(폐지일의 다음 날을 기산일로 하여 14일이 되는 날)의 다음 날을 기산일로 하여 31일 이후에 신고한 경우		350
(3) 허위로 신고한 경우		500
(4) 신고를 하지 아니한 경우		500
마. 법 제11조의2 제2항을 위반하여 사용 중지 신고 또는 재개 신고를 기간 이내에 하지 않거나 거짓으로 한 경우	법 제39조 제1항 제5호의 2	
(1) 신고기한(중지 또는 재개한 날의 14일 전 날)의 다음 날을 기산일로 하여 30일 이내에 신고한 경우		250
(2) 신고기한(중지 또는 재개한 날의 14일 전 날)의 다음 날을 기산일로 하여 31일 이후에 신고한 경우		350
(3) 거짓으로 신고한 경우		500
(4) 신고를 하지 아니한 경우		500

위반행위	근거 법조문	과태료 금액
사. 법 제15조 제3항에 따른 안전관리자의 선임 신고를 기간 이내에 하지 않거나 허위로 한 경우	법 제39조 제1항 제5호	
1) 신고기한(선임한 날의 다음 날을 기산일로 하여 14일이 되는 날)의 다음 날을 기산일로 하여 30일 이내에 신고한 경우		250
2) 신고기한(선임한 날의 다음 날을 기산일로 하여 14일이 되는 날)의 다음 날을 기산일로 하여 31일 이후에 신고한 경우		350
3) 허위로 신고한 경우		500
4) 신고를 하지 아니한 경우		500
아. 법 제16조 제3항을 위반하여 등록사항의 변경 신고를 기간 이내에 하지 않거나 허위로 한 경우	법 제39조 제1항 제6호	
1) 신고기한(변경일의 다음 날을 기산일로 하여 30일이 되는 날)의 다음 날을 기산일로 하여 30일 이내에 신고한 경우		250
2) 신고기한(변경일의 다음 날을 기산일로 하여 30일이 되는 날)의 다음 날을 기산일로 하여 31일 이후에 신고한 경우		350
3) 허위로 신고한 경우		500
4) 신고를 하지 아니한 경우		500
자. 법 제17조 제3항을 위반하여 예방 규정을 준수하지 않은 경우	법 제39조 제1항 제6호의 2	
1) 1차 위반 시		250
2) 2차 위반 시		400
3) 3차 이상 위반 시		500
차. 법 제18조 제1항을 위반하여 점검 결과를 기록하지 않거나 보존하지 않은 경우	법 제39조 제1항 제7호	
1) 1차 위반 시		250
2) 2차 위반 시		400
3) 3차 이상 위반 시		500

위반행위	근거 법조문	과태료 금액
카. 법 제18조 제2항을 위반하여 기간 이내에 점검 결과를 제출하지 않은 경우	법 제39조 제1항 제7호의 2	
1) 제출기한(변경일의 다음 날을 기산일로 하여 30일이 되는 날)의 다음 날을 기산일로 하여 30일 이후에 제출한 경우		250
2) 제출기한(변경일의 다음 날을 기산일로 하여 30일이 되는 날)의 다음 날을 기산일로 하여 31일 이후에 제출한 경우		400
3) 제출하지 않은 경우		500
타. 법 제19조의 2 제1항을 위반하여 흡연을 한 경우	법 제39조 제1항 제7호의 3	
1) 1차 위반 시		250
2) 2차 위반 시		400
3) 3차 이상 위반 시		500
파. 법 제19조의 2 제3항에 따른 시정명령을 따르지 않은 경우	법 제39조 제1항 제7호의 4	
1) 1차 위반 시		250
2) 2차 위반 시		400
3) 3차 이상 위반 시		500
하. 법 제20조 제1항 제2호에 따른 위험물의 운반에 관한 세부기준을 위반한 경우	법 제39조 제1항 제8호	
(1) 1차 위반 시		250
(2) 2차 위반 시		400
(3) 3차 이상 위반 시		500
거. 법 제21조 제3항을 위반하여 위험물의 운송에 관한 기준을 따르지 않은 경우	법 제39조 제1항 제9호	
(1) 1차 위반 시		250
(2) 2차 위반 시		400
(3) 3차 이상 위반 시		500

연습문제

01 다음 중 제조소 등의 설치에 대한 명령권자는?

㉮ 대통령
㉯ 국무총리
㉰ 행정안전부 장관
㉱ 소방청장

02 제조소 등의 설치 허가의 신청 제출 대상자에 해당하지 않는 것은?

㉮ 특별시장 · 광역시장 · 특별자치 시장
㉯ 도지사 또는 특별자치도지사
㉰ 기초 지자체 시장 · 군수
㉱ 소방청장

03 제조소 등의 완공검사업무 대장의 보존기간은?

㉮ 6개월
㉯ 1년
㉰ 5년
㉱ 10년

04 탱크 안전 성능검사의 시기를 옳게 짝지은 것은?

㉮ 기초 · 지반 검사 – 탱크의 기초 및 지반에 관한 공사의 개시 후
㉯ 충수 · 수압 검사 – 탱크에 배관 그 밖의 부속 설비를 부착하기 전
㉰ 용접부 검사 – 탱크 본체에 관한 공사의 개시 후
㉱ 암반 탱크 검사 – 암반 탱크의 본체에 관한 공사의 개시 후

05 제조소 등의 지위 승계는 승계한 날부터 며칠 이내에 시 · 도지사에게 신고하는가?

㉮ 7일
㉯ 14일
㉰ 30일
㉱ 60일

06 제조소 등의 관계인에 해당하지 않는 자는?

㉮ 운반자
㉯ 소유자
㉰ 점유자
㉱ 관리자

07 제조소 등의 용도폐지는 며칠 이내에 시 · 도지사에게 신고하는가?

㉮ 7일
㉯ 14일
㉰ 30일
㉱ 60일

08 제조소 등의 사용 중지는 어떤 법령에 따라야 하는가?

㉮ 대통령령 ㉯ 국무총리령
㉰ 행정안전부령 ㉱ 소방청장령

09 제조소 등의 전부나 일부의 사용정지를 명할 수 있는 상황에 해당하지 않는 것은?

㉮ 완공검사를 받지 아니하고 제조소 등을 사용한 때
㉯ 안전조치 이행 명령을 따르지 아니한 때
㉰ 정기 점검을 하지 아니한 때
㉱ 직접 관리하지 않고 대리인을 지정하였을 때

10 제조소 등에 대한 사용의 정지가 그 이용자에게 심한 불편을 주거나 그 밖에 공익을 해칠 우려가 있을 때 사용정치 처분에 갈음하여 부과할 수 있는 과징금 액수는?

㉮ 20만 원 이하 ㉯ 200만 원 이하
㉰ 2천만 원 이하 ㉱ 2억 원 이하

11 정기 점검의 대상인 제조소 등에 해당하지 않는 것은?

㉮ 일반취급소 ㉯ 지하 탱크저장소
㉰ 이동 탱크저장소 ㉱ 지하 매설 탱크가 있는 제조소

12 제조소 등의 정기 점검의 횟수는?

㉮ 월 1회 ㉯ 분기별 1회
㉰ 반기별 1회 ㉱ 연 1회

13 정기 검사의 대상인 액체 위험물을 저장 또는 취급하는 옥외 탱크저장소의 수량은?

㉮ 1만ℓ ㉯ 5만ℓ
㉰ 50만ℓ ㉱ 100만ℓ

14 화재 예방 및 진압대책을 위해서 위험물의 저장 · 취급 장소의 관계인에게 보고나 자료 제출을 명할 수 있는 자가 아닌 것은?

㉮ 시장 · 군수
㉯ 소방청장
㉰ 소방본부장
㉱ 시 · 도지사

15 위험물 누출 등의 사고 조사 권한이 부여되지 않은 자는?

㉮ 소방청장
㉯ 시 · 도지사
㉰ 소방본부장
㉱ 소방서장

16 제조소 등에 대한 긴급 사용정지 명령권자가 아닌 자는?

㉮ 시 · 도지사
㉯ 소방청장
㉰ 소방본부장
㉱ 소방서장

17 위험물의 저장 · 취급기준 준수 명령권자에 해당하지 않는 자는?

㉮ 소방청장
㉯ 소방본부장
㉰ 소방서장
㉱ 시 · 도지사

18 500만 원 이하의 과태료 부과 대상에 해당하지 않는 자는?

㉮ 위험물의 저장 · 취급에 관한 세부기준 위반자
㉯ 지위 승계 신고를 기간 이내에 하지 아니한 자
㉰ 사용 중지 신고나 재개 신고를 기간 이내에 하지 아니한 자
㉱ 위험물의 운반에 관한 중요기준을 위반한 자

19 과태료를 부과 · 징수하는 자가 아닌 것은?

㉮ 시 · 도지사
㉯ 소방청장
㉰ 소방본부장
㉱ 소방서장

20 제조소 등의 관계인은 점검한 날부터 며칠 이내에 점검 결과를 제출해야 하는가?

㉮ 7일 이내
㉯ 14일 이내
㉰ 30일 이내
㉱ 60일 이내

참고문헌

- 공조설비용어사전 편찬회, 공조냉동건축설비 용어사전, 일진사 (2011).
- 국가자격시험문제연구회, 위험물 기능사 7년간 출제문제, 크라운출판사 (2015).
- 김재호, The Plus 위험물산업기사 실기, 성안당 (2021).
- 김종상, 위험물산업기사 1차 필기, 서울고시각 (2020).
- 김창섭, 위험물 각론 3.0, 토파민 (2014).
- 나합격콘텐츠연구소, 나합격 위험물산업기사 필기+실기+무료동영상, 삼원북스 (2021).
- 박근종, 위험물 안전관리법, 한교원 (2015).
- 서상희, 위험물산업기사 총정리 필기, 일진사 (2021).
- 서인호, Basic 고교생을 위한 화학 용어사전, 신원문화사 (2002).
- 여승훈, 위험물산업기사 필기+실기, 성안당 (2021)
- 위험물안전관리회, 기발한 NCS 위험물산업기사 필기·실기, 크라운출판사 (2021).
- 은송기, 원큐패스 위험물산업기사 필기, 다락원 (2021).
- 이덕수, Win-Q 무료 특강이 있는 위험물산업기사 필기 단기 완성, 시대고시기획 (2021).
- 이보상, 위험물산업기사 필기 총정리문제, 크라운출판사 (2021).
- 이봉우, 류종우, 위험물질론, 비전커뮤니케이션 (2011).
- 이재욱, 강웅일, 권용수, 위험물질론, 도서출판 화수목(2021)
- 이해평, 박영주, 위험물안전관리, 도서출판 화수목 (2015).
- 이해평, 박영주, 위험물질론, 도서출판 화수목 (2015).
- 정기성 외 4인, 위험물시설론, 예스미디어 (2012).
- 최상복, 산업안전대사전, 도서출판 골드 (2004).
- 최창률, 에듀윌 위험물산업기사 필기 2주끝장(이론편+기출문제편), 에듀윌 (2021).
- 허판효, 배극윤, 위험물기능사 필기, 예문사 (2015).
- 현대건축관련용어편찬위원회, 건축용어사전, 성안당 (2011).
- 현성호, The Plus 무료 동영상이 있는 위험물산업기사 필기+실기, 성안당 (2021).
- 현성호, 차정민, 위험물안전관리, 재웅플러스 (2020).
- http://ko.wikipedia.org, 위키백과, Wikimedia Foundation, Inc. (2015).
- http://www.doopedia.co.kr, 두산백과 doopedia (2015).
- http://www.sehwapub.co.kr, 화학대사전, 도서출판 세화 (2001).
- NFPA 472 "Standard for Competence of Responders to Hazardous materials/Weapons of Mass Destruction Incidents" (2018).

연습문제 정답

CHAPTER 01 기초 화학

1.㉯	2.㉰	3.㉮	4.㉱	5.㉮	6.㉯	7.㉰	8.㉱	9.㉯	10.㉰
11.㉮	12.㉰	13.㉯	14.㉱	15.㉰	16.㉰	17.㉮	18.㉯	19.㉱	20.㉮
21.㉯	22.㉮	23.㉯	24.㉱	25.㉰	26.㉱	27.㉱	28.㉰	29.㉰	30.㉮
31.㉮	32.㉯	33.㉰	34.㉰	35.㉮	36.㉱	37.㉱	38.㉰	39.㉯	40.㉮
41.㉱	42.㉮	43.㉰	44.㉯	45.㉮	46.㉯	47.㉰	48.㉱	49.㉯	50.㉮
51.㉰	52.㉮	53.㉰	54.㉯	55.㉱	56.㉮	57.㉱	58.㉯	59.㉯	60.㉱
61.㉱	62.㉮	63.㉯	64.㉰	65.㉮	66.㉰	67.㉯	68.㉱	69.㉯	70.㉮
71.㉰	72.㉯	73.㉯	74.㉯	75.㉮	76.㉱	77.㉮	78.㉰	79.㉱	80.㉮
81.㉮	82.㉯	83.㉱	84.㉱	85.㉰	86.㉰	87.㉮	88.㉯	89.㉮	90.㉱
91.㉯	92.㉱	93.㉮	94.㉰	95.㉯	96.㉱	97.㉱	98.㉮	99.㉮	100.㉰
101.㉰	102.㉰	103.㉮	104.㉯	105.㉱	106.㉮	107.㉮	108.㉯	109.㉱	110.㉰

CHAPTER 02 유 · 무기화합물

1.㉯	2.㉱	3.㉮	4.㉰	5.㉮	6.㉱	7.㉯	8.㉮	9.㉰	10.㉰
11.㉰	12.㉮	13.㉱	14.㉰	15.㉯	16.㉮	17.㉮	18.㉰	19.㉮	20.㉱
21.㉱	22.㉰	23.㉮	24.㉯	25.㉯	26.㉰	27.㉱	28.㉮	29.㉱	30.㉮
31.㉯	32.㉮	33.㉱	34.㉰	35.㉱	36.㉰	37.㉮	38.㉮	39.㉰	40.㉱
41.㉰	42.㉱	43.㉮	44.㉯	45.㉮	46.㉰	47.㉰	48.㉯	49.㉱	50.㉯
51.㉯	52.㉰	53.㉮	54.㉱	55.㉯	56.㉰	57.㉮	58.㉱	59.㉰	60.㉯
61.㉯	62.㉱	63.㉱	64.㉯	65.㉮	66.㉰	67.㉰	68.㉱	69.㉰	70.㉮
71.㉯	72.㉰	73.㉮	74.㉱	75.㉰	76.㉮	77.㉰	78.㉱	79.㉱	80.㉯

CHAPTER 03 화재 예방 및 소화 방법

1.㉱	2.㉮	3.㉰	4.㉯	5.㉱	6.㉯	7.㉮	8.㉰	9.㉱	10.㉮
11.㉯	12.㉮	13.㉱	14.㉱	15.㉯	16.㉰	17.㉮	18.㉯	19.㉰	20.㉰
21.㉱	22.㉮	23.㉱	24.㉮	25.㉱	26.㉯	27.㉰	28.㉯	29.㉰	30.㉰

CHAPTER 04 소화약제 및 소화기

1.㉰	2.㉱	3.㉰	4.㉮	5.㉱	6.㉮	7.㉯	8.㉯	9.㉯	10.㉮
11.㉰	12.㉰	13.㉱	14.㉮	15.㉱	16.㉱	17.㉮	18.㉰	19.㉱	20.㉯
21.㉮	22.㉱	23.㉯	24.㉱	25.㉯	26.㉰	27.㉰	28.㉮	29.㉱	30.㉮

CHAPTER 05 소방시설의 설치 및 운영

1.㉱	2.㉮	3.㉰	4.㉯	5.㉰	6.㉱	7.㉯	8.㉰	9.㉱	10.㉮
11.㉱	12.㉰	13.㉯	14.㉱	15.㉮	16.㉱	17.㉱	18.㉰	19.㉯	20.㉮
21.㉯	22.㉱	23.㉯	24.㉯	25.㉮	26.㉱	27.㉰	28.㉰	29.㉮	30.㉰

CHAPTER 06 위험물의 종류 및 성질

1.㉱	2.㉮	3.㉯	4.㉰	5.㉱	6.㉯	7.㉯	8.㉮	9.㉱	10.㉮
11.㉯	12.㉰	13.㉰	14.㉮	15.㉱	16.㉰	17.㉰	18.㉱	19.㉰	20.㉮
21.㉱	22.㉮	23.㉯	24.㉯	25.㉰	26.㉮	27.㉱	28.㉰	29.㉮	30.㉱
31.㉯	32.㉱	33.㉱	34.㉰	35.㉮	36.㉱	37.㉰	38.㉮	39.㉰	40.㉱
41.㉯	42.㉯	43.㉱	44.㉮	45.㉰	46.㉮	47.㉯	48.㉯	49.㉱	50.㉰
51.㉮	52.㉰	53.㉮	54.㉰	55.㉮	56.㉰	57.㉮	58.㉱	59.㉯	60.㉱
61.㉮	62.㉱	63.㉰	64.㉯	65.㉱	66.㉰	67.㉮	68.㉱	69.㉯	70.㉱
71.㉰	72.㉰	73.㉰	74.㉱	75.㉱	76.㉮	77.㉯	78.㉮	79.㉮	80.㉯
81.㉮	82.㉰	83.㉯	84.㉱	85.㉱	86.㉮	87.㉰	88.㉮	89.㉯	90.㉯
91.㉱	92.㉮	93.㉱	94.㉯	95.㉯	96.㉰	97.㉰	98.㉰	99.㉱	100.㉯
101.㉱	102.㉮	103.㉰	104.㉱	105.㉯	106.㉰	107.㉯	108.㉮	109.㉯	110.㉱
111.㉮	112.㉱	113.㉰	114.㉮	115.㉯	116.㉯	117.㉱	118.㉯	119.㉰	120.㉮

CHAPTER 07 위험물 안전

1.㉮	2.㉰	3.㉱	4.㉱	5.㉱	6.㉯	7.㉱	8.㉯	9.㉮	10.㉰
11.㉮	12.㉱	13.㉯	14.㉮	15.㉰	16.㉯	17.㉯	18.㉯	19.㉮	20.㉰

CHAPTER 08 기술기준

1.㉮	2.㉱	3.㉰	4.㉱	5.㉯	6.㉰	7.㉮	8.㉮	9.㉮	10.㉯
11.㉯	12.㉱	13.㉮	14.㉰	15.㉱	16.㉯	17.㉰	18.㉰	19.㉰	20.㉯

CHAPTER 09 위험물안전관리법 규제의 구도

1.㉮	2.㉰	3.㉱	4.㉯	5.㉰	6.㉮	7.㉯	8.㉰	9.㉱	10.㉱
11.㉮	12.㉱	13.㉰	14.㉮	15.㉯	16.㉯	17.㉮	18.㉱	19.㉯	20.㉰

찾아보기

저자 소개

이해평 강원대학교 소방방재학부 재난관리공학전공 교수

(제2판) **위험물 안전관리** 정가 23,000원

저 자 : 이해평

발행인 : 임정대
발행처 : 도서출판 **화수목**

발 행 : 2022년 1월 17일 초판
2025년 2월 24일 제2판

등록 : 제2014-000166호

주소 : 서울시 마포구 신촌로 2길 5-15
전화 : 02-338-9119
팩스 : 02-335-2201

ISBN : 979-11-89933-43-2 (93530)